电脑艺术设计系列教材

Photoshop 中文版基础与实例教程
——创新图像设计

郭开鹤　肖　啸　张　凡　编著
设计软件教师协会　审

机　械　工　业　出　版　社

本书第 1 部分基础入门讲解图像处理的基本概念和 Photoshop 软件使用的基础知识；第 2 部分基础实例演练和第 3 部分综合实例演练采用案例教学，所有案例均经过反复论证，具有效果直观、视觉冲击力强的特点，重点突出时尚性和实用性。其中第 2 部分基础实例演练的案例突出软件使用，选用目前流行的修图案例，充分体现简单、实用、时尚和趣味性的特点，而且为了便于初学者学习，该部分的微课视频均使用菜单命令而没有使用快捷键，从而避免了使用快捷键对初学者可能产生的困扰。而第 3 部分综合实例演练的案例是本书的精华所在，该部分将艺术理念与软件使用相结合，通过手机 APP 界面设计、海报设计和产品包装设计 3 章，充分展示了 Photoshop 在当今设计领域的具体应用。

本书内容丰富，实例典型，讲解详尽。给出了以二维码链接的微课视频，网盘中含有全书全部案例的相关文件。

本书可作为本、专科院校艺术类、数字媒体类及相关专业师生或社会培训班的教材，也可作为平面设计爱好者的自学参考用书。

本书配有授课电子课件，需要的教师可登录 www.cmpedu.com 免费注册，审核通过后下载，或联系编辑索取（微信：13146070618，电话：010-88379739）。

图书在版编目（CIP）数据

Photoshop 中文版基础与实例教程：创新图像设计 / 郭开鹤，肖啸，张凡编著. -- 北京：机械工业出版社，2024. 12. --（电脑艺术设计系列教材）. --ISBN 978-7-111-77197-5

Ⅰ. TP391.413

中国国家版本馆 CIP 数据核字第 20242FJ426 号

机械工业出版社（北京市百万庄大街 22 号 邮政编码 100037）

策划编辑：郝建伟　　　　责任编辑：郝建伟

责任校对：龚思文　宋　安　　责任印制：张　博

北京华宇信诺印刷有限公司印刷

2024 年 12 月第 1 版 第 1 次印刷

184mm×260mm · 20.75 印张 · 513 千字

标准书号：ISBN 978-7-111-77197-5

定价：89.00 元

电话服务　　　　　　网络服务

客服电话：010-88361066　　机　工　官　网：www.cmpbook.com

　　　　　010-88379833　　机　工　官　博：weibo.com/cmp1952

　　　　　010-68326294　　金　书　网：www.golden-book.com

机工教育服务网：www.cmpedu.com

前　言

Photoshop是目前世界公认的权威性图形图像处理软件，该软件功能完善、性能稳定、使用方便，是平面广告设计、室内装潢、数码照片处理等领域不可或缺的工具。近年来，随着个人计算机的普及，使用Photoshop的个人用户也在日益增多。

本书属于实例教程类图书。全书分为3部分，共11章，主要内容如下。

第1部分：基础入门，包括两章。第1章介绍图像处理的基本概念，第2章介绍Photoshop CC的基础知识。

第2部分：基础实例演练，包括6章。第3章介绍在Photoshop CC中创建选区和抠像的多个实例，以及基础工具的使用；第4章介绍图层的使用；第5章介绍通道的基础知识及其操作和使用技巧；第6章介绍色彩校正方面的知识；第7章介绍路径的基础知识和用法；第8章介绍滤镜的基础知识、使用方法及效果等，案例充分体现简单、实用、时尚和趣味性的特点。基础实例演练部分的案例突出软件使用，选用目前流行的修图案例，比如去雀斑、去眼袋、去黑眼圈、牙齿美白、去除脸部油光、单眼皮变双眼皮、给嘴唇添加口红、人脸整容、换脸、戈壁变绿洲、扶正透视变形的身份证。

第3部分：综合实例演练，是本书的精华所在，包括3章。第9章介绍手机APP界面设计，第10章海报设计介绍多种风格的海报设计和利用人工智能软件（Midjourney、微软Copilot和Stable Diffusion）生成多个近似主题效果，第11章产品包装设计介绍饮料包装设计和利用人工智能软件（Midjourney、微软Copilot和Stable Diffusion）生成多个近似主题效果。

本书的最大亮点在于针对目前AI大爆发，以及人工智能（AI）软件在设计领域应用日益广泛的时代特点，结合教学改革，将Photoshop和人工智能软件紧密结合在一起，在海报设计和产品包装设计两章的最后一节添加了结合目前流行的人工智能软件Midjourney、微软Copilot和Stable Diffusion生成多组近似主题效果，来拓展读者的设计思路（重点讲解免费的Stable Diffusion的使用）。

本书历经8次改版，本次改版的案例突出了实战和时尚的特点，而且众多案例包含中国元素。比如“中国剪纸风海报——《荷》”“撕纸风格海报——《ARTS》”“电影海报——《the Kite Runner》”“饮料包装展示设计”等，并且结合教学改革，将Photoshop和人工智能软件紧密结合在一起。

本书是设计软件教师协会推出的系列教材之一，被评为“北京高等教育精品教材”。本书内容丰富，结构清晰，实例典型，讲解详尽，富于启发性。书中所有实例都是由多所院校（如中央美术学院、北京师范大学、清华大学美术学院、北京电影学院、中国传媒大学、天津美术学院、天津师范大学美术与设计学院、首都师范大学、山东理工大学艺术学院、河北艺术职业学院等）具有丰富教学经验的知名教师和一线优秀设计人员从长期教学和实际工作中总结出来的。

参与本书编写的人员有郭开鹤、肖啸、张凡。

本书可作为本、专科院校艺术类、数字媒体类及相关专业师生或社会培训班的教材，也可作为平面设计爱好者的自学参考用书。

由于作者水平有限，书中不妥之处在所难免，敬请读者批评指正。

编　者

目　录

第 1 部分　基础入门

第 2 部分　基础实例演练

第 3 部分　综合实例演练

第1部分　基础入门

第1章 图像处理的基本概念

本章重点

在学习 Photoshop 之前，首先要掌握计算机图像处理的相关基础知识，本章将对位图与矢量图、分辨率、色彩模式和常用图像存储格式做全面讲解。通过本章的学习，读者应掌握计算机图像处理的相关基础知识。

1.1 位图与矢量图

计算机中的数字图像分为位图和矢量图两种。

1. 位图

位图图像也称为栅格图像，它是由无数的彩色网格组成，每个网格称为一个像素，每个像素都具有特定的位置和颜色值。

由于位图图像的像素一般都非常多而且小，因此图像看起来比较细腻。但是如果将位图图像放大到一定比例，无论图像的具体内容是什么，看起来都是像马赛克一样的一个个像素，如图 1-1 所示。本书讲解的 Photoshop 主要就是用来处理位图的。

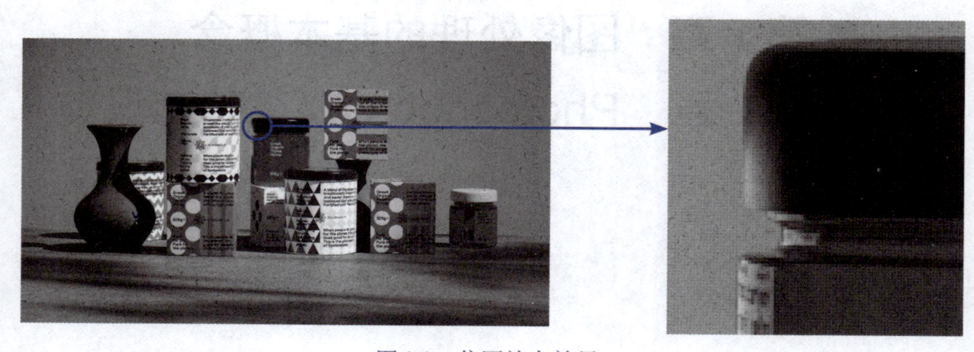

图 1-1 位图放大效果

2. 矢量图

矢量图是由数学公式所定义的直线和曲线组成的。数学公式根据图像的几何特性来描绘图像。例如可以用半径这样一个数学参数来准确定义一个圆，或是用长宽值来准确定义一个矩形。

相对于位图图像而言，矢量图的优势在于不会因为显示比例等因素的改变而降低图形的品质。如图 1-2 所示，左图是正常比例显示的一幅矢量图，右图为放大后的效果，可以清楚地看到放大后的图片依然很精细，并没有因为显示比例的改变而变得粗糙。常用的制作矢量图的平面软件有 Illustrator 和 CorelDRAW。

图 1-2　矢量图放大效果

1.2　分辨率

在设计中使用的分辨率有很多种，常用的有图像分辨率、显示器分辨率、输出分辨率和位分辨率 4 种。

1. 图像分辨率

图像分辨率是指图像中每单位长度所包含像素（即点）的数目，常以像素 / 英寸（pixel per inch，ppi）为单位。

提示：图像分辨率越高，图像越清晰。但过高的分辨率会使图像文件过大，对设备要求也会越高，因此在设置分辨率时，应考虑所制作图像的用途。Photoshop默认的图像分辨率是72像素/英寸，这是满足普通显示器的分辨率。

下面是几种常用的图像分辨率：

- 发布于网页上的图像分辨率为 72 像素 / 英寸或 96 像素 / 英寸。
- 报纸图像分辨率通常设置为 120 像素 / 英寸或 150 像素 / 英寸。
- 打印的图像分辨率为 150 像素 / 英寸。
- 彩版印刷图像分辨率通常设置为 300 像素 / 英寸。
- 大型灯箱图像分辨率一般不低于 30 像素 / 英寸。

2. 显示器分辨率（屏幕分辨率）

显示器分辨率是指显示器中每单位长度显示像素（即点）的数目，通常以 dpi（dot per inch）为单位。

下面是几种常用的显示器分辨率：

- 720P（1280 × 720）：也称为 HD，是高清的入门级分辨率，适合基本的视频观看和网页浏览。
- 1080P（1920 × 1080）：也称为 Full HD，是目前最常见的分辨率，适用于日常办公、游戏和高清视频播放。

- 2K (2560×1440)：分辨率在 1080P ～ 4K，提供更好的画质，适合专业图形和视频编辑等任务。
- 4K (3840×2160)：提供极致的清晰度，适合高端电视和显示器，以及专业图形工作和高质量视频播放。
- 其他分辨率：除了上述常见分辨率外，还有如 5K、8K 等更高分辨率的显示器，通常用于专业领域，如图形设计、视频编辑和科研等。

3. 输出分辨率

输出分辨率是指照排机或激光打印机等输出设备在输出图像时每英寸所产生的油墨点数，通常使用的单位也是 dpi。

提示：为了获得最佳效果，应使用与照排机或激光打印机输出分辨率成正比（但不相同）的图像分辨率。大多数激光打印机的输出分辨率为300～600dpi，当图像分辨率为72ppi时，其打印效果较好；高档照排机能够以1200dpi或更高精度打印，对150～350dpi的图像产生的效果较好。

4．位分辨率

位分辨率又称位深，是用来衡量每个像素所保存颜色信息的位元数。例如，一个 24 位的 RGB 图像，表示其各原色 R、G、B 均使用 8 位，三元之和为 24 位。在 RGB 图像中，每一个像素均记录 R、G、B 三原色值，因此每一个像素所保存的位元数为 24 位。

1.3 色彩模式

色彩模式是将某种颜色表现为数字形式的模型，或者说是一种记录图像颜色的方式。分为位图模式、灰度模式、双色调模式、索引颜色模式、RGB 模式、CMYK 模式、Lab 模式、HSB 模式和多通道模式。

1. 位图模式

位图模式的图像又叫黑白图像，是用两种颜色值（黑白）来表示图像中的像素。它的每一个像素都是用 1 比特的位分辨率来记录色彩信息的，因此它所要求的磁盘空间最少。图像在转换为位图模式之前必须先转换为灰度模式，它是一种单通道模式。

2. 灰度模式

灰度模式图像的每一个像素是由 8 比特的位分辨率来记录色彩信息的，因此可产生 256 级灰度。灰度模式的图像只有明暗值，没有色相和饱和度这两种颜色信息。其中 0% 为黑色，100% 为白色，k 值是用来衡量黑色油墨用量的。使用黑白和灰度扫描仪产生的图像常以灰度模式显示，它是一种单通道模式。

3. 双色调模式

图像在转换成双色调模式之前必须先转成灰度模式。双色调模式包括四种类型：单色调、双色调、三色调和四色调。使用双色调模式最主要的用途是使用尽量少的颜色表现尽量多的颜色层次，这对于降低印刷成本是很重要的，因为在印刷时每增加一种色调都需要更大的成本。

它是一种单通道模式。

4. 索引颜色模式

索引颜色的图像与位图模式（1位/像素）、灰度模式（8位/像素）和双色调模式（8位/像素）的图像一样都是单通道图像 （8位/像素），索引颜色使用包含256种颜色的颜色查找表。此模式主要用于网页和多媒体动画，该模式的优点在于可以减小文件大小，同时保持视觉品质不变。缺点在于颜色少，如果要进一步编辑，应转换为RGB模式。当图像转换为索引颜色时，Photoshop会构建一个颜色查找表（CLUT）。如果原图像中的一种颜色没有出现在查找表中，程序会从可使用颜色中选出最接近的颜色来模拟这些颜色。颜色查找表可在转换过程中定义或在生成索引图像后修改。它是一种单通道模式。

5. RGB 模式

RGB 模式主要用于视频等发光设备：显示器、投影设备、电视、舞台灯等。这种模式包括三原色——红（R）、绿（G）、蓝（B），每种色彩都有 256 种颜色，每种色彩的取值范围是 0 ～ 255，这三种颜色混合可产生 16777216 种颜色。RGB 模式是一种加色模式（理论上），因为当红、绿、蓝均为 255 时，为白色；均为 0 时，为黑色；均为相等数值时，为灰色。换句话说，可把 R、G、B 理解成三盏灯光，当这三盏灯光都打开，且为最大数值 255 时，即可产生白色；当这三盏灯光全部关闭，即为黑色。在该模式下所有的滤镜均可用。

6. CMYK 模式

CMYK模式是一种印刷模式。这种模式包括四原色——青（C）、洋红（M）、黄（Y）、黑（K），每种颜色的取值范围0～100%。CMYK是一种减色模式（理论上），人的眼睛理论上是根据减色的色彩模式来辨别色彩的。太阳光包括地球上所有的可见光，当太阳光照射到物体上时，物体吸收（减去）一些光，并把剩余的光反射回去，人眼看到的就是这些反射的色彩。例如：高原上太阳紫外线很强，为了避免烧伤，浅色和白色的花居多，如果是白色花则是花没有吸收任何颜色；再如自然界中黑色花很少，因为花是黑色意味着它要吸收所有的光，而这对花来说可能被烧伤。在CMYK模式下有些滤镜不可用，而在位图模式和索引模式下所有滤镜均不可用。

在RGB和CMYK模式下大多数颜色是重合的，但有一部分颜色不会重合，这部分颜色就是溢色。

7. Lab 模式

Lab模式是一种国际标准色彩模式（理想化模式），它与设备无关，它的色域范围最广（理论上包括了人眼可见的所有色彩，它可以弥补RGB和CMYK模式的不足），如图1-3所示。该模式有三个通道：L亮度，取值范围0～100；a、b色彩通道，取值范围-128～+127，其中a代表从绿到红，b代表从蓝到黄。Lab模式在Photoshop中很少使用，其实它一直充当着中介的角色。例如：计算机将RGB

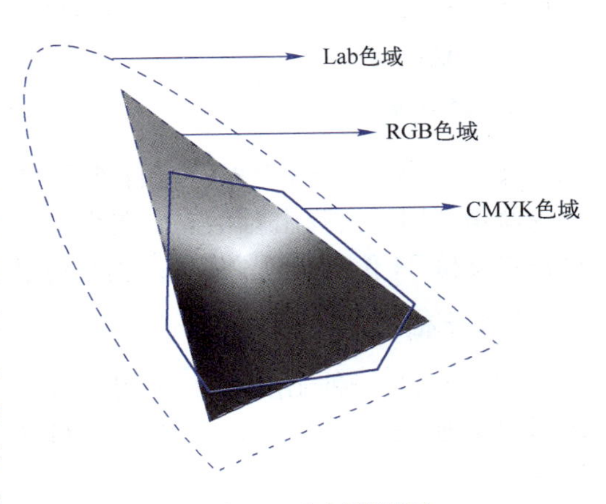

图 1-3　色域说明图

模式转换为CMYK模式时，实际上是先将RGB模式转换为Lab模式，然后将Lab模式转换为CMYK模式。

8. HSB 模式

HSB模式是基于人眼对色彩的感觉。H代表色相，取值范围0～360；S代表饱和度（纯度），取值范围0～100%；B代表亮度（色彩的明暗程度），取值范围0～100%；当全亮度和全饱和度相结合时，会产生任何最鲜艳的色彩。在该模式下有些滤镜不可用，而在位图模式和索引模式下所有滤镜均不可用。

9. 多通道模式

多通道模式多用于特定的打印或输出。例如，在图像中只使用一两种或两三种颜色时，使用多通道模式可以降低印刷成本并保证图像颜色的正确输出。该模式一般包括8位通道与16位通道。

1.4 常用图像存储格式

不同格式的图像在应用中区别很大，用户可以根据需要将图像存储为所需的格式。常用的图像存储格式有以下几种。

1. PSD格式

PSD格式是Photoshop软件自带的格式，该格式可以存储Photoshop中所有的图层、通道和剪切路径等信息。

2. BMP格式

BMP格式是DOS和Windows平台上常用的一种图像格式，支持RGB、索引颜色、灰度和位图模式，但不支持Alpha通道，也不支持CMYK模式的图像。

3. TIFF格式

TIFF格式是一种无损压缩（采用LZW压缩）的格式，支持RGB、CMYK、Lab、索引颜色、位图和灰度模式，而且在RGB、CMYK和灰度3种颜色模式中还允许使用通道、图层和剪切路径。

4. JPEG格式

JPEG格式是一种有损压缩的网页格式，不支持Alpha通道，也不支持透明。当将文件保存为此格式时，会弹出对话框，在Quality中设置的数值越高，图像品质越好，文件也越大。该格式支持24位真彩色的图像，因此适用于色彩丰富的图像。

5. GIF格式

GIF格式是一种无损压缩（采用LZW压缩）的网页格式，支持256色（8位图像）、Alpha通道、透明和动画格式。目前，GIF存在两类：GIF87a（严格不支持透明像素）和GIF89a（允许某些像素透明）。

6. PNG格式

PNG 格式是一种无损压缩的网页格式。PNG 格式结合 GIF 和 JPEG 格式的优点，并且支持 24 位真彩色、无损压缩、透明和 Alpha 通道。PNG 格式不完全支持所有浏览器，所以在网页中的使用要比 GIF 和 JPEG 格式少得多。但随着网络的发展和互联网传输速率的提高，PNG 格式将是未来网页中使用的一种标准图像格式。

7. PDF格式

PDF格式可跨平台操作，可在Windows、macOS、UNIX和DOS环境下浏览（用Acrobat Reader）。它支持Photoshop格式支持的所有颜色模式和功能，支持JPEG和Zip压缩（使用CCITT Group 4压缩的位图模式的图像除外），支持透明，但不支持Alpha通道。

8. Targa格式

Targa格式专门用于使用Truevision视频卡的系统，而且通常受MS-DOS颜色应用程序的支持。Targa格式支持24位RGB图像（8位×3个颜色通道）和32位RGB图像（8位×3个颜色通道，外加一个8位Alpha通道）。Targa格式也支持无Alpha通道的索引颜色和灰度模式。当以该格式存储RGB图像时，可选择像素深度。

9. EPS格式

EPS 格式是 Illustrator 与 Photoshop、InDesign 之间可交换的文件格式，是目前桌面印刷系统普遍使用的通用交换格式中的一种综合格式。EPS 文件格式又被称为带有预览图像的 PSD 格式，它是由一个 PostScript 语言的文本文件和一个（可选）低分辨率的由 PICT 或 TIFF 格式描述的代表像组成。EPS 文件大多用于印刷和在 Photoshop 与页面布局应用程序之间交换图像数据。保存 EPS 文件时，Photoshop 将弹出图 1-4 所示的“EPS 选项”对话框。

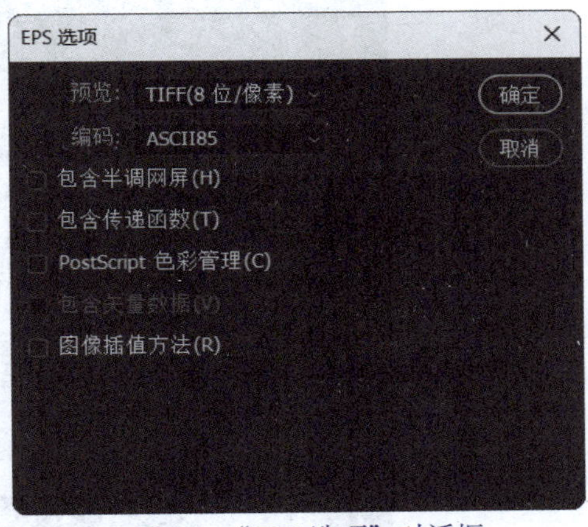

图 1-4　“EPS 选项”对话框

1.5　课后练习

1. 简述位图和矢量图的区别。
2. 简述 RGB、CMYK 和 Lab 三种颜色模式的特点。
3. 简述常用的图像存储格式。

第2章　Photoshop CC 基础知识

本章重点

本章将对 Photoshop CC 2023 的软件功能做全面讲解。通过本章的学习，读者应掌握工具箱中工具的使用、创建选区的方法，以及图层、通道、蒙版、色彩调整和路径的相关基础知识。

2.1　Photoshop CC的工作界面

启动 Photoshop CC 2023 后，即可进入 Photoshop CC 2023 的工作界面，如图 2-1 所示。

图 2-1　Photoshop CC 2023 的工作界面

Photoshop CC 2023 的工作界面由菜单栏、工具箱、选项栏、面板和状态栏构成。

1. 菜单栏

当要使用某个菜单命令时，只需将鼠标移到菜单名上单击，即可弹出下拉菜单，从中可以选择所要使用的命令。

对于菜单来说，有如下的约定规则：

- 菜单项呈现暗灰色，如图 2-2 中 a 所示，则说明该命令在当前编辑状态下不可用；
- 菜单项后面有箭头符号，如图 2-2 中 b 所示，则说明该菜单项还有子菜单；

● 菜单项后面有省略号，如图 2-2 中 c 所示，则单击该菜单项将会弹出一个对话框；
● 如果在菜单项的后面有快捷键，如图 2-2 中 c 所示，那么也可以直接使用快捷键来执行菜单命令；
● 按〈Alt〉键或再次单击主菜单名，可关闭主菜单。如果要逐级向上关闭菜单，可按〈Esc〉键。

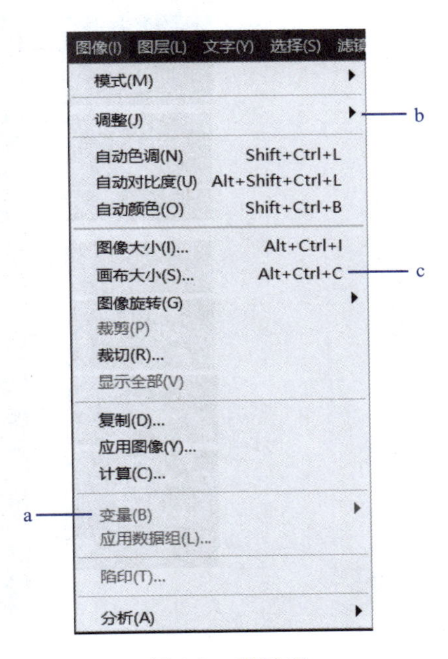

图 2-2　菜单项

2. 工具箱和选项栏

Photoshop CC 2023 的工具箱默认位于工作界面的左侧，当要使用某种工具时，只需单击相应的工具即可。例如，想选择矩形区域，可单击工具箱中的 （矩形选框工具），然后在图像窗口拖动鼠标，即可选出所需的区域。

由于 Photoshop CC 2023 提供的工具比较多，因此工具箱并不能显示出所有的工具，有些工具被隐藏在相应的子菜单中。在工具箱的某些工具图标右下角可以看到一个小三角符号，这表明该工具拥有相关的子工具。单击该工具并按住鼠标不放，或单击右键，然后将鼠标移至打开的子工具条中，单击所需要的工具，则该工具将出现在工具箱上，如图 2-3 所示。为了便于学习，图 2-4 中列出了 Photoshop CC 2023 工具箱中的工具及其名称。

单击工具箱左上方的 按钮，可以双列显示工具箱，如图 2-5 所示。此时单击 按钮，可恢复工具箱的单列显示。

选项栏位于菜单栏的下方，其功能是设置各个工具的参数。当用户选取某一工具后，选项栏中的选项将发生变化，不同的工具有不同的参数，图 2-6 显示的是渐变工具和钢笔工具的选项栏。

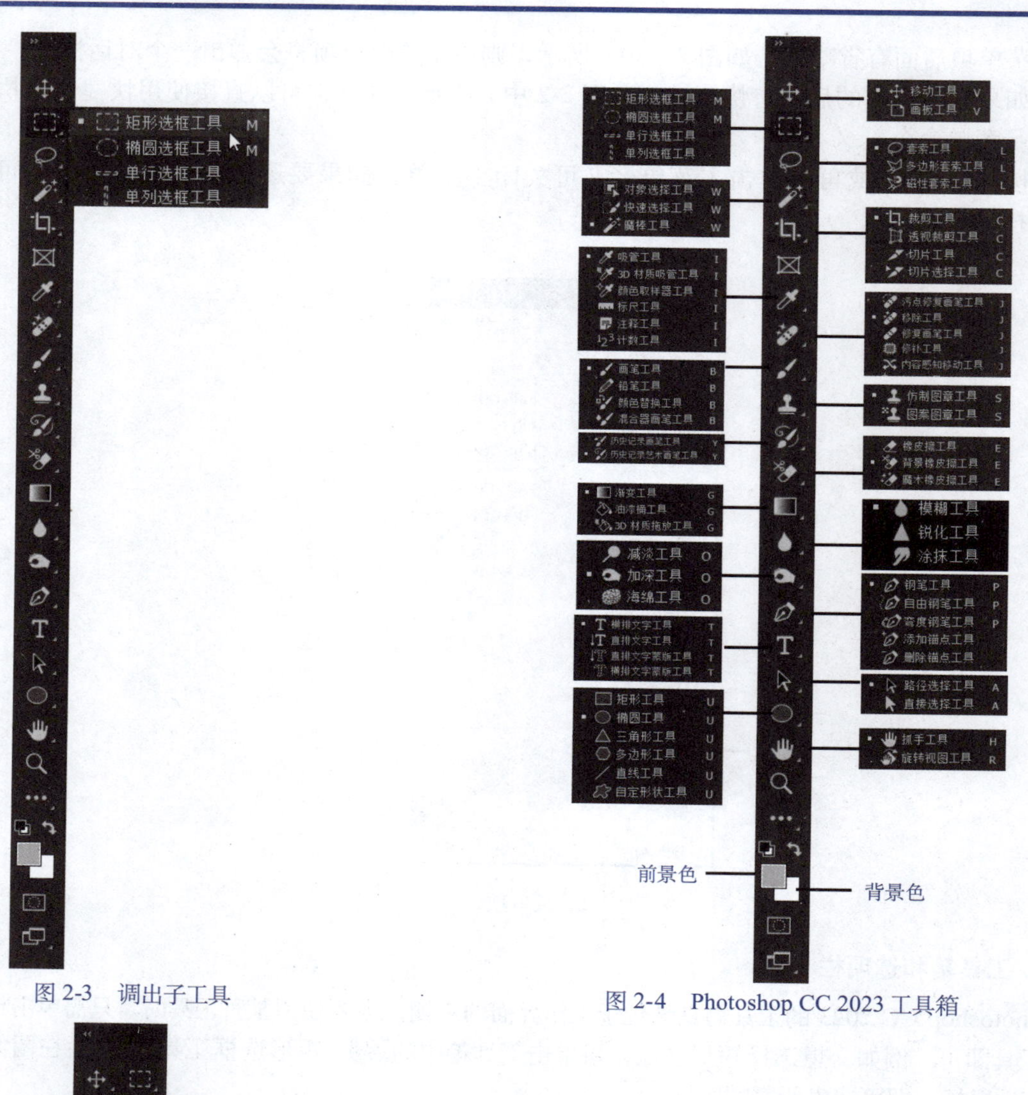

图 2-3 调出子工具

图 2-4 Photoshop CC 2023 工具箱

图 2-5 双列显示工具箱

渐变工具

钢笔工具

图 2-6 不同工具的选项栏

3. 面板

面板位于工作界面的右侧，利用它可以完成各种图像处理操作和工具参数的设置，如可以用于显示信息、选择颜色、图层编辑、制作路径、录制动作等。所有面板都可在“窗口”菜单中找到。

Photoshop CC 2023 为了便于操作还将面板以缩略图的方式显示在工作区中，如图 2-7 所示。用户可以通过单击缩略图来打开或关闭相应面板，如图 2-8 所示。

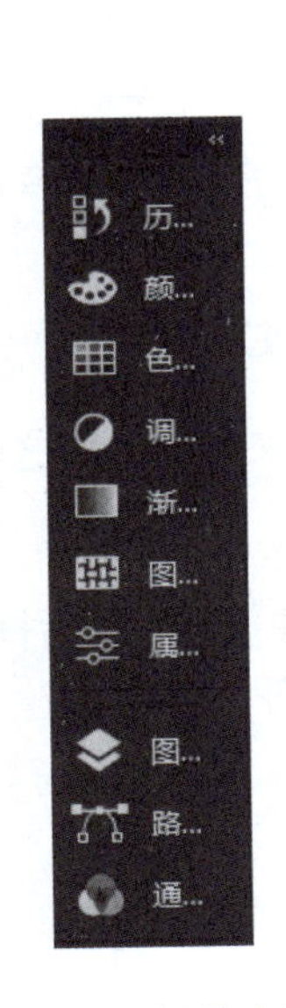

图 2-7　面板缩略图

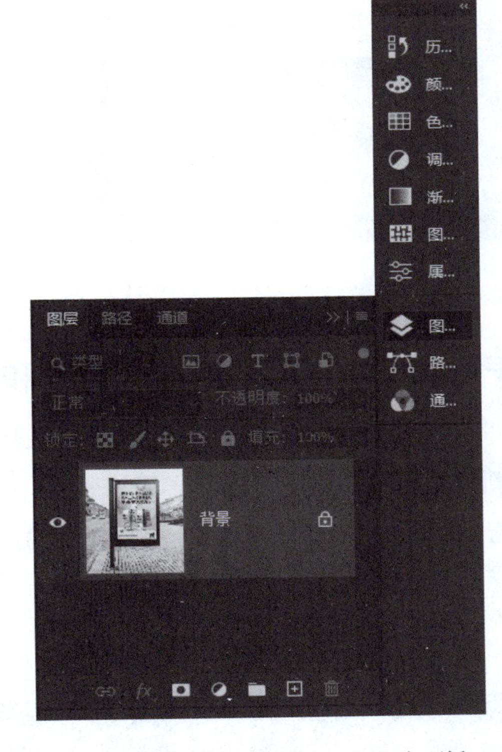

图 2-8　单击缩略图打开或关闭相应面板

4. 状态栏

状态栏位于 Photoshop CC 2023 当前图像文件窗口的最底部。状态栏主要用于显示图像处理的各种信息，它由当前图像的放大倍数和文件大小两部分组成，如图 2-9 所示。

单击状态栏中的按钮，可以打开如图 2-10 所示的快捷菜单，从中可以选择显示文件的不同信息。

图 2-9　状态栏

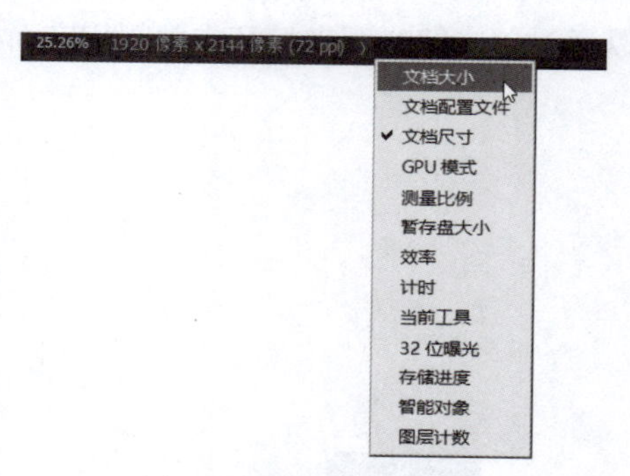

图 2-10　状态栏快捷菜单

2.2　Photoshop CC的新建、打开和保存文档操作

在 Photoshop 中创建、打开和保存文档是最基本的操作，下面来具体讲解这些内容。

1. 新建文档

执行菜单中的“文件→新建”命令，在弹出图 2-11 所示的“新建文档”对话框中设置高度、宽度、分辨率、颜色模式和背景内容等参数后，单击“创建”按钮，即可新建一个文档，如图 2-12 所示。

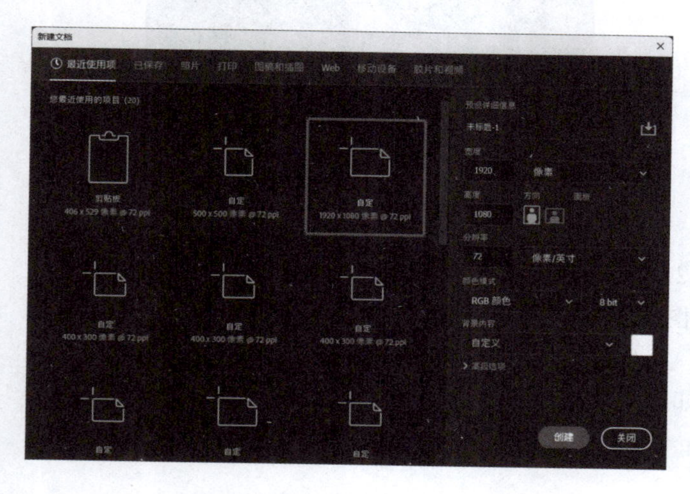

图 2-11　“新建文档”对话框

图 2-12　新建一个文档

2. 打开文档

执行菜单中的“文件→打开”命令，然后在弹出图 2-13 所示的“打开”文件对话框中选择一个或多个文件，单击“打开”按钮，即可打开选择的文件。

提示：Photoshop CC 2023 还可以打开“图像序列”文件。图 2-14 所示的是一个用 c4d 输出的动画图像序列，当在“打开”对话框中选择一张序列图片，并选中“图像序列”复选框后，单击“打开”按钮，然后在弹出的“帧速率”对话框中选择一种帧速率（此时选择的是 25），如图 2-15 所示，单击“确定”按钮，即可打开序列图片。接着在“时间轴”面板中单击▶（播放）按钮，如图 2-16 所示，即可预览序列图片产生的动画效果，如图 2-17 所示。

图 2-13 “打开”对话框

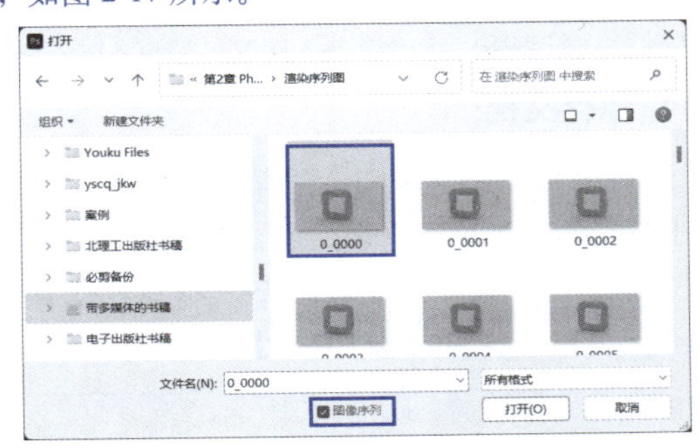

图 2-14 选择一张序列图片，并选中“图像序列”复选框

图 2-15 将“帧速率”设置为 25

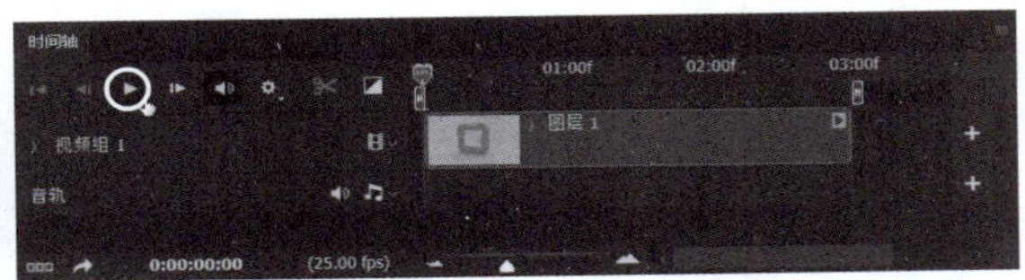

图 2-16 单击▶（播放）按钮

图 2-17 预览效果

3. 将文件以智能对象的方式打开

执行菜单中的“文件→打开为智能对象”命令，然后在弹出“打开”对话框中选择要导入的文件，如图 2-18 所示，单击“打开”按钮，即可将文件以智能对象的方式打开，此时“图层”上会显示出智能对象的图标，如图 2-19 所示。将文件以智能对象的方式打开的优势在于，可以对其进行无损的旋转、缩放操作，而图像的清晰度不会发生改变，另外对智能对象添加滤镜后，还可以对“滤镜”进行再次编辑。

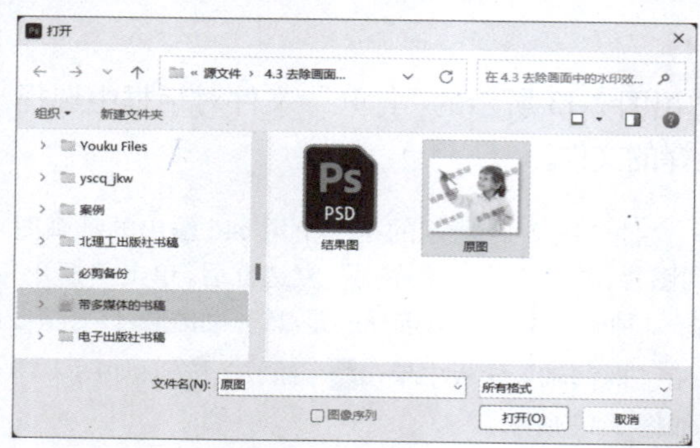

图 2-18　选择要导入的文件

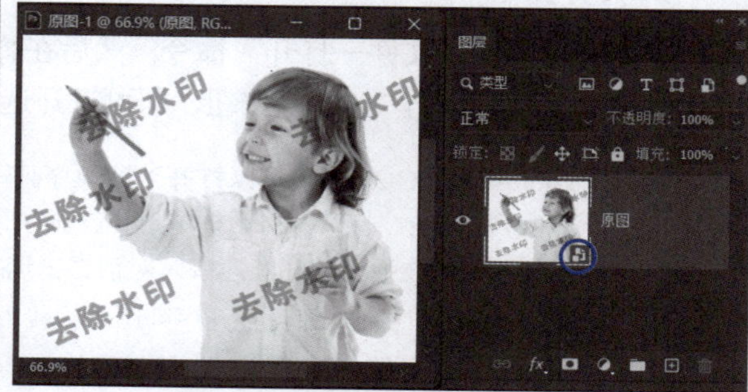

图 2-19　智能对象的图标

4. 保存文档

执行菜单中的“文件→存储为”命令，在弹出图 2-20 所示的“存储为”对话框中选择文件保存的位置，输入“文件名”，选择“保存类型”后，单击“保存”按钮即可保存文档。此外，执行菜单中的“文件→存储副本”命令，在弹出图 2-21 所示的“存储副本”对话框中设置相应参数后，单击“保存”按钮，可以将当前文件存储为一个副本。

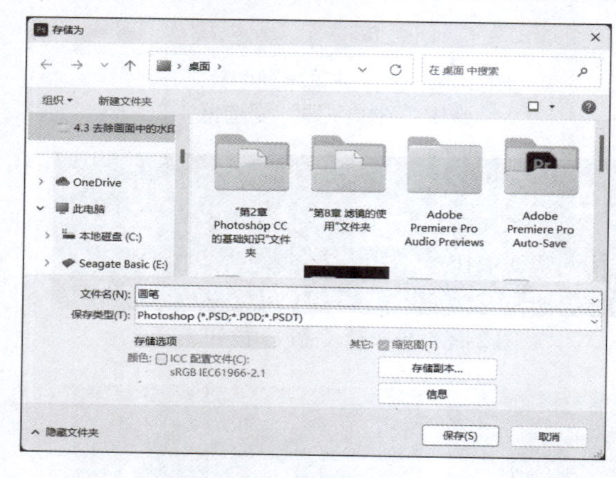

图 2-20　“存储为”对话框中

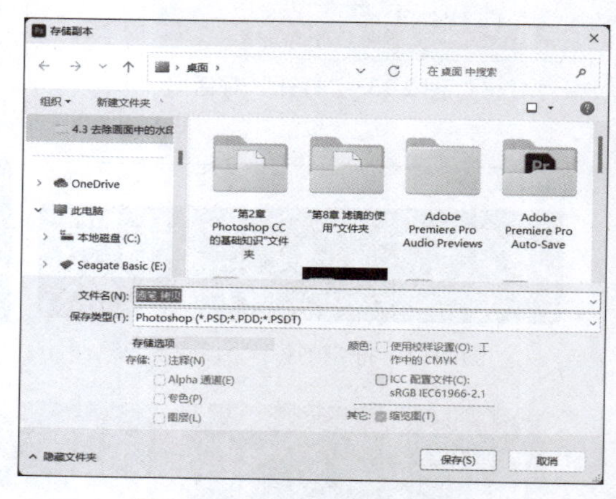

图 2-21　“存储副本”对话框

2.3　工具箱中的工具与基本编辑

2.3.1　基本概念

1. 切换工具窗口

执行菜单中的“窗口→工具”命令，可以切换工具窗口的显示与隐藏。

2. 选择工具

单击工具箱中的按钮即可选择相应的工具，如果该工具右下角有一个小三角，则代表该工具下还有隐藏的工具，将鼠标放在该工具上片刻，可以弹出所有的工具，如图 2-22 所示，移动鼠标可以进行选择。

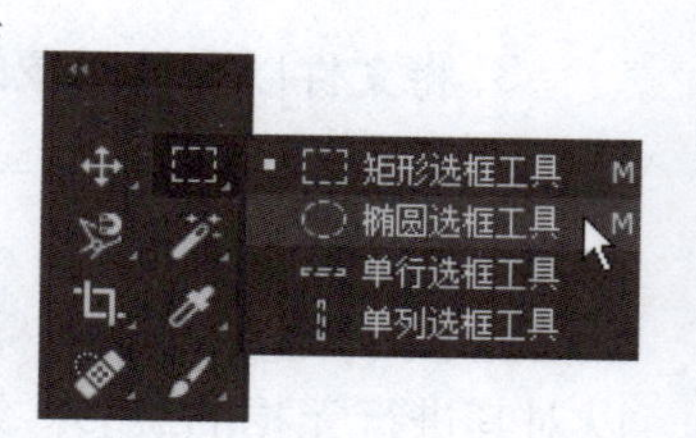

图 2-22　弹出工具

3. 设置工具的光标外观

执行菜单中的“编辑→首选项→光标”命令，弹出如图 2-23 所示的“首选项”对话框。

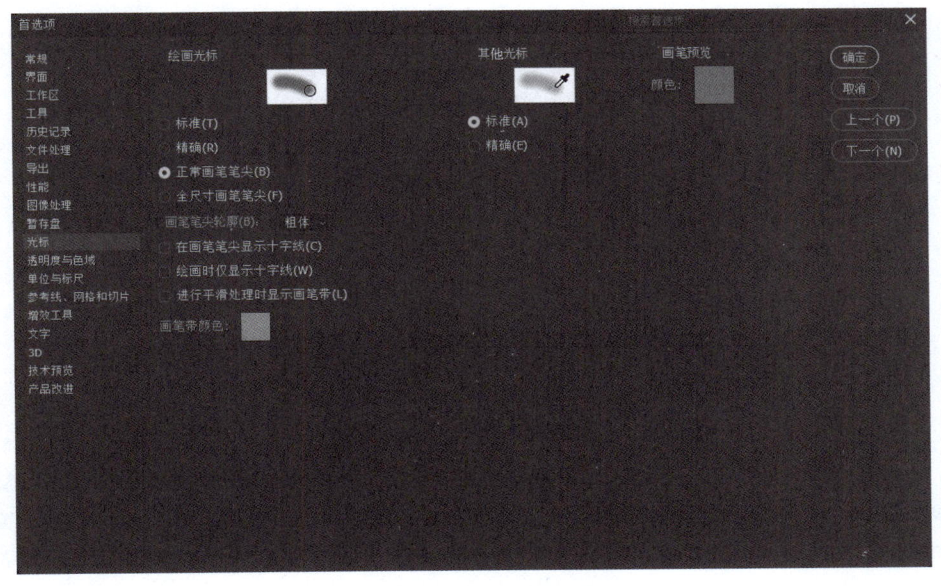

图 2-23 “首选项”对话框

1）单击“绘画光标”或者“其他光标”中的“标准”单选按钮，光标将显示为工具图标。

2）单击“精确”单选按钮，光标将显示为十字线。

3）单击“正常画笔笔尖”单选按钮，光标显示为画笔形状，表示当前画笔的大小，此时光标不能显示非常大的画笔。

4）“绘画光标”选项组控制的工具有橡皮擦、铅笔、喷枪、画笔、图案图章、涂抹、模糊、锐化、减淡、加深和海绵工具。

5）“其他光标”选项组控制的工具有选框、套索、多边形套索、魔棒、裁剪、吸管、钢笔、渐变、直线、油漆桶、自由套索、磁性套索、度量和颜色取样工具。

2.3.2 颜色设定

使用各种绘图工具画出的线条的颜色是由工具箱中的前景色决定的，而使用橡皮擦工具擦除后的颜色则是由工具箱中的背景色决定的。

前景色和背景色的设置方法如下：

1）默认状态下，“前景色”和“背景色”分别为黑色和白色。

2）单击右上角的双箭头（或按〈X〉键），可以实现前景色和背景色的切换。

3）单击左下角的黑白双色标志（或按〈D〉键），可以将前景色和背景色切换为默认状态下的黑白两色。

4）单击“前景色”或者“背景色”图标，弹出“拾色器（前景色）”对话框，如图 2-24 所示。在对话框左侧的颜色选择区中单击，会有圆圈出现在单击位置，在对话框的右上角会显示当前

选中的颜色，并在对话框右下角显示其对应的数值，包括 RGB、CMYK、HSB 和 Lab 这 4 种不同的颜色描述方式，也可以在这里直接输入数字确定所需要的颜色。

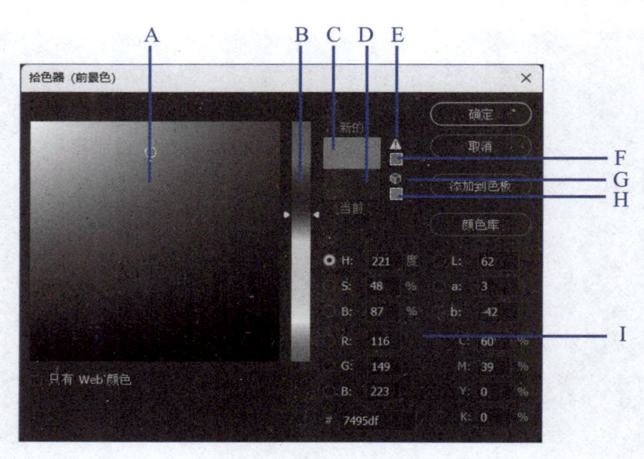

图2-24 “拾色器（前景色）”对话框

A—颜色选择区 B—颜色导轨和颜色滑块（在滑块中确定了某种色相后，颜色选择区内则会显示出这一色相亮度从亮到暗，饱和度从强到弱的各种颜色） C—新的选定的颜色 D—当前选定的颜色 E—印刷颜色警告标志（如果选择的颜色超过印刷颜色的范围，这里将出现警告标志） F—最接近的 CMYK 印刷颜色 G—网络颜色警告标志，即在网页中不能表现的颜色 H—最接近的网页颜色 I —颜色定义区，即用数字控制所选的颜色

5）可以通过图 2-25 所示的“色板”面板改变前景色或背景色。无论用户正在使用何种工具，只要将鼠标移动到“色板”面板上，鼠标就会变成吸管状，单击鼠标可以改变前景色。如果想在面板中增加颜色，可以用吸管工具在画面上选择颜色到“色板”面板的空白处，鼠标将变成小桶的形状，此时只要单击鼠标，就可以将颜色加入面板了。

6）可以通过图 2-26 所示的“颜色”面板改变前景色或背景色。将鼠标移动到颜色条上，单击鼠标可以改变前景色，还可以单击“颜色”面板右上方的☰按钮，在弹出的图 2-27 所示的菜单中选择不同的颜色模式。

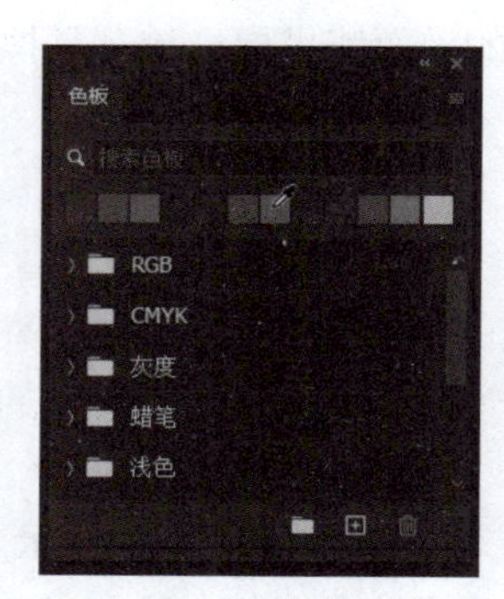

图 2-25 “色板”面板

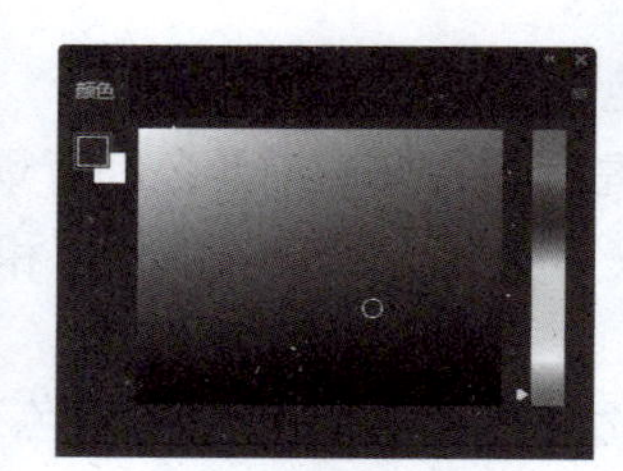

图 2-26 “颜色”面板

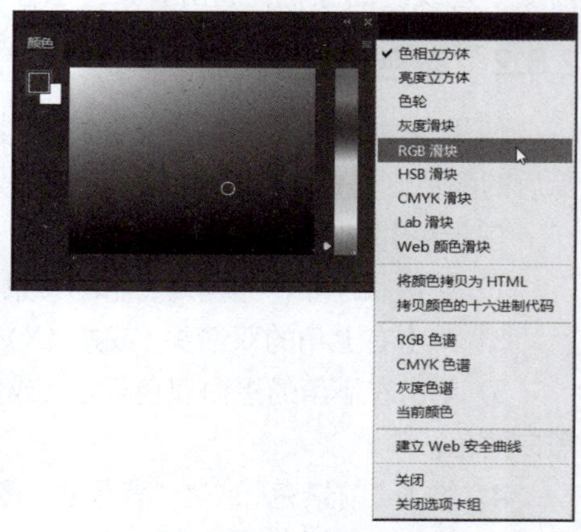

图 2-27 选择不同的颜色模式

7）可以通过（颜色取样器工具）测量图像中不同位置的颜色数值，如图 2-28 所示，此时的“信息”面板如图 2-29 所示。颜色取样器只能选择 10 个不同的点进行颜色测试，如果想删除取样点，只需按住〈Alt〉键，单击取样点即可。

图 2-28　测量图像中不同位置的颜色数值

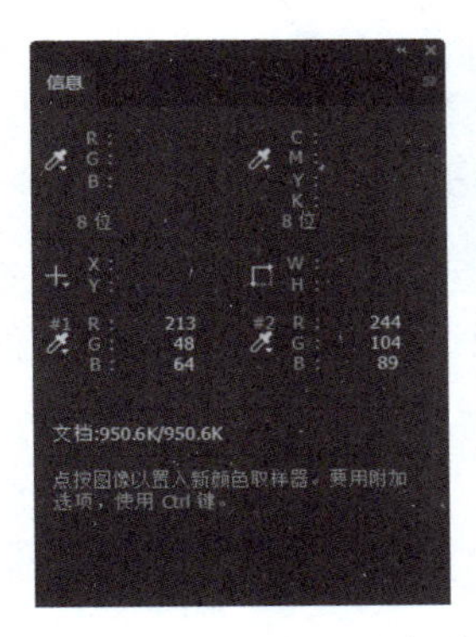

图 2-29　“信息”面板显示相关信息

2.3.3　选择、移动工具和裁剪工具

有关（矩形选框工具）、（椭圆选框工具）、（单行选框工具）、（单列选框工具）、（套索工具）、（多边形套索工具）、（磁性套索工具）、（对象选择工具）、（快速选择工具）和（魔棒工具）的知识介绍见“2.3.4　创建选区”，对其他工具的介绍如下。

1. 移动工具

移动工具可以将选区或者图层移动到图像的不同位置。移动工具的选项栏如图 2-30 所示。

图 2-30　移动工具的选项栏

1）选中“自动选择”复选框后，只需单击要选择的图像即可自动选中该图像所在的图层，而不必通过“图层”面板来选择某一图层。

2）选中“显示变换控件”复选框后，将显示选区或者图层不透明区域的边界定位框，通过边界定位框可以对对象进行简单的缩放及旋转修改，一般用于矢量图形。

3）对齐链接按钮：该组按钮用于对齐图像中的图层。它们分别与菜单栏中“图层→对齐”子菜单中的命令相对应。

2. 裁剪工具

裁剪工具用于图像的修剪。裁剪工具的选项栏如图 2-31 所示。

图 2-31　裁剪工具的选项栏

在使用（裁剪工具）时，图像边框会直接显示裁剪工具的按钮与参考线，如图 2-32 所示，此时只要根据需要拖拉和旋转图像边框四周裁剪工具的按钮，即可裁剪出要保留的区域，如图 2-33 所示，然后按〈Enter〉键即可完成裁剪操作，如图 2-34 所示。

图 2-32 图像四周出现裁剪工具的按钮与参考线

图 2-33 裁剪出要保留的区域

图 2-34 裁剪后的效果

3. 透视裁剪工具

透视裁剪工具用于纠正不正确的透视变形。与裁剪工具的不同之处在于，前者允许用户使用任意四边形来裁剪画面，而后者只允许用户以正四边形裁剪画面。透视裁剪工具的选项栏如图 2-35 所示。

图 2-35 透视裁剪工具的选项栏

使用（透视裁剪工具）定义不规则四边形的意义在于，进行裁剪时，软件会对选中的画面区域进行裁剪，还会把选定区域“变形”为正四边形。这就意味着用户可以纠正不正确的透视变形。比如在拍摄高大的建筑时，由于视角较低，竖直的线条会向消失点集中，从而产生透视变形，如图 2-36 所示。利用（透视裁剪工具）进行纠正后的效果如图 2-37 所示。关于（透视裁剪工具）的具体应用见“3.8 扶正透视变形的身份证”。

图 2-36 透视变形的画面

图 2-37 利用（透视裁剪工具）纠正后的效果

2.3.4 创建选区

在 Photoshop 中，要对图像的局部进行编辑，首先要通过各种途径将其选中，即创建选区。下面具体介绍各种创建选区的方法。

（1）矩形选框工具

使用（矩形选框工具）可以在画面上绘制矩形选区，其选项栏如图 2-38 所示。

图 2-38　矩形选框工具的选项栏

1）：激活（新选区）按钮后绘制选区，可以创建一个新的选区；激活（添加到选区）按钮后绘制选区，可以在已经建立的选区之外再加上其他的选区范围；激活（从选区减去）按钮后绘制选区，可以从已经建立的选区中减去一部分；激活（与选区交叉）按钮后绘制选区，可以保留两个选区的重叠部分。

提示：按住〈Shift〉键，可以在原有选区的基础上添加新的选区；按住〈Alt〉键，可以在原有选区的基础上减去选区；按住快捷键〈Alt+Shift〉，可以创建与原有选区相交叉的选区。

2）羽化：用于设置建立的选区和选区周围像素之间的转换边界以模糊边缘，范围为 1 ～ 250 个像素。数值越大，羽化越明显，选区的边界也就越模糊。在此框中输入一个羽化值，然后创建选区，将该选区复制到新文档中，可以得到不同的朦胧效果。这在选区的制作中非常有用，图 2-39 为设置不同羽化值后的效果比较。

a)

b)

c)

d)

图 2-39　设置不同羽化值后的效果比较
a) 原图像　b) 羽化值为 0　c) 羽化值为 10　d) 羽化值为 30

3）样式：下拉列表框中包括“正常”“固定比例”和“固定大小”3 个选项。选择“正常”，则可以创建任意的选择范围；选择“固定比例”，则可以输入数字确定选择范围的长宽比；选择“固定大小”，则可以输入整数像素值，精确设定选择范围的长宽数值。

（2）椭圆选框工具

使用（椭圆选框工具）可以在画面上绘制椭圆形选区，其选项栏与矩形选框工具类似，只是多了一个“消除锯齿”复选框，如图 2-40 所示。“消除锯齿”的作用是软化边缘像素间的颜色过渡，使选区的锯齿边缘平滑，图 2-41 为选中“消除锯齿”复选框前后的效果比较。由于只是改变边缘像素，不会丢失细节，因此在剪切、复制和粘贴选区，以及创建复合图像时非常有用。

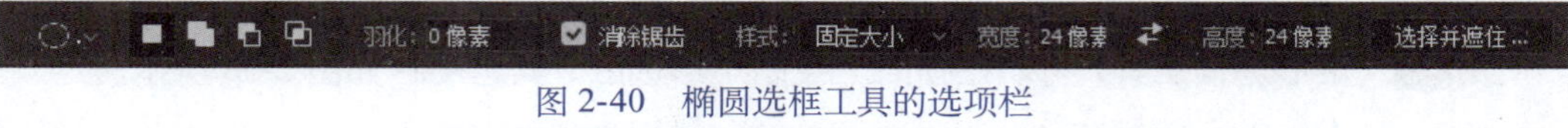

图 2-40　椭圆选框工具的选项栏

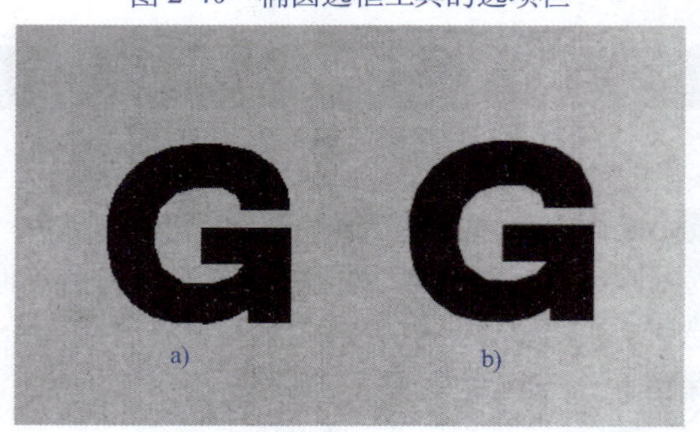

图 2-41　选中“消除锯齿”复选框前后的效果比较

a) 未选中“消除锯齿”　b) 选中“消除锯齿”

（3）单行 / 单列选框工具

选择（单行）/（单列）选框工具，在画面上单击就可以将选区定义为一个像素的行或者列，其实它也是一个矩形框，只要放大图像就可以看到。

（4）魔棒工具

（魔棒工具）是基于图像中相邻像素的颜色近似程度进行选择的，其选项栏如图 2-42 所示。

图 2-42　魔棒工具的选项栏

1）容差：数值范围为 0 ～ 255，表示相邻像素的近似程度，数值越大，表示可允许的相邻像素的近似程度越小，选择范围越大；反之，选择范围就越小。图 2-43 为容差值不同时创建的选区大小。

a)

b)

图 2-43　容差值不同时创建的选区大小

a) 容差值为 10　b) 容差值为 60

2）连续：选中“连续”复选框可以将图像中连续的像素选中，否则可将连续的和不连续的像素一并选中。

3）对所有图层取样：选中“对所有图层取样”复选框，魔棒工具将跨越图层对所有可见图层起作用，否则魔棒工具只对当前图层起作用。

（5）快速选择工具

（快速选择工具）的选项栏如图 2-44 所示。快速选择工具是智能的，它比魔棒工具更加直观和准确。使用时不需要在要选取的整个区域中涂画，快速选择工具会自动调整所涂画的选区大小，并寻找到边缘使其与选区分离。

图 2-44　快速选择工具的选项栏

快速选择工具的使用方法是基于画笔模式的。也就是说，可以“画”出所需的选区。如果是选取离边缘比较远的较大区域，则要使用大尺寸的画笔；如果是选取边缘，则换成小尺寸的画笔，这样才能尽量避免选取背景像素。关于（快速选择工具）的具体应用见“4.8　更换人物身上的 T 恤衫”。

（6）对象选择工具

（对象选择工具）的选项栏如图 2-45 所示，对象选择工具简化了在图像中选择单个对象或对象的某个部分（人物、汽车、家具、宠物、衣服等）的过程。只需在对象周围绘制矩形区域或套索，对象选择工具就会自动选择已定义区域内的对象。比起没有对比或反差的区域，这款工具更适合处理定义明确的对象。关于（对象选择工具）的具体应用见“4.1　图像互相穿越的效果”。

图 2-45　对象选择工具的选项栏

（7）套索工具

（套索工具）可以选择任意形状的区域，其选项栏如图 2-46 所示。

图 2-46　套索工具的选项栏

套索工具的使用方法是按住鼠标拖动，随着鼠标的移动可以形成任意形状的选择范围，松开鼠标后会将起点和终点闭合，形成一个封闭的选区。如果起点和终点重合，鼠标的右下角将出现一个圆圈，单击可以形成一个封闭的选区。

套索工具的随意性很大，要求对鼠标有良好的控制能力，通常用来绘制不规则形状的选区，或者为已有的选区做修补，如果想绘出非常精确的选区则不宜使用。

（8）多边形套索工具

（多边形套索工具）可以用来创建多边形选择区域，其选项栏如图 2-47 所示。

图 2-47　多边形套索工具的选项栏

多边形套索工具的使用方法是单击鼠标形成直线的起点，然后移动鼠标，拖出直线，再次单击鼠标，则在两个落点之间就会形成直线，以此方法可以不断地形成直线。随着鼠标的移动可以形成任意形状的选择范围，松开鼠标后会将起点和终点闭合，形成一个封闭的选区。同理，如果起点和终点重合，在鼠标的右下角将出现一个圆圈，单击可以形成一个封闭的选区。

多边形套索工具通常用来增加或者减少选择范围，或者对局部选区进行修改。

（9）磁性套索工具

（磁性套索工具）可以在拖动鼠标的过程中自动捕捉图像中物体的边缘，以创建选择区域，其选项栏如图 2-48 所示。

羽化：0 像素　消除锯齿　宽度：10 像素　对比度：10%　频率：57　选择并遮住...

图 2-48　磁性套索工具的选项栏

该设置栏中的主要参数含义如下。

- 宽度：该选项的数值范围是 1 ～ 40 像素，用来定义磁性套索工具检索的距离范围，即找寻鼠标周围一定像素值范围内的像素。数值越大，寻找的范围越大，但也可能导致边缘不准确。
- 对比度：该选项的数值范围是 1% ～ 100%，用来定义磁性套索工具对边缘的敏感程度。如果输入的数值较高，磁性套索工具将只能检索到和背景对比度较大的物体边缘；如果输入的数值较小，可以检索到低对比度的边缘。
- 频率：该选项的数值范围是 0 ～ 100，用来控制磁性套索工具生成固定点的多少，频率越高，能越快地固定选区边缘。图 2-49 为不同频率下使用磁性套索工具的效果比较。

a)

b)

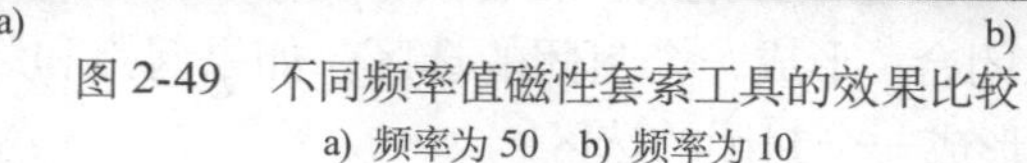

图 2-49　不同频率值磁性套索工具的效果比较

a) 频率为 50　b) 频率为 10

（10）“色彩范围”命令

“色彩范围”命令是一个利用图像中的颜色变化关系来制作选择区域的命令。它就像一个功能强大的魔棒工具，除了用颜色差别来确定选取范围外，还综合了选择区域的相加、相减和相似命令，以及根据基准色选择等多项功能。

图 2-50 为原图，执行菜单中的“选择→色彩范围”命令，然后在弹出的“色彩范围”对话框中利用（吸管工具）在图像的白色位置单击以吸取颜色，此时容差值确定的范围会变成白

色，其余颜色保持黑色不变，如图 2-51 所示。接着单击“确定”按钮确认操作，此时预览区白色的部分就会变成选择区域，如图 2-52 所示。

图 2-50　原图

图 2-52　预览区白色的部分变成选择区域

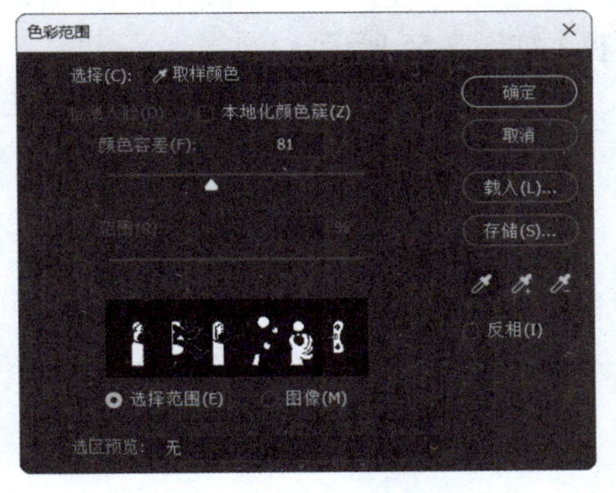

图 2-51　“色彩范围”对话框

（11）“主体”命令

“主体”命令是基于人工智能计算实现的,可以快速创建出边缘较为明显的图像选区。关于“主体”命令的具体应用见“3.2 恐龙低头效果”。

2.3.5　绘画及修饰工具

对于绘画编辑工具而言，选择和使用画笔是非常重要的部分，在此重点介绍画笔工具的设置面板。

1. 画笔工具

使用画笔工具可以绘制出边缘柔软的画笔效果，画笔的颜色为工具箱中的前景色，其选项栏如图 2-53 所示。

图 2-53　画笔工具的选项栏

1）单击选项栏中画笔图标后面的，在弹出的画笔工具设置面板中可以调节画笔的大小和硬度，如图 2-54 所示。

2）模式：用来定义画笔与背景的混合模式。

3）不透明度：用来定义使用画笔绘制图形时笔墨覆盖的最大程度。同样适用于铅笔工具、仿制图章工具、图案图章工具、历史画笔工具、艺术历史画笔工具、渐变工具和油漆桶工具。

4）始终对“不透明度”使用“压力”。在关闭时“画笔预设”控制压力：激活该按钮，将使用绘图板的光笔压力覆盖“画笔”面板中的不透明度设置。

5）流量：用来定义笔墨扩散的速度。同样适用于仿制图章工具、图案图章工具和历史画笔工具。

6）启用喷枪样式的建立效果：激活该按钮，画笔将模拟传统的喷枪效果。

7）始终对“大小”使用“压力”。在关闭时“画笔预设”控制压力：激活该按钮，将使用绘图板的光笔压力覆盖“画笔”面板中的大小设置。

8）如果想画出笔直的线条，可以在画面上单击确定起始点，然后按住〈Shift〉键，单击鼠标确定终点，则两点之间就会自动连接成一条直线。

9）在选中任何一个绘画工具时，单击画笔工具选项栏的图标，都可以弹出“画笔设置”面板，如图 2-55 所示。

● 画笔：该选项用来设定画笔的主直径。单击该按钮，将显示出“画笔”面板，如图 2-56 所示，此时可以拖动“大小”滑块来设定画笔的主直径。

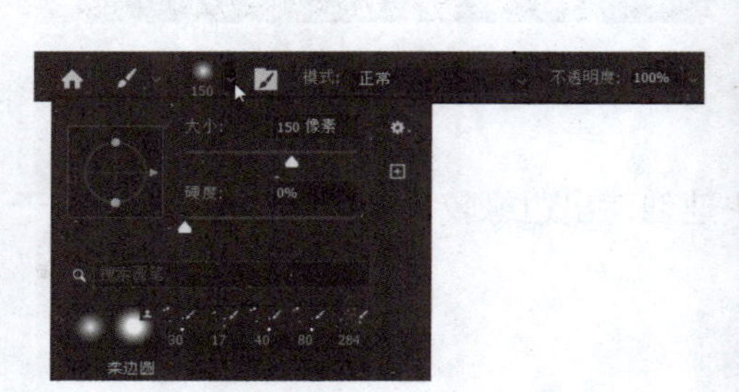

图 2-54　画笔工具设置面板

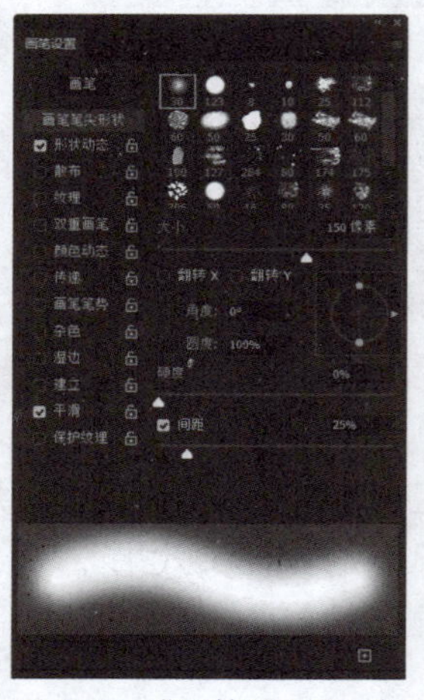

图 2-55　“画笔设置”面板

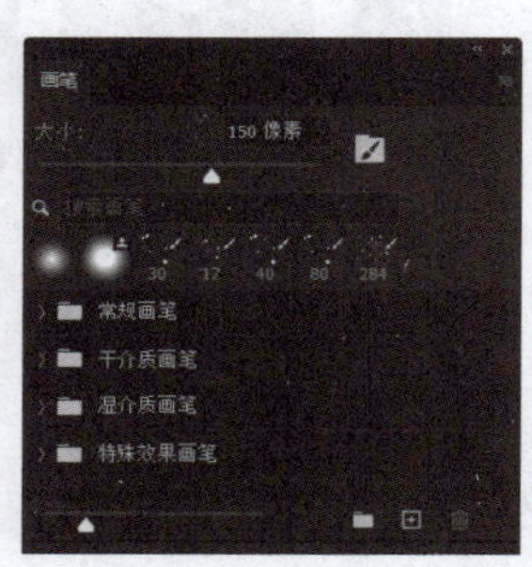

图 2-56　“画笔”面板

● 画笔笔尖形状：该选项用于选择笔尖的形状。其中，“大小”用于确定笔尖的大小；“角度”用于确定画笔长轴的倾斜角度，图 2-57a、b 是角度分别为 0° 和 90° 时的画笔比较；“圆度”用于控制椭圆短轴与长轴的比例，图 2-58a、b 是圆度分别为 10% 和 100% 时的画笔比较；“硬度”用于设置所画线条边缘的柔化程度，图 2-59a、b 是硬度分别为 0% 和 100% 时的画笔比较；“间距”表示画笔标志点之间的距离，图 2-60a、b 是间距分别为 1% 和 100% 时的画笔比较。如果未选中“间距”复选框，则所画出的线条将依赖于鼠标移动的速度，鼠标移动得快，则两点间的距离大；鼠标移动得慢，则两点间的距离小。

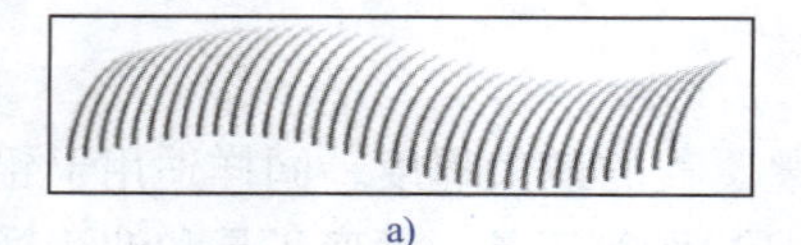

a)

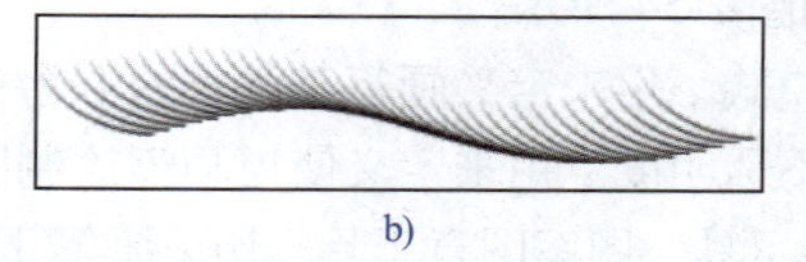

b)

图 2-57　不同角度的画笔比较

a) 角度为 0°　b) 角度为 90°

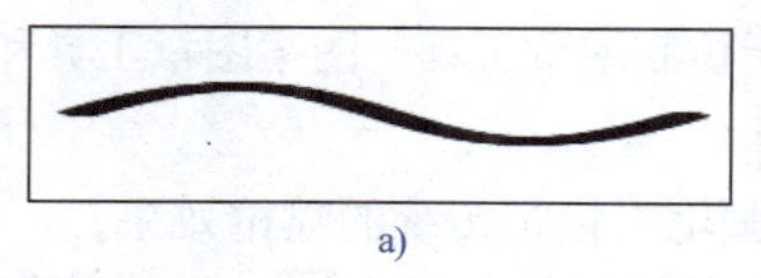

a)

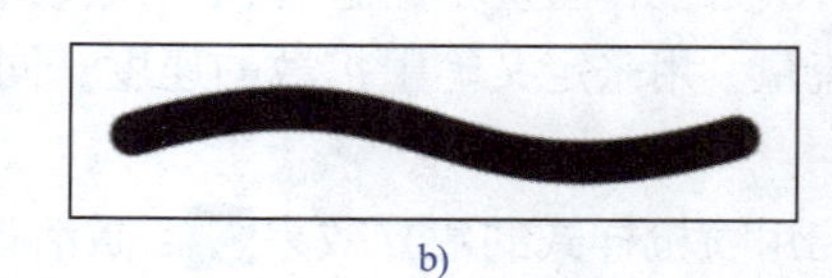

b)

图 2-58　不同圆度的画笔比较

a) 圆度为 10%　b) 圆度为 100%

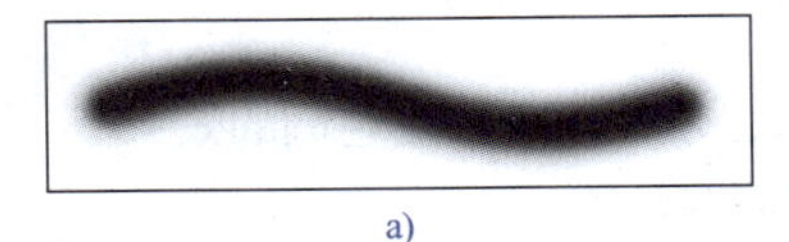
a)

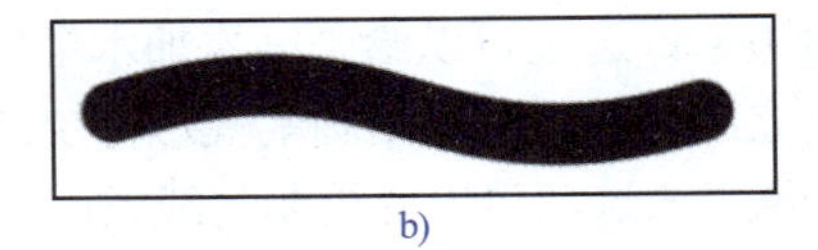
b)

图 2-59　不同硬度的画笔比较
a) 硬度为 0%　b) 硬度为 100%

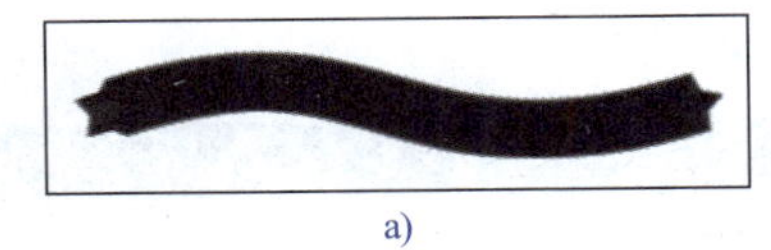
a)

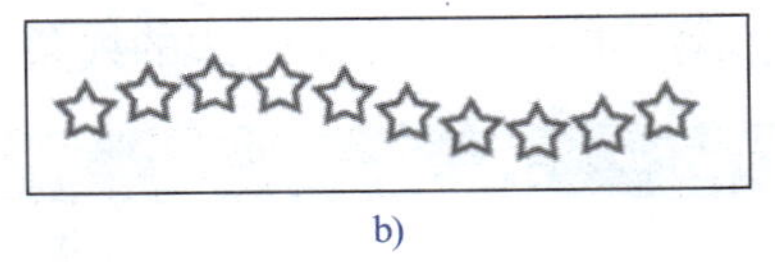
b)

图 2-60　不同间距的画笔比较
a) 间距为 1%　b) 间距为 100%

- 形状动态：该选项用来增加画笔的动态效果，如图 2-61 所示。其中，“大小抖动”用来控制笔尖动态大小的变化，如图 2-62 所示；“控制”下拉列表框中包括“无”“渐隐”“钢笔压力”“钢笔斜度”和“光笔轮”5 个选项，图 2-63 是将“控制”设置为“渐隐”、“最小直径”设置为“0%”时的画笔形状。

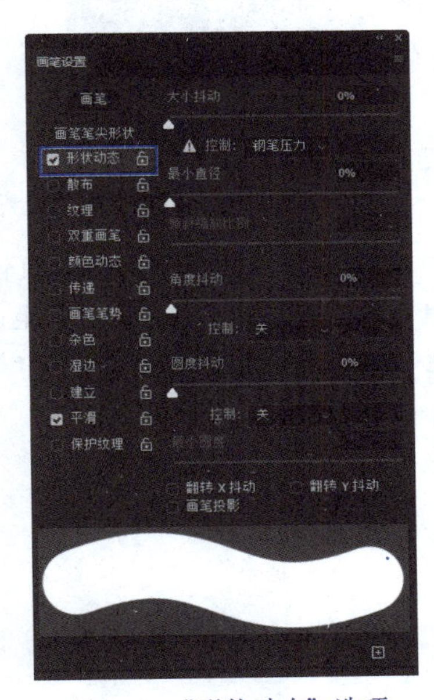

图 2-61　“形状动态”选项

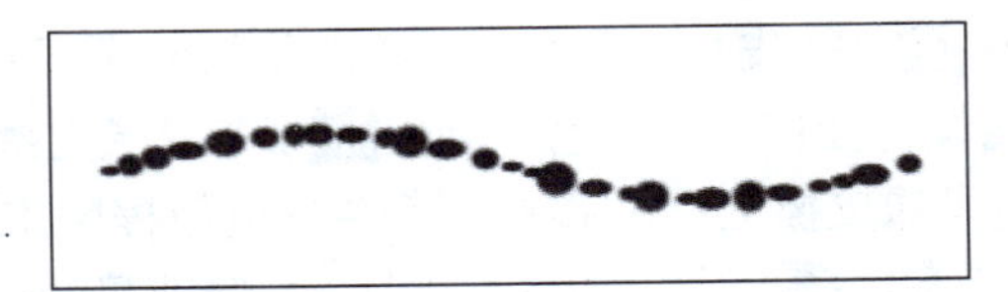
图 2-62　“大小抖动”效果

图 2-63　“渐隐”效果

- 散布：该选项用来决定绘制线条中画笔标记点的数量和位置。
- 纹理：该选项可以将纹理叠加到画笔上，产生在纹理画面上作画的效果。
- 双重画笔：该选项用于使用两种笔尖效果创建画笔。
- 颜色动态：该选项用来决定在绘制线条的过程中颜色的动态变化情况。
- 传递：该选项用来添加自由随机效果，对于软边的画笔效果尤其明显。
- 画笔笔势：该选项用来以画笔倾斜和压力的方式绘制图形。
- 杂色：该选项用来给画笔添加噪波效果。

● 湿边：该选项可以给画笔添加水笔效果。
● 建立：该选项可以用画笔模拟传统的喷枪效果，使图像有渐变色调的效果。
● 平滑：该选项可以使绘制的线条产生更流畅的曲线。
● 保护纹理：该选项可以对所有的画笔执行相同的纹理图案和缩放比例。

2. 铅笔工具

使用铅笔工具可以绘制出硬边的线条，其选项栏如图 2-64 所示。

图 2-64 铅笔工具的选项栏

1）单击工具栏中的图标，弹出铅笔工具的设置面板，在该面板中可以调节画笔的大小和硬度，如图 2-65 所示。

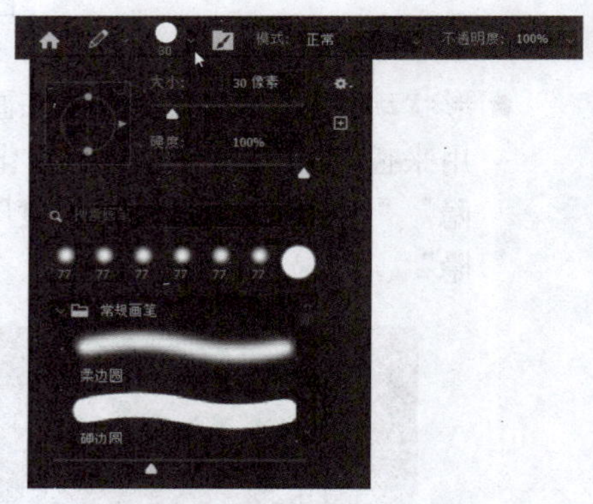

图 2-65 铅笔工具的设置面板

2）“自动抹除”的作用：如果使用铅笔工具所绘线条起点使用的是工具箱中的前景色，铅笔工具将和橡皮擦工具类似，会将前景色擦除至背景色；如果使用的是工具箱中的背景色，铅笔工具会和绘图工具一样使用前景色绘图；当使用铅笔工具所绘线条起点的颜色与前景色和背景色都不同时，铅笔工具也是使用前景色绘图。

3. 橡皮擦工具、背景橡皮擦工具和魔术橡皮擦工具

利用（橡皮擦工具）可以将图像擦除至工具箱中的背景色，并可将图像还原到“历史”面板中图像的任何一个状态；利用（背景橡皮擦工具）可以将图层上的颜色擦除至透明；利用（魔术橡皮擦工具）可以根据颜色的近似程度来确定将图像擦成透明的程度。图 2-66 为原图，图 2-67 为利用（魔术橡皮擦工具）去除背景的效果。

图 2-66 原图

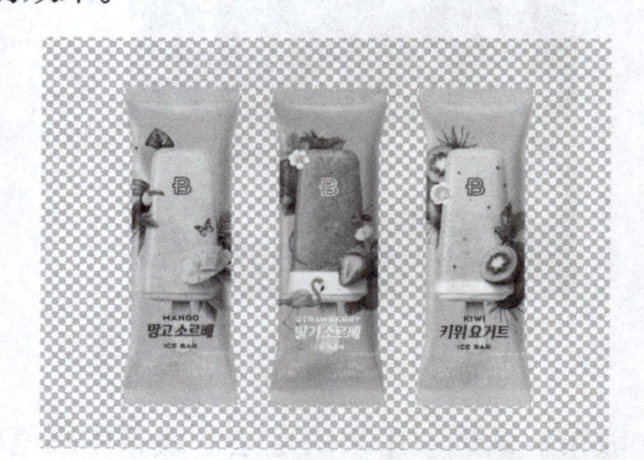

图 2-67 利用（魔术橡皮擦工具）去除背景的效果

4. 渐变工具

渐变工具用来填充渐变色，其选项栏如图 2-68 所示。

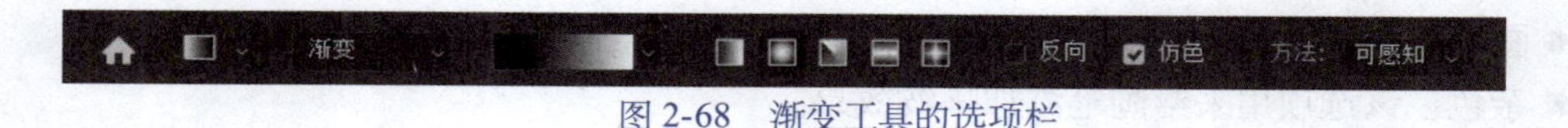

图 2-68 渐变工具的选项栏

使用该工具的方法是按住鼠标左键拖动形成一条直线，直线的长度和方向决定了渐变填充的区域和方向。如果有选区，则渐变作用于选区之中；如果没有选区，则渐变应用于整个图像。

1）单击渐变颜色条右面的按钮，在弹出的图2-69所示的“渐变”面板中可以选择需要的渐变样式。

2）如果需要编辑渐变，可以单击渐变颜色条，在弹出的图2-70所示的“渐变编辑器”对话框中进行设置。Photoshop CC 2023提供了（线性渐变）、（径向渐变）、（角度渐变）、（对称渐变）和（菱形渐变）5种渐变类型，图2-71为5种渐变类型的渐变效果。

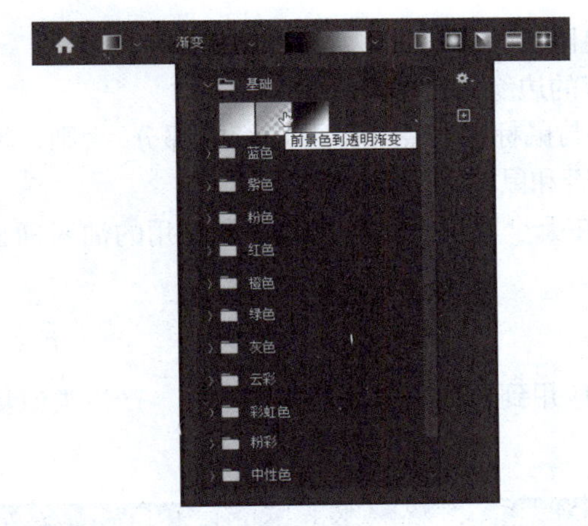

图2-69　“渐变”面板

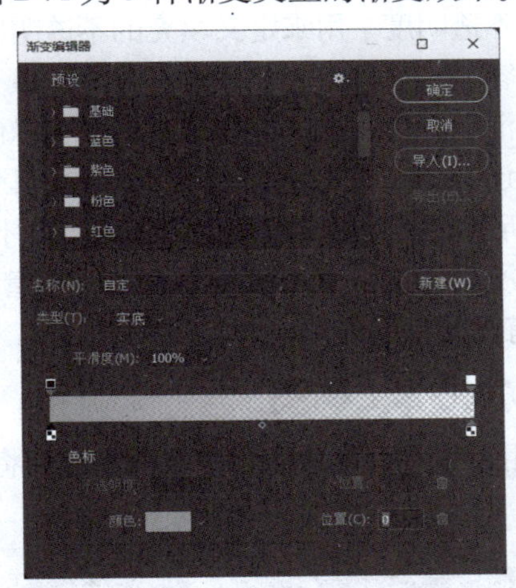

图2-70　“渐变编辑器”对话框

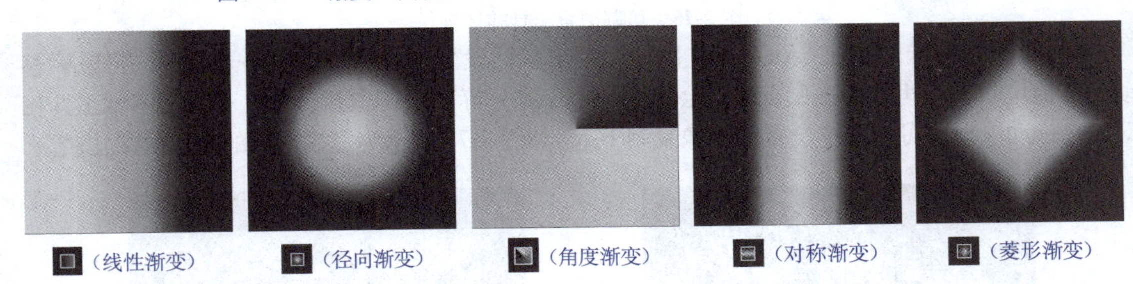

图2-71　5种渐变类型的渐变效果

5. 油漆桶工具

使用该工具可以根据像素颜色的近似程度来填充颜色，填充的颜色可以是前景色或者连续图案。油漆桶工具的选项栏如图2-72所示。

图2-72　油漆桶工具的选项栏

1）（填充）的下拉列表框包括“前景”和“图案”两个选项。如果选择“前景”选项，则在图像中填充的是前景色；如果选择“图案”选项，则在弹出的“图案”面板中可以选择需要的图案。图2-73为原图，图2-74为使用蓝色“前景”色填充背景的效果，图2-75为使用“图案”填充背景的效果。

图 2-73　原图

图 2-74　“前景”填充的效果

图 2-75　“图案”填充的效果

2）模式：用来定义填充和图像的混合模式。

3）不透明度：用来定义填充的不透明度。

4）容差：用来控制油漆桶工具每次填充的范围。数值越大，所允许填充的范围越大。

5）消除锯齿：选中该复选框后，可以使填充的边缘保持平滑。

6）连续的：选中该复选框后，填充区域是与鼠标单击点相似并连续的部分。否则，填充区域是所有和鼠标单击点相似的像素，而不管是否和鼠标单击点连续。

7）所有图层：选中该复选框后，不管当前在哪个图层上进行操作，所使用的油漆桶工具会对所有图层都起作用。

6. 仿制图章工具

使用该工具可以从图像中取样，然后将取样应用到其他图像或者本图像上，产生类似复制的效果，其选项栏如图 2-76 所示。

图 2-76　仿制图章工具的选项栏

1）取样的方法：按住〈Alt〉键在图像上单击鼠标设置取样点，然后松开鼠标，将鼠标移动到其他位置，当再次单击鼠标时，会出现一个符号标明取样位置，并且和仿制图章工具相对应，拖动鼠标即可将取样位置的图像复制下来。如图 2-77 所示为复制前后的图像效果比较。

a)

b)

图 2-77　复制前后的图像效果比较
a）复制前　b）复制后

2）对齐：如果不选中该复选框，在复制过程中一旦松开鼠标，就表示这次的复制工作结束，当再次单击鼠标时，表示复制重新开始，每次复制都从取样点开始；如果选中该复选框，则下一次复制的位置会和上一次的完全相同，图像的复制不会因为终止而发生错位。

3）（切换仿制源面板）：单击该图标，将打开“仿制源”面板，如图 2-78 所示。在该面板中用户可以单击按钮，最多可以设置 5 个不同的仿制源。此外，激活（水平翻转）按钮，可以将仿制源图案进行水平翻转，图 2-79 为原图，图 2-80 为使用（水平翻转）将小狗右侧耳朵水平翻转复制到左侧的效果；激活（垂直翻转）按钮，可以将仿制源图案进行垂直翻转。

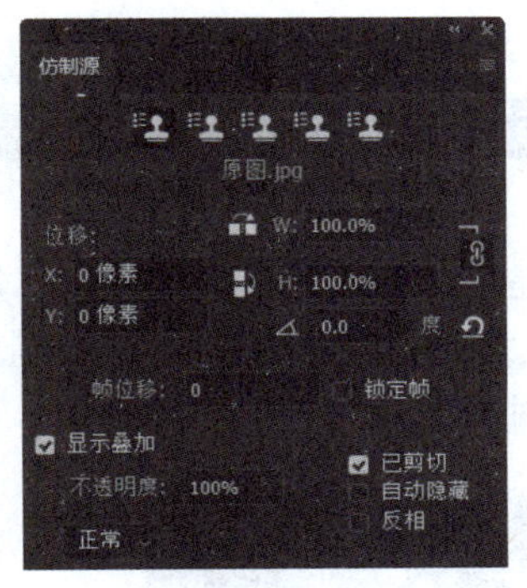

图 2-78 “仿制源”面板

图 2-79 原图

图 2-80 结果图

7. 图案图章工具

使用该工具可以将各种图案填充到图像中，其选项栏如图 2-81 所示。其设定和仿制图章工具的选项栏类似，不同的是图案图章工具直接以图案进行填充，不需要进行取样。

图 2-81 图案图章工具的选项栏

8. 污点修复画笔工具

使用该工具可以用图像或图案中的样本像素进行绘画，并将样本像素的纹理、光照、透明度和阴影与所修复的像素相匹配，其选项栏如图 2-82 所示。

图 2-82 污点修复画笔工具的选项栏

污点修复画笔工具的使用方法如下：

1）打开要修复的图片，如图 2-83 所示。

2）单击工具箱中的（污点修复画笔工具），然后在选项栏中选取比要修复的区域稍大一点的画笔笔尖。

3）在要处理的苹果烂点的位置单击或拖动鼠标即可去除污点，修复后的图片如图 2-84 所示。

图 2-83 要修复的图片

图 2-84 修复后的图片

9. 修复画笔工具

使用修复画笔工具可以修复图像中的缺陷，并且能够使修复的结果自然融入周围的图像，其选项栏如图 2-85 所示。

图 2-85 修复画笔工具的选项栏

该工具的使用和仿制图章工具类似，都是先按住〈Alt〉键，单击鼠标采集取样点，然后进行复制或者填充图案。该工具可以将取样点的像素信息自然融入复制的图像位置，并保持其纹理、亮度和层次不变。如图 2-86 所示为使用修复画笔工具对图像进行修复前后的效果比较。

a)

b)

图 2-86 修复前后的图像效果比较

a) 修复前 b) 修复后

10. 修补工具

使用该工具可以用其他区域或图案中的像素来修复选中的区域，同样可以将样本像素的纹理、光照和阴影与源像素进行匹配，其选项栏如图 2-87 所示。（修补工具）在修复人脸部的皱纹或污点时显得尤其有效。

图 2-87 修补工具的选项栏

修补工具的使用方法如下：

1）打开一幅带有瑕疵的图片，如图 2-88 所示。

2）单击工具箱中的（修补工具），在要修补的区域中拖动鼠标，从而定义一个选区，如图 2-89 所示。

3）将鼠标移到选区中，按住左键，拖动选区到取样区域，如图 2-90 所示。然后松开鼠标，效果如图 2-91 所示。

4）同理，对其余瑕疵进行处理，效果如图 2-92 所示。

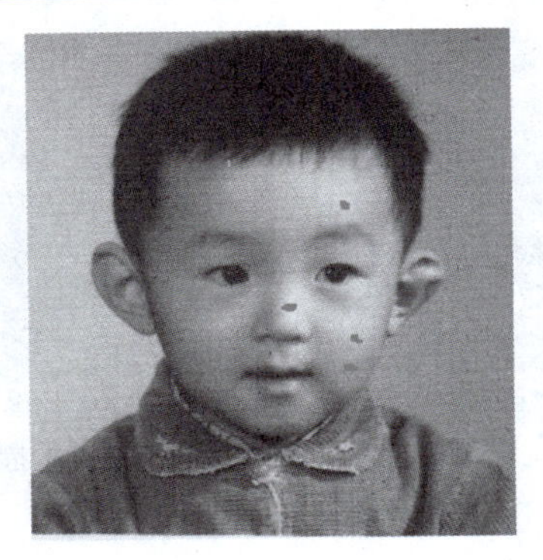

图 2-88　原始图片

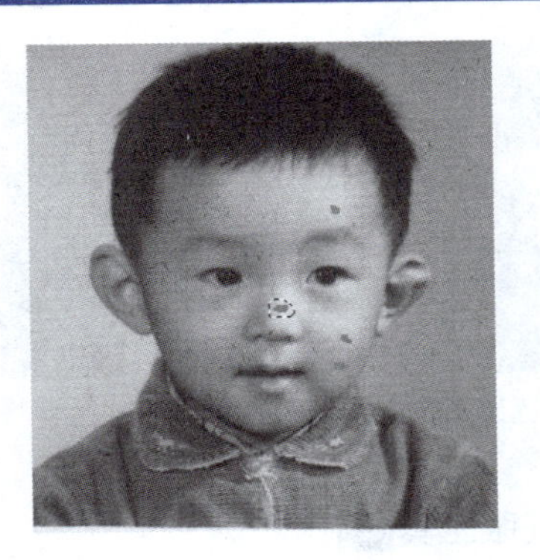

图 2-89　定义要修补的选区

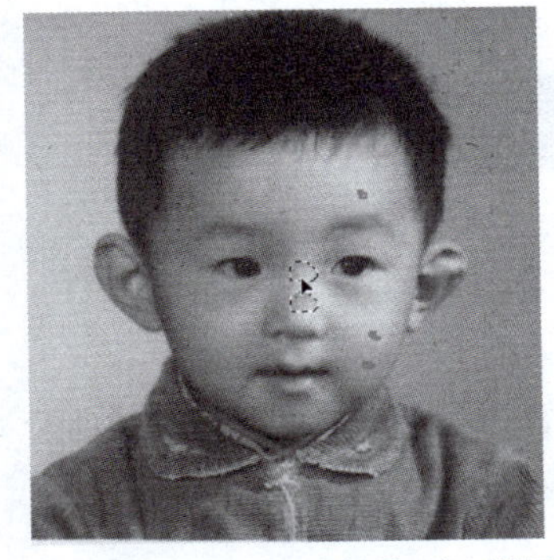

图 2-90　将要修补的区域拖到取样区域

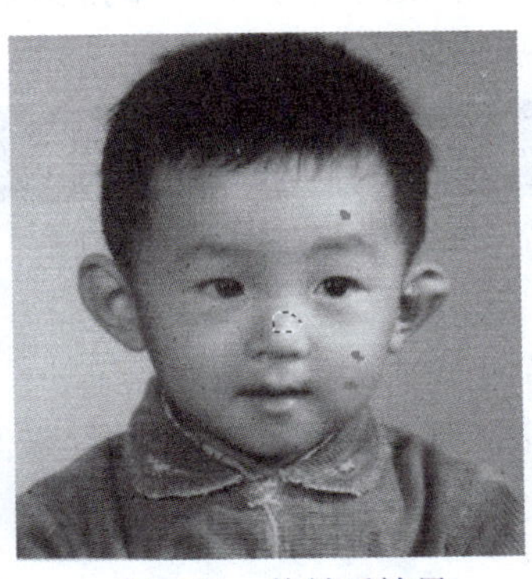

图 2-91　修补后效果

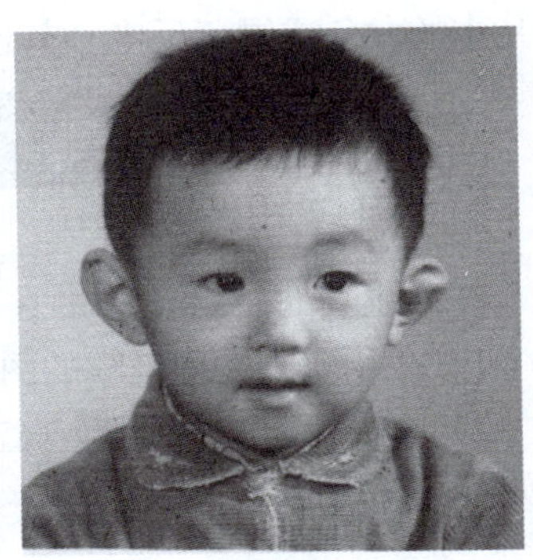

图 2-92　对其余瑕疵进行处理后效果

11. 内容感知移动工具

利用（内容感知移动工具）可以简单到只需选择照片场景中的某个物体，然后将其移动到照片中的任何位置，经过 Photoshop 的计算，便可以完成“乾坤大挪移”，实现极其真实的合成效果。其选项栏如图 2-93 所示。

图 2-93　内容感知移动工具的选项栏

内容感知移动工具的使用方法如下：

1）打开一幅要处理的图片。

2）单击工具箱中的（内容感知移动工具），框选出图像中需要进行移动的内容，如图 2-94 所示。然后在内容感知移动工具的选项栏中将“模式”设置为“移动”。

3）按住鼠标左键不放，拖曳选区到图像中要放置的位置。

4）松开鼠标，此时选区内的图像开始与原来位置的图像自动融合，如图 2-95 所示。

提示：在选项栏中的“模式”右侧有“移动”和“扩展”两个选项可供选择，如果选择“扩展”，则会在保留原来位置的图像的同时，将要移动的内容复制到新的位置，如图2-96所示；如果选择“移动”，则会将原来位置的图像移动到新的位置，而原来位置的图像会被擦除。

图 2-94　框选出图像中需要移动的内容

图 2-95　将“模式”设置为“移动”的效果

图 2-96　将“模式”设置为“扩展”的效果

12. 红眼工具

使用该工具可以移去用闪光灯拍摄的人物照片中的红眼，也可以移去用闪光灯拍摄的动物照片中的白色或绿色反光。其选项栏如图 2-97 所示。

图 2-97　红眼工具的选项栏

红眼工具的使用方法如下：

1）打开需要处理红眼的图片，如图 2-98 所示。

2）单击工具箱中的（红眼工具），在需要处理的红眼位置进行拖动，即可去除红眼，效果如图 2-99 所示。

图 2-98　需要处理红眼的图片

图 2-99　处理后的效果

13. 移除工具

使用该工具可以快速去除图片中的干扰元素或不需要的区域。其选项栏如图 2-100 所示。关于（移除工具）的具体应用见“3.6　修复画面中的瑕疵”。

图 2-100　移除工具的选项栏

14. 模糊工具和锐化工具

使用模糊工具可以降低相邻像素的对比度，将较硬的边缘软化，使图像柔和；而使用锐化工具则正好相反，可以增加相邻像素的对比度，将较软的边缘明显化。这两种工具的选项栏相似，模糊工具的选项栏如图 2-101 所示，区别只是模糊工具的图标显示为，而锐化工具的图标显示为。

图 2-101　模糊工具的选项栏

1）强度：表示工具的使用效果，强度越大，该工具的处理效果越明显。

2）对所有图层取样：选中该复选框时，这两个工具在操作过程中就不会受不同图层的影响，即不管当前的活动图层是哪个，模糊工具和锐化工具会对所有图层上的像素都起作用。

图 2-102 为分别使用这两个工具后的效果图。

a)

b)

c)

图 2-102　“模糊”和“锐化”的效果比较

a) 原图　b) 使用模糊工具的效果　c) 使用锐化工具的效果

15. 涂抹工具

该工具用于模拟用手指涂抹油墨的效果，其选项栏如图 2-103 所示。用涂抹工具在颜色的交界处进行涂抹，会产生一种相邻颜色互相挤入的模糊感。

图 2-103　涂抹工具的选项栏

图 2-104 为对图像进行涂抹处理前后的效果比较。

a)

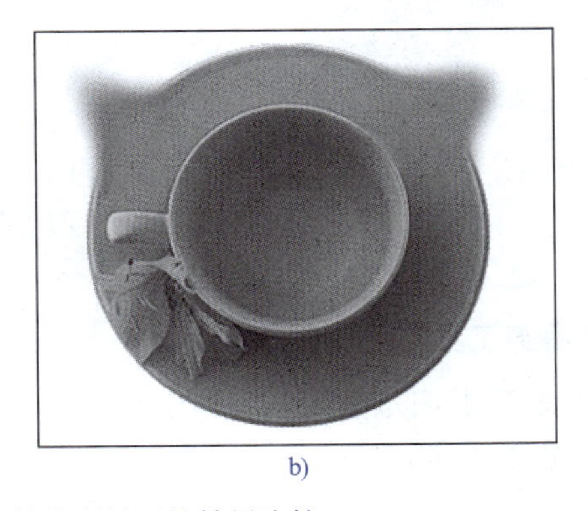
b)

图 2-104　对图像进行涂抹处理前后的效果比较

a) 涂抹前　b) 涂抹后

16. 减淡工具

该工具通过提高图像的亮度来校正曝光，类似于加光操作。其选项栏如图 2-105 所示。

图 2-105　减淡工具的选项栏

1）范围：在其下拉列表框可以选择“暗调”“中间调”或“高光”分别进行减淡处理。

2）曝光度：控制减淡工具的使用效果，曝光度越高，效果越明显。

3）启用喷枪样式的建立效果：激活该按钮，可以使减淡工具具有喷枪效果。

图 2-106 为对图像进行减淡处理前后的效果比较。

a)

b)

图 2-106　对图像进行减淡处理前后的效果比较

a) 减淡前　b) 减淡后

17. 加深工具

该工具的功能与减淡工具相反，可以降低图像的亮度，通过加暗来校正图像的曝光度。其选项栏与减淡工具相同。图 2-107 为对图像进行加深处理前后的效果比较。

a)

b)

图 2-107　对图像进行加深处理前后的效果比较

a) 加深前　b) 加深后

18. 海绵工具

使用该工具可以精确地更改图像的色彩饱和度，使图像的颜色变得更加鲜艳或更加灰暗。其选项栏如图 2-108 所示。

图 2-108 海绵工具的选项栏

1）模式：该下拉列表框包含两个选项，“降低饱和度”可以减少图像中某部分的饱和度，而“饱和”将增加图像中某部分的饱和度。

2）流量：用来控制加色或者去色的程度。

图 2-109 为使用海绵工具对图像进行去色处理前后的效果比较。

a)

b)

图 2-109 使用海绵工具对图像进行去色处理前后的效果比较
a) 去色前 b) 去色后

2.3.6 辅助工具

（文字工具）和（钢笔工具）的知识分别见“2.4 图层”和“2.7 路径”。下面介绍其他几种辅助工具。

1. 几何图形工具

使用该工具可以快速创建各种矢量图形，共包含 6 个选项，如图 2-110 所示。下面以（矩形工具）为例讲解几何图形工具的使用方法。

图 2-110 6 种几何图形工具

1）单击（矩形工具），然后在其选项栏中选择“形状”选项，如图 2-111 所示，表示新建形状图层。

图 2-111 形状图层的选项栏

2）路径操作。在设置栏中单击（路径操作）下拉按钮，将显示（新建图层）、（合并形状）、（减去顶层形状）、（与形状区域相交）和（排除重叠形状）5 个路径操作的工具按钮，如图 2-112 所示，各工具按钮的显示效果如图 2-113 所示。另外，还有一个将路径操作后的形状进行合并的（合并形状组件）按钮。

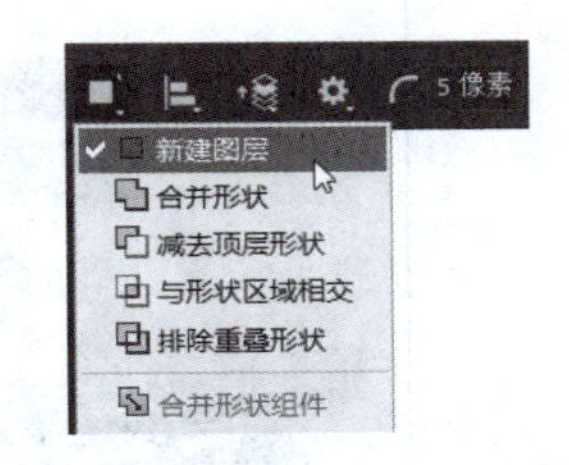

图 2-112 路径操作的工具按钮

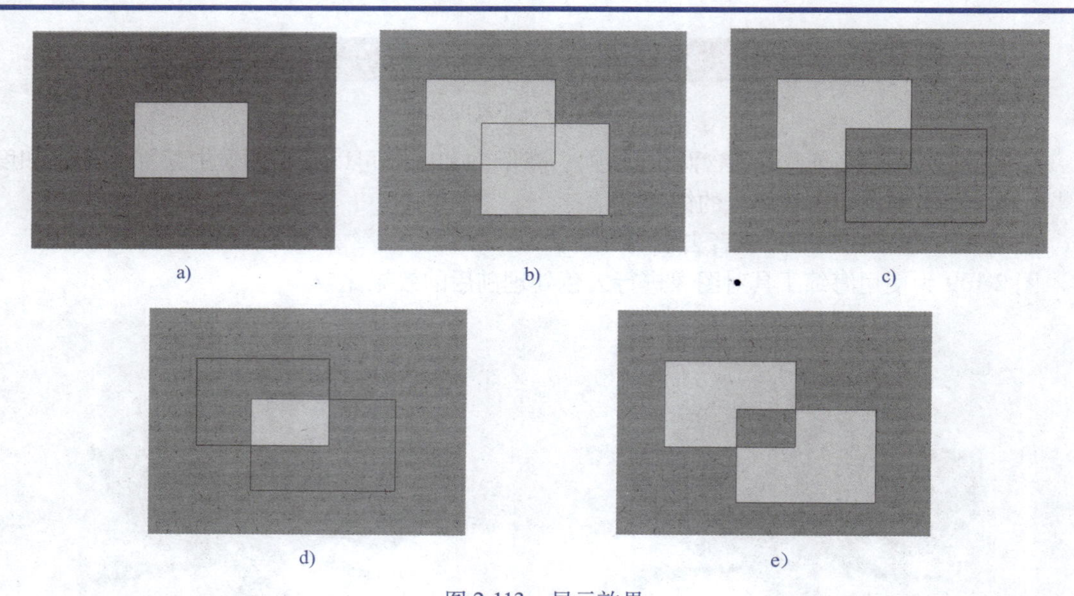

a) b) c) d) e)

图 2-113 显示效果

a) 新建图层 b) 合并形状 c) 减去顶层形状 d) 与形状区域相交 e) 排除重叠形状

3）在选项栏中选择“路径”选项，表示将产生工作路径，其选项栏如图 2-114 所示。

4）在选项栏中选择“像素”选项，表示将建立填充区域，其选项栏如图 2-115 所示。然后可以进行“模式”的选择，以及改变“不透明度”和选中“消除锯齿”复选框。

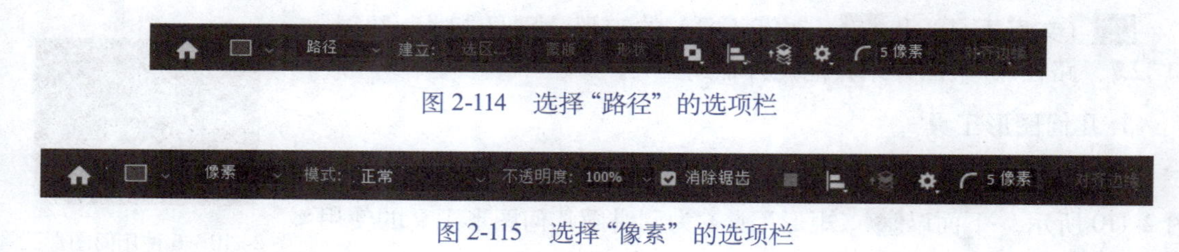

图 2-114 选择“路径”的选项栏

图 2-115 选择“像素”的选项栏

2. 注释工具

该工具用于在电子传递时添加文本注释。

1）使用该工具在图像上单击即可添加注释标记，如图 2-116 所示。然后在“注释”面板中输入注释文字，如图 2-117 所示。

图 2-116 添加注释标记

图 2-117 输入注释文字

2）注释工具的选项栏如图 2-118 所示，可以在此更改文字的相关属性。

图 2-118　注释工具的选项栏

3）在图标上拖动鼠标，可以将注释进行移动。

3. 吸管工具

使用该工具可以从图像中取得颜色样品，并将其指定为新的前景色和背景色。当使用吸管工具取色时，可以从“信息”面板中查看相关的颜色信息，如图 2-119 所示。

4. 颜色取样器工具

使用该工具可以一次从图像中吸取最多 10 种颜色，这样可以便于用户在“信息”面板中查看多个取色点的颜色信息，如图 2-120 所示。而（吸管工具）一次只能吸取一种颜色。

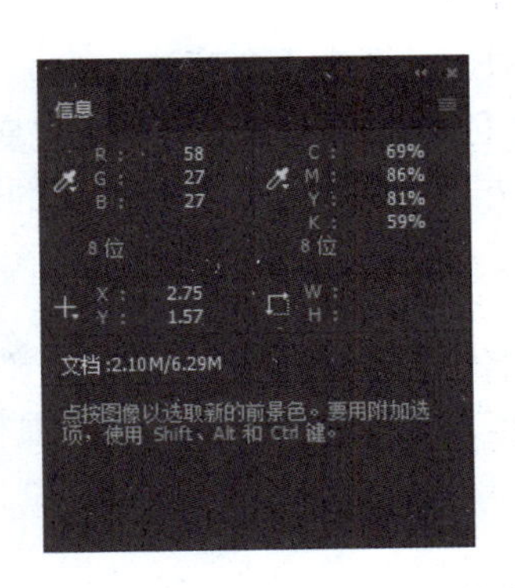

图 2-119　利用“吸管工具”吸取颜色后的“信息”面板

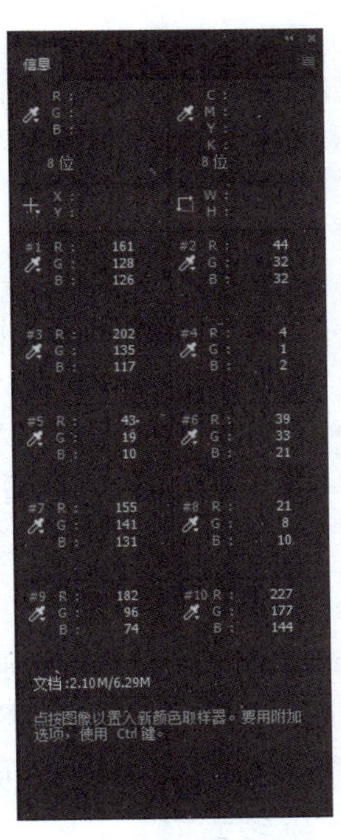

图 2-120　利用“颜色取样器工具”吸取多种颜色后的“信息”面板

5. 标尺工具

使用该工具可以计算工作区域中任意两点之间的距离。当从一个点到另一个点进行测量时，将绘制非打印线条。拖动线条的一端，“信息”面板将动态显示相应的信息。

6. 缩放工具

该工具用于将图像放大或者缩小。选择该工具，然后在图像上单击，可以放大图像。按住〈Alt〉键，然后在图像上单击，可以缩小图像。此外，双击工具箱中的（缩放工具），可以使图像以

100% 的比例进行显示。

7. 抓手工具

当图像窗口出现滚动条时，使用（抓手工具）拖动图像可以查看图像的不同部分。双击工具箱中的（抓手工具），可以使图像满屏显示。

2.3.7　内容识别缩放

“内容识别缩放”是一个十分神奇的缩放命令。普通的缩放在调整图像大小时会影响所有像素，而内容识别缩放则主要影响没有重要可视内容的区域中的像素。例如，当我们缩放图像时，画面中的人物、建筑、动物等不会变形。“内容识别缩放”的选项栏如图2-121所示。

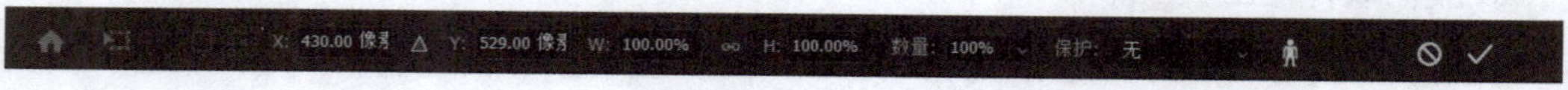

图 2-121　“内容识别缩放”的选项栏

1）（参考点位置）：单击参考点位置上的方块，可以指定缩放图像时要围绕的参考点。默认情况下，参考点位于图像的中心。

2）参考点位置：可输入 X 轴和 Y 轴像素大小，将参考点放置于特定位置。

3）（使用参考点相关定位）：激活该按钮，可以指定相对于当前参考点位置的新参考点的位置。

4）缩放比例：输入W（宽度）和 H（高度）的百分比，可以指定图像按原始大小的百分之多少进行缩放。激活（保持长宽比）按钮，可以等比例缩放。

5）数量：用于指定内容识别缩放与常规缩放的比例。

6）保护：可以选择一个 Alpha 通道，通道中白色对应的图像不会变形。

7）（保护肤色）：激活该按钮，可以保护包含肤色的图像区域，避免使之变形。

关于“内容识别缩放”命令的具体应用见“3.7　将方构图图像处理为横构图的效果”。

2.3.8　内容识别填充

Photoshop 中的“内容识别填充”命令可以通过从图片其他部分进行取样，然后对选定区域内容进行填充，从而快速去除图片中的多余物体。关于“内容识别填充”命令的具体应用见“3.5　利用内容识别填充去除画面中的建筑”。

2.3.9　操控变形

“操控变形”命令提供图像变形功能。使用该功能时，用户可以在图像的关键点上放置图钉，然后通过拖动图钉对图像进行变形。关于“操控变形”命令的具体应用见“3.2　恐龙低头效果”。

2.4　图层

图层就像透明的玻璃纸，将一幅图像的不同部分分别放置在不同的图层上，其中图层上没有图像的地方会透出下面图层的内容，有图像的地方会盖住下面图层的内容，所有的图层堆叠在一起就构成了一幅完整的图面。

2.4.1　图层的基本概念

1. 常用术语

（1）普通图层

普通图层是创建各种合成效果的主要途径，可以在不同的图层上进行独立的操作，而对其他图层没有任何影响。

（2）图层蒙版

图层蒙版分为位图蒙版和矢量蒙版两种。位图蒙版是用一个 8 位灰阶的灰度图像来控制当前图层图像的显示或隐藏的，黑色表示完全隐藏当前图层的图像，白色表示完全显示当前图层的图像，而不同程度的灰色则表示渐隐渐现当前图层的图像。矢量蒙版是用路径来控制图像的显示或隐藏的，路径以内的区域为显示当前图层的区域，路径以外的区域为隐藏当前图层的区域。

（3）调节图层和填充图层

调节图层是一种在若干个图层上应用颜色和色调的有效途径，而且它不会对图像本身有任何影响。填充图层则可使在图层上应用可编辑的渐变、图案和单色变得非常迅速。

（4）图层样式

图层样式是一种在图层上应用投影、发光等效果的快捷方式。

（5）图层组

图层组的概念和文件夹类似，用户可以将若干图层放到一个组内进行管理，而图层本身并不受影响。此外，Photoshop CC 的图层组也可以像普通图层一样设置样式、填充、不透明度、混合颜色及其他高级混合选项。

2. 面板功能介绍

“图层”面板如图 2-122 所示。

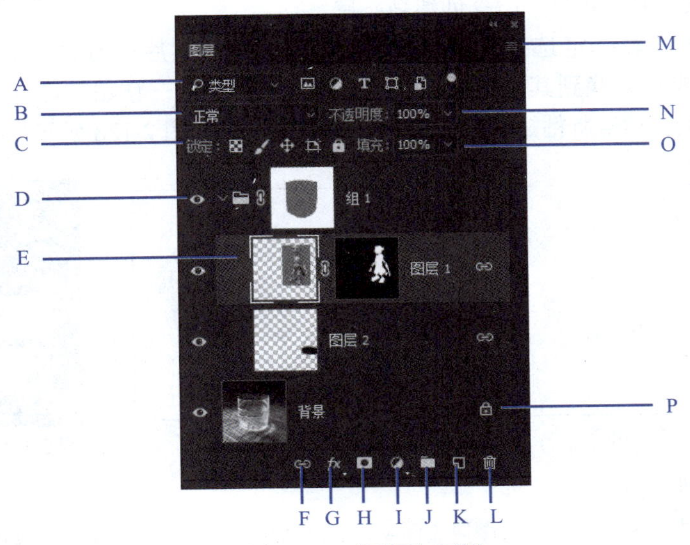

图 2-122　“图层”面板

A—选择滤镜类型　B—设定图层之间的混合模式　C—图层的锁定选项　D—显示图层　E—表示当前图层　F—链接图层　G—添加图层样式按钮　H—添加图层蒙版按钮　I—创建新的填充或调节图层按钮　J—创建新组按钮　K—创建新图层按钮　L—删除图层按钮　M—“图层”面板弹出菜单　N—设定图层不透明度　O—设定填充透明度　P—锁定当前图层

2.4.2 图层的基本操作

1. 创建新图层

（1）通过“创建新图层”按钮创建新图层

方法：单击“图层”面板下方的 （创建新图层）按钮，会出现一个名称为“图层 1”的新图层，如图 2-123 所示。

（2）通过“图层”面板弹出菜单创建新图层

方法：单击“图层”面板右上方的图标 ，在弹出的菜单中选择“新建图层”命令，如图 2-124 所示。然后在弹出的“新建图层”对话框中设置相关参数，如图 2-125 所示，单击“确定”按钮，即可完成新图层的创建。

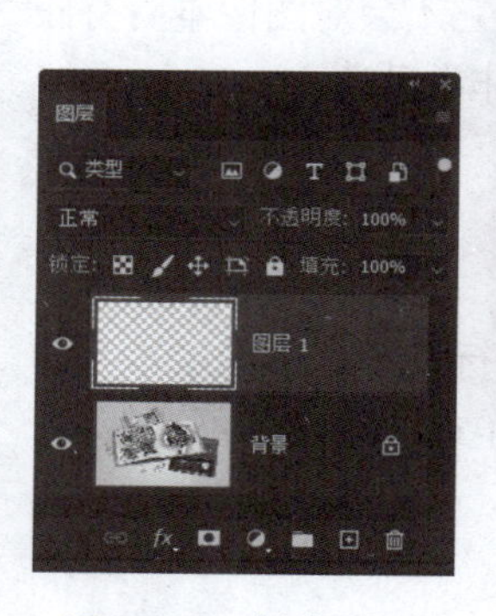

图 2-123　新建图层

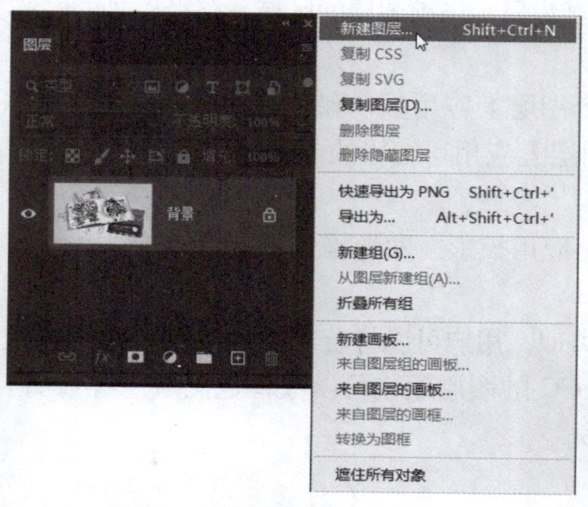

图 2-124　选择“新建图层”命令

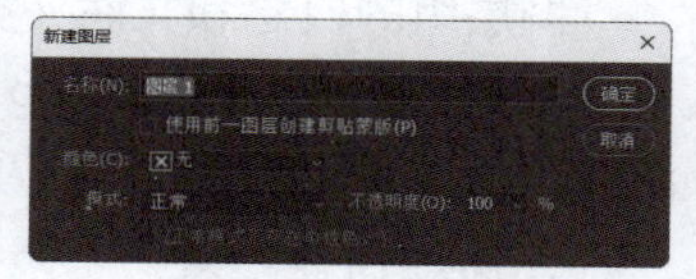

图 2-125　“新建图层”对话框

（3）通过“拷贝”和“粘贴”命令创建新图层

方法：使用选框工具确定选择范围，如图 2-126 所示。然后执行菜单中的“编辑→拷贝”命令，再在本图像或者切换到其他图像上执行菜单中的“编辑→粘贴”命令，效果如图 2-127 所示。此时，软件会自动给所粘贴的图像创建一个新图层，如图 2-128 所示。

图 2-126　创建选区

图 2-127　粘贴图像

图 2-128　创建新图层

（4）通过拖动创建新图层

方法：打开两幅图像，然后单击 （移动工具）拖动一幅图像到另外一幅图像上，当另一幅图像周围有黑线框时，松开鼠标，这时图像被拖动过来，原图像不受影响，而另一幅图像多出了一个拖动图像的图层，如图 2-129 所示。

图 2-129　通过拖动创建新图层

（5）通过“图层”菜单创建新图层

1）执行菜单中的“图层→新建→图层”命令，新建一个空白图层。

2）执行菜单中的“图层→新建→背景图层”命令，可以将“背景”图层转换为普通图层。

3）利用工具箱中的（矩形选框工具）创建一个选区，如图 2-130 所示。然后，执行菜单中的“图层→新建→通过拷贝的图层”命令，系统将复制选区内的图像并生成一个新的图层，如图 2-131 所示。

4）同理，使用（矩形选框工具）创建一个选区，然后执行菜单中的“图层→新建→通过剪切的图层”命令，系统将复制选区内的图像并生成一个新的图层，如图 2-132 所示。

图 2-130　创建选区

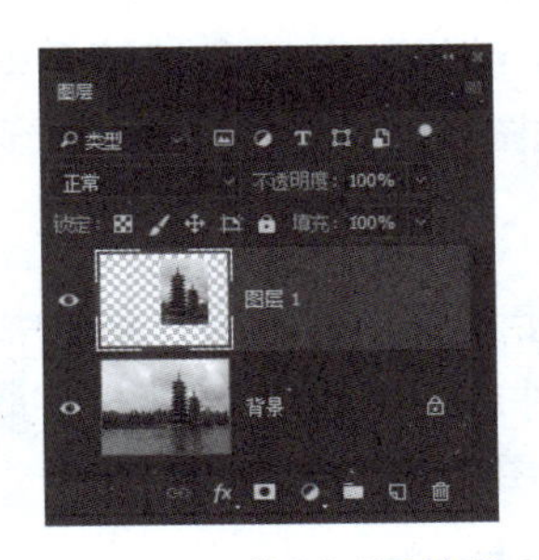

图 2-131　拷贝图层效果

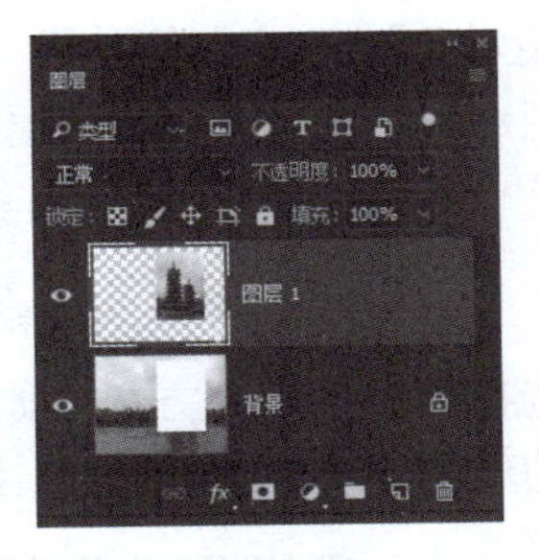

图 2-132　剪切图层效果

2. 图层编辑

（1）图层的显示和隐藏

在“图层”面板上单击左侧的（图层可视性）图标，可以控制图层的显示与隐藏。

（2）选择图层

在“图层”面板上单击某一个图层时，即可选中该图层。

（3）图层的复制

在“图层”面板上拖动图层到（创建新图层）按钮上（快捷键是〈Ctrl+J〉），松开鼠标，即可生成一个原图层的副本。

（4）图层的删除

将图层拖动到（删除图层）按钮上，即可删除该层。

（5）将“背景”图层转换为普通图层

将“背景”图层转换为普通图层有两种方法：一种是执行菜单中的“图层→新建→背景

图层”命令，将“背景”图层转换为普通图层；另一种是双击“背景”图层，弹出“新建图层”对话框，然后重命名图层，单击“确定”按钮后，即可将“背景”图层转换为普通图层。

3. 图层的锁定

（1）锁定透明像素

在图层中没有像素的部分是透明的，若想在操作时只针对有像素的部分进行操作，用户可以将透明部分锁定，即选中“图层”面板中的图标。

（2）锁定图像像素

选中图标，不管是透明部分还是图像部分，都不允许再进行编辑。

（3）锁定位置

选中图标，本图层上的图像不能被移动。

（4）防止在画板内外自动嵌套

默认情况下，当图层或组移出画板边缘时，在画板视图中将移出该图层或组。此时激活该按钮，可以保证当图层或组移出画板边缘时，画板视图依然保留该图层或组。

（5）锁定全部

选中图标，图层或图层组中的所有编辑功能将被锁定，对图像将不能再进行任何编辑。

4. 图层的选取滤镜类型

在 Photoshop CC 2023 的“图层”面板中有“类型”“名称”“效果”“模式”“属性”“颜色”“智能对象”“选定”“画板”和“编组”共 10 种滤镜类型供用户选择，如图 2-133 所示。利用该功能，用户可以在包含多个图层的图像文件中根据需要快速查找所需图层，从而提高工作效率。

5. 图层的对齐和分布

将需要对齐的图层链接起来，然后执行菜单中的“图层→对齐”命令，在其后的子菜单中选择相应的对齐方式，如图 2-134 所示。也可以在（移动工具）的选项栏中进行设置，其中的项目与菜单是相同的，如图 2-135 所示。

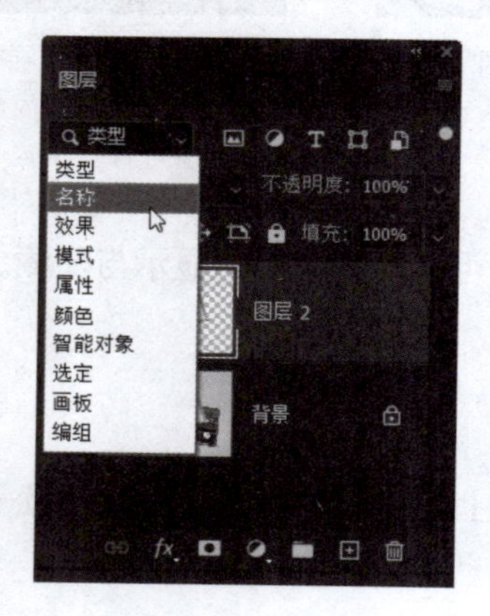

图 2-133　10 种滤镜类型

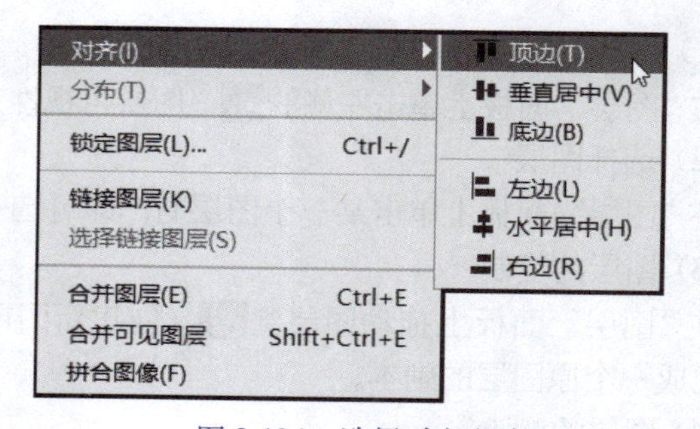

图 2-134　选择对齐方式

图 2-135　在移动工具的选项栏中设置对齐方式

图 2-136 所示的 3 只企鹅分别分布在链接在一起的 3 个图层上，执行“底边”和“水平居中”命令，效果如图 2-137 所示。

图 2-136　对齐前

图 2-137　执行“底边”和“水平居中”命令后的效果

6. 改变图层排列顺序

在“图层”面板上拖动图层到其他图层，当出现一个蓝线时松开鼠标，即可实现图层层次的转换。

7. 图层的合并

菜单中的“图层”命令还包含以下合并图层的相关子菜单。

- 向下合并：该命令可以将当前选中的图层与下面的一个图层合并为一个图层。
- 合并可见图层：该命令可以将所有的可见图层合并为一个图层，而隐藏图层不受影响。
- 拼合图像：该命令可以将所有的可见图层都合并到背景上。如果包含隐藏图层，系统将弹出对话框，提示是否丢弃被隐藏的图层。
- 合并图层：如果将几个图层链接起来，则“图层”面板弹出菜单的“向下合并”命令将变成“合并图层”命令，选择该命令，可以将这些链接起来的图层合并为一个图层。
- 合并组：如果当前选中的是一个图层组，则“图层”面板弹出菜单的“向下合并”命令将变成“合并组”命令，选择该命令，可以将整个图层组变成一个图层。

8. 修边

在复制和粘贴图像时，经常出现有些图像的边缘不平滑，或者带有原背景的黑色或白色边缘的情况，可能使图像周围产生光晕或者锯齿，用户可以使用 Photoshop 的修边功能将多余的像素清除掉。图 2-138 为执行菜单中的“图层→修边→移去白色杂边”命令的前后效果对比。

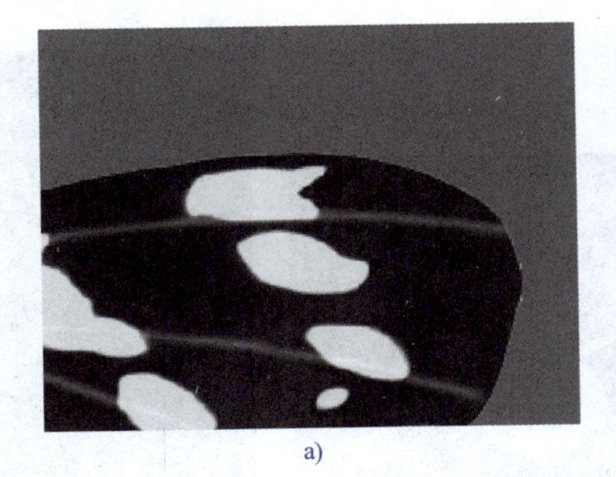

a)

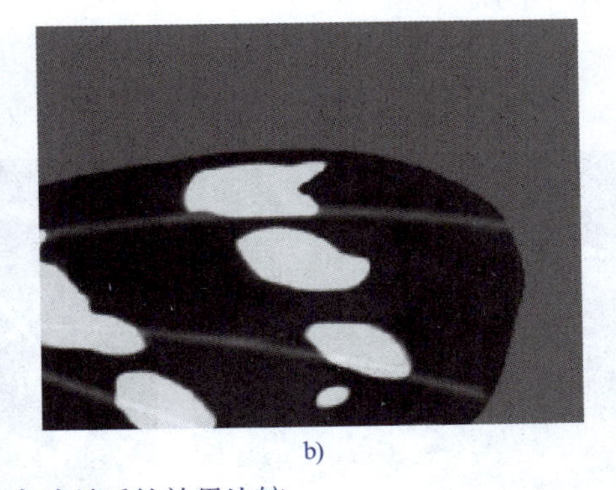

b)

图 2-138　移去白色杂边前后的效果比较

a) 移去白色杂边前　b) 移去白色杂边后

2.4.3 图层组

Photoshop CC 2023 的图层组在概念上不仅是一个放置多个图层的容器，还具有普通图层的功能。以前的版本中，图层组只能设置“混合模式”和“不透明度”，而 Photoshop CC 2023 的图层组可以像普通图层一样设置样式、填充、不透明度、混合模式及其他高级混合选项。在“图层”面板中双击创建的图层组图标，即可在弹出的“图层样式”对话框中进行设置。

（1）创建图层组

创建图层组同样可以使用按钮、“图层”面板弹出菜单和菜单方式。在单击“图层”面板的 （创建新组）按钮的同时，按住〈Alt〉键，可以弹出“新建组”对话框，如图 2-139 所示。如果不按住〈Alt〉键，则按照默认设置创建一个图层组。

（2）删除和复制图层组中的图层

在图层组内对图层进行删除和复制等操作与不在图层组时是完全相同的，可以将图层拖动到 （创建新组）按钮上，从而将该图层加入到图层组中，也可以将图层拖出图层组。

（3）删除图层组

删除图层组可以直接将图层组拖动到 （删除图层）按钮上，也可以选择“图层”面板弹出菜单中的“删除组”命令，此时会弹出如图 2-140 所示的确认对话框，提示是删除组及其内容，还是仅删除图层组而保留其中的图层。

图 2-139 “新建组”对话框

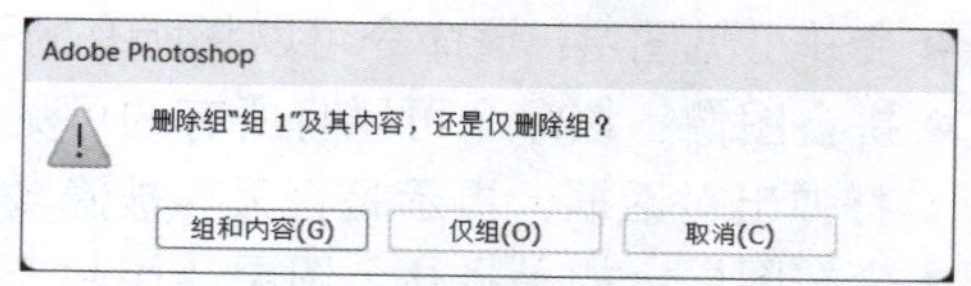

图 2-140 确认对话框

2.4.4 剪贴蒙版

剪贴蒙版通常在两个或者两个以上的图层间使用，在图层裁切组中，最下面图层的作用相当于整个编组的蒙版。

（1）创建剪贴蒙版的方法

1）一种是创建图层，如图 2-141 所示，按住〈Alt〉键，将鼠标移至“图层 1”和“形状 1”之间的实线上，当鼠标变成两个交叉的圆圈时单击，即可将这两个图层变成裁切组，效果如图 2-142 所示。

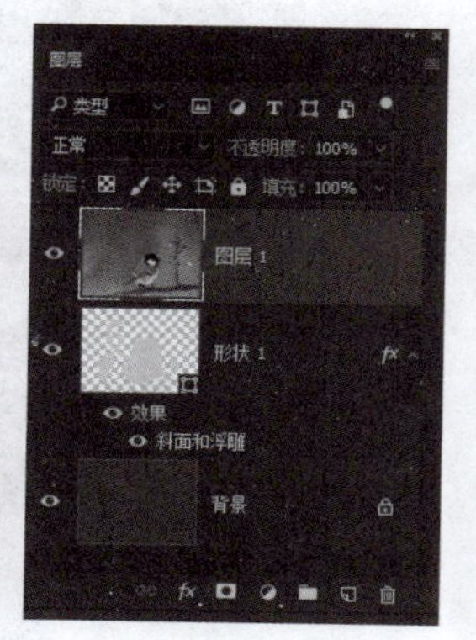

图 2-141 创建图层

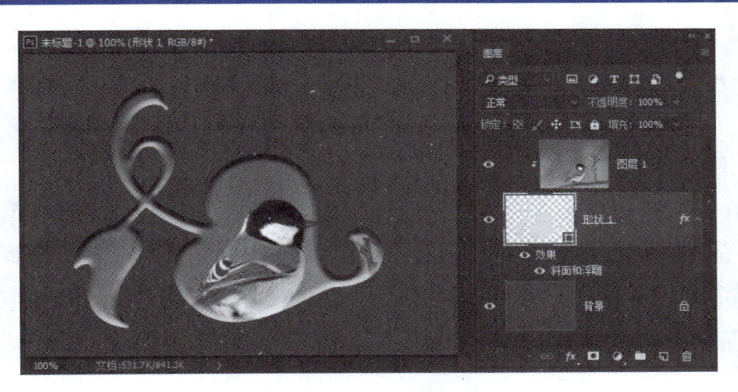

图 2-142　剪贴蒙版效果

2）另一种是选中“图层 1”，单击“图层”面板右上方的图标▤，在弹出的菜单中选择“创建剪贴蒙版”命令。

3）另外选择一个图层，按组合键〈Ctrl+Alt+G〉，可以将该图层创建为剪贴蒙版图层。

（2）取消剪贴蒙版

取消剪贴蒙版的方法与建立剪贴蒙版的步骤基本相似，可以按住〈Alt〉键，然后单击剪贴蒙版图层中间的实线，或单击“图层”面板右上方的▤，在弹出的菜单中选择“释放剪贴蒙版”命令即可。

2.4.5　图层蒙版

通过图层蒙版，用户可以控制图层中的不同区域的隐藏或显示。通过更改图层蒙版，用户可以将许多特殊效果运用到图层中，而不会影响原图像上的像素。图层上的蒙版相当于一个 8 位灰阶的 Alpha 通道。在蒙版中，黑色表示全部蒙住，图层中的图像不显示；白色表示图像全部显示；不同程度的灰色蒙版，表示图像以不同程度的透明度显示。

（1）创建图层蒙版

选中一个图层，单击“图层”面板下方的◘（添加图层蒙版）按钮，可以在原图层后面创建一个白色的图层蒙版，如图 2-143 所示。如果在单击按钮的同时按住〈Alt〉键，则可以创建一个黑色蒙版，如图 2-144 所示。

当创建一个图层蒙版时，它是自动和图层中的图像链接在一起的，在“图层”面板中的图层和蒙版之间会有🔗链接符号出现，此时如果移动图像，则图层中的图像和蒙版将同时移动。用鼠标单击链接符号，符号就会消失，如图 2-145 所示。此时，可以分别针对图层和蒙版进行移动。

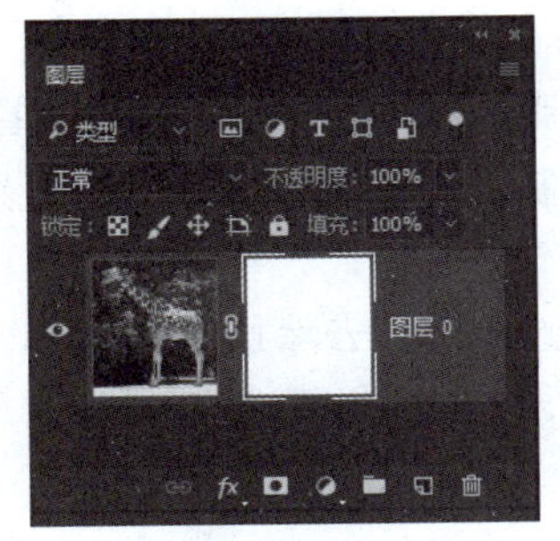

图 2-143　创建白色蒙版

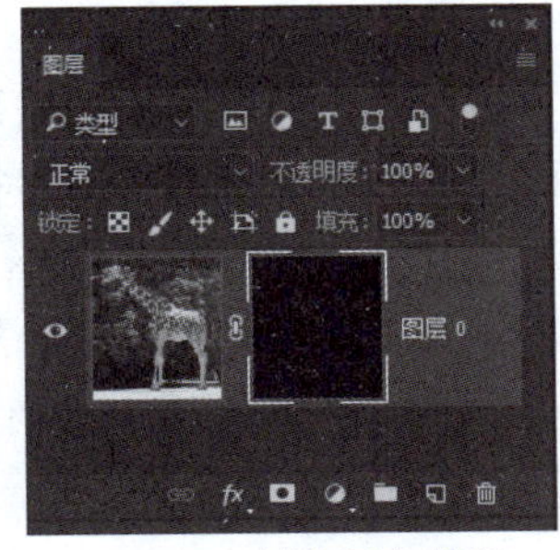

图 2-144　创建黑色蒙版

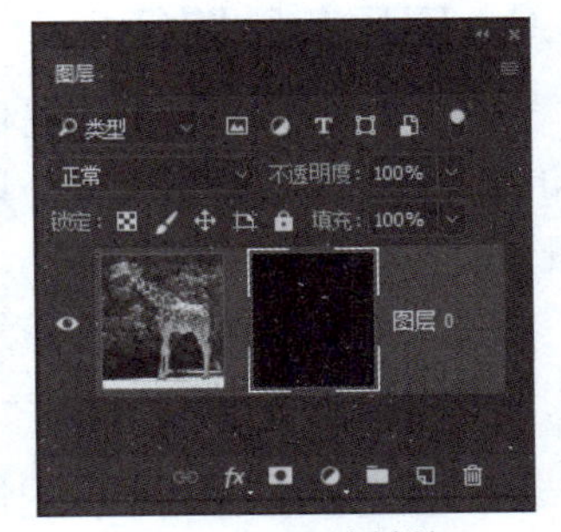

图 2-145　取消链接

（2）删除蒙版

在“图层”面板中直接拖动“蒙版”图标到 （删除图层）按钮上，此时弹出的确认对话框如图 2-146 所示，提示在移去蒙版之前是否将蒙版应用到图层。

（3）暂时关闭图层蒙版

在按住〈Shift〉键的同时，单击“图层”面板中的“蒙版”缩览图，或者在菜单中执行“图层→图层蒙版→停用”命令，则蒙版被临时关闭。此时，在“图层”面板中的“蒙版”缩览图上有一个红色的“×”标志，如图 2-147 所示。如果想重新显示蒙版，可以在按住〈Shift〉键的同时单击“图层”面板中的“蒙版”缩览图，或者执行菜单中的“图层→图层蒙版→启用”命令，此时蒙版将被重新启用。

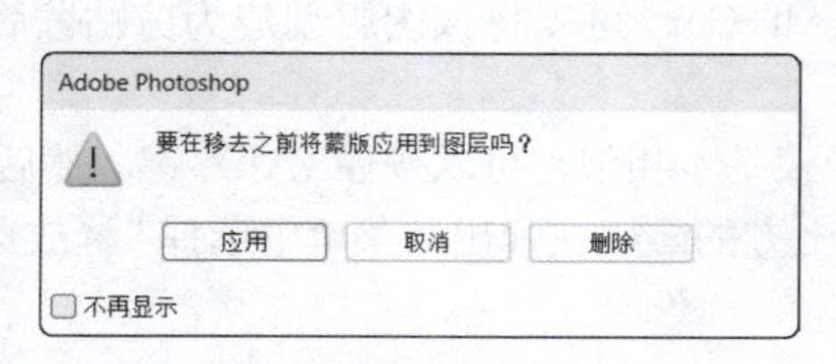

图 2-146　提示对话框

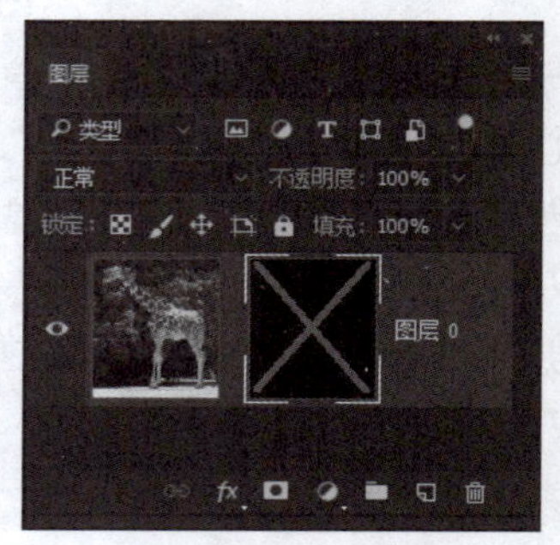

图 2-147　暂时关闭蒙版状态

提示：在“图层”面板中，如果图层的外框四周有白色边框显示，表示当前选中的是图层，此时所有的编辑操作对图层有效，如图2-148所示；如果蒙版的外框四周有白色边框显示，表示当前选中的是蒙版，则所有的编辑操作对蒙版有效，如图2-149所示。

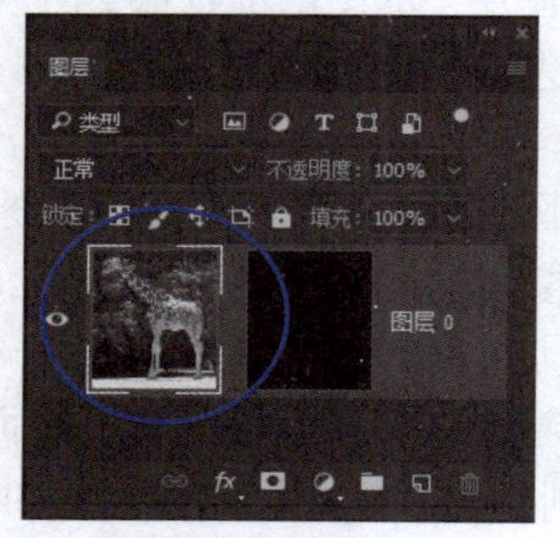

图 2-148　图层带白色边框显示

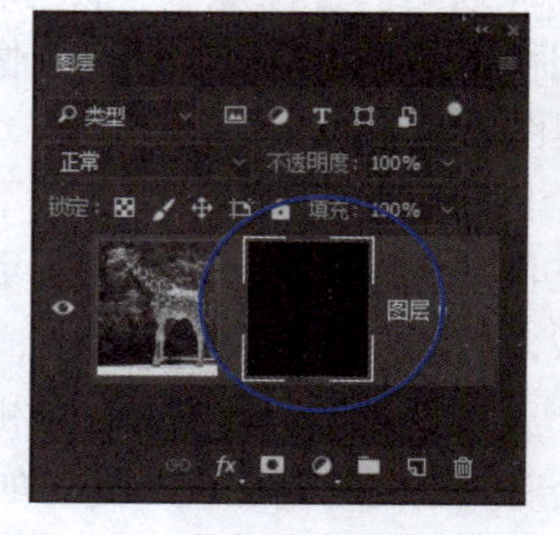

图 2-149　蒙版带白色边框显示

2.4.6　图层剪贴路径

图层剪贴路径也称图层矢量蒙版。可以在图层上添加矢量蒙版，以控制图层的显示。其概念和前面讲的图层蒙版相似，只是图像的显示与否由矢量路径控制。该方法多用于改变人物的背景，而不破坏原图像。

添加矢量蒙版的方法：首先选中定义图形形状的路径，然后选中需要去除背景的图像，执行菜单中的“图层→矢量蒙版→当前路径”命令，则可以为当前图层添加矢量蒙版。

2.4.7　填充图层和调节图层

在 Photoshop CC 2023 中，填充图层可以使在图层上应用可编辑的渐变、图案和单色变得非常迅速，而调节图层是一种在若干个图层上应用颜色和色调的方法，它们都不会对原图像产生任何影响。

1. 填充图层

填充图层分为单色填充图层、渐变填充图层和图案填充图层。

1）单色填充图层：单击“图层”面板下方的（创建新的填充或调整图层）按钮，在弹出的菜单中选择“纯色”命令，然后在弹出的“拾色器（纯色）”对话框中设置颜色，如图 2-150 所示，单击“确定”按钮，即可在“图层”面板上建立一个纯色填充图层，如图 2-151 所示。

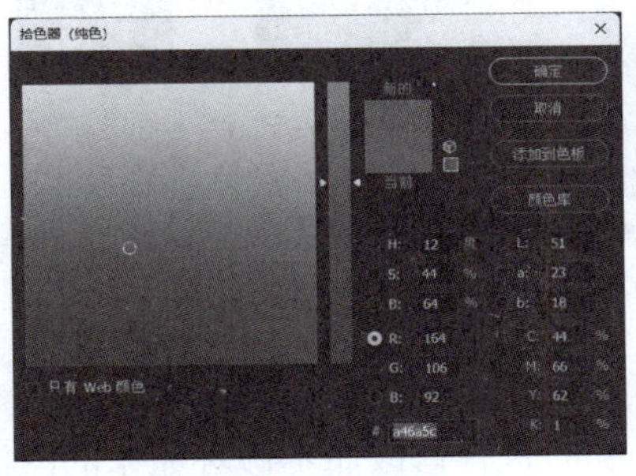

图 2-150　设置颜色

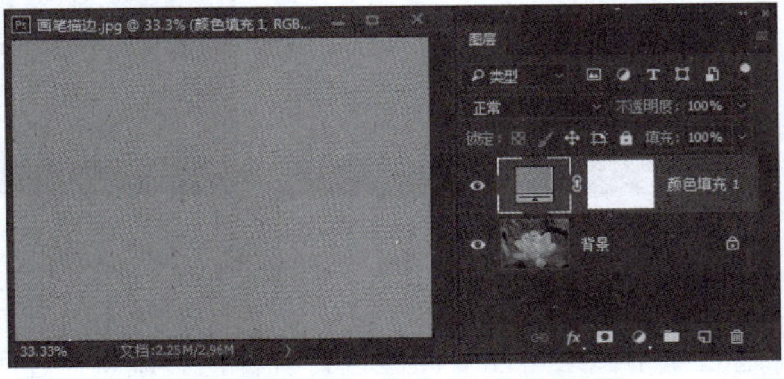

图 2-151　添加纯色填充图层效果

如果当前图像中有一个激活的路径，则在生成一个新的填充图层时，会同时生成形状图层，如图 2-152 所示。

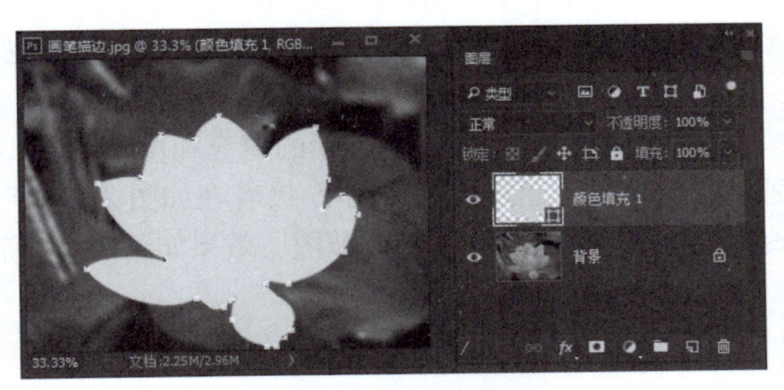

图 2-152　生成形状图层

2）渐变填充图层：单击“图层”面板下方的（创建新的填充或调整图层）按钮，在弹出的菜单中选择“渐变”命令，会弹出“渐变填充”对话框，如图 2-153 所示。设置一种渐变后单击“确定”按钮，即可在“图层”面板上建立一个渐变填充图层，如图 2-154 所示。

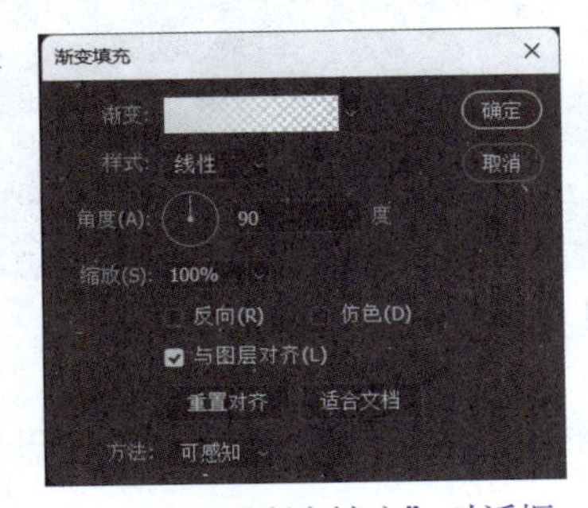

图 2-153　“渐变填充”对话框

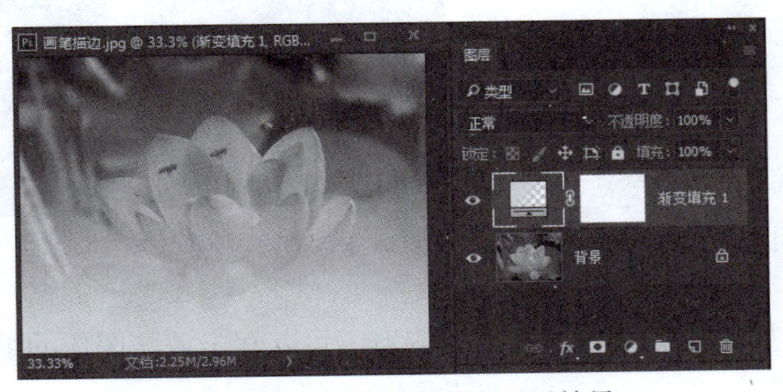

图 2-154　添加渐变填充图层效果

3）图案填充图层：单击“图层”面板下方的 ◐（创建新的填充或调整图层）按钮，在弹出的菜单中选择“图案”命令，会弹出“图案填充”对话框，如图 2-155 所示。设置一种图案后单击“确定”按钮，即可在“图层”面板上建立一个图案填充图层。适当调整图层的不透明度后，效果如图 2-156 所示。

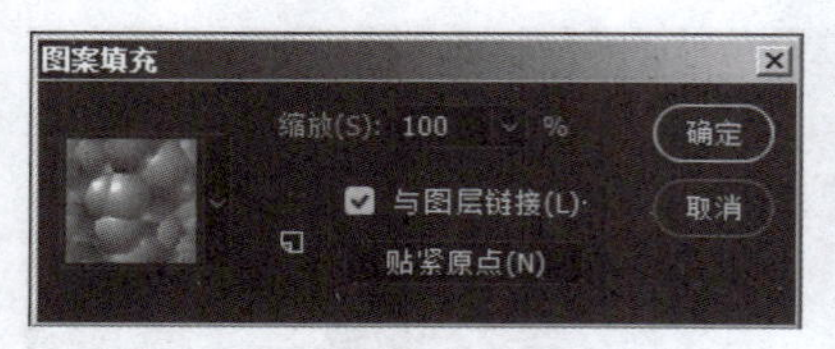

图 2-155 “图案填充”对话框

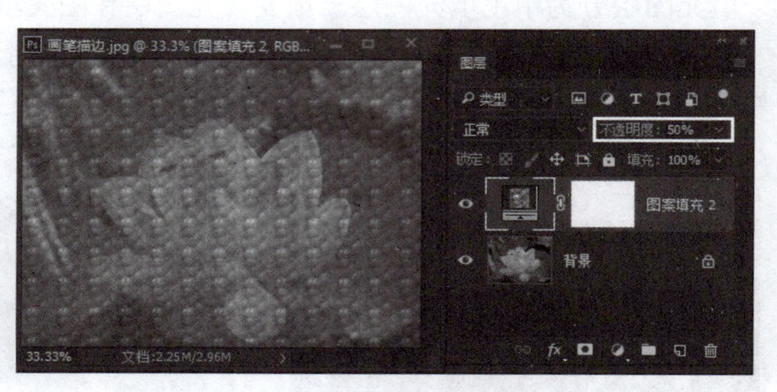

图 2-156 添加图案填充图层效果

2. 调节图层

通过调节图层可以对图像进行各种色彩调整，还可以随时进行修改而不破坏原来的图像。除此之外，调节图层还具有图层的很多功能，如调整不透明度、设定混合模式等。

其使用方法和填充图层类似，当建立新的调节图层时，在“图层”面板中会出现图层蒙版的缩览图，如果在当前图像中有一个激活的路径，也可以生成矢量蒙版。

在默认情况下，调节图层对所有该图层下面的图层都起作用，但是也可以只针对图层组起作用。

举例如下：单击“图层”面板下方的 ◐（创建新的填充和调整图层）按钮，然后在弹出的菜单中选择“色相 / 饱和度”命令，如图 2-157 所示。接着在如图 2-158 所示的“属性”面板中对图像参数进行适当的调整后关闭该面板，添加调节图层效果如图 2-159 所示。

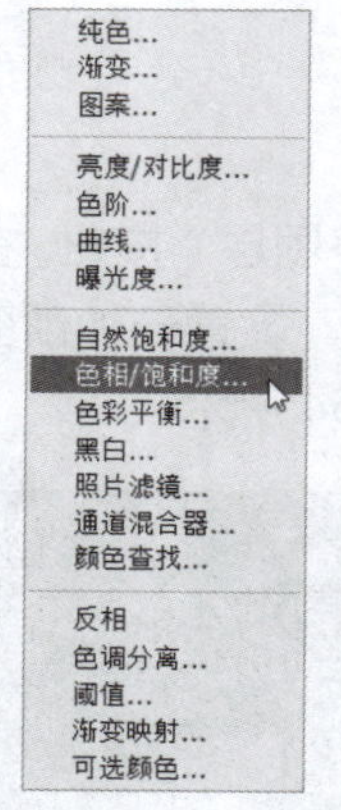

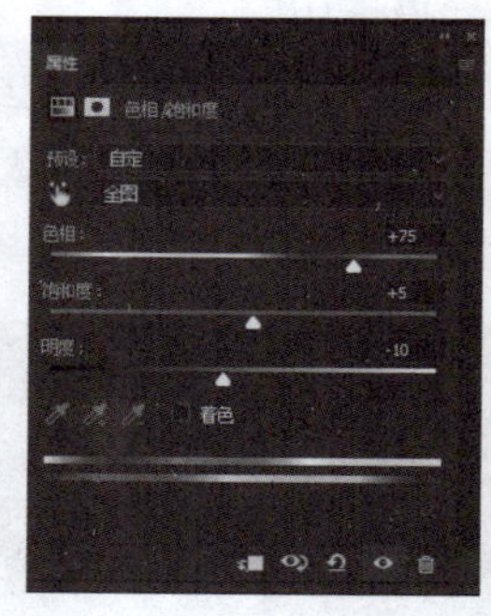

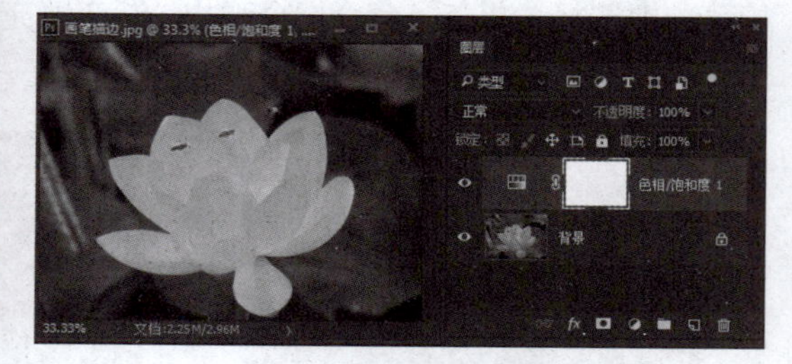

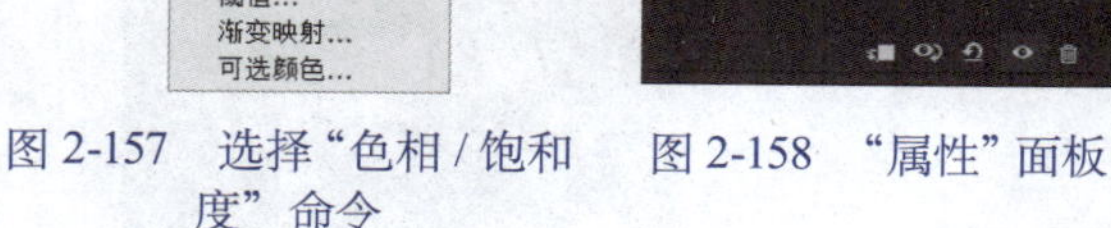

图 2-157 选择“色相 / 饱和度”命令

图 2-158 “属性”面板

图 2-159 添加调节图层效果

如果想更改调节图层的内容，可以双击调整图层的缩览图，在弹出的“属性”面板中进行编辑。

2.4.8　文字图层

Photoshop 保留了文字的矢量轮廓，可以缩放文字而不改变文字的质量，可以存储为 PDF 文件或 EPS 文件，或者在将图像打印到 PostScript 打印机时使用这些矢量信息，以产生边缘清晰的文字。

1. 文字图层的建立

在 Photoshop CC 2023 中，利用工具箱中的 T（横排文字工具）和 IT（直排文字工具）均可以创建文字图层。

（1）输入横排文字

1）单击工具箱中的 T（横排文字工具），然后在图像中单击，此时图像中会出现文字输入符，相应的文字工具的选项栏，如图 2-160 所示。

图 2-160　文字工具的选项栏

- （切换文本取向）：用于改变输入文字的排列方向。
- Arial（设置字体）：用于选择输入的字体。
- 200 点（设置字体大小）：用于选择输入字体合适的字号。
- 锐利（设置消除锯齿的方法）：用于选择文字消除锯齿的方式。在下拉列表框中有“无”“锐利”“犀利”“浑厚”和“平滑”5 个选项可供选择。
- （设置文本对齐）：用于设置文本的对齐方式。
- （设置文本颜色）：用于设置文本的颜色。
- （创建变形文本）：用于创建变形文本。
- （切换字符和段落面板）：单击该按钮，可以在弹出的面板中调整字体的基本属性。

2）输入相应的文字后，此时“图层”面板中会自动产生一个文字图层，如图 2-161 所示。

图 2-161　文字图层的创建

（2）输入直排文字

创建直排文字的方法和创建横排文字相同。单击工具箱中的 IT（直排文字工具），然后在图像中单击即可输入直排文字，如图 2-162 所示。

图 2-162　输入直排文字

2. 文字图层的编辑

文字图层是可以再编辑的，用户可以直接使用文字工具在文字图层上拖动以选中文字，或者使用任何工具双击文字图层中的文字图标将文字选中，然后通过文字工具的选项栏进行修改。

2.4.9　图层样式

Photoshop 包含可以应用到图层的大量自动效果，如浮雕、发光等。

单击“图层”面板中的 fx （添加图层样式）按钮，在弹出的图 2-163 所示的菜单中选择相应的命令，或者执行菜单中的“图层→图层样式”中的相应命令，将弹出“图层样式”对话框，如图 2-164 所示。在该对话框左侧选中相应的样式，在右侧就可以对其进行相关参数设置。

这里需要说明的是，各种图层样式可以叠加组合，即可以添加多个图层样式。如果想进行编辑，直接双击“图层”面板上相应的样式名称即可，如图 2-165 所示，此时会弹出“图层样式”对话框。

提示：“背景”图层不能添加图层样式。如果要给“背景”图层添加图层样式，必须将其转换为普通图层。

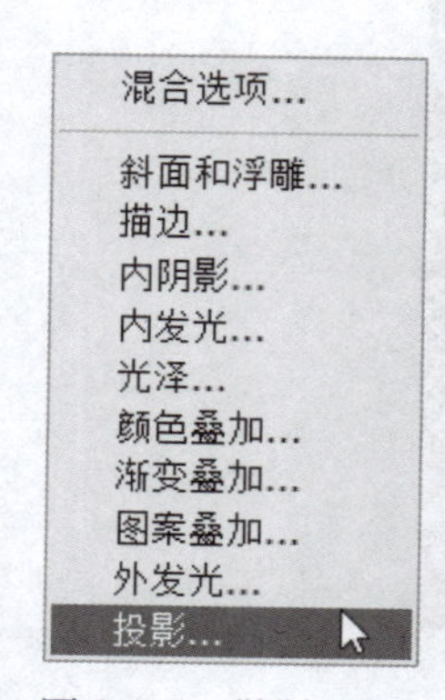

图 2-163　“添加图层样式”的下拉菜单

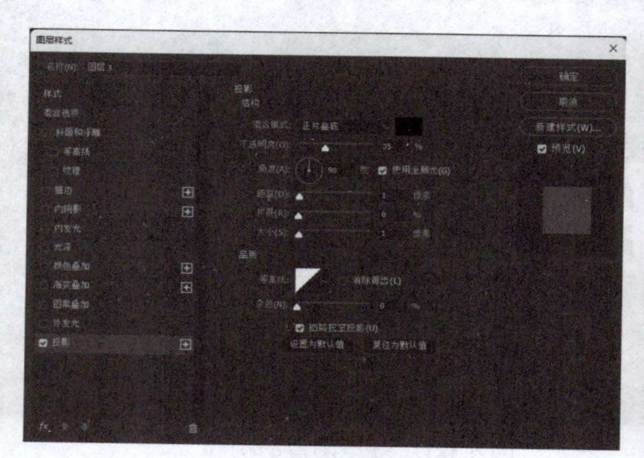

图 2-164　“图层样式”对话框

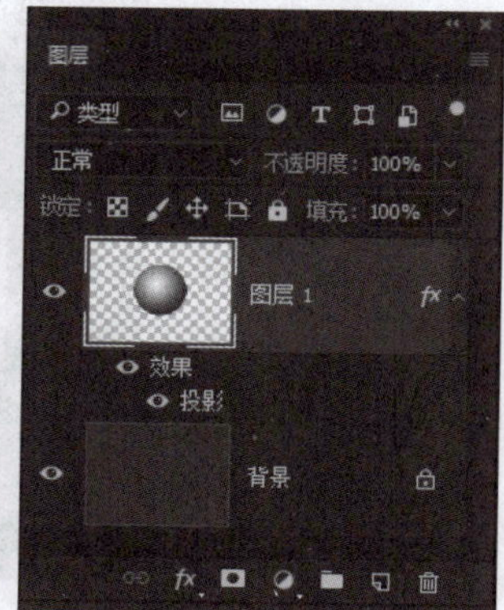

图 2-165　双击图层样式名称

1. 混合选项

使用该选项可以设定本图层与其下面像素混合的方式，如图 2-166 所示。

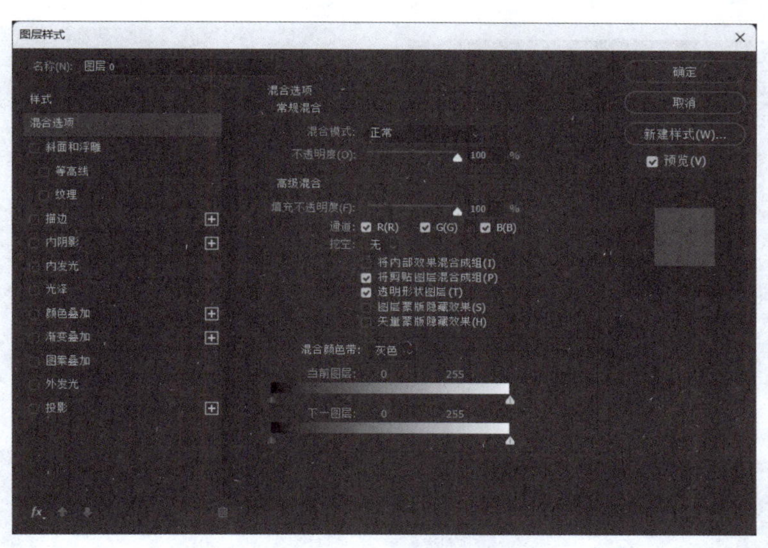

图 2-166　混合选项的默认参数

（1）常规混合

通过常规混合可以选择不同的混合模式，并可以改变不透明度。此时的不透明度会影响图层中所有的像素，如通过图层样式设置的投影会随之更改不透明度。

（2）高级混合

1）填充不透明度：只影响图层中原有的像素或绘制的图形，并不影响添加图层样式后带来的新像素的不透明度，如不会改变阴影的不透明度。

2）通道：可以选择不同的通道执行各种混合，图像颜色模式不同，选项也不同。

3）挖空：用来设定穿透某图层是否能够看到其他图层的内容，包括“无”“浅”和“深”3种类型。

下面为设定图层混合模式的例子，图 2-167 为原图像及其图层分布。

图 2-167　原图像及其图层分布

图 2-168 为将“挖空”选项设置为“深”，而“填充不透明度”设置为 0 的图像显示效果。此时,文字图层穿透“图层 1”显示了“背景”图层。图 2-169 为将“挖空”选项设置为“无”，而“填充不透明度”设置为 0 的图像显示效果。

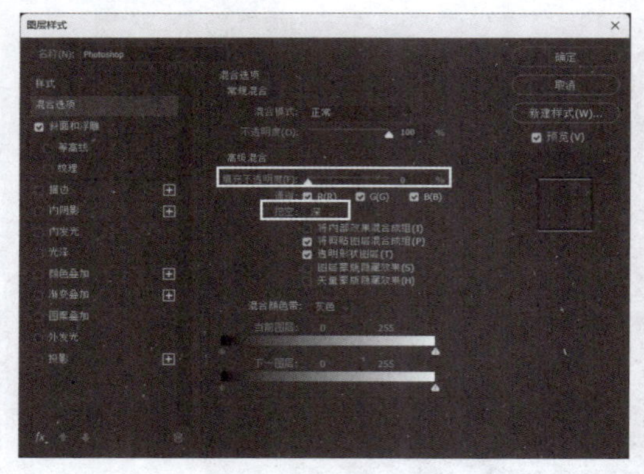

图 2-168　设置混合参数后的效果 1

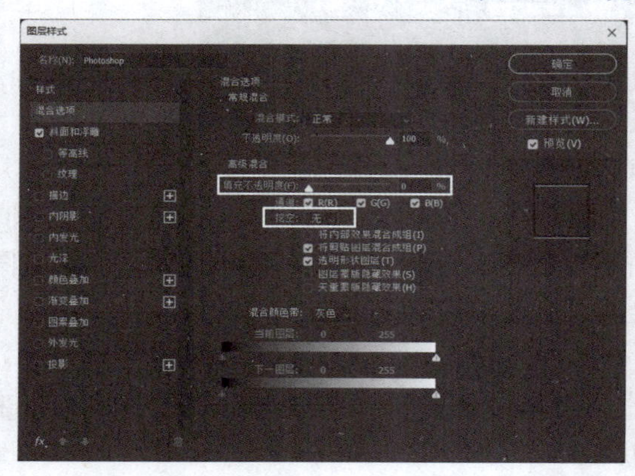

图 2-169　设置混合参数后的效果 2

4）将内部效果混合成组：对图层执行的图层效果包括加在原图层像素之上的部分和在原像素范围之外增加了像素的部分。选中该复选框，“挖空”选项将使挖空效果针对原像素部分。

5）将剪贴图层混合成组：当选中该复选框时，“挖空”将只对裁切组图层有效。

6）透明形状图层：当添加图层样式的图层有透明区域时，选中该复选框，透明区域相当于蒙版，生成的效果如果延伸到透明区域，将被遮盖。

7）图层蒙版隐藏效果：当添加图层样式的图层有透明区域时，选中该复选框，生成的效果如果延伸到蒙版中，将被遮盖。

8）矢量蒙版隐藏效果：当添加图层样式的图层有矢量蒙版时，选中该复选框，生成的效果如果延伸到矢量蒙版中，将被遮盖。

（3）混合颜色带

有两个颜色带用于控制所选中图层的像素点，本图层颜色带滑块之间的部分为将要混合并且最终要显示出来的像素的范围，两个颜色带滑块之外的部分像素是不混合的部分，并将排除在最终图像之外。下一图层颜色带滑块之间的像素将与本图层中的像素混合生成复合像素，而颜色带滑块除外，也就是未混合的像素将透过现有图层的上层区域显示出来。关于混合颜色带的具体使用方法见“7.4　给嘴唇添加口红效果”。

2. 投影和内阴影

选中“投影”和“内阴影”复选框，可以为图层中的对象添加投影效果。它们的设置框

分别如图 2-170 和图 2-171 所示，可见两个设置框基本相同，不同的是，“投影”设置框中多了一个“图层挖空投影”复选框。

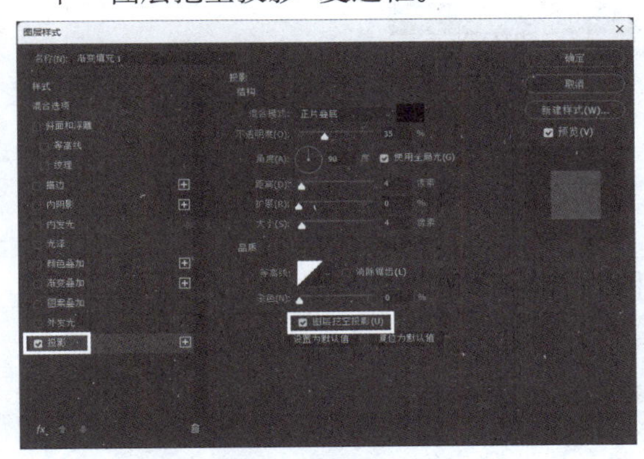

图 2-170　“投影”设置框

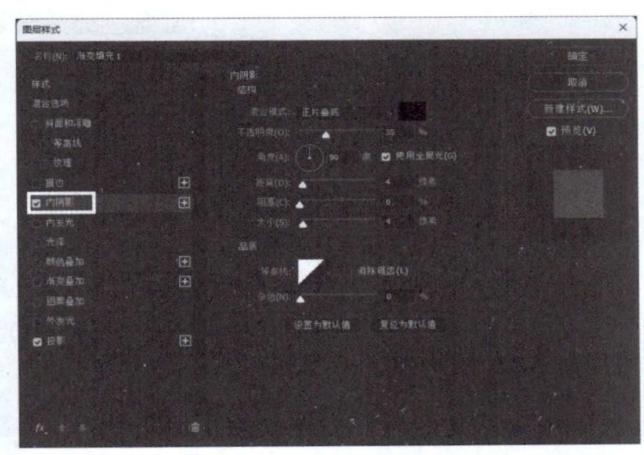

图 2-171　“内阴影”设置框

图 2-172 为未使用图层样式的效果、使用“投影”效果和使用“内阴影”效果后的效果比较。

电脑艺术设计

a)

电脑艺术设计

b)

电脑艺术设计

c)

图 2-172　投影和内阴影使用效果比较

a) 未使用图层样式的效果　b) 使用“投影”效果　c) 使用“内阴影”效果

3. 外发光和内发光

“外发光”可以在图像的外边缘添加光晕效果，设置框如图 2-173 所示。“内发光”可以在图像的内边缘添加发光效果，设置框如图 2-174 所示。这两个设置框基本相同，只是“内发光”多了“居中”和“边缘”两个单选按钮。

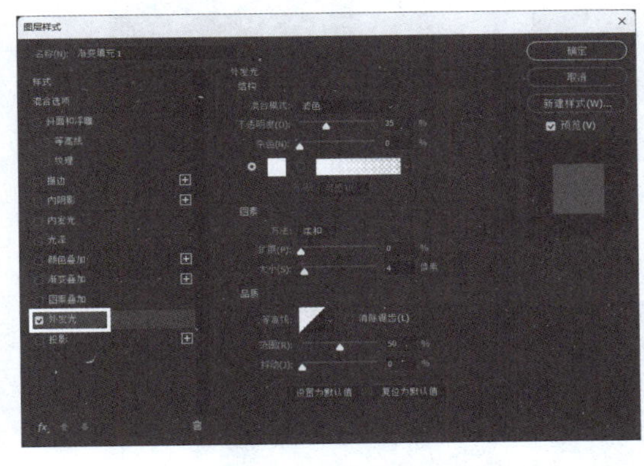

图 2-173　“外发光”设置框

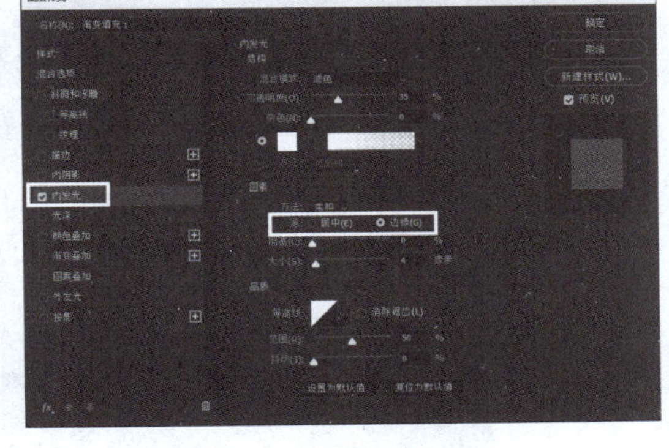

图 2-174　“内发光”设置框

图 2-175 为未使用图层样式效果、使用“外发光”效果和使用“内发光”效果后的效果比较。

a)

b)　　c)

图 2-175　外发光和内发光使用效果比较

a) 未使用图层样式效果　b) 使用“外发光”效果　c) 使用“内发光”效果

4. 斜面和浮雕

“斜面和浮雕”用于为图层中的对象添加不同组合方式的高亮和阴影，以产生凸出或者凹陷的“斜面和浮雕”效果，其设置框如图 2-176 所示。

“斜面和浮雕”样式分为“外斜面”“内斜面”“浮雕效果”“枕状浮雕”和“描边浮雕”5种，图 2-177 为使用不同图层样式的效果比较。

在“斜面和浮雕”选项的下面还有“等高线”和“纹理”两个选项，如图 2-178 所示。图 2-179 为只使用“浮雕效果”图层样式和添加“等高线”“纹理”的效果图。

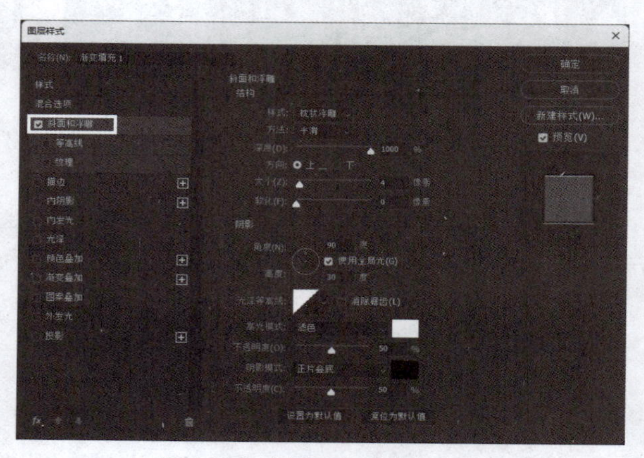

图 2-176　“斜面和浮雕”设置框

a)

b)

c)

d)

e)

f)

图 2-177　不同图层样式的效果比较

a) 原图像　b)“外斜面”效果　c)“内斜面”效果　d)“浮雕效果”　e)“枕状浮雕”效果　f)“描边浮雕”效果

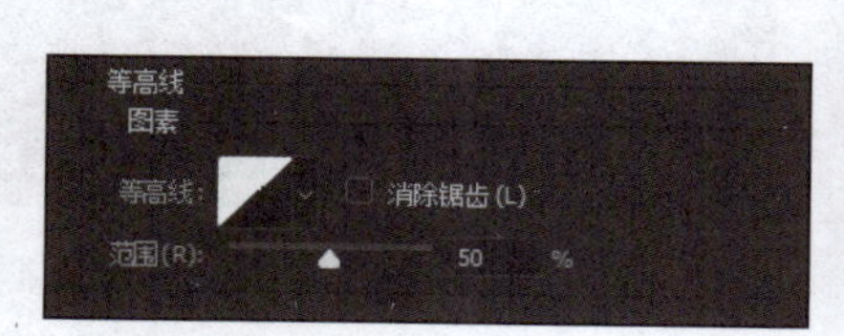

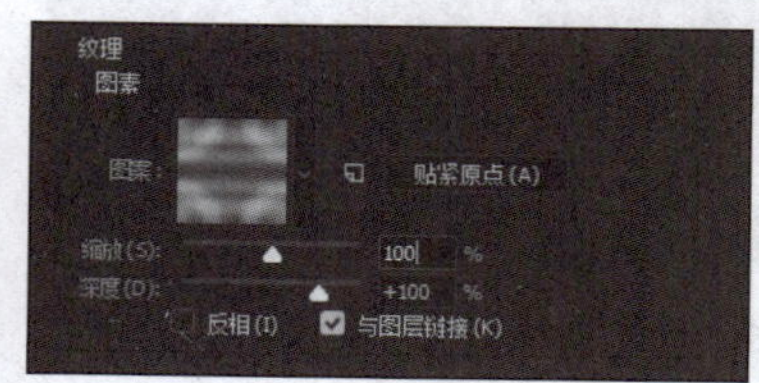

图 2-178　“等高线”和“纹理”选项

a)

b)

c)

图 2-179　“等高线”和“纹理”效果

a) 只使用了“浮雕效果”　b) 添加“等高线”效果　c) 添加“纹理”效果

5. 光泽

“光泽”指在图像上添色，并且在边缘部分产生柔化效果。“光泽”设置框如图 2-180 所示。

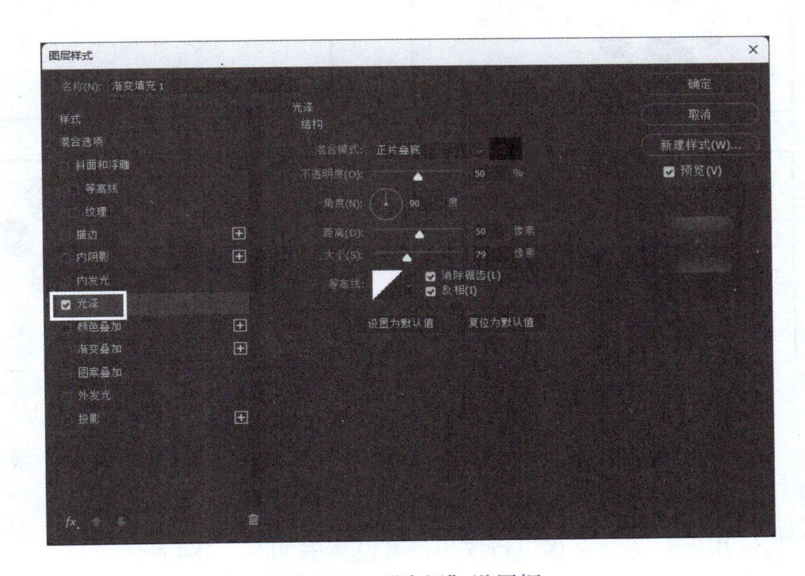

图 2-180　“光泽”设置框

图 2-181 为未使用“光泽”效果和使用不同光泽设置产生的效果比较。

a)

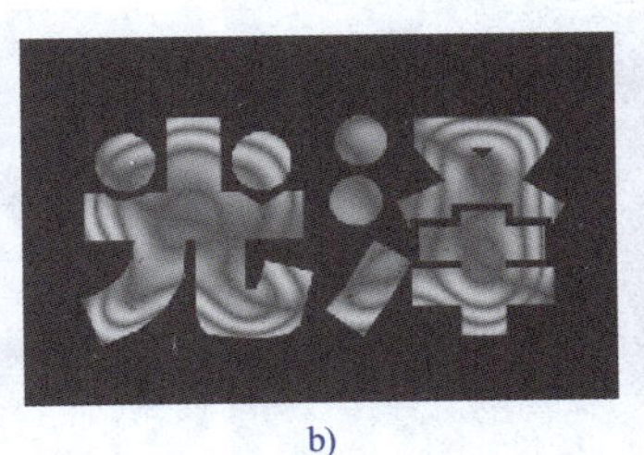

b)

c)

图 2-181　未使用“光泽”效果和使用不同光泽设置产生的效果比较

a) 未使用“光泽”效果　b)“光泽”大小为 30 的效果　c) 光泽”大小为 100 的效果

6. 颜色叠加、渐变叠加和图案叠加

这 3 种效果可以直接在图像上填充，只是填充的内容不同，它们的设置框如图 2-182 所示。

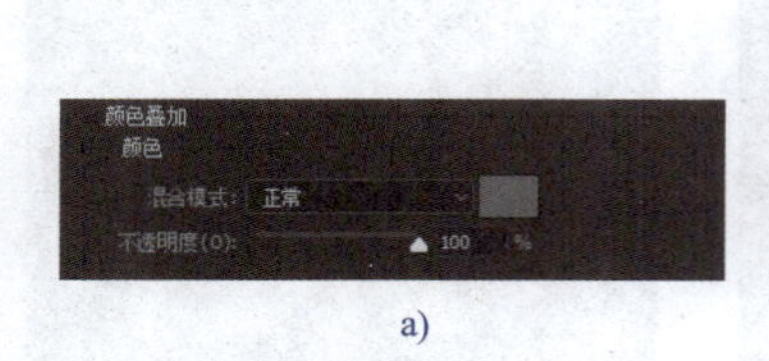

a)

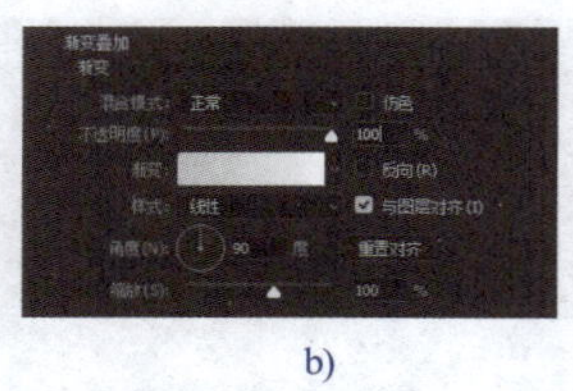

b)

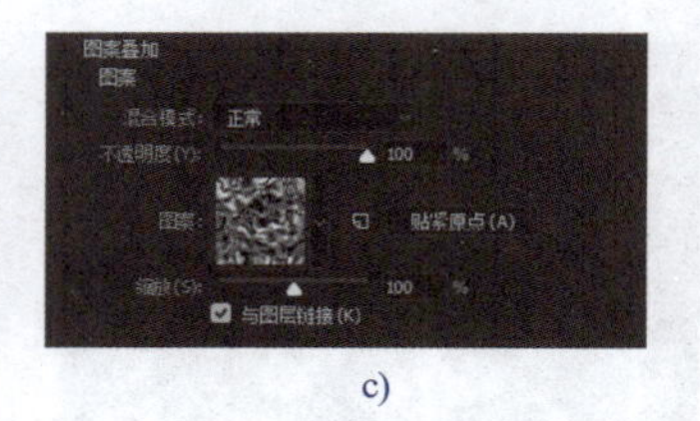

c)

图 2-182　不同效果的设置框

a)“颜色叠加”设置框　b)“渐变叠加”设置框　c)“图案叠加”设置框

图 2-183 为各种叠加效果的比较。

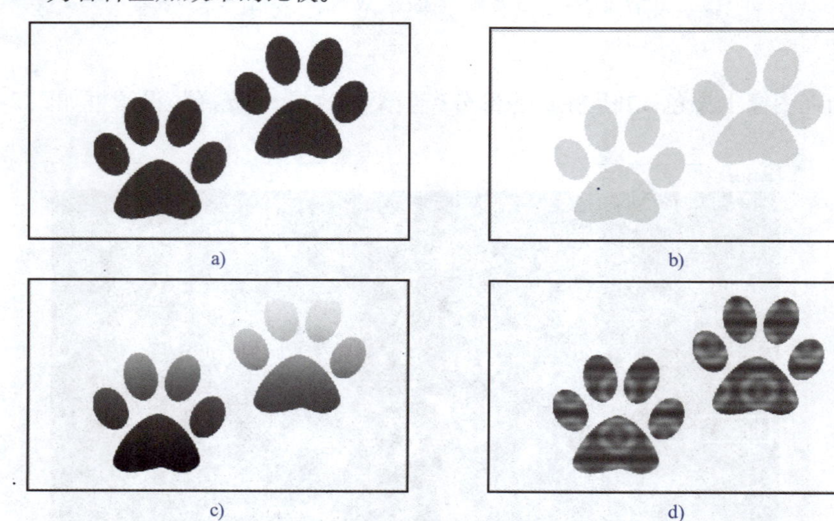

图 2-183　各种叠加效果的比较

a) 未使用“叠加”效果　b)“颜色叠加”效果　c)“渐变叠加”效果　d)“图案叠加”效果

7. 描边

“描边”可以用来对图像直接进行描边，其设置框如图 2-184 所示。

图 2-185 为使用各种描边的效果比较。

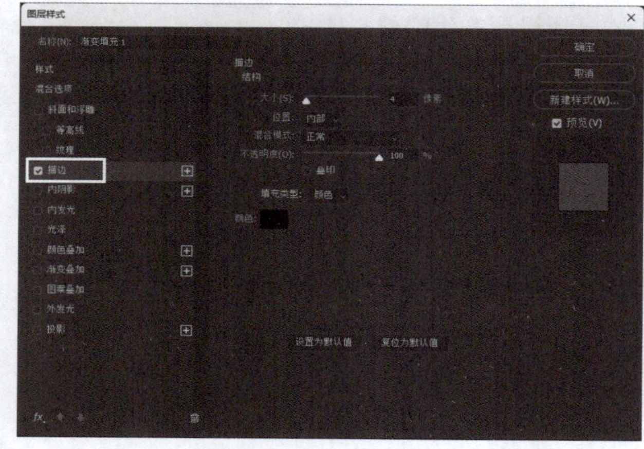

图 2-184　“描边”设置框

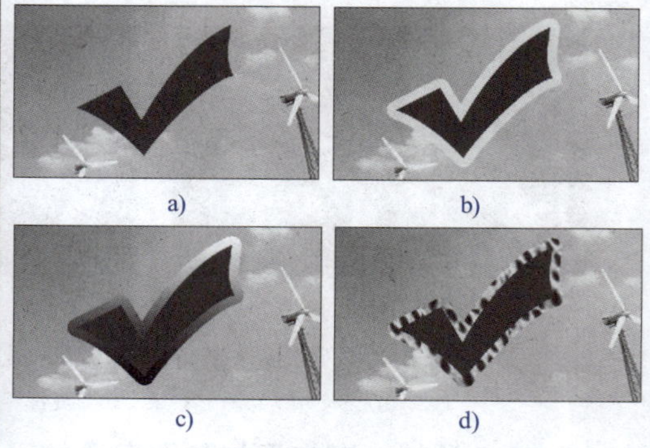

图 2-185　使用各种描边的效果比较

a) 未使用“描边”效果　b)“颜色描边”效果

c)“渐变描边”效果　d)“图案描边”效果

2.4.10　图层混合模式

在“图层”面板以及和图层有关的对话框中都有关于混合模式的设定，它们与工具的绘画模式相同，这些模式用来控制当前图层与其下图层之间像素的作用模式。

Photoshop CC 2023 提供了 27 种图层混合模式。

1. 正常模式

这是系统默认的状态，最终色和图像色是相同的。图 2-186 为原图像的图层分布和正常模式下的画面显示。

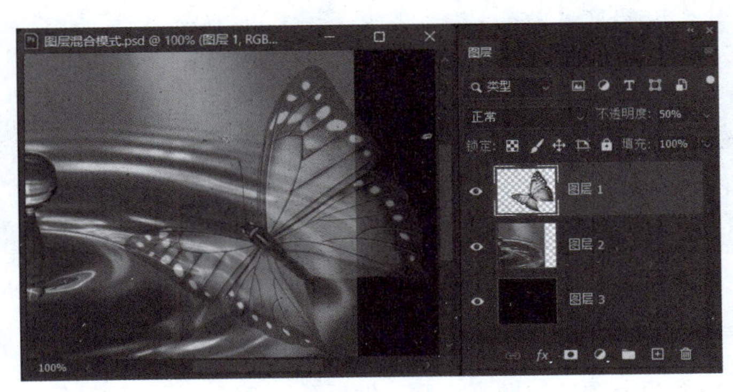

图 2-186　原图像的图层分布和正常模式下的画面显示

2. 溶解模式

在溶解模式状态下，最终色和图像色是相同的，只是根据每个像素点所在位置不透明度的不同，可以随机以绘图色和底色取代，不透明度越大，溶解效果越明显。图 2-187 为溶解模式下将“不透明度”设置为 50% 的图层分布和画面显示。

图 2-187　溶解模式下的图层分布和画面显示

3. 实色混合模式

实色混合模式是对混合色与基色的灰度值进行识别，然后将它们相加，来决定结果色。当相加的颜色数值大于混合色与基色的最大值，结果色取相加后的颜色；当相加的颜色数值小于混合色与基色的最大值，结果色为 0；当相加的颜色数值等于混合色与基色的最大值，结果色由基色决定。基色颜色值比混合色颜色的数值大，则结果色为最大值，相反则为 0。 图 2-188 为实色混合模式下的画面显示。

4. 变暗模式

使用变暗模式进行颜色混合时，会比较绘制的颜色与底色之间的亮度，较亮的像素会被较暗的像素取代，而较暗的像素不变。图 2-189 为变暗模式下的画面显示。

5. 变亮模式

变亮模式正好与变暗模式相反，它是选择底色或绘制颜色中较亮的像素作为结果颜色，较暗的像素会被较亮的像素取代，而较亮的像素不变。图 2-190 为变亮模式下的画面显示。

图 2-188　实色混合模式

图 2-189　变暗模式

图 2-190　变亮模式

6. 正片叠底模式

正片叠底模式是将两个颜色的像素相乘，然后除以 255，得到的结果就是最终色的像素值。选择正片叠底模式后，颜色通常比原来的两种颜色都深。任何颜色和黑色执行正片叠底模式得到的仍然是黑色；任何颜色和白色执行正片叠底模式后则保持原来的颜色不变。简单地说，正片叠底模式就是突出黑色的像素。图 2-191 为正片叠底模式下的画面显示。

7. 滤色模式

滤色模式的作用结果和正片叠底模式正好相反，它是将两个颜色的互补色的像素值相乘，然后除以 255 得到最终色的像素值。通常，执行滤色模式后的颜色都较浅。任何颜色和黑色执行滤色模式后保持原来的颜色不变；任何颜色和白色执行滤色模式得到的仍然是白色；而与其他颜色执行此模式则会产生漂白的效果。简单地说，滤色模式就是突出白色的像素。图 2-192 为滤色模式下的画面显示。

8. 颜色加深模式

颜色加深模式用于查看每个通道的颜色信息，增加对比度使底色的颜色变暗从而反映绘图色，和白色混合没有变化。图 2-193 为颜色加深模式下的画面显示。

图 2-191　正片叠底模式

图 2-192　滤色模式

图 2-193　颜色加深模式

9. 线性加深模式

线性加深模式用于查看每个通道的颜色信息，降低对比度使底色的颜色变暗从而反映绘图色，和白色混合没有变化。图 2-194 为线性加深模式下的画面显示。

10. 颜色减淡模式

使用颜色减淡模式时，首先查看每个通道的颜色信息，降低对比度使底色的颜色变亮从而反映绘图色，和黑色混合没有变化。图 2-195 为颜色减淡模式下的画面显示。

11. 线性减淡（添加）模式

使用线性减淡（添加）模式时，首先查看每个通道的颜色信息，增加亮度使底色的颜色变亮从而反映绘图色，和黑色混合没有变化。图 2-196 为线性减淡（添加）模式下的画面显示。

图 2-194　线性加深模式

图 2-195　颜色减淡模式

图 2-196　线性减淡（添加）模式

12. 叠加模式

叠加模式是图像的颜色被叠加到底色上，但保留底色的高光和阴影部分。底色的颜色没有被取代，而是和图像颜色混合，体现原图像的亮部和暗部。图 2-197 为叠加模式下的画面显示。

13. 柔光模式

柔光模式会根据图像的明暗程度来决定最终色是变亮还是变暗。当图像色比 50% 的灰亮时，底色图像变亮；当图像色比 50% 的灰暗时，底色图像变暗；当图像色是纯黑色或者纯白色时，最终色将变暗或者稍稍变暗；当底色是纯白色或者纯黑色时，则没有任何效果。图 2-198 为柔光模式下的画面显示。

14. 强光模式

强光模式是根据图像色来决定执行叠加模式还是滤色模式。当图像色比 50% 的灰亮时，底色图像变亮，就像执行滤色模式一样；当图像色比 50% 的灰暗时，则像执行叠加模式一样；当图像色是纯白色或者纯黑色时，得到的是纯白色或者纯黑色。图 2-199 为强光模式下的画面显示。

图 2-197　叠加模式

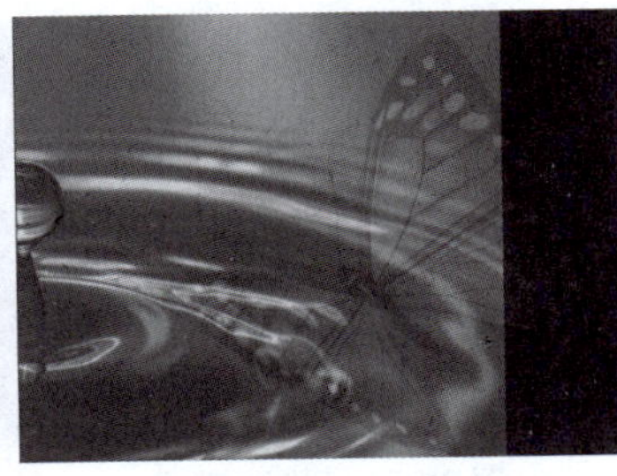
图 2-198　柔光模式

图 2-199　强光模式

15. 亮光模式

亮光模式是根据图像色，通过增加或者降低对比度来加深或者减淡颜色。如果图像色比50% 的灰要亮，图像通过降低对比度变亮；如果图像色比 50% 的灰要暗，图像通过增加对比度变暗。图 2-200 所示为亮光模式下的画面显示。

16. 线性光模式

线性光模式是根据图像色，通过增加或者降低亮度来加深或者减淡颜色。如果图像色比50% 的灰要亮，图像通过增加亮度变亮；如果图像色比 50% 的灰要暗，图像通过降低亮度变暗。图 2-201 为线性光模式下的画面显示。

17. 点光模式

点光模式是根据图像色来替换颜色。如果图像色比 50% 的灰要亮，图像色将被替换，但比图像色亮的像素不变化；如果图像色比 50% 的灰要暗，比图像色亮的像素将被替换，但比图像色暗的像素不变化。图 2-202 为点光模式下的画面显示。

图 2-200　亮光模式

图 2-201　线性光模式

图 2-202　点光模式

18. 差值模式

差值模式通过查看每个通道中的颜色信息，比较图像色和底色，用较亮像素点的像素值减去较暗像素点的像素值，差值作为最终色的像素值。与白色混合将使底色反相，与黑色混合则不产生变化。图 2-203 为差值模式下的画面显示。

19. 排除模式

排除模式与差值模式类似，但是生成的颜色对比度比差值模式小，因而颜色较柔和。与白色混合将使底色反相，与黑色混合则不产生变化。图 2-204 为排除模式下的画面显示。

20. 色相模式

色相模式采用底色的亮度、饱和度及图像色的色相来创建最终色。如图 2-205 所示为色相模式下的画面显示。

图 2-203　差值模式

图 2-204　排除模式

图 2-205　色相模式

21. 饱和度模式

饱和度模式采用底色的亮度、色相及图像色的饱和度来创建最终色。如果绘图色的饱和度为 0，则原图像将没有变化。图 2-206 为饱和度模式下的画面显示。

22. 颜色模式

颜色模式采用底色的亮度、图像色的色相和饱和度来创建最终色。该模式可以保护原图像的灰阶层次，对于图像的色彩微调，以及给单色和彩色图像着色都非常有用。图 2-207 为颜色模式下的画面显示。

23. 明度模式

明度模式与颜色模式正好相反，明度模式采用底色的色相和饱和度以及绘图色的亮度来创建最终色。图 2-208 为明度模式下的画面显示。

图 2-206　饱和度模式

图 2-207　颜色模式

图 2-208　明度模式

24. 深色模式

深色模式采用的是比较图像色和底色的所有通道值的总和，并显示值较小的颜色。该模式不会生成第 3 种颜色，因为它将从底色和图像色中选取最小的通道值来创建结果色。图 2-209 为深色模式下的画面显示。

25. 浅色模式

浅色模式与深色模式相反，采用的是比较图像色和底色的所有通道值的总和，并显示值较大的颜色。该模式不会生成第 3 种颜色，因为它将从底色和图像色中选取最大的通道值来创建结果色。图 2-210 为浅色模式下的画面显示。

26. 减去模式

减去模式采用的是查看每个通道中的颜色信息，并从底色中减去图像色。在 8 位和 16 位图像中，任何生成的负片值都会剪切为零。图 2-211 为减去模式下的画面显示。

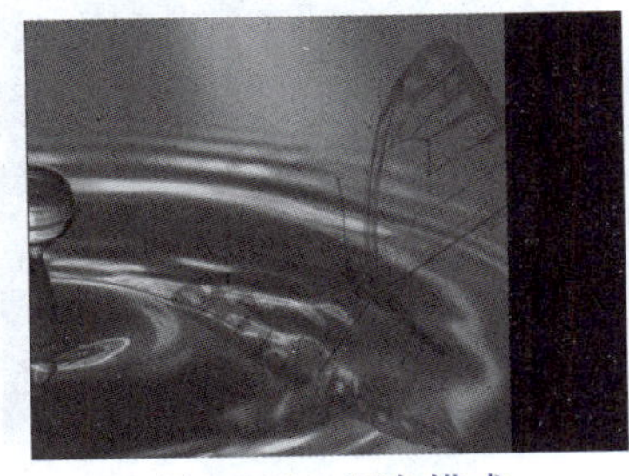

图 2-209　深色模式

图 2-210　浅色模式

图 2-211　减去模式

27. 划分模式

划分模式采用的是查看每个通道中的颜色信息，并从底色中分割图像色。图 2-212 为划分模式下的画面显示。

图 2-212　划分模式

2.4.11　智能图层

与普通图层相比，智能图层有以下优点：

1）可进行非破坏性编辑，任意缩放变换都不会丢失原始图像数据或降低品质。

2）可保留矢量数据（如 AI 文件），若不使用智能对象，这些数据将被栅格化。

3）非破坏性应用智能滤镜，可随时编辑或撤销参数，且不会对原图像造成破坏。

4）对智能对象的原始内容进行编辑后，与之链接的副本也会自动更新。

将某一普通图层转化为智能对象的操作步骤为：在“图层”面板中选择需要转化为智能对象的图层，然后单击右键，在弹出的快捷菜单中选择“转化为智能对象”命令，即可将普通图层转换为一个智能图层，此时智能图层缩览图右下角会显示出特殊标志，如图 2-213 所示。关于“智能对象”的具体应用见“8.3　去除人物黑眼圈的效果”和“8.5　褶皱的布料图案效果”。

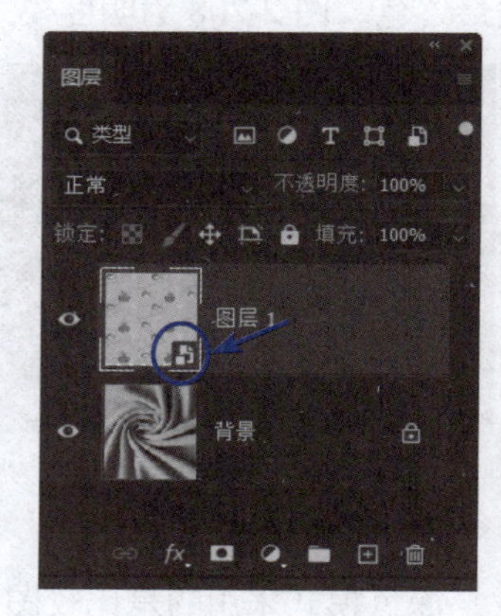

图 2-213　智能图层

2.5　通道与蒙版

2.5.1　通道

在 Photoshop CC 2023 中，通道用来存放图像的颜色信息，实际上，它是一种灰度图像。每一种图像都包括一些基于颜色模式的颜色信息通道。

通道可以分为颜色通道、Alpha 通道和专色通道。它们均以缩览图的形式出现在“通道”面板中，如图 2-214 所示。

1. 颜色通道

使用 Photoshop CC 2023 处理的图像都有一定的颜色模式，也就是说，它们描述颜色的方法各有不同，如 RGB 模式、CMYK 模式和 Lab 模式等。在一幅图像中，像素点的颜色就是由这些颜色模式中的颜色信息进行描述的，因此，所有像素点包含的某一种颜色信息便构成了一个颜色通道。例如，一幅 RGB 图像中的红色通道，便是由图像中所有像素点的红色信息所组成的，同样，绿色通道是由所有像素点的绿色信息所组成的，蓝色通道亦然。它们都是颜色通道，这些颜色通道的不同信息配比构成了图像中的不同颜色变化。

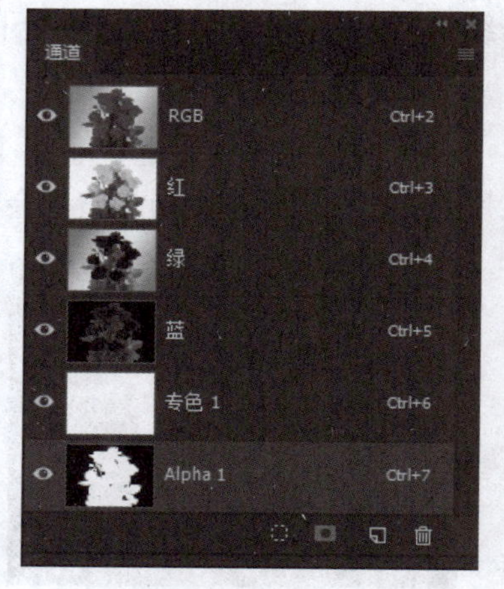

图 2-214　“通道”面板

下面是3种不同颜色模式图像的颜色通道表现。RGB图像有3种颜色通道：R（红色）、G（绿色）、B（蓝色）通道和一个复合通道，CMYK模式图像有4种颜色通道和一个复合通道，Lab模式图像有3种颜色通道和一个复合通道。

3种颜色模式的“通道”面板如图2-215所示。

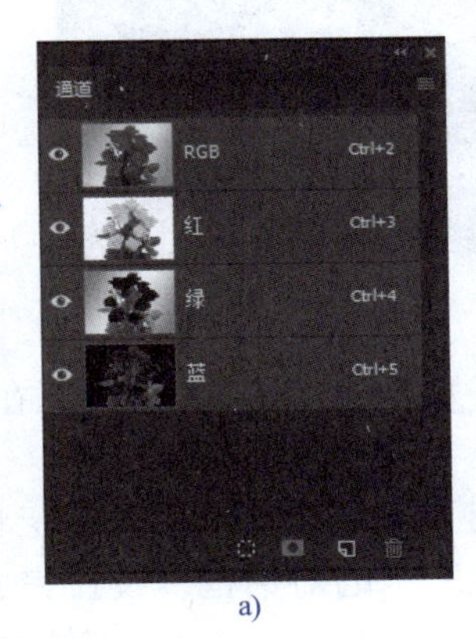

a)

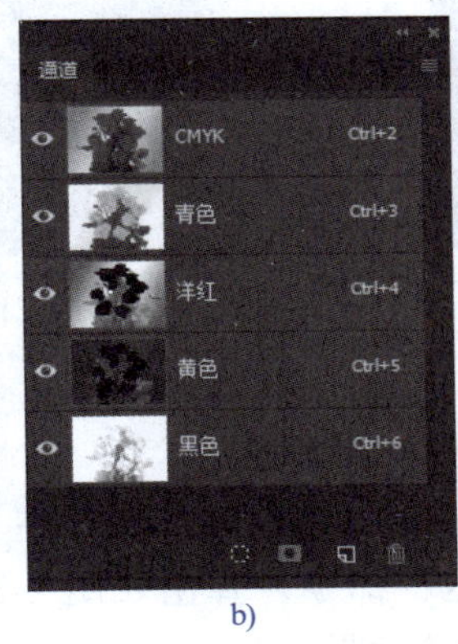

b)

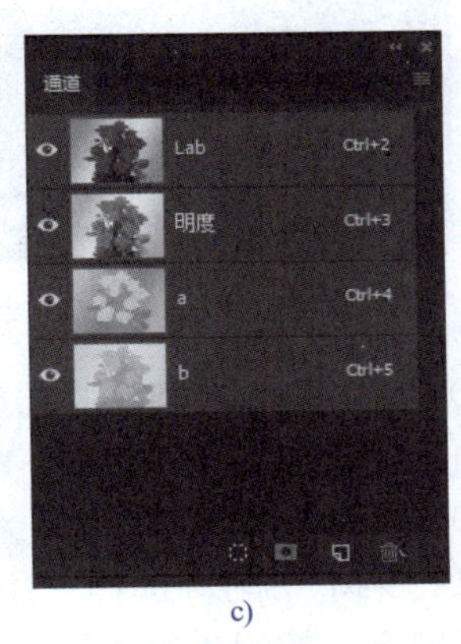

c)

图2-215　3种颜色模式的“通道”面板
a) RGB模式　b) CMYK模式　c) Lab模式

当图像中存在整体的颜色偏差时，用户可以方便地选择图像中的一个颜色通道对其进行相应的校正，例如，如果原图像中的红色色调不够，可以单独选择其红色通道来对图像进行颜色调整。

2. Alpha通道

如果制作了一个选区，然后将其存储下来，就可以将该选区存储为一个永久的Alpha通道。此时，在“通道”面板中会出现一个新的通道层，通常以Alpha 1、Alpha 2、……方式命名，这就是通常所说的Alpha通道。

实际上，Alpha通道是用来存储和编辑选区的，也可以被用作图像的蒙版。

（1）Alpha通道的特点

1）可以添加和删除Alpha通道。

2）可以指定Alpha通道的名称、颜色、蒙版选项和不透明度。双击通道层或者在“通道”面板的弹出菜单中选择“通道选项”命令，即可弹出“通道选项”对话框，如图2-216所示。

3）可以使用绘画和编辑工具在Alpha通道中编辑蒙版。

4）将选区存储于Alpha通道，可以使选区永久保留并能重复使用。

（2）Alpha通道的使用

1）创建Alpha通道：在“通道”面板的弹出菜单中选择“新建通道”命令，或者按住〈Alt〉键单击“通道”面板下方的（创建新通道）按钮，即可弹出“新建通道”对话框，如图2-217所示。设置完毕后单击“确定”按钮，即可建立一个新的Alpha通道。注意，若直接单击（创建新通道）按钮，系统将按照默认设置新建一个通道。

2）删除Alpha通道：与创建新通道类似，可以直接单击“通道”面板下方的（删除当前通道））按钮或者在“通道”面板的弹出菜单中选择“删除通道”命令。

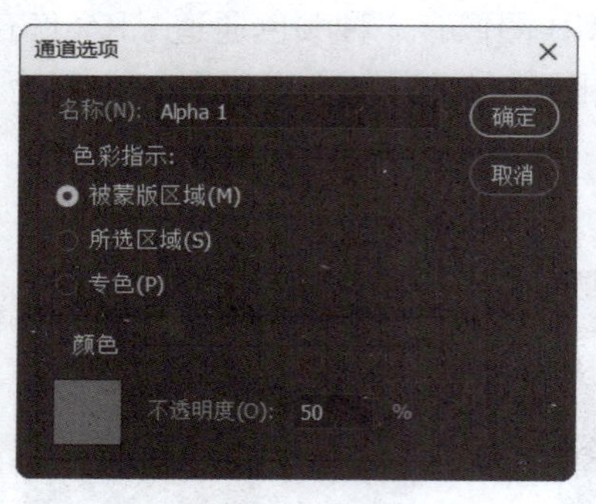

图 2-216 “通道选项”对话框

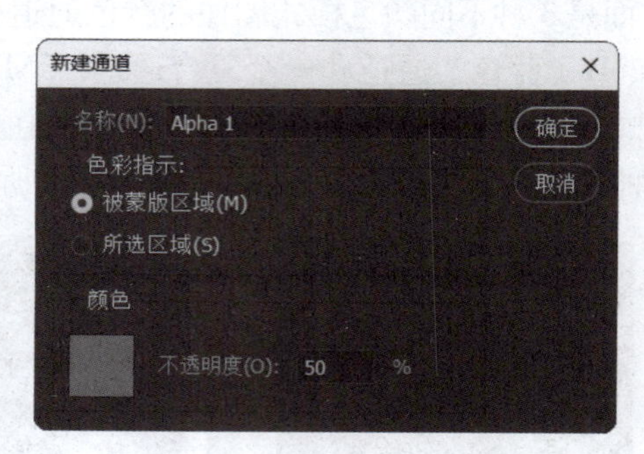

图 2-217 “新建通道”对话框

3）复制 Alpha 通道：将需要的通道拖动到（创建新通道）按钮上即可，也可以在“通道”面板的弹出菜单中选择“复制通道”命令。

4）通过已选定选区建立 Alpha 通道。其创建方法如下：首先确定当前选区为选定状态，然后执行菜单中的“选择→存储选区”命令，弹出如图 2-218 所示的对话框。设置完成后，单击“确定”按钮进行确认，此时“通道”面板上出现了一个新的通道。如果在存储时选择已有的 Alpha 通道，则可以指定如何组合选区，如图 2-219 所示。

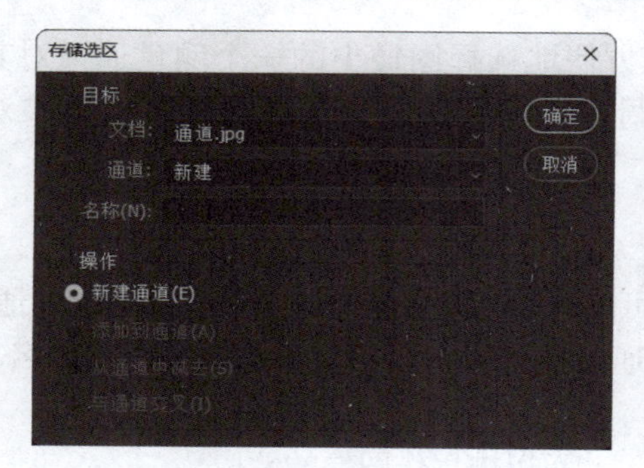

图 2-218 “存储选区”对话框

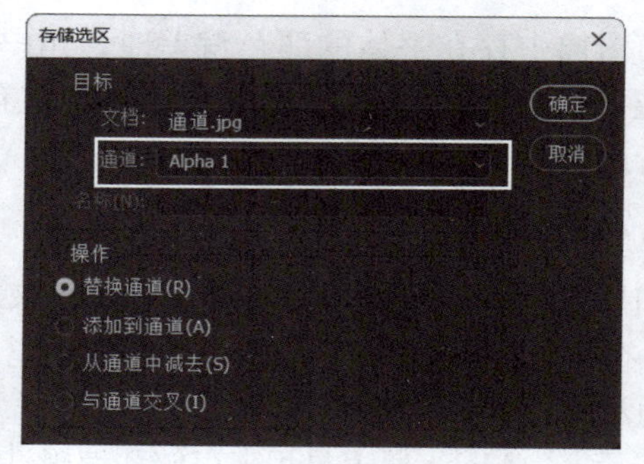

图 2-219 选择已有的“Alpha 1”通道

5）通过已存储的选区载入图像。其载入方法如下：首先执行菜单中的“选择→载入选区”命令，弹出如图 2-220 所示的对话框。然后在“通道”下拉列表框中选择想要载入的选区通道。此时，选中“反相”复选框，可以载入选区以外的区域。如果已经有一个 Alpha 通道，则可指定如何组合选区，如图 2-221 所示，然后单击“确定”按钮进行确认。

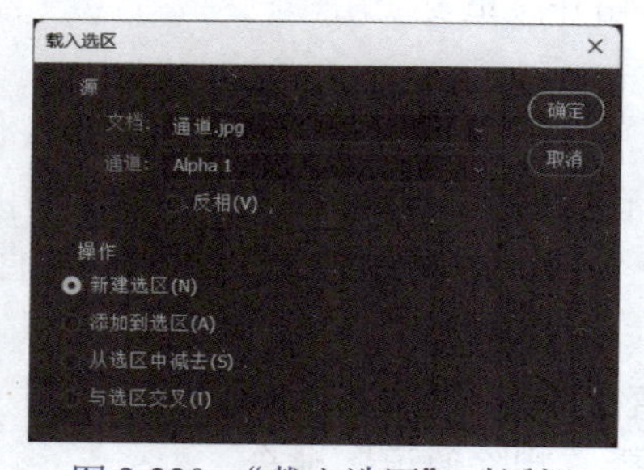

图 2-220 “载入选区”对话框

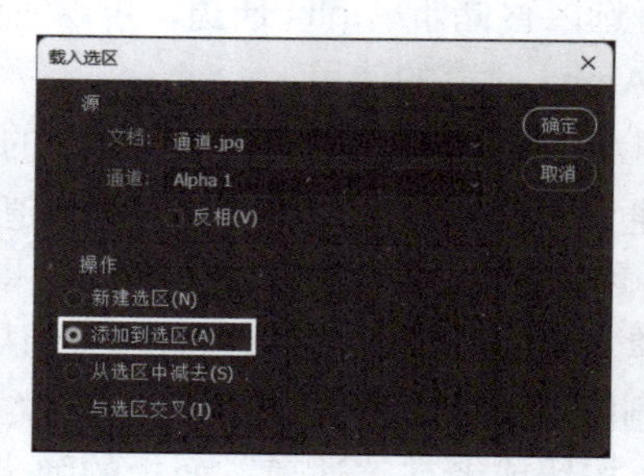

图 2-221 指定如何组合选区

3. 专色通道

专色通道是指可以保存专色信息的通道(即可以作为一个专色版应用到图像和印刷中)。专色通道主要用于出专色版。专色版中的专色油墨是指以一种预先混合好的黄、品、青、黑 4 种原色油墨以外的特定彩色油墨。

通常来讲，彩色印刷品都是通过黄、品、青、黑 4 种原色油墨印制而成的，但是由于印刷油墨本身存在一定的颜色偏差，印刷品在再现一些纯色(如红、绿、蓝等颜色)时会出现很大的误差。因此，在一些高档印刷品制作中，往往在黄、品、青、黑 4 种原色油墨以外加印一些其他颜色(比如明亮的橙色、绿色等)，以便更好地再现其中的纯色信息，这些加印的颜色就是所说的专色。另外，为实现特殊变化所使用的金色、银色、荧光色等油墨也属于专色油墨。

2.5.2　蒙版

蒙版用来将图像的某些部分分离开来，以保护图像的某些部分不被编辑。当基于一个选区创建蒙版时，没有被选中的区域会成为被蒙版蒙住的区域，也就是被保护的区域，可防止被编辑或者被修改。利用蒙版，可以将花费很多时间创建的选区存储起来，以便随时调用。另外，还可以将蒙版用于其他复杂的编辑工作，如对图像执行颜色变换操作或者添加滤镜效果。

在“通道”面板中，蒙版通道的前景色和背景色以灰度值显示。通常，黑色是被保护的部分，白色是不被保护的部分，而灰度部分则根据其灰度值作为透明蒙版使用。对图像部分进行保护，可以产生各种变化。图 2-222 为不同蒙版对图像产生的影响。

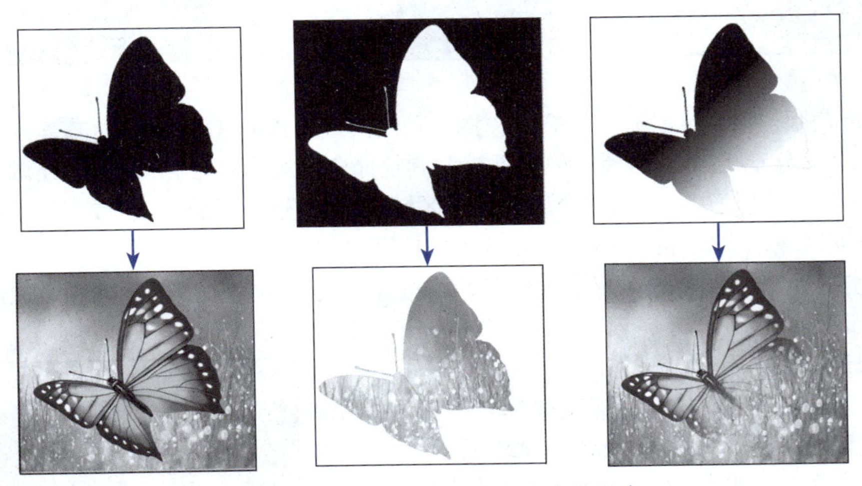

图 2-222　不同蒙版对图像产生的影响

在 Photoshop 中，有 3 种方式可以创建蒙版，所有蒙版至少可临时存放为灰度通道。

- 快速蒙版：创建和查看图像的临时蒙版。
- Alpha 通道蒙版：存储和载入选区用作蒙版。
- 图层蒙版：创建特定图层的蒙版。

1. 快速蒙版

使用快速蒙版模式无须使用“通道”面板，可以将一个有闪动选择线的选择范围转变成为临时蒙版，也可以将该快速蒙版转变回选择范围。进入快速蒙版模式后，用户可以使用画笔工具扩大或者缩小选区，或者使用滤镜工具扭曲选区边界。

在使用快速蒙版时，“通道”面板将出现一个临时的快速蒙版通道，而所有对蒙版的编辑都是在图像窗口中进行的。除非将快速蒙版存储为Alpha通道，使之成为永久性的蒙版，否则一旦将临时的快速蒙版转变回选择范围，这一临时蒙版就会被自动删除。

（1）快速蒙版的使用方法

1）打开一幅图像，如图2-223所示。

2）单击（套索工具）按钮，选择图像中要更改的部分，创建选区如图2-224所示。

3）单击工具箱中的（以快速蒙版模式编辑）按钮，可见所选区域没有变化，选区以外的部分被红色覆盖。这是因为，默认情况下，快速蒙版模式使用红色和50%的不透明度为被保护区域着色，如图2-225所示。

图2-223　原图像

图2-224　创建选区

图2-225　“快速蒙版”效果

4）编辑蒙版，用户可以从工具箱中选择一种绘画或者编辑工具（如单击（橡皮擦工具）可以擦除红色部分），也可以选择一种滤镜或者调整命令。默认情况下，用黑色绘画会扩大蒙版区域，缩小选区；而使用白色绘图会缩小蒙版区域，扩大选区；使用灰色或者其他颜色绘图则会创建半透明区域，以达到羽化或者消除锯齿的作用。

5）单击工具箱中的（以标准模式编辑）按钮，关闭快速蒙版并返回到原来的图像，此时又变成了选区的形式。

（2）快速蒙版的选项

双击工具箱中的（以快速蒙版模式编辑）按钮，弹出“快速蒙版选项”对话框，如图2-226所示。

在“色彩指示”选项组中，“被蒙版区域”是指所选区域为透明，非选择区域显示为蒙版颜色；“所选区域”是指所选区域为蒙版颜色，非选择区域显示为透明。

“颜色”是指蒙版的颜色及添加后的显示透明度。默认为红色和50%。

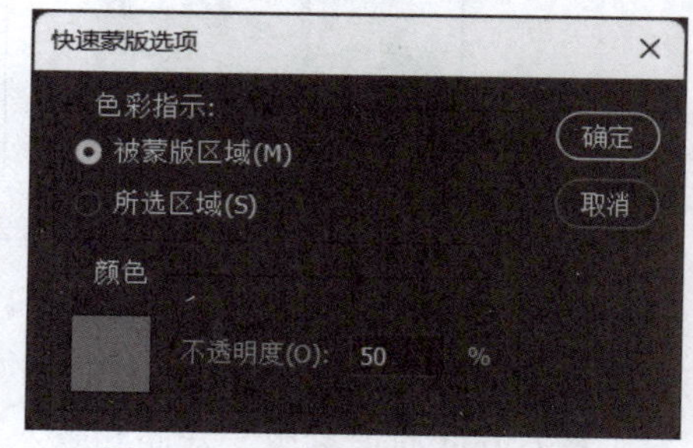

图2-226　“快速蒙版选项”对话框

2. Alpha通道蒙版

使用Alpha通道蒙版的方法和使用Alpha通道一样，都是将其选区载入，然后就可以在图层上进行编辑。

3. 图层蒙版

有关图层蒙版的详细内容见“2.4.5　图层蒙版”的内容。

2.6　色彩调整

色彩调整在图像修饰中是一项非常重要的内容，Photoshop CC 2023 提供了“亮度 / 对比度”“色阶”“曲线”“曝光度”“自然饱和度”“色相 / 饱和度”“色彩平衡”“黑白”“照片滤镜”“通道混合器”“颜色查找”“反相”“色调分离”“阈值”“渐变映射”“可选颜色”“阴影 / 高光”“HDR 色调”“去色”“匹配颜色”“替换颜色”和“色调均化”22 种命令对图像进行色彩调整，它们位于菜单“图像→调整”的子菜单中，如图 2-227 所示。下面就以常用的“色阶”“曲线”和“色相 / 饱和度”3 种命令为例，讲解色彩调整的命令。

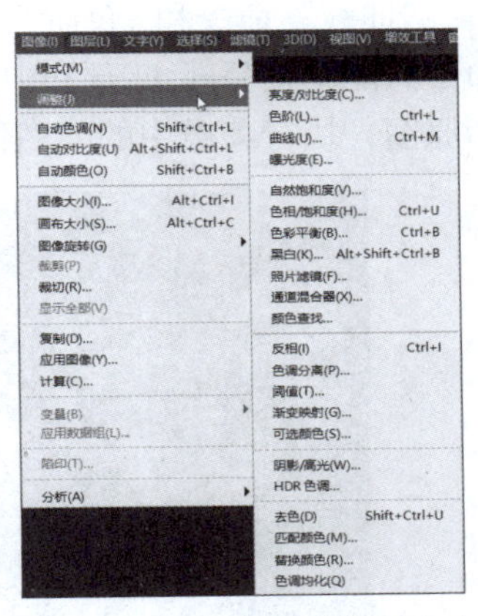

图 2-227　色彩调整的相关命令

1. 色阶

“色阶”命令就是通过调整图像的亮部、暗部和中间灰度来调整图像的色调范围。图 2-228 为原图，执行菜单中的“图像→调整→色阶”命令，会弹出图 2-229 所示的“色阶”对话框，该对话框中的直方图是根据每个亮度值处像素点的多少来划分的，最黑的像素点在左面，最亮的像素点在右面。另外，“输入色阶”用于显示当前的数值，“输出色阶”用于显示将要输出的数值。图 2-230 为调整后的色阶图和最终效果图。

图 2-228　原图

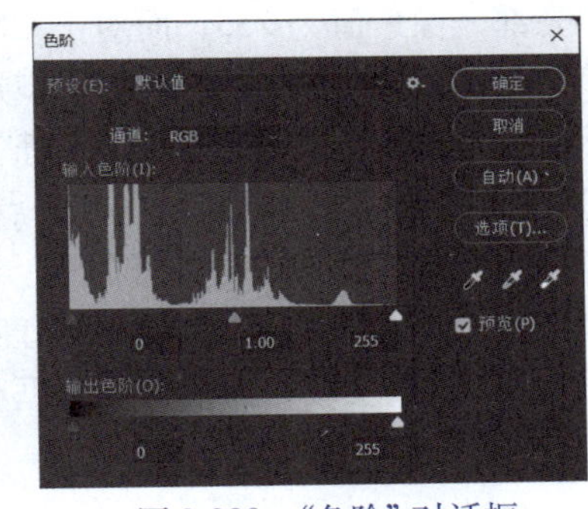

图 2-229　“色阶”对话框

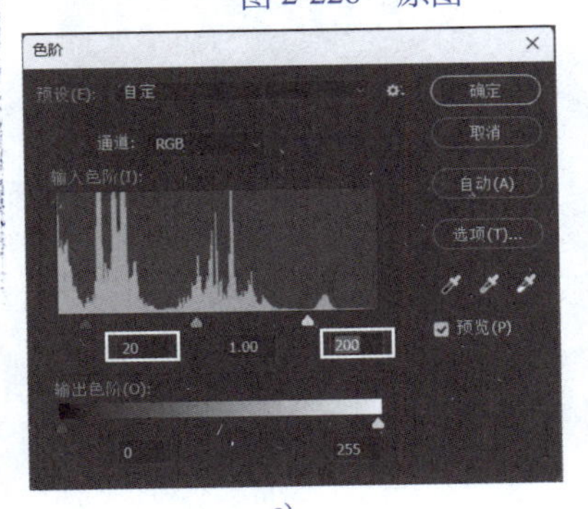

a)

b)

图 2-230　调整后的色阶图和最终效果图

a) 调整“色阶”参数　b) 效果图

2. 曲线

“曲线”命令和“色阶”命令类似，都是用来调整图像色调范围的。不同的是，“色阶”命令只能调整亮部、暗部和中间灰度，而“曲线”命令可以调整灰阶曲线上的任何一点。图 2-231 为原图，执行菜单中的“图像→调整→曲线”命令，会弹出图 2-232 所示的“曲线”对话框。

图 2-231　原图

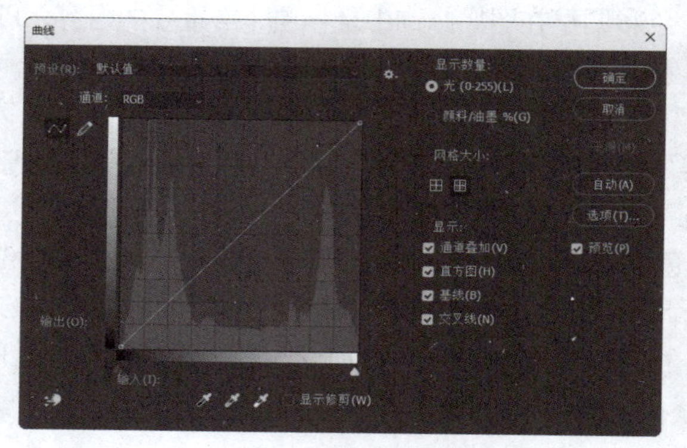

图 2-232　“曲线”对话框

1）图 2-232 中的横轴代表图像原来的亮度值，相当于“色阶”对话框中的“输入色阶”；纵轴代表新的亮度值，相当于“色阶”对话框中的“输出色阶”；对角线用来显示当前输入和输出数值之间的关系。在没有进行调节时，所有像素都有相同的输入和输出数值。

2）对于 RGB 模式的图像来讲，曲线的最左面代表图像的暗部，像素值为 0；最右面代表图像的亮部，像素值为 255。而对于 CMYK 模式的图像来讲，则刚好相反。

3）“曲线”对话框中的“通道”选项和“色阶”对话框中的“通道”选项相同，但“曲线”对话框不仅可以选择合成的通道进行调整，还可以选择不同的颜色通道来进行个别的调整。

4）在曲线上单击鼠标可以增加一点，用鼠标拖动该点就可以改变图像的曲线。对于较灰的图像，最常见的调整方式是 S 形曲线，可以增加图像的对比度。

5）选中铅笔形的图标可以在图中直接绘制曲线，也可以单击平滑曲线来平滑所画的曲线。

图 2-233 为改变图像曲线的设置框和结果图。

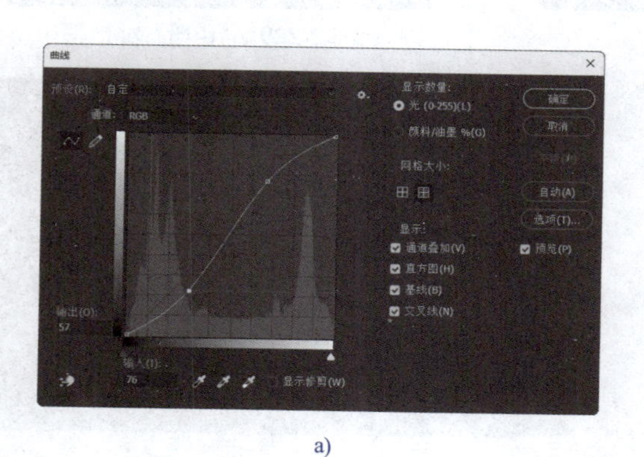

a)

b)

图 2-233　改变图像曲线的设置框和结果图

a）设置“曲线”参数　b）结果图

3. 色相/饱和度

使用“色相 / 饱和度”命令可对图像中的特定颜色进行修改。图 2-234 为原图，执行菜单中的“图像→调整→色相 / 饱和度”命令，会弹出图 2-235 所示的“色相 / 饱和度”对话框。

图 2-234　原图

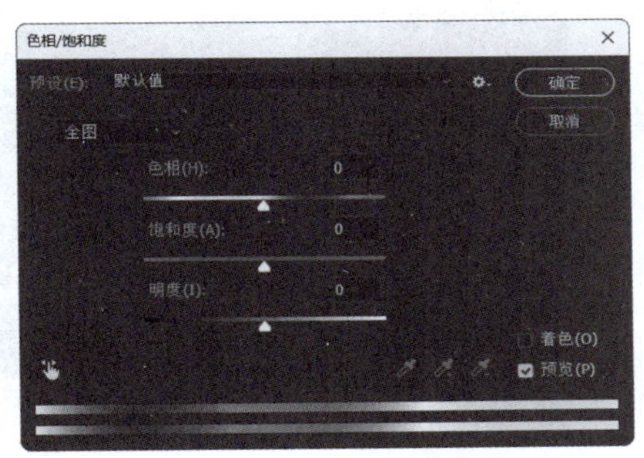

图 2-235　“色相 / 饱和度”对话框

1）在对话框的“编辑”下拉列表框中可以选择红色、黄色、绿色、青色、蓝色和洋红 6 种颜色分别进行调整，或者选择全图来调整所有的颜色，如图 2-236 所示。通过拖动“色相”“饱和度”和“明度”滑块可以分别改变图像的色相、饱和度和明度。此时选择“红色”，并将“色相”数值设置为 -120，如图 2-237 所示，单击“确定”按钮，效果如图 2-238 所示。

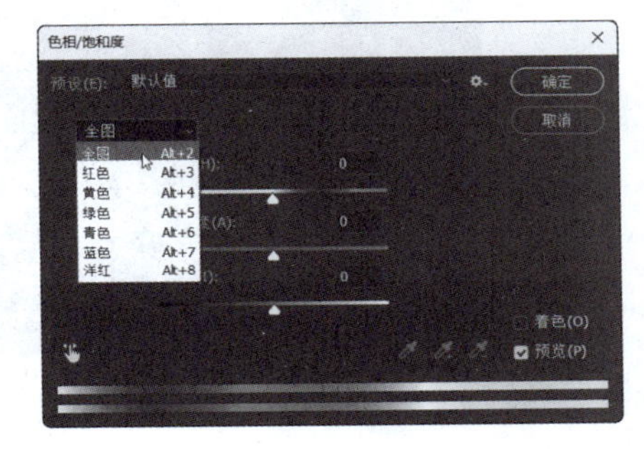

图 2-236　“编辑”下拉列表框

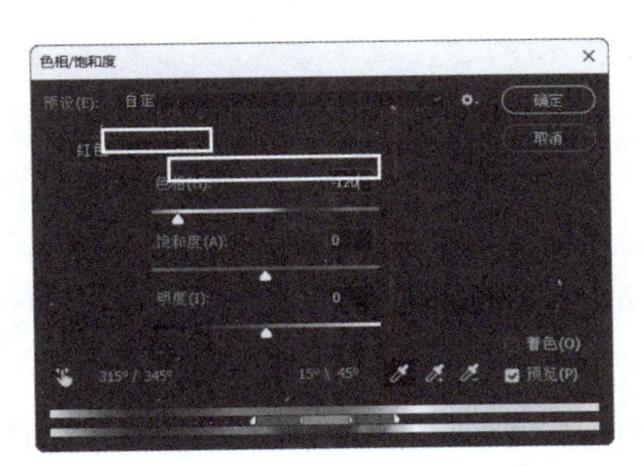

图 2-237　将“红色”的“色相”设置为 -120

图 2-238　将“红色”的“色相”设置为 -120 的效果

2）在“色相 / 饱和度”对话框中选择某种单一颜色时，下面会出现两个色谱，上面的色谱表示调整前的状态，下面的色谱表示调整后的状态。色谱中间浅灰色的部分表示要调整颜色的范围，通过拖动浅灰色两边的滑块，可以增加或者减少浅灰色的区域，即改变颜色的范围。浅灰色两边的深灰色部分表示颜色过渡的范围，通过拖动两边的滑块，可以改变颜色的衰减范围。在两条色谱的上方有两对数值，分别表示两条色谱间 4 个滑块的位置。可以使用（吸管工具），在图像中单击确定要调整的颜色范围，然后用添加到取样工具来增加颜色范围，用从取样中减去工具来减少选择范围。当设定完成颜色调整范围和衰减范围后，就可以改变色相、饱和度和明度值。

3）选中“着色”复选框，如图 2-239 所示，图像会变成单色，如图 2-240 所示。此时可以改变色相、饱和度和明度值，可以得到单色的图像效果。图 2-241 为调整设置参数和改变后的效果图。

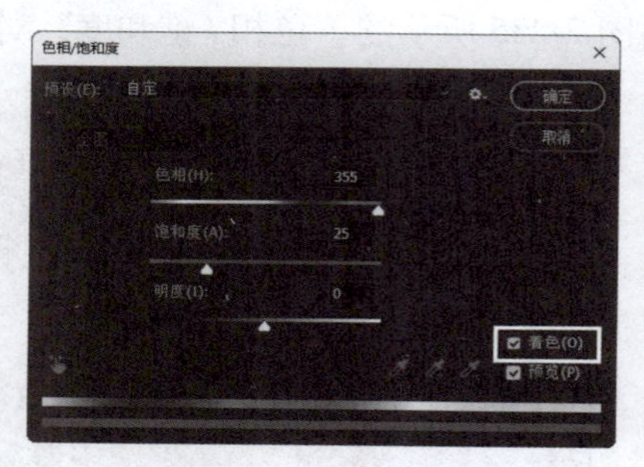

图 2-239　选中“着色”复选框

图 2-240　选中“着色”复选框后的效果

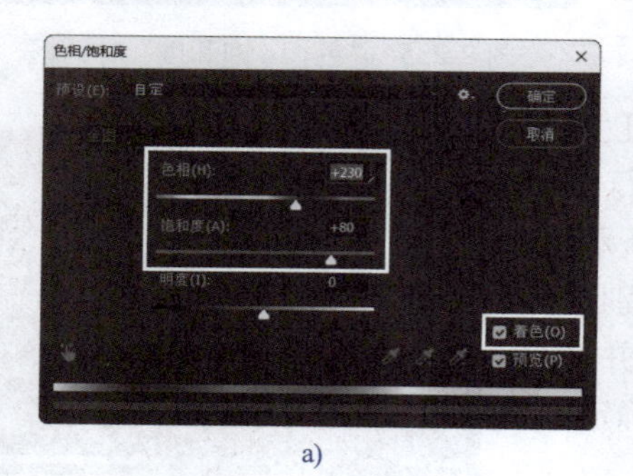

a)

b)

图 2-241　设置参数及其效果图

a) 设置“色相 / 饱和度”参数　b) 效果图

2.7　路径

2.7.1　路径的特点

路径可以是一个点、一条直线或者一条曲线，可以很容易地被重新修整，其主要特点体现在以下几个方面：

1）路径是矢量的线条，因此无论放大或者缩小都不会影响它的分辨率或者平滑度。

2）路径可以被存储起来。

3）路径可以用于精确地编辑和微调。

4）可以将路径以复制或者粘贴的方式在 Photoshop 文件间互相交换，也可以和其他矢量软件互相交换信息，如 Illustrator 等。

5）可以使用路径编辑出平滑的曲线，然后转变成选区进行编辑，也可以直接沿着路径描绘或者添色。

2.7.2　路径的相关术语

1. 锚点

路径是由锚点组成的。锚点是定义路径中每条线段开始和结束的点，通过它们来固定路径。

2. 路径分类

路径分为开放路径和闭合路径，如图 2-242 所示。

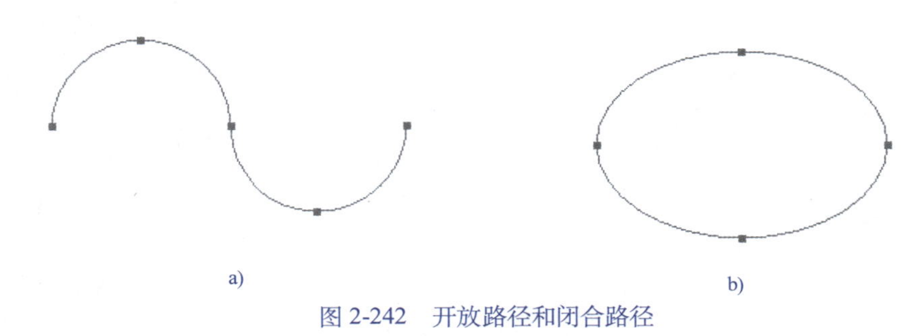

图 2-242　开放路径和闭合路径
a）开放路径　b）闭合路径

3. 端点

一条开放路径的开始锚点和结束锚点称为端点。

2.7.3　使用钢笔工具创建路径

1. 绘制直线

使用钢笔工具可以绘制最简单的线条——直线。

绘制直线路径的操作步骤如下：

1）单击工具箱中的（钢笔工具），选择类型为路径，如图 2-243 所示。

图 2-243　选择“路径”

2）单击画面，确定路径的起始点。

3）移动鼠标位置，再次单击，从而绘制出路径的第 2 个点，而两点之间将自动以直线连接。

4）同理，绘制出其他点，如图 2-244 所示。

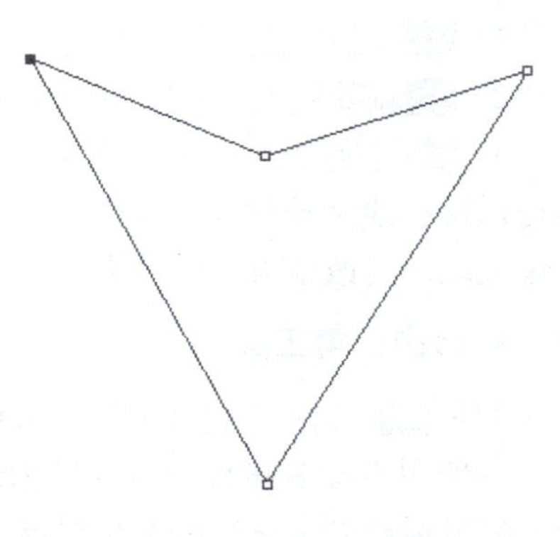

图 2-244　绘制其他点

提示：在绘制锚点时，按住〈Shift〉键可保证绘制的直线为水平、垂直或者45°倍数的角度。

2. 绘制曲线

使用（钢笔工具），在单击时不要松开鼠标，而是拖动鼠标，可以拖动出一条方向线，每一条方向线的斜率决定了曲线的斜率，每一条方向线的长度决定了曲线的高度或者深度。

连续弯曲的路径呈连续的波浪形状，是通过平滑点来连接的，而非连续弯曲的路径则是通过角点连接的，如图 2-245 所示。

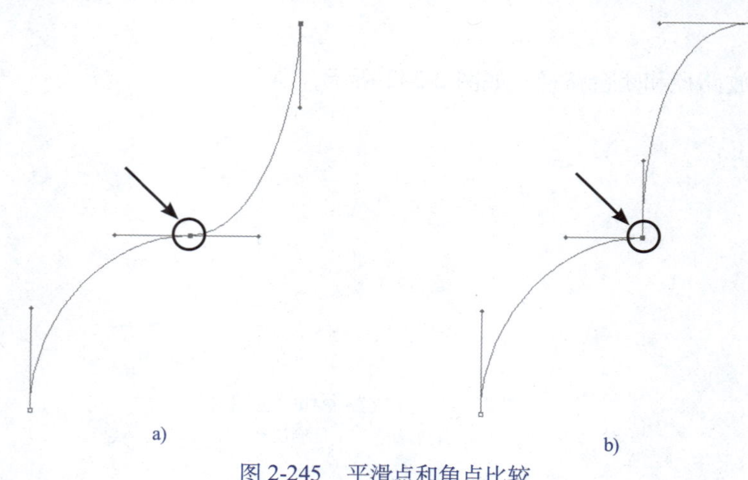

图 2-245 平滑点和角点比较
a) 平滑点 b) 角点

绘制曲线路径的操作步骤如下：

1）单击工具箱中的（钢笔工具），选择类型为路径，然后将笔尖放在要绘制曲线的起始点，按住鼠标左键进行拖动，释放鼠标即可形成第 1 个曲线锚点。

2）将鼠标移动到下一个位置，按下鼠标左键拖动，得到一段弧线。

3）同理，继续绘制，从而得到一段波浪线。

4）若要结束一段开放路径，可以按住〈Ctrl〉键单击路径以外的任意位置；若要封闭一段开放路径，可以将（钢笔工具）放到第 1 个锚点上，此时钢笔的右下角会出现一个小圆圈，单击可以封闭开放路径。

3. 添加、删除和转换锚点工具

通过添加、删除和转换锚点可以更好地控制路径的形状，从而创造出更加灵活多样的形状，Photoshop CC 2023 提供了多种路径编辑工具。

1）添加锚点工具：使用该工具在路径片段上单击时，可以增加一个锚点。

2）删除锚点工具：与添加锚点工具的使用方法相同，效果相反。

3）转换锚点工具：将该工具放到曲线点上，单击可以将曲线点转化成直线锚点；反之，则可以将直线点转化成曲线点。另外，将转换锚点工具放到方向线端部的方向点上，按住鼠标左键拖动，可改变方向线的方向。

4. 自由钢笔工具

使用（自由钢笔工具）就像使用铅笔工具在纸上画线一样，多用于按已知图形描绘路径。

其使用方法是按住鼠标左键拖动，开始形成线段，松开鼠标，线段终止。若想继续画出路径，将鼠标放到上一次的终止锚点上，按住鼠标左键拖动就可以将两次画的路径连接起来。在封闭路径时，只要将鼠标指针拖动到起点即可。

5. 移动和调整路径

在绘制路径时，可以快速调整路径，在使用（钢笔工具）时按住〈Ctrl〉键可切换到（直接选择工具），选中路径片段或者锚点后可以直接调整路径。

1）（直接选择工具）：选中锚点拖动可以改变锚点的位置；选中路径片段拖动可以改变路径片段的曲度；选中调节线的端点可以改变调节线的方向和长度。如果按住〈Shift〉键，可以同时选中多个锚点，此时拖动该路径片段可以改变该路径片段的位置。

2）（路径选择工具）：可以改变整个路径的位置。

2.7.4　“路径”面板的使用

“路径”面板如图 2-246 所示。

1. 用前景色填充路径

在单击（用前景色填充路径）按钮的时候，按住〈Alt〉键，可以弹出如图 2-247 所示的“填充路径”对话框。此时在“内容”下拉列表框中选择“前景色”选项，单击“确定”按钮，即可用前景色填充路径。

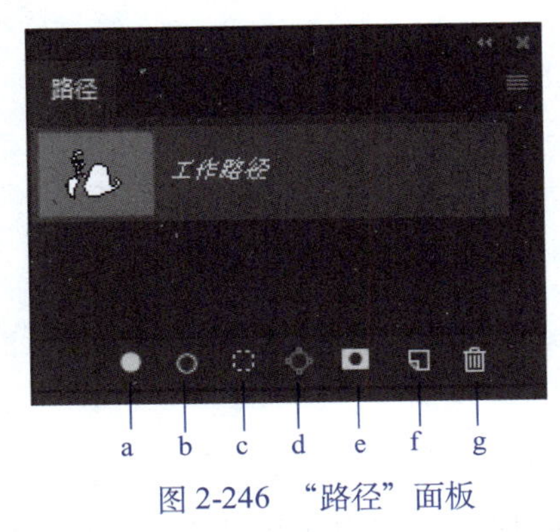

图 2-246　“路径”面板

a—用前景色填充路径　b—用画笔描边路径　c—将路径作为选区载入
d—从选区生成工作路径　e—添加蒙版　f—创建新路径　g—删除当前路径

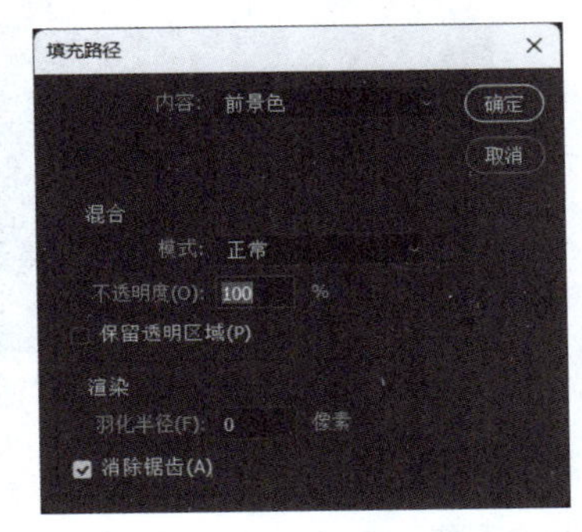

图 2-247　“填充路径”对话框

2. 用画笔描边路径

在单击（用画笔描边路径）按钮的时候，按住〈Alt〉键，可以弹出如图 2-248 所示的“描边路径”对话框。此时在“工具”下拉列表框中选择相应的画笔工具，如图 2-249 所示，单击“确定”按钮，即可用选择的画笔工具描边路径。

图 2-248　“描边路径”对话框

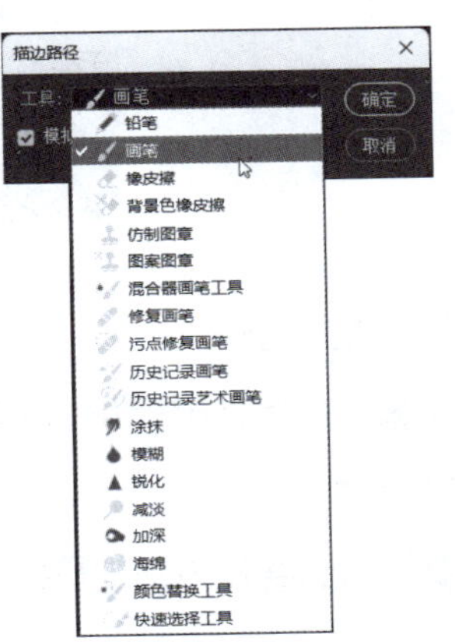

图 2-249　选择相应的画笔工具

3. 将路径作为选区载入

在单击 （将路径作为选区载入）按钮的时候，按住〈Alt〉键，可以弹出“建立选区”对话框，如图 2-250 所示。

4. 从选区生成工作路径

在单击 （从选区生成工作路径）按钮的时候，按住〈Alt〉键，可以弹出“建立工作路径”对话框，如图 2-251 所示。容差的取值范围为 0.5 ～ 10 像素，容差值越大，转换后的路径锚点越小，路径越不精细；反之，路径越精细。

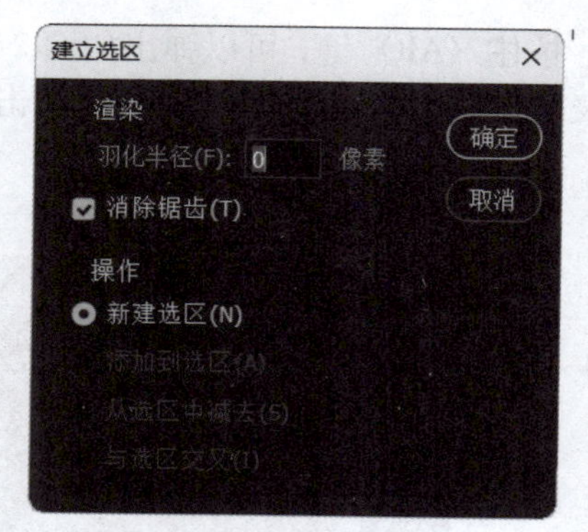

图 2-250 “建立选区”对话框

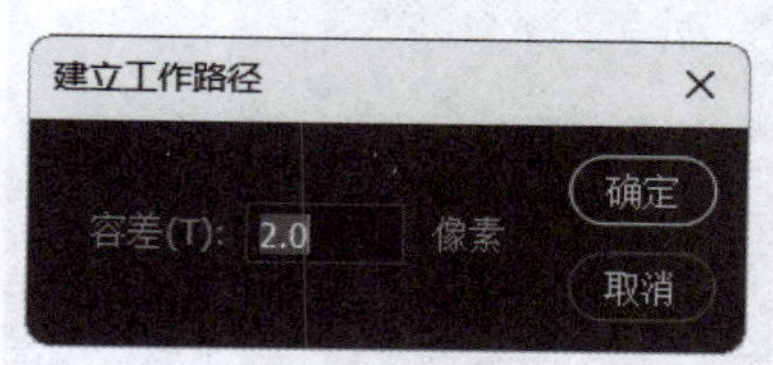

图 2-251 “建立工作路径”对话框

5. 创建新路径

如果用 （钢笔工具）创建一个新路径，在“路径”面板上将自动创建一个“工作路径”图层。但是当重新创建一个新路径时，该路径图层将自动转换成新创建的路径，原来的路径会自动消失。此时，如果要保留前一个路径，可以将其存储起来，存储路径的方法有以下两种：

1）双击该“路径”面板中的工作路径名称，对路径名称进行更改，此时系统将该工作路径存储为用户命名的路径。

2）单击“路径”面板的弹出菜单，选择“存储路径”命令，在弹出的“存储路径”对话框中输入名称，单击“确定”按钮进行确认，如图 2-252 所示。

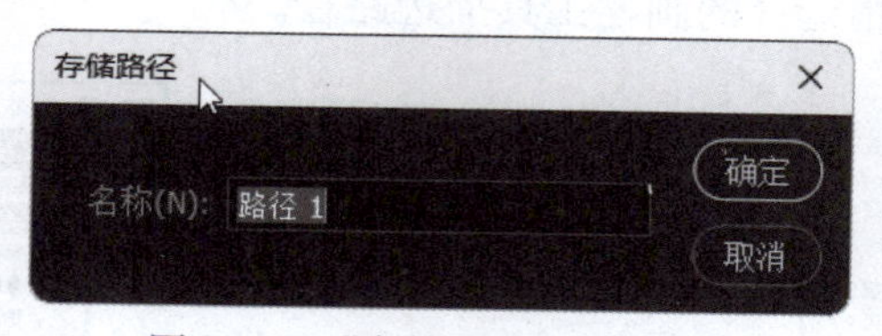

图 2-252 “存储路径”对话框

6. 删除当前路径

将需要删除的路径图层拖动到 （删除当前路径）按钮上即可。

7. 复制路径

将需要复制的路径拖动到 （创建新路径）按钮上即可。

提示：以上几种路径编辑方法均可以通过“路径”面板的弹出菜单来实现。

2.7.5　剪贴路径

打印 Photoshop 图像或将它置入其他应用图像的时候，如果只想显示图像的一部分（如不显示图像的背景等），可以使用剪贴路径隔离前景对象，并使对象以外的部分变为透明。具体操作步骤如下：

1）绘制并存储路径。

2）在“路径”面板的弹出菜单中选择“剪贴路径”命令，弹出“剪贴路径”对话框，如图 2-253 所示。“展平度”用来定义曲线由多少个直线片段组成，数值越小，表明组成曲线的直线片段越多；反之，组成曲线的直线片段越少。

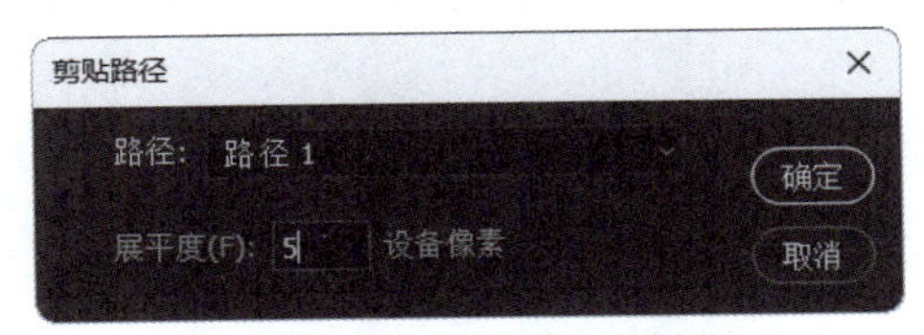

图 2-253　“剪贴路径”对话框

3）选好剪贴路径后，单击“确定”按钮。然后执行菜单中的“文件→存储为”命令，弹出“存储为”对话框，选择 Photoshop EPS 格式或者 TIFF 格式，单击“保存”按钮。

2.8　滤镜

滤镜来源于摄影中的滤光镜，应用滤光镜的功能可以改进图像和产生特殊效果。通过滤镜的处理，可以为图像加入纹理、变形、艺术风格和光照等多种特效，让平淡无奇的照片瞬间光彩照人。

2.8.1　滤镜的种类

滤镜分为内置滤镜和外挂滤镜两大类。内置滤镜是 Photoshop CC 2023 自身提供的各种滤镜，外挂滤镜则是由其他厂商开发的滤镜，需要在 Photoshop 中安装才能使用。

Photoshop CC 2023 的所有滤镜都按类别放置在“滤镜”菜单中，使用时只需单击这些滤镜命令即可。对于 RGB 颜色模式的图像，可以使用任何滤镜功能。按快捷键〈Ctrl+F〉，可以重复执行上次使用的滤镜。

Photoshop 内置滤镜多达 100 余种，其中“滤镜库”“自适应广角”“镜头校正”“液化”“油画”和“消失点”属于特殊滤镜，“风格化”“画笔描边”“模糊”“扭曲”“锐化”“视频”“素描”“纹理”“像素画”“渲染”“艺术效果”“杂色”和“其他”属于滤镜组滤镜。

2.8.2　滤镜的使用原则与技巧

1）使用滤镜处理某一图层中的图像时，需要选择该图层，并且确认该图层是可见的。

2）如果创建了选区，滤镜只会处理选区中的图像；如果未创建选区，则处理的是当前图层中的全部图像。

3）滤镜的处理效果是以像素为单位进行计算的，因此，使用相同的参数处理不同分辨率的图像，其效果也会有所不同。

4）滤镜可以处理图层蒙版、快速蒙版和通道。

5）只有“云彩”滤镜可以应用在没有像素的区域，其他滤镜都必须应用在包含像素的区域，否则不能使用这些滤镜，但外挂滤镜除外。

6）在索引和位图颜色模式下，所有的滤镜都不可用；在CMYK颜色模式下，某些滤镜不可用。此时要对图像应用滤镜，可以执行菜单中的“图像→模式→RGB颜色”命令，将图像模式转换为RGB模式，然后应用滤镜。

7）在应用滤镜的过程中，如果要终止处理，可以按〈Esc〉键。

8）滤镜的顺序对滤镜的总体效果有明显的影响。例如，先执行“晶格化”滤镜再执行“马赛克”滤镜，与先执行“马赛克”滤镜再执行“晶格化”滤镜的效果会发生明显的变化。

2.9 课后练习

1. 填空题

1）______工具可以从图像中取得颜色样品，并指定为新的前景色和背景色。

2）Photoshop CC 2023包含有5种渐变，分别是______、______、______、______和______。

3）单击______按钮，可以将当前图层保护起来，不受任何填充、描边及其他绘图操作的影响。

4）在图层混合模式中，______模式突出白色的像素，______模式突出黑色的像素。

5）使用______命令可以用来修补太亮或太暗的图像，从而制作出高动态范围的图像效果。

6）使用________命令，可以在缩放图像时，保持画面中的人物、建筑、动物等不会变形。

2. 选择题

1）使用背景橡皮擦工具擦除图像后，其背景色将变为（　　）。

A. 透明色　　B. 白色

C. 与当前所设的背景色颜色相同　　D. 以上都不对

2）可以改善图像的曝光效果，加亮图像某一部分的工具是（　　）工具。

A. 模糊　　B. 减淡　　C. 锐化　　D. 涂抹

3）（　　）模式的作用效果和正片叠底正好相反，它是将两个颜色的互补色的像素值相乘，然后除以255，得到最终色的像素值。通常，执行该模式后的颜色都较浅。

A. 柔光　　B. 滤色　　C. 变亮　　D. 叠加

4）按快捷键（　　），可以重复执行上次使用的滤镜。

A.〈Ctrl+D〉　　B.〈Ctrl+F〉　　C.〈Ctrl+G〉　　D.〈Ctrl+E〉

3. 问答题

1）简述创建剪贴蒙版的方法。

2）简述通道的种类和特点。

3）简述图层复合的使用方法。

4）简述滤镜的使用原则与技巧。

第2部分　基础实例演练

- 第 3 章　Photoshop CC 工具与基本编辑
- 第 4 章　图层的使用
- 第 5 章　通道的使用
- 第 6 章　色彩校正
- 第 7 章　路径的使用
- 第 8 章　滤镜的使用

第3章　Photoshop CC工具与基本编辑

本章重点

通过本章的学习，读者应掌握多种创建选区和抠像的方法，并掌握移动工具、画笔工具和渐变工具等常用工具的使用方法。

扫码看视频

3.1　长颈鹿腿部增长效果

要点：

本例将制作长颈鹿腿部增长效果，如图 3-1 所示。通过本例的学习应掌握复制图层、（矩形选框工具）和“自由变换”命令的使用。

a)

b)

图 3-1　长颈鹿腿部增长效果

a) 原图　b) 效果图

操作步骤：

1）执行菜单中的“文件→打开”命令，打开网盘中的“源文件\3.1 长颈鹿腿部增长效果\原图.jpg”文件，如图 3-1a 所示。

2）为保护原图，下面在“图层”面板中选择“背景”图层，然后将其拖到下方的（创建新图层）从而复制出一个“背景 拷贝”图层，如图 3-2 所示。

3）选择“图层 1”，然后单击选择工具箱中的（矩形选框工具），在选项栏中设置“羽化”值为 0 像素，再在画面中框选长颈鹿的腿部区域，如图 3-3 所示。

4）执行菜单中的“编辑→自由变换”(快捷键〈Ctrl+T〉) 命令，显示出定界框，然后将下部中间的控制点向下拖动，如图 3-4 所示。

5）按〈Enter〉键确认操作，然后按快捷键〈Ctrl+D〉取消选区，最终效果如图 3-5 所示。

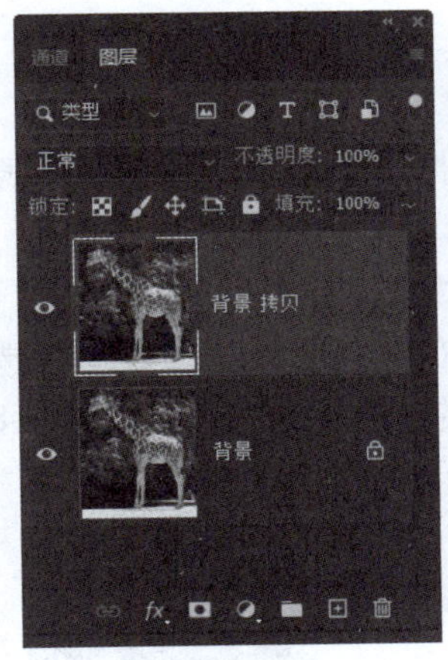

图 3-2 复制图层

图 3-3 框选腿部区域

图 3-4 将下部中间的控制点向下拖动

图 3-5 最终效果

3.2 恐龙低头效果

扫码看视频

要点：

本例将制作恐龙低头效果，如图3-6所示。通过本例的学习应掌握“操控变形”命令的使用。

a)

b)

图 3-6 恐龙低头效果

a) 原图 b) 效果图

操作步骤：

1）执行菜单中的“文件→打开”命令，打开网盘中的“源文件\3.2 恐龙低头效果\原图.jpg”文件，如图3-6a所示。

2）执行菜单中的“选择→主体”命令，从而创建出恐龙的选区，如图3-7所示。

3）单击工具箱中的 （矩形选框工具），然后在画面中单击右键，在弹出的菜单中选择“通过拷贝的图层”命令，从而将选区中的恐龙复制到一个新的“图层1”上，如图3-8所示。

图3-7 创建出恐龙的选区

图3-8 将选区中的恐龙复制到一个新的“图层1”上

4）选择“背景”层，然后将前景色设置为白色（RGB的数值为（255，255，255）），再按〈Alt+Delete〉键，用前景色的白色填充“背景”层，此时图层分布如图3-9所示。

5）选择“图层1”，执行菜单中的“编辑→操控变形”命令，然后在选项栏中，将“模式”设置为“正常”，“浓度”设置为“正常”，并选中“显示网格”复选框，此时恐龙图像上会显示出网格，如图3-10所示。接着在恐龙的头部、颈部和四足的底部添加几个图钉，如图3-11所示。

提示：在四足的底部添加图钉是为了防止调整恐龙低头动作时，四足的位置发生移动。

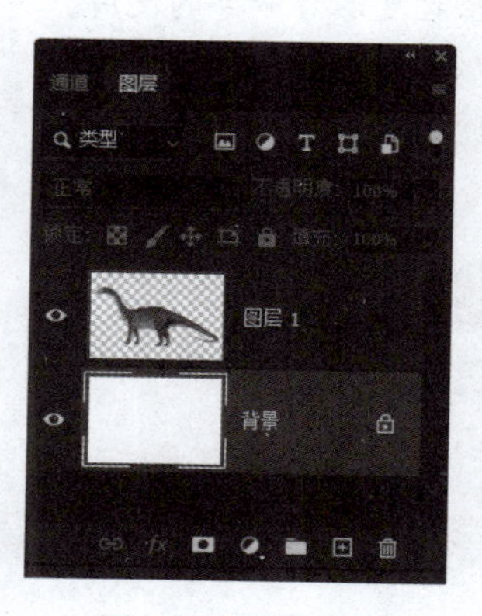

图3-9 图层分布

图3-10 恐龙图像上显示网格

图 3-11　在恐龙身体的关键部分添加几个图钉

6）选择头部的图钉，然后将其向下进行移动，此时恐龙头部会随着图钉的移动产生低头的效果，如图 3-12 所示。接着在选项栏中单击✓按钮，确认操作，最终效果如图 3-13 所示。

图 3-12　向下移动头部图钉

图 3-13　最终效果

3.3　调整图片的倾斜角度

扫码看视频

要点：

在日常生活中，经常会遇到要调整拍摄后图片角度的问题，本例调整一幅图片的倾斜角度，如图 3-14 所示。通过本例的学习应掌握“操控变形”命令、（魔棒工具）、“内容填充”和（移除工具）的使用。

a)

b)

图 3-14　将倾斜的图片扶正的效果

a) 原图　b) 效果图

操作步骤：

1）执行菜单中的“文件→打开”命令，打开网盘中的“源文件\3.3 调整图片的倾斜角度\原图.jpg”文件，如图3-14a所示。

2）单击工具箱中的 （裁剪工具），此时画面中会显示出一个矩形裁剪框，然后在画面中绘制一个矩形裁剪框，如图3-15所示。接着将矩形裁剪框旋转到一个合适角度，再调整裁剪框的大小，如图3-16所示，最后按〈Enter〉键确认操作。

图3-15　绘制一个矩形裁剪框

图3-16　调整裁剪框的大小

3）去除画面裁剪后四周产生的白边区域。方法：单击工具箱中的 （魔棒工具），然后在选项栏中将“容差”设置为5，按住〈Shift〉键在画面四周创建出白色选区，如图3-17所示。接着执行菜单中的“编辑→填充”命令，在弹出的“填充”对话框中将“内容”设置为“内容识别”，如图3-18所示。单击“确定”按钮，效果如图3-19所示。

4）按〈Ctrl+D〉键，取消选区，此时选区的边界位置会出现白线，如图3-20所示。单击工具箱中的 （移除工具），然后在白线位置进行拖动，如图3-21所示，即可去除这些白线。最终效果如图3-22所示。

图3-17　创建出白色选区

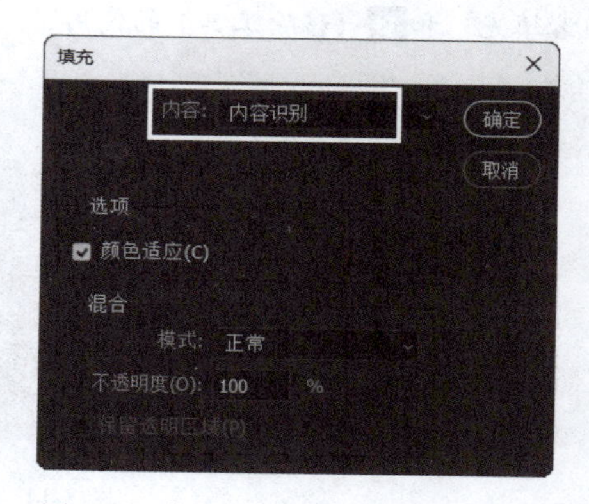

图3-18　将“内容”设置为“内容识别”

图 3-19 “内容识别”后的效果

图 3-20 选区边界位置出现白线

图 3-21 在白线位置进行拖动

图 3-22 最终效果

3.4 将闭眼处理为睁眼的效果

扫码看视频

要点：

本例将把一幅图片中人物一只眼睛闭合一只眼睛睁开的效果处理为双眼睁开的效果，如图3-23所示。通过本例的学习应掌握（仿制图章工具）的使用。

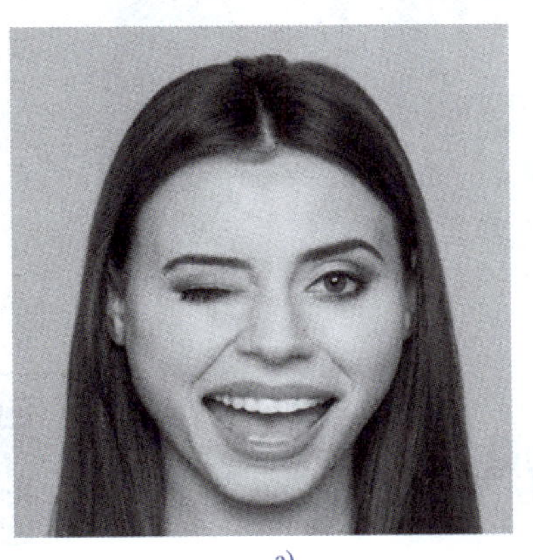

a)

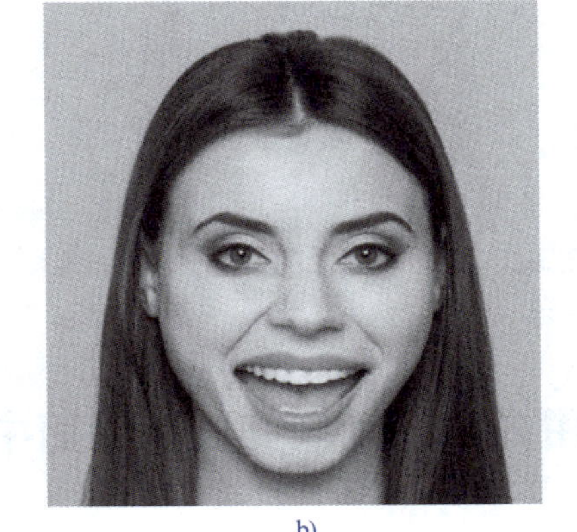

b)

图 3-23 将闭眼处理为睁眼的效果

a) 原图 b) 效果图

操作步骤：

1）执行菜单中的“文件→打开”命令，打开网盘中的“源文件\3.4 将闭眼处理为睁眼的效果\原图.jpg”文件，如图3-23a所示。

2）为防止破坏原图，下面在“图层”面板中将“背景”层拖到下方的（创建新图层）按钮上，从而复制出一个“背景 拷贝”层，如图3-24所示。

3）单击工具箱中的（仿制图章工具），然后在选项栏中单击（切换仿制源面板）按钮，再在弹出的“仿制源”面板中激活（水平翻转）按钮，如图3-25所示。接着按住〈Alt〉键，在左侧鼻梁的位置单击进行取样，如图3-26所示。最后在右侧鼻梁的位置进行涂抹，即可将人物左侧眼睛对称复制到右眼位置，最终效果如图3-27所示。

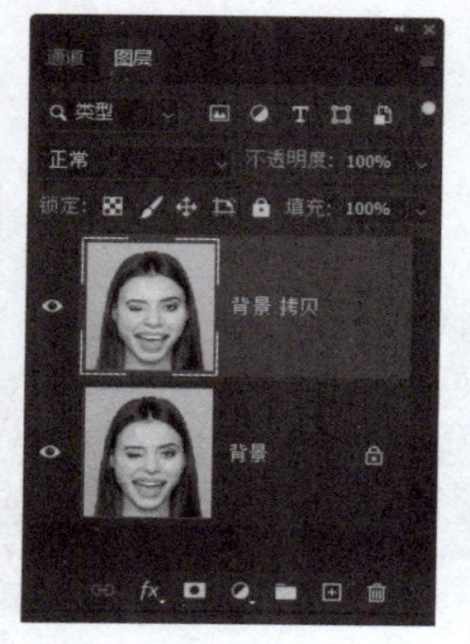

图3-24 复制出“背景 拷贝”层

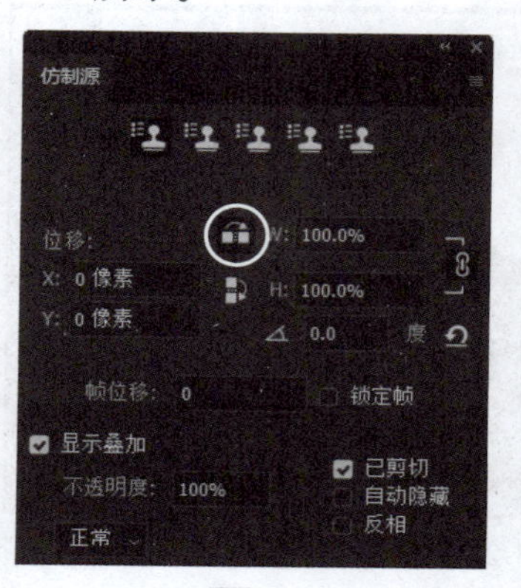

图3-25 激活（水平翻转）按钮

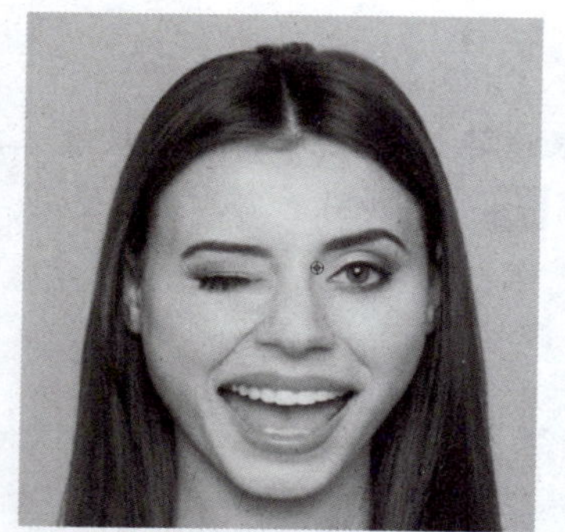

图3-26 在左侧鼻梁的位置单击进行取样

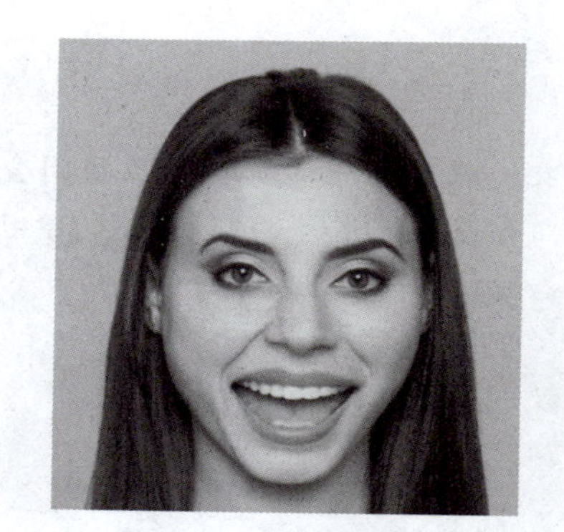

图3-27 最终效果

3.5 利用内容识别填充去除画面中的建筑

扫码看视频

要点：

本例将完美地去除一幅图片中的建筑，如图3-28所示。通过本例的学习应掌握（套索工具）和“内容识别填充”命令的使用。

a)　　b)

图 3-28　利用内容识别填充去除画面中的建筑

a) 原图　b) 效果图

操作步骤：

1）执行菜单中的“文件→打开”命令，打开网盘中的“源文件\3.5　利用内容识别填充去除画面中的建筑\原图.jpg”文件，如图 3-28a 所示。

2）为防止破坏原图，下面在“图层”面板中将“背景”层拖到下方的 （创建新图层）按钮上，从而复制出一个“背景 拷贝”层，如图 3-29 所示。

3）单击工具箱中的 （套索工具），在选项栏中将“羽化”设置为0像素，接着在画面中创建出要去除的建筑的选区，如图3-30所示。

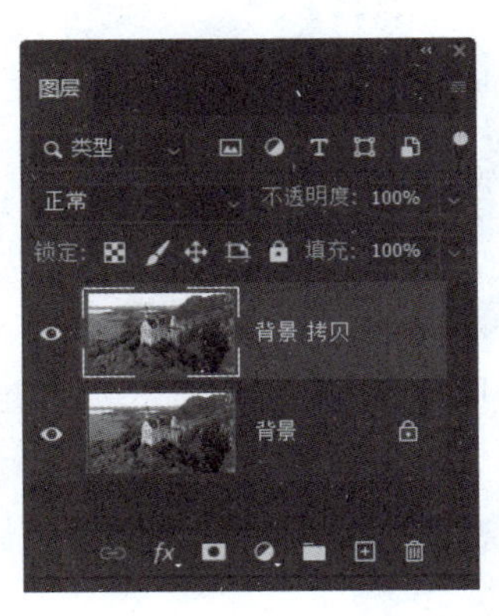

图 3-29　复制出“背景 拷贝”层

图 3-30　创建出要去除的建筑的选区

4）执行菜单中的“编辑→内容识别填充”命令，在弹出的对话框的右侧“预览”框中可以预览内容识别填充后的效果，此时可以看到内容识别填充后的画面中会出现多余的内容，如图 3-31 所示。下面利用工具箱中的 （取样画笔工具）在画面中要去除内容的位置进行拖动，即可去除画面中多余的内容，如图 3-32 所示。接着单击“确定”按钮，最终效果如图 3-33 所示。

图 3-31　内容识别填充后会出现多余的内容

图 3-32　在画面中要去除内容的位置进行拖动

图 3-33　最终效果

3.6 修复画面中的瑕疵

要点：

本例将对三幅图片进行修复。去除第一幅图片中的破损部分、去除第二幅图片中人脸上的涂鸦和去除第三幅图片中右侧的人物，如图3-34所示。通过本例的学习应掌握（移除工具）的使用。

图 3-34 修复画面中的瑕疵效果

a) 原图 1 b) 效果图 1 c) 原图 2 d) 效果图 2 e) 原图 3 f) 效果图 3

操作步骤：

1. 去除第一幅图片中的破损部分

1）执行菜单中的“文件→打开”命令，打开网盘中的“源文件\3.6 修复画面中的瑕疵\原图 1.jpg”文件，如图 3-34a 所示。

2）此时可以看到画面中有三个比较大的破损区域，如图 3-35 所示，下面来去除这 3 个比较大的破损区域。方法：单击工具箱中的（移除工具），然后在选项栏中将“大小”设置为 60，再在画面顶部破损的区域单击并进行拖动，如图 3-36 所示，从而去除该破损区域，效果如图 3-37 所示。

3）同理，对其余两个比较大的破损区域进行修复处理，效果如图 3-38 所示。

4）去除画面中多余的白色竖线。方法：单击工具箱中的（移除工具），然后在选项栏中将“大小”设置为 20，接着在最右侧竖线顶端单击并向下拖动的同时，按住〈Shift〉键，如图 3-39 所示，从而去除最右侧的竖线，如图 3-40 所示。

5）同理，去除画面中其余的白色竖线，最终效果如图 3-41 所示。

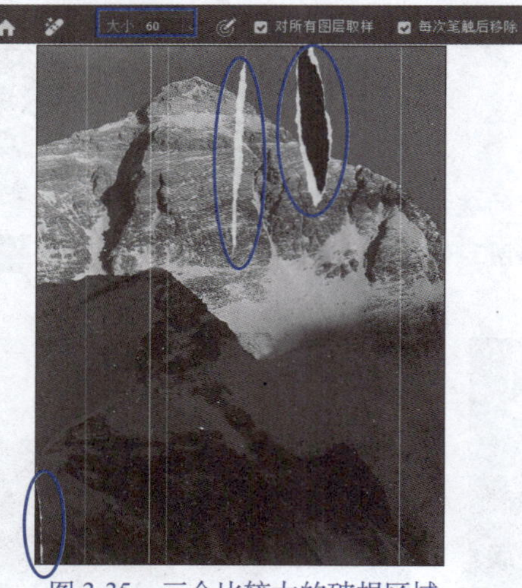

图 3-35　三个比较大的破损区域

图 3-36　在顶部破损的区域进行拖动

图 3-37　去除顶部破损的区域的效果

图 3-38　去除其余两个比较大的破损区域的效果

图 3-39　在最右侧竖线顶端单击并向下拖动

图 3-40　去除最右侧的竖线

图 3-41　最终效果

2. 去除第二幅图片中人脸上的涂鸦

1）执行菜单中的“文件→打开”命令，打开网盘中的“源文件\3.6　修复画面中的瑕疵\原图 2.jpg”文件，如图 3-34c 所示。

2）单击工具箱中的（移除工具），然后在选项栏中将“大小”设置为 20，接着在人脸白色涂鸦的位置单击并进行拖动，如图 3-42 所示，即可去除人脸上的白色涂鸦，效果如图 3-43 所示。

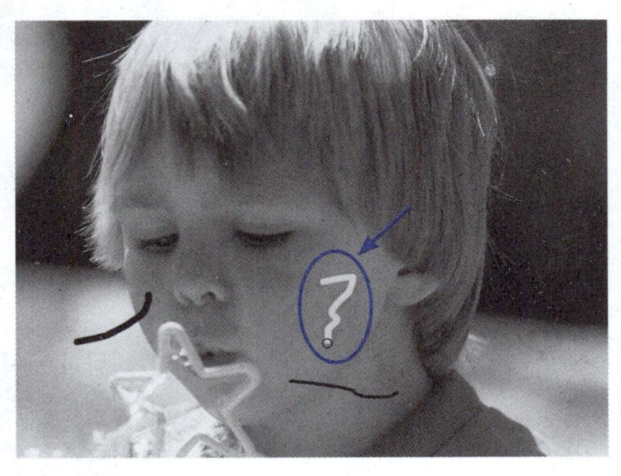

图 3-42　在人脸白色涂鸦的位置进行拖动

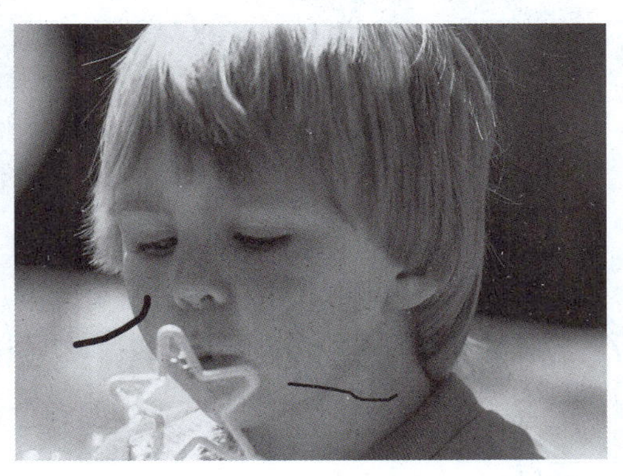

图 3-43　去除人脸上白色涂鸦的效果

3）同理，去除人脸其他区域上的涂鸦，最终效果如图 3-44 所示。

图 3-44　最终效果

3. 去除第三幅图片中右侧的人物

1）执行菜单中的“文件→打开”命令，打开网盘中的“源文件\3.6　修复画面中的瑕疵\原图 3.jpg”文件，如图 3-34e 所示。

2）单击工具箱中的（移除工具），然后在选项栏中将“大小”设置为 60，接着在画面右侧小男孩的位置单击并进行拖动，如图 3-45 所示，即可去除画面右侧的小男孩，效果如图 3-46 所示。

图 3-45　在画面右侧小男孩的位置进行拖动

图 3-46　去除画面右侧小男孩的效果

3）去除小男孩在草地上产生的投影。方法：单击工具箱中的（移除工具），然后在选项栏中将“大小”设置为20，接着在右侧小男孩在草地上产生的投影位置单击并进行拖动，如图3-47所示，即可去除小男孩在草地上产生的投影，最终效果如图3-48所示。

图3-47　在右侧小男孩在草地上产生的投影位置单击并进行拖动

图3-48　最终效果

3.7　将方构图图像处理为横构图的效果

扫码看视频

要点：

本例将在保证画面中人物不变形的情况下，把一幅方构图图像处理为横构图，如图3-49所示。通过本例的学习，读者应掌握利用“内容识别缩放”命令将方构图图像处理为横构图的方法。

a)

b)

图3-49　利用“内容识别缩放”将方构图图像处理为横构图的效果
a) 原图　b) 效果图

操作步骤：

1）执行菜单中的“文件→打开”命令，打开网盘中的“源文件\3.7　将方构图图像处理为横构图的效果\原图.jpg”文件，如图3-49a所示。

2）创建要保护的人物选区。方法：单击工具箱中的（对象选择工具），然后在选项栏中将“模式”设置为“矩形”，接着在画面中人物的位置拖拉出一个矩形选区，如图3-50所示。此时软件会自动创建出一个人物选区，如图3-51所示。

图 3-50　利用 （对象选择工具）在画面中人物的位置拖拉出一个矩形选区

图 3-51　自动创建出的人物选区

3）扩展选区。方法：执行菜单中的“选择→修改→扩展”命令，在弹出的“扩展选区”对话框中将“扩展量”设置为 3 像素，如图 3-52 所示。单击“确定”按钮，效果如图 3-53 所示。

4）执行菜单中的“选择→存储选区”命令，然后在弹出的“存储选区”对话框中将“名称”设置为“人物”，如图 3-54 所示，单击“确定”按钮，此时“通道”面板中出现一个名称为“人物”的 Alpha 通道，如图 3-55 所示。

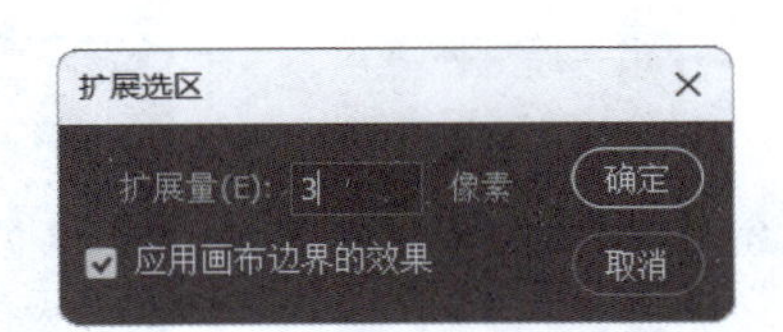

图 3-52　将“扩展量”设置为 3 像素

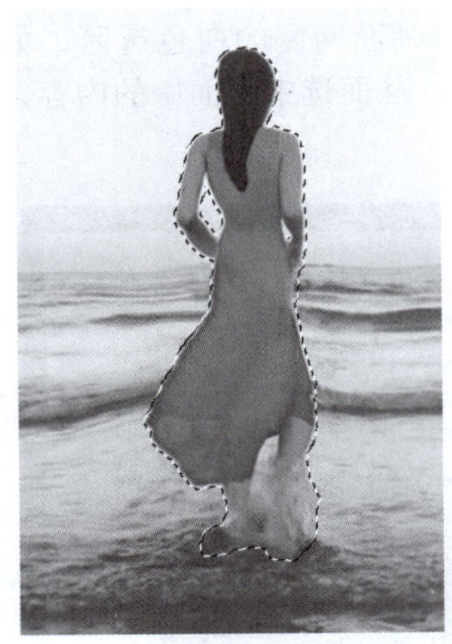

图 3-53　将“扩展量”设置为 3 像素的效果

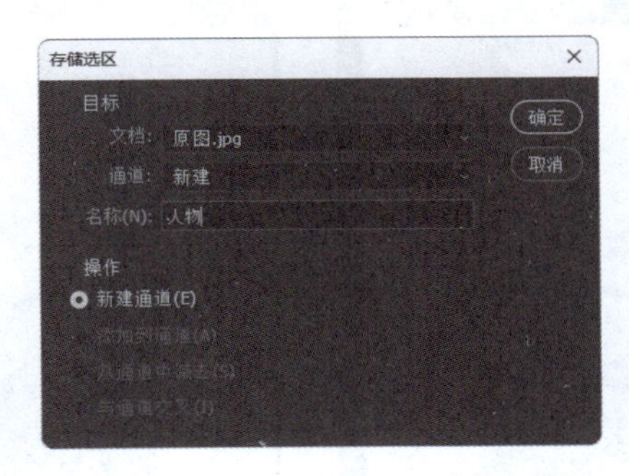

图 3-54　将“名称”设置为“人物”

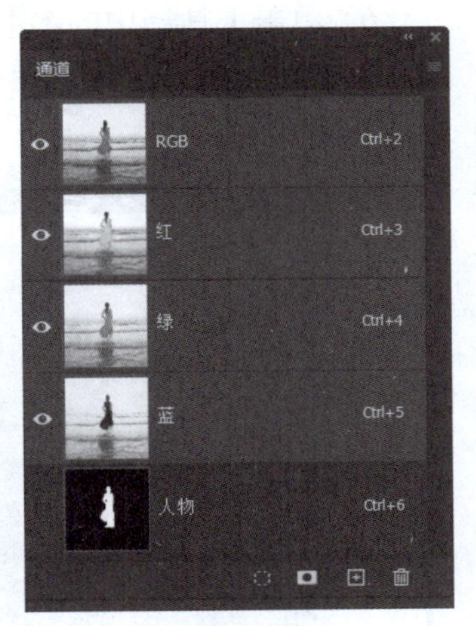

图 3-55　“通道”面板中出现一个名称为“人物”的 Alpha 通道

5）加大画面的宽度。方法：执行菜单中的“图像→画布大小”命令，然后在弹出的图 3-56 所示的“画布大小”对话框中将“宽度”加大为 1500 像素，如图 3-57 所示。单击“确定”按钮，此时画面效果如图 3-58 所示。

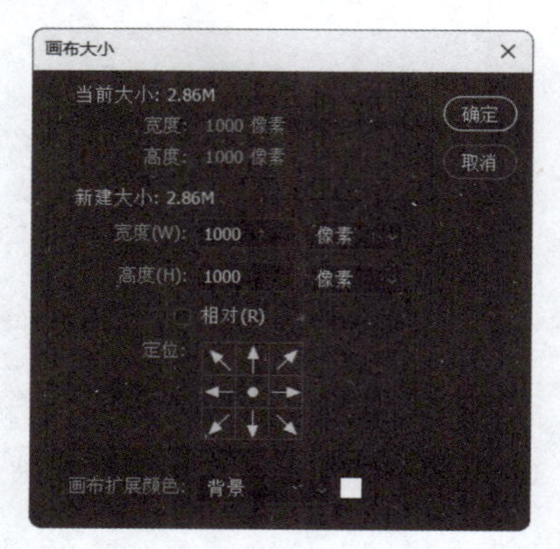

图 3-56 “画布大小”对话框

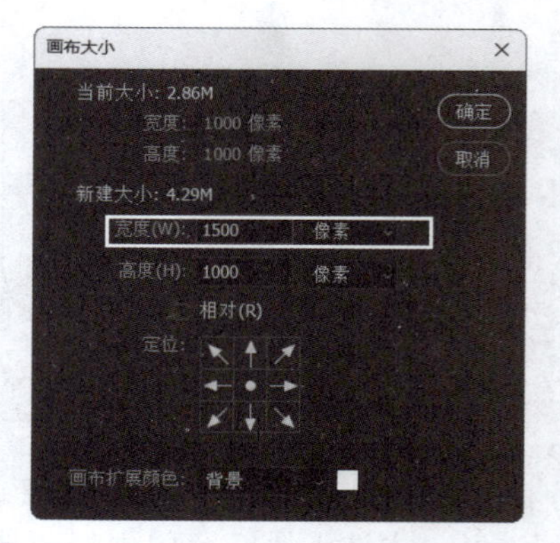

图 3-57 “宽度”加大为 1500 像素

图 3-58 画面效果

6）单击工具箱中的 （魔棒工具），按住〈Shift〉键，选择画面两侧的白色选区，如图3-59所示，然后执行菜单中的“选择→反选”命令，反选选区，从而选中画面中的内容，如图3-60所示。

图 3-59 选择画面两侧的白色选区

图 3-60 选中画面中的内容

7）执行菜单中的“编辑→内容识别缩放”命令，然后在选项栏中将“保护”类型设置为“人物”，并确认没有激活（保持长宽比）按钮，接着加大画面的宽度，此时就可以看到在保证画面中人物不变形的情况下，把一幅方构图的图像处理为横构图的效果，如图 3-61 所示，再按〈Enter〉键，确认操作。

8）按〈Ctrl+D〉取消选区，最终效果如图 3-62 所示。

图 3-61　把一幅方构图的图像处理为横构图的效果

图 3-62　最终效果

3.8　扶正透视变形的身份证

扫码看视频

要点：

日常生活中经常会遇到拍摄的身份证变形的问题，本例将制作一个将透视变形的身份证进行扶正，然后放置到A4纸中的效果，如图3-63所示。通过本例的学习应掌握利用（透视裁剪工具）对透视变形的证件进行扶正的方法。

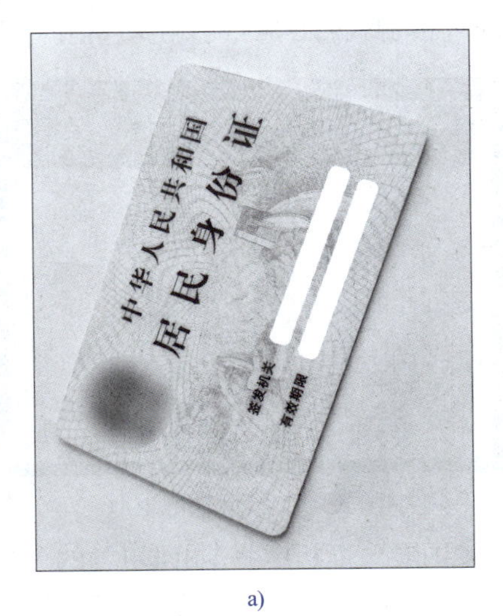

a)

b)

图 3-63　扶正透视变形的身份证

a) 原图　b) 效果图

操作步骤：

1）执行菜单中的“文件→打开”命令，打开网盘中的“源文件\3.8 扶正透视变形的身份证\原图.jpg”文件，如图3-63a所示。

2）利用工具箱中的（透视裁剪工具）在画面中绘制出身份证的透视裁剪区域，如图3-64所示。然后按〈Enter〉键，确认操作，此时的身份证不存在透视变形，效果如图3-65所示。

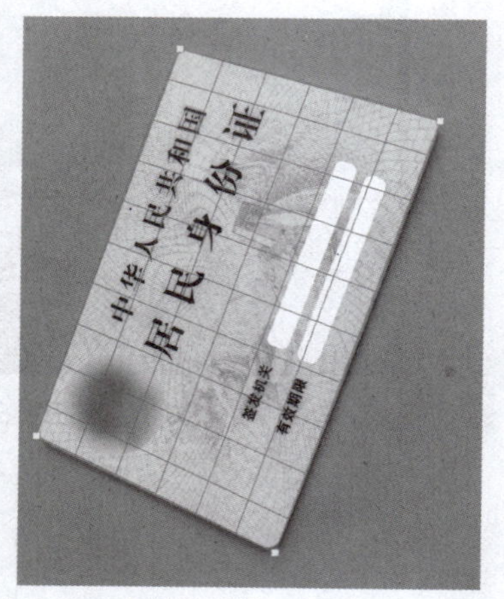

图3-64 绘制出身份证的透视裁剪区域

图3-65 透视裁剪后的效果

3）此时身份证的方向是垂直的，下面将身份证的方向处理为水平。方法：执行菜单中的“图像→旋转→顺时针90度”命令，此时身份证的方向变为水平，效果如图3-66所示。

4）制作身份证的圆角效果。方法：单击工具箱中的（矩形工具），然后在选项栏中选择“形状”，并将填充色设置为白色，接着在画面中绘制一个与身份证等大的矩形，如图3-67所示。

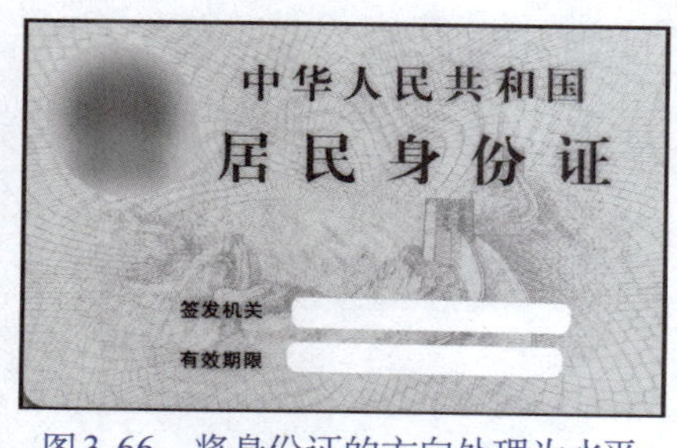

图3-66 将身份证的方向处理为水平

图3-67 绘制白色矩形

5）为了便于参考背景图调整圆角大小，下面在“图层”面板中将“矩形1”的“不透明度”设置为60%，然后在画面中通过拖动图标调整身份证的圆角大小，使之与背景图中身份证的圆角大小匹配，如图3-68所示。

6）按〈Ctrl〉键，单击“矩形1”的缩略图，从而得到“矩形1”的选区，如图3-69所示。

然后选择“背景”层，在“图层”面板下方单击■（添加图层蒙版）按钮，此时“背景”层会自动重命名为“图层 0”，并根据矩形的选区在“图层 0”层上添加一个图层蒙版，效果如图 3-70 所示。

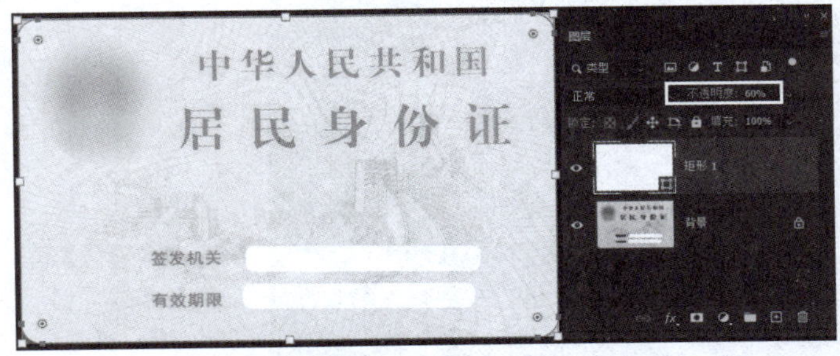

图 3-68 将“矩形 1”的圆角大小与背景图中的身份证进行匹配

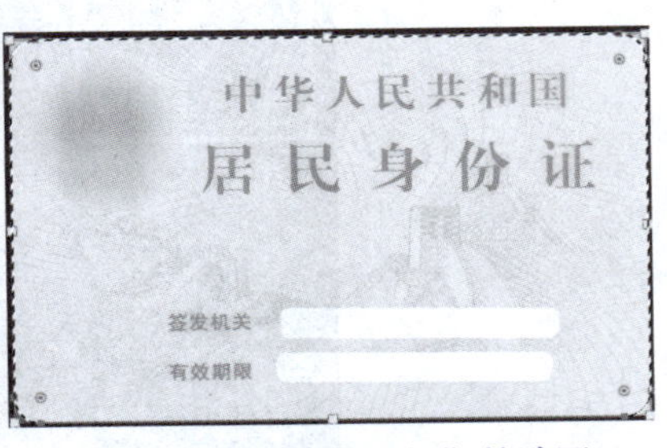

图 3-69 得到“矩形 1”的选区

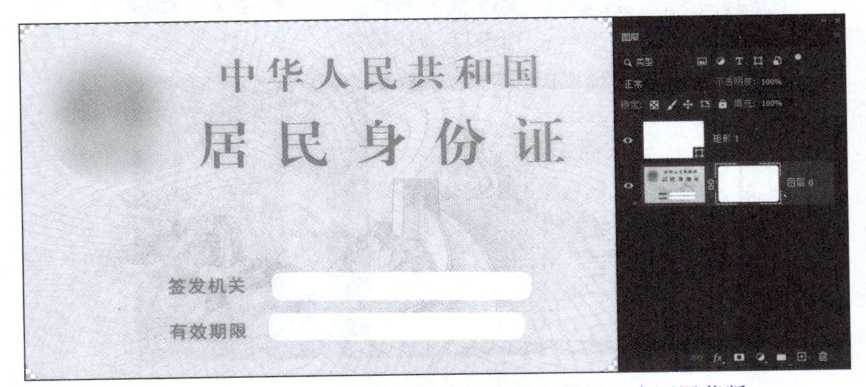

图 3-70 根据矩形的选区在“图层 0”层上添加一个图层蒙版

7）选择“矩形 1”层，然后按〈Delete〉键进行删除，效果如图 3-71 所示。

图 3-71 删除“矩形 1”层

8）将身份证放置到 A4 尺寸的文档中。方法：执行菜单中的“文件→新建”（快捷键〈Ctrl+N〉）命令，在弹出的“新建文档”对话框中进入“打印”选项卡，然后在下方选择 A4，如图 3-72 所示。单击“创建”按钮，从而创建一个 A4 尺寸的文档。接着将“原图.jpg”中的“图层 0”拖入新建文档中，最终效果如图 3-73 所示。

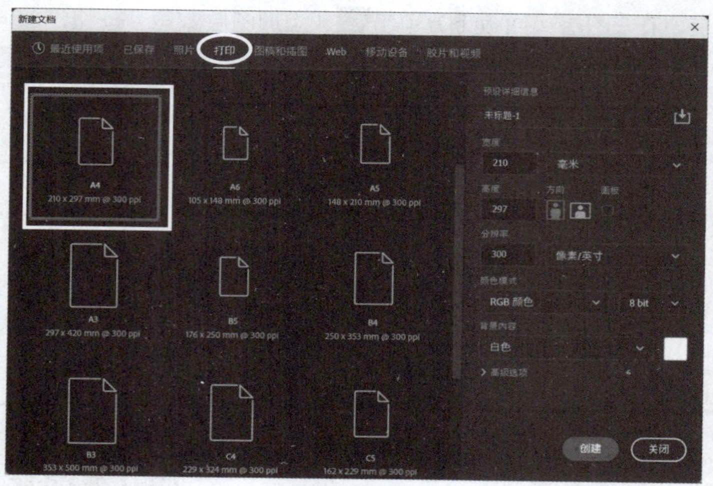

图 3-72　选择 A4

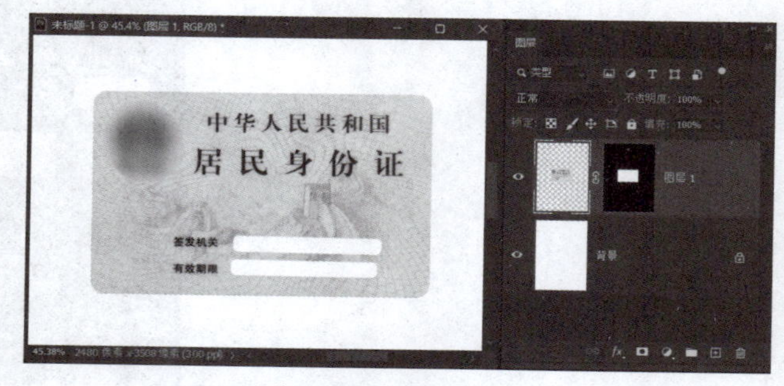

图 3-73　最终效果

3.9　去除画面中的铁丝网

扫码看视频

要点：

本例将去除一幅画面中的铁丝网，如图3-74所示。通过本例的学习应掌握利用（仿制图章工具）、（画笔工具）、“填充”命令和（移除工具）去除画面中铁丝网的方法。

a)

b)

图 3-74　去除画面中的铁丝网

a) 原图　b) 效果图

操作步骤：

1）执行菜单中的“文件→打开”命令，打开网盘中的“源文件\3.9　去除画面中的铁丝网\原图.jpg”文件，如图3-74a所示。

2）为防止破坏原图，下面在“图层”面板中将“背景”层拖到下方的（创建新图层）按钮上，从而复制出一个“背景 拷贝”层，此时图层分布如图3-75所示。

3）去除眼睛位置的铁丝网。方法：利用工具箱中的（缩放工具）放大老虎右眼区域，然后单击工具箱中的（仿制图章工具），按住〈Alt〉键，在右眼下方单击进行取样，如图3-76所示。

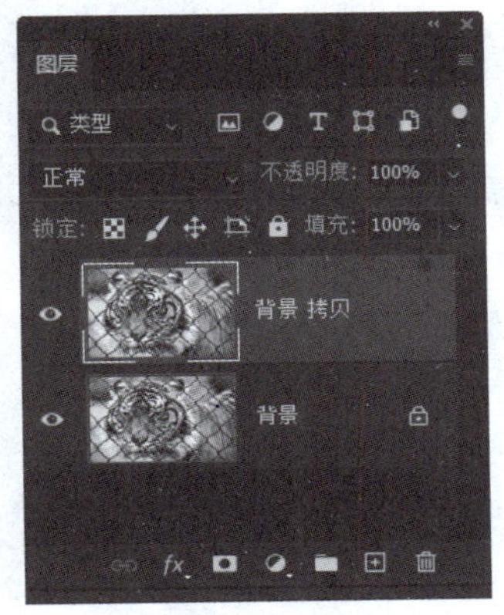

图3-75　图层分布

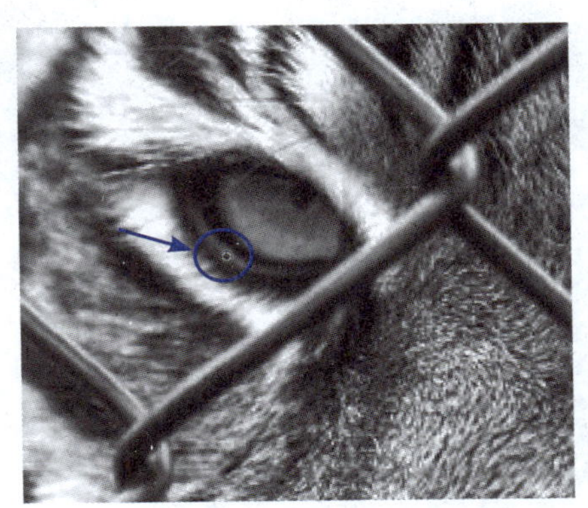

图3-76　在右眼下方单击进行取样

4）此时将鼠标放置到右眼要去除铁丝网的位置，会发现仿制图章取样点的方向与右眼的曲线并不匹配，如图3-77所示。下面按住〈Alt+Shift+<〉键，旋转取样点的方向，使之与右眼要去除的曲线进行匹配，如图3-78所示。接着在右眼要去除铁丝网的位置拖动鼠标，从而去除右眼位置的铁丝网，如图3-79所示。

图3-77　仿制图章取样点的方向与右眼的曲线并不匹配

图3-78　旋转取样点的方向

图3-79　去除右眼位置的铁丝网

5）同理，单击（仿制图章工具），在选项栏中单击（切换仿制源面板）按钮，调出“仿制源”面板，接着选择第2个仿制源，再按住〈Alt〉键，对右眼周边不断取样后进行拖动，从而去除右眼周围的铁丝网，如图3-80所示。

6）将老虎右眼区域对称复制到左眼相应位置。方法：双击工具箱中的（抓手工具），将画面满屏显示，然后单击（仿制图章工具），在“仿制源”面板选择第3个仿制源，激活（水平翻转）按钮，再在画面中按住〈Alt〉键，在右眼相应位置单击进行取样，如图3-81所示。最后在画面中老虎左眼对应位置进行拖动，即可将老虎右眼区域对称复制到左眼相应位置，从而去除左眼位置的铁丝网，如图3-82所示。

7）同理，利用（仿制图章工具），将老虎鼻子左侧区域的图像水平翻转复制到老虎鼻子右侧，从而去除老虎鼻子位置的铁丝网，如图 3-83 所示。

图 3-80　去除右眼周围的铁丝网

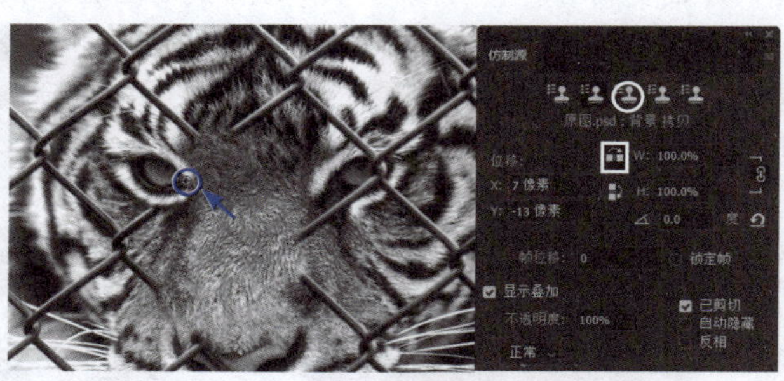

图 3-81　在右眼相应位置单击进行取样

图 3-82　将老虎右眼区域对称复制到左眼相应位置

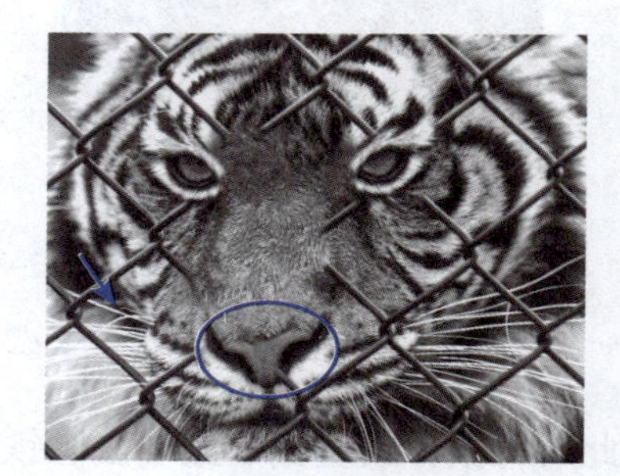

图 3-83　去除老虎鼻子位置的铁丝网

8）单击工具箱中的（移除工具）和（仿制图章工具）去除老虎胡须位置的铁丝网，如图 3-84 所示。

图 3-84　去除老虎胡须位置的铁丝网

9）去除其余位置的铁丝网。方法：新建“图层 1”，如图 3-85 所示。然后单击工具箱中的（画笔工具），在选项栏中将笔头大小设置为 25，并将前景色设置为一种容易识别的红色，再在铁丝网的一个起点位置单击，如图 3-86 所示。接着按住〈Shift〉键在铁丝网的一个终点位置单击，此时在两个单击点之间会自动产生一条线段，如图 3-87 所示。

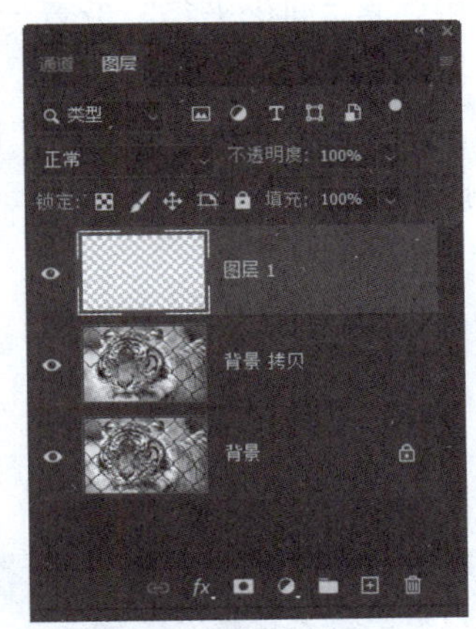

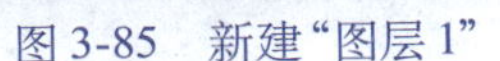
图 3-85　新建“图层 1”

图 3-86　确定一个起点

图 3-87　确定一个终点

10）同理，在“图层 1”上根据铁丝网的位置绘制出其余线段，如图 3-88 所示。

图 3-88　在“图层 1”上根据铁丝网的位置绘制出其余线条

11）按住〈Ctrl〉键，单击“图层 1”前面的缩略图，从而得到“图层 1”的选区，然后隐藏“图层 1”，选择“背景 拷贝”层，执行菜单中的“选择→修改→扩展”命令，在弹出的“扩展选区”对话框中将“扩展量”设置为 5 像素，如图 3-89 所示。单击“确定”按钮，效果如图 3-90 所示。

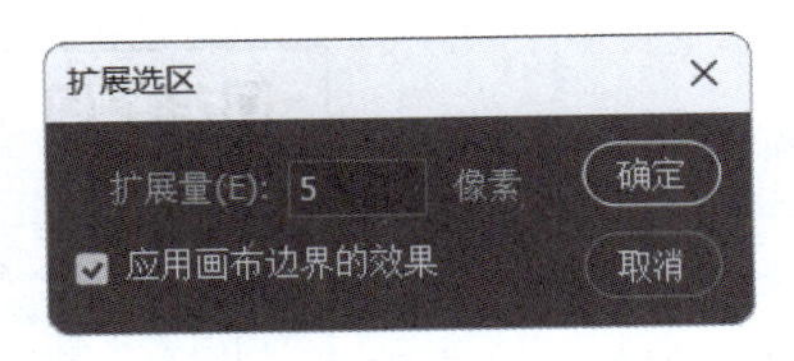

图 3-89　将“扩展量”设置为 5 像素

图 3-90　“扩展选区”的效果

12）为了使去除铁丝网后的效果更加自然，下面对选区进行羽化处理。方法：执行菜单中的“选择→修改→羽化”命令，然后在弹出的“羽化选区”对话框中将“羽化半径”设置为3像素，如图3-91所示，单击“确定”按钮。

13）执行菜单中的“编辑→填充”命令，然后在弹出的“填充”对话框中将“内容”设置为“内容识别”，如图3-92所示。单击“确定”按钮，此时铁丝网被基本去除，如图3-93所示。

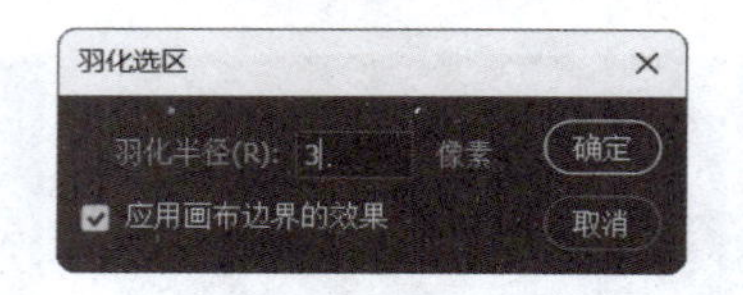

图3-91　将“羽化半径”设置为3像素

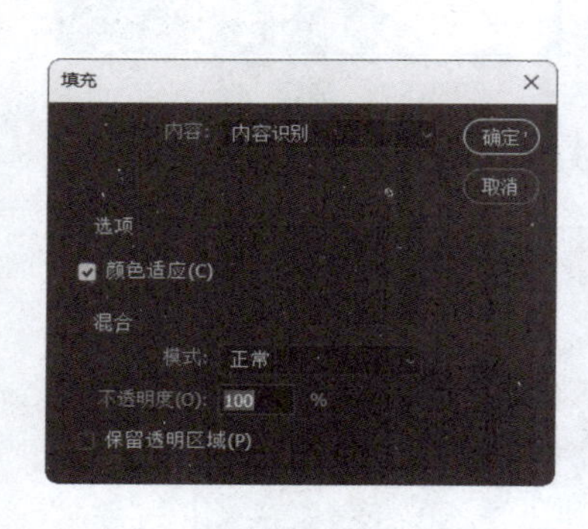

图3-92　将“内容”设置为“内容识别”

图3-93　铁丝网被基本去除

14）按〈Ctrl+D〉键，取消选区，此时会发现画面局部还存在一些瑕疵，如图3-94所示。可以利用工具箱中的（移除工具）和（仿制图章工具）去除这些瑕疵，最终效果如图3-95所示。

图3-94　局部还存在一些瑕疵

图3-95　最终效果

3.10　去除人物的胡须

扫码看视频

要点：

本例将去除一幅画面中人物的胡须，如图3-96所示。通过本例的学习应掌握利用（移除工具）去除画面中人物胡须的方法。

a)

b)

图 3-96　去除人物的胡须

a) 原图　b) 效果图

操作步骤：

1）执行菜单中的“文件→打开”命令，打开网盘中的“源文件\3.10 去除人物的胡须\原图.jpg”文件，如图 3-96a 所示。

2）为防止破坏原图，下面在“图层”面板中将“背景”层拖到下方的（创建新图层）按钮上，从而复制出一个“背景 拷贝”层，此时图层分布如图 3-97 所示。

3）利用工具箱中的（缩放工具）放大人物的嘴部区域，然后单击工具箱中的（移除工具），并在选项栏中根据需要调整“大小”的数值，接着在画面中通过拖动的方式去除人物嘴部的胡须，最终效果如图3-98所示。

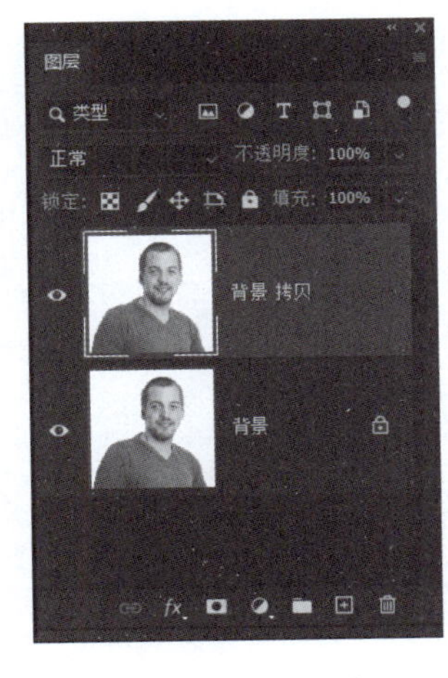

图 3-97　图层分布

图 3-98　最终效果

3.11 课后练习

1. 利用网盘中的“课后练习\第3章\烛光晚餐”的相关素材图片，制作出图3-99所示的烛光晚餐效果。

2. 利用网盘中的“课后练习\第3章\制作彩虹效果\原图.jpg”文件，制作出图3-100所示的彩虹效果。

图3-99 烛光晚餐效果

图3-100 彩虹效果

第4章　图层的使用

本章重点

图层是 Photoshop 的一大特色。使用图层可以很方便地修改图像，简化图像编辑操作，还可以创建各种图层特效，从而制作出各种特殊效果。通过本章的学习，读者应掌握图层的创建，图层样式、图层蒙版的使用，以及调节图层的方法。

扫码看视频

4.1　图像互相穿越的效果

要点：

本例将制作图像互相穿越的效果，如图4-1所示。通过本例的学习应掌握磁性套索工具与图层样式的应用。

a)

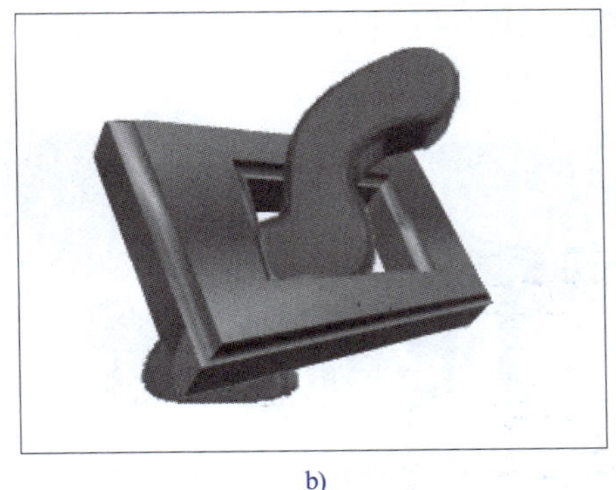

b)

图 4-1　图像互相穿越的效果

a) 原图　b) 效果图

操作步骤：

1）执行菜单中的“文件→打开”命令，打开网盘中的“源文件\4.1　图像互相穿越的效果\原图.jpg”文件，如图 4-1a 所示。

2）单击工具箱中的（对象选择工具），然后在画面左侧第一个图形上单击，从而创建出该图形的选区，如图 4-2 所示，接着按快捷键〈Ctrl+C〉进行复制。

图 4-2　创建第一个图形的选区

3）新建文档。方法：执行菜单中的“文件→新建”命令，然后在弹出的“新建文档”对话框中设置文档的“宽度”为 400 像素，“高度”为 300 像素，“分辨率”为 72 像素 / 英寸，背景色为白色，如图 4-3 所示，单击“创建”按钮，从而新建一个 400×300 像素的文档。

4）在新建文档中按快捷键〈Ctrl+V〉，将刚才从选区中复制的内容粘贴到当前文档中，效果如图 4-4 所示。

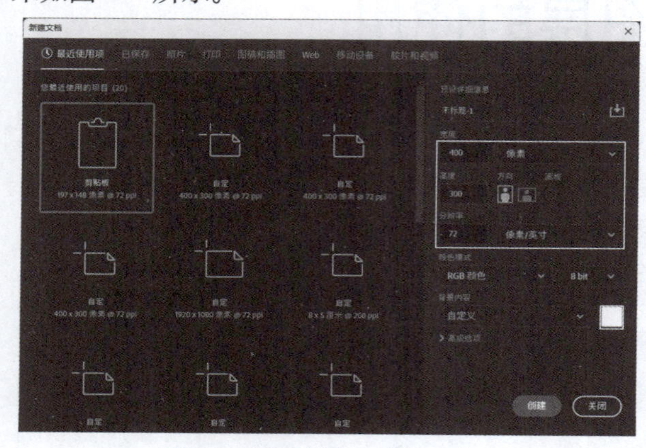

图 4-3　设置新建文档的参数

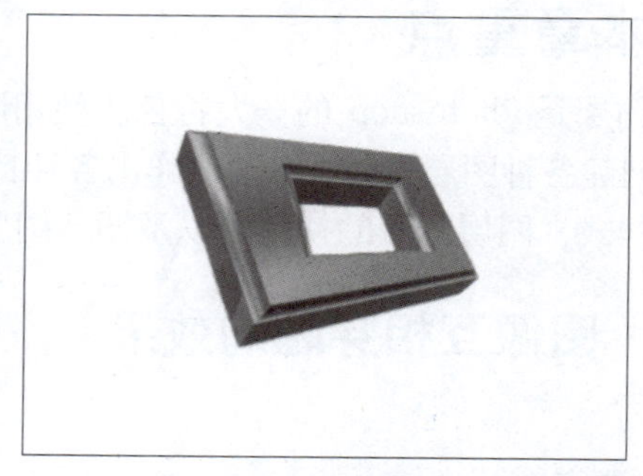

图 4-4　将刚才从选区中复制的内容粘贴到当前文档中

5）回到“原图.jpg”文件中，然后利用（对象选择工具），在画面左侧第 3 个图形上单击，从而创建出该图形的选区，如图 4-5 所示。接着按快捷键〈Ctrl+C〉进行复制，再回到新建文档中，按快捷键〈Ctrl+V〉进行粘贴，此时画面显示如图 4-6 所示。

图 4-5　创建第 3 个图形的选区

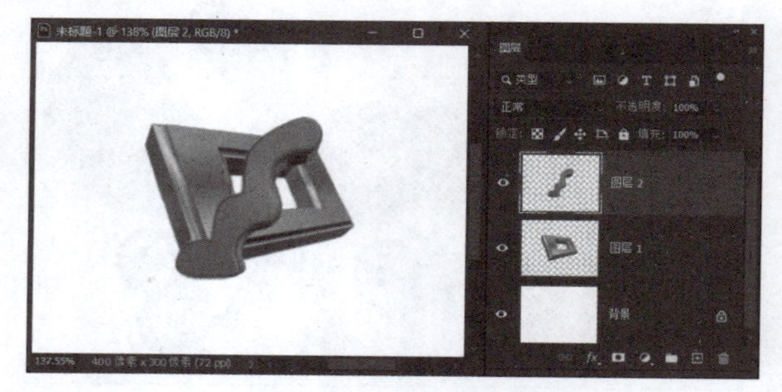

图 4-6　画面显示

6）制作两个图形之间的穿越效果。为了便于操作，下面将“图层 2”的“不透明度”设置为 50%，然后单击工具箱中的（多边形套索工具），在选项栏中将“羽化”数值设置为 0 像素，再在画面中绘制出两个图形间要互相穿越的区域，如图 4-7 所示。接着将“图层 2”的“不透明度”恢复为 100%，再在“图层”面板下方单击（添加图层蒙版）按钮，给“图层 2”添加一个图层蒙版，如图 4-8 所示。

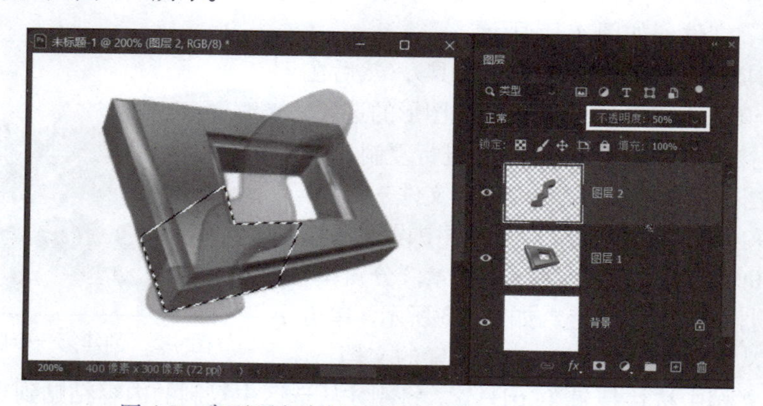

图 4-7　在画面中绘制出两个图形间要互相穿越的区域

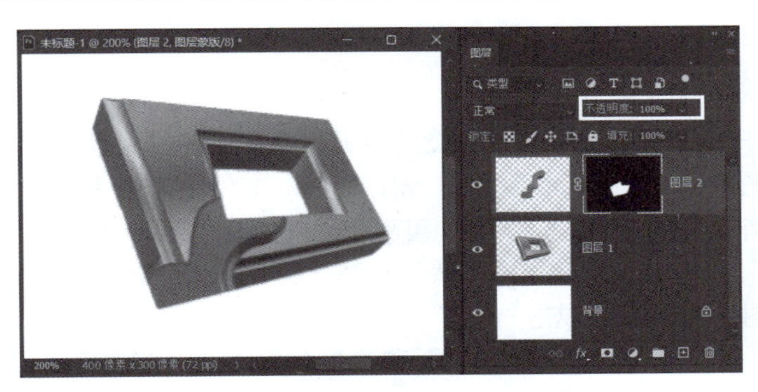

图 4-8　给“图层 2”添加一个图层蒙版

7）此时蒙版中的白色表示显现当前的图像，而黑色表示隐藏当前的图像，这时可以看到蒙版方向是反的，下面选择“图层 1”的蒙版，执行菜单中的“图像→调整→反相”命令，将蒙版的黑白颜色对调，此时就可以看到两个图形之间的穿越效果，如图 4-9 所示。

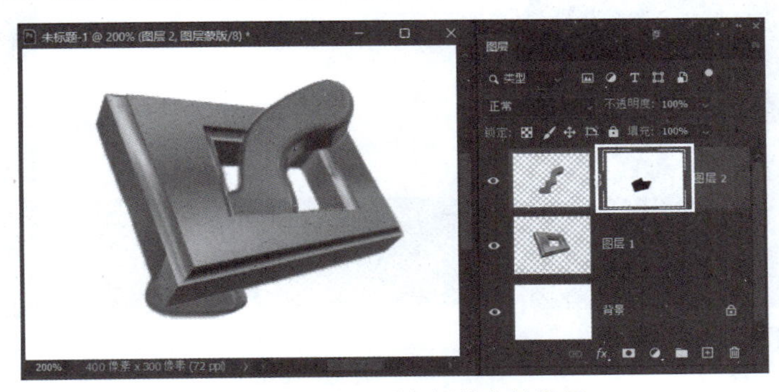

图 4-9　两个图形之间的穿越效果

4.2　利用自动混合图层制作出自然的溶图效果

扫码看视频

要点：

本例将利用“自动混合图层”命令制作出两幅图片之间自然的溶图效果，如图4-10所示。通过本例的学习应掌握“自动混合图层”命令的应用。

a)

b)

c)

图 4-10　自然的溶图效果
a) 原图 1　b) 原图 2　c) 效果图

操作步骤：

1）执行菜单中的“文件→打开”命令，打开网盘中的“源文件\4.2 利用自动混合图层制作出自然的溶图效果\原图 1.jpg”和“原图 2.jpg”文件，如图 4-10a、b 所示。

2）利用工具箱中的 (移动工具) 将“原图 2.jpg”拖动到“原图 1.jpg”中，效果如图 4-11 所示。

3）在“图层”面板中双击背景层，然后在弹出的“新建图层”对话框中将“名称”设置为“图层 0”，如图 4-12 所示，单击“确定”按钮。

4）在“图层”面板中同时选择“图层 0”和“图层 1”，如图 4-13 所示，然后执行菜单中的“编辑→自动混合图层”命令，接着在弹出的“自动混合图层”对话框中选择“堆叠图像”，如图 4-14 所示。单击“确定”按钮，最终效果如图 4-15 所示。

图 4-11 将“原图 2.jpg”拖动到“原图 1.jpg”中

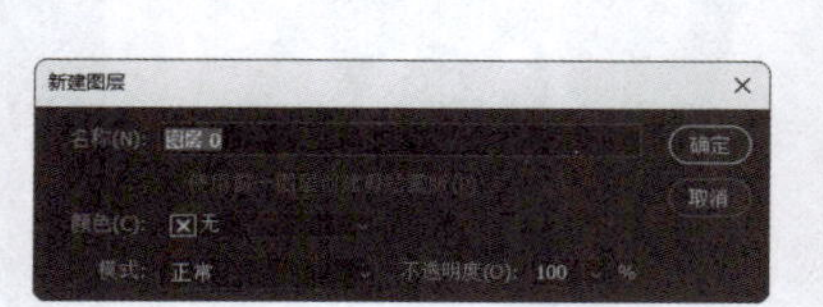
图 4-12 将“名称”设置为“图层 0”

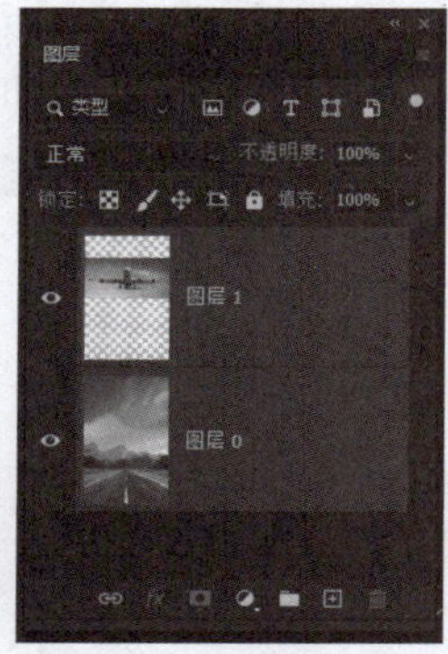
图 4-13 同时选择“图层 0”和“图层 1”

图 4-14 选择“堆叠图像”

图 4-15 最终效果

4.3 去除画面中的水印效果1

扫码看视频

要点：

本例将去除一幅图片中的水印，效果如图4-16所示。通过本例的学习应掌握利用“颜色减淡”图层混合模式和“反相”命令去除画面中水印的方法。

a)

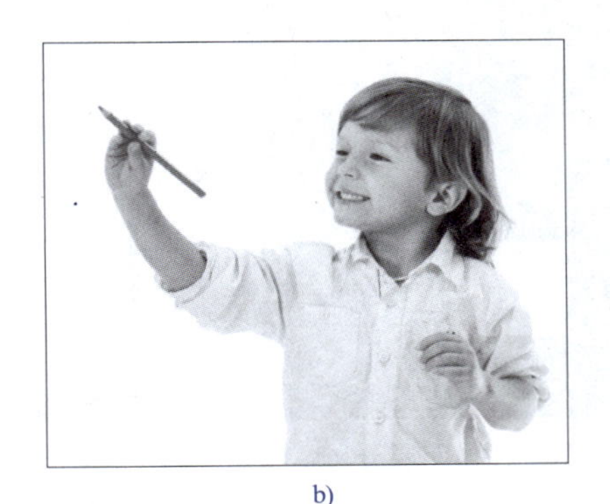

b)

图 4-16　去除画面中的水印效果 1
a) 原图　b) 效果图

操作步骤：

1）执行菜单中的“文件→打开”命令，打开网盘中的“源文件 \4.3　去除画面中的水印效果 1\ 原图 .jpg”文件，如图 4-16a 所示。

2）单击工具箱中的 （多边形套索工具），在选项栏中将“羽化”设置为 0 像素，然后在画面中左下方创建文字选区，如图 4-17 所示。

3）在画面中单击右键，在弹出的菜单中选择“通过拷贝的图层”命令，从而将选区中的内容复制到一个新的“图层 1”上。然后将“图层 1”的“混合模式”设置为“颜色减淡”，此时“图层 1”中的文字水印就消失了，如图 4-18 所示。

图 4-17　创建文字选区

图 4-18　将“图层 1”的“混合模式”设置为“颜色减淡”

4）执行菜单中的“图像→调整→反相”命令，将“图层 1”的图像反相，此时图层分布如图 4-19 所示。

5）单击工具箱中的 （移动工具），将“图层 1”中的文字复制到其余水印位置，即可将其余水印去除，最终效果如图 4-20 所示。

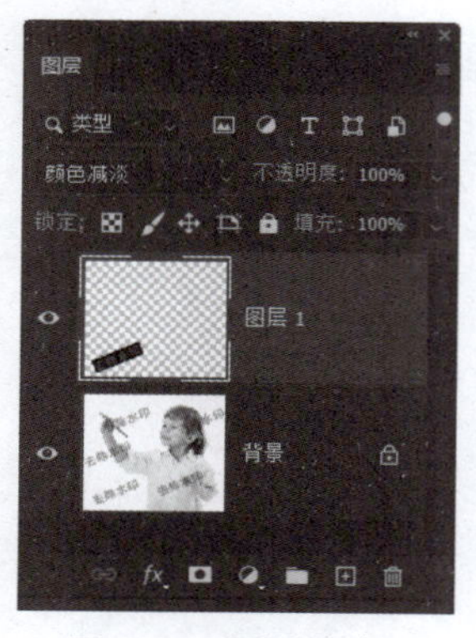

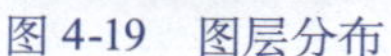
图 4-19　图层分布

图 4-20　最终效果

4.4　抠出人物飘逸的头发效果

扫码看视频

要点：

本例将抠出一幅图片中的人物及其飘逸的头发，并给其添加一个橙黄色的背景，如图4-21所示。通过本例的学习应掌握“选择并遮住”命令的应用。

a)

b)

图 4-21　抠出人物飘逸的头发并添加橙黄色背景效果
a) 原图　b) 效果图

操作步骤：

1）执行菜单中的“文件→打开”命令，打开网盘中的“源文件\4.4　抠出人物飘逸的头发效果\原图.jpg”文件，如图 4-21a 所示。

2）执行菜单中的“选择→主体”命令，从而创建出人物的大体选区，如图 4-22 所示。

图 4-22　创建出人物的大体选区

3）执行菜单中的“选择→选择并遮住”命令，然后在弹出的对话框中选择（调整边缘画笔工具），并选中“显示边缘”复选框，如图4-23所示。接着绘制出头发边缘的区域，如图4-24所示。单击“确定”按钮，效果如图4-25所示。

图 4-23　选中“显示边缘”复选框

图 4-24　绘制出头发边缘的区域

图 4-25　画面效果

4）在画面中单击右键，在弹出的快捷菜单中选择“通过拷贝的图层”命令，从而将选区中的人物及其头发复制到一个新的“图层 1”上，如图 4-26 所示。

5）在“图层”面板中选择“背景”图层，然后单击下方的⊞（创建新图层）按钮，从而在“背景”图层上方新建“图层 2”。接着将前景色设置为一种橙黄色（RGB 的数值为（240，120，0）），再按〈Alt+Delete〉键，用橙黄色作为前景色填充“图层 2”，如图 4-27 所示。

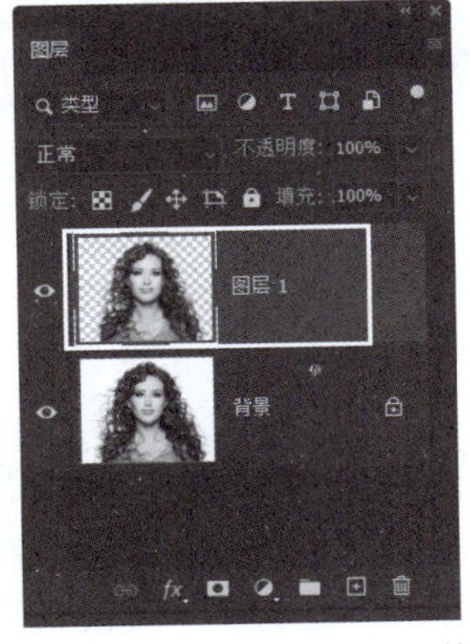

图 4-26　将选区中的人物及其头发复制到一个新的“图层 1”上

图 4-27　用橙黄色作为前景色填充“图层 2”

6）此时头发的边缘会出现白边，接下来就来解决这个问题。方法：在“图层 1”上方新建“图层 3”，然后单击右键，在弹出的快捷菜单中选择“创建剪贴蒙版”命令，接着单击工具箱中的 （画笔工具），再按〈Alt〉键，在画面中吸取头发中的黑色，最后在头发边缘位置进行涂抹，从而去除头发边缘的白边，最终效果如图 4-28 所示。

图 4-28　最终效果

4.5　杯子上的镂空文字效果

扫码看视频

要点：

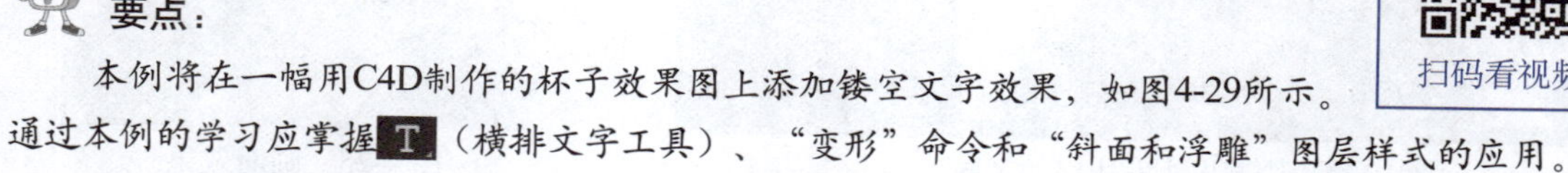

本例将在一幅用C4D制作的杯子效果图上添加镂空文字效果，如图4-29所示。通过本例的学习应掌握 （横排文字工具）、“变形”命令和“斜面和浮雕”图层样式的应用。

a)

b)

图 4-29　杯子上的镂空文字效果
a) 原图　b) 效果图

操作步骤：

1）执行菜单中的“文件→打开”命令，打开网盘中的“源文件\4.5　杯子上的镂空文字效果\原图.jpg”文件，如图 4-29a 所示。

2）单击工具箱中的 （横排文字工具），然后在选项栏中将字体设置为“汉仪粗黑简”，字色设置为黑色，接着在画面中单击输入文字“凡哥创作课堂”，如图 4-30 所示。

3）执行菜单中的“编辑→自由变换”（快捷键〈Ctrl+T〉）命令，然后按住〈Shift〉键，将文字等比例放大，并放置到杯身位置，如图 4-31 所示。

图 4-30　输入文字“凡哥创作课堂”

图 4-31　将文字等比例放大

4）在画面中单击右键，在弹出的菜单中选择“变形”命令，然后在选项栏中将“变形”类型设置为“圆柱体”，效果如图 4-32 所示。接着在画面中调整文字的曲率和大小，使之与杯身匹配，如图 4-33 所示。调整完成后按〈Enter〉键，确认操作。

图 4-32　将“变形”类型设置为“圆柱体”

图 4-33　调整文字的曲率和大小

5）给文字添加浮雕效果。方法：在“图层”面板下方单击 fx （添加图层样式）按钮，从弹出菜单中选中“斜面和浮雕”复选框，然后在设置框中将“样式”设置为“枕状浮雕”，如图 4-34 所示，效果如图 4-35 所示。

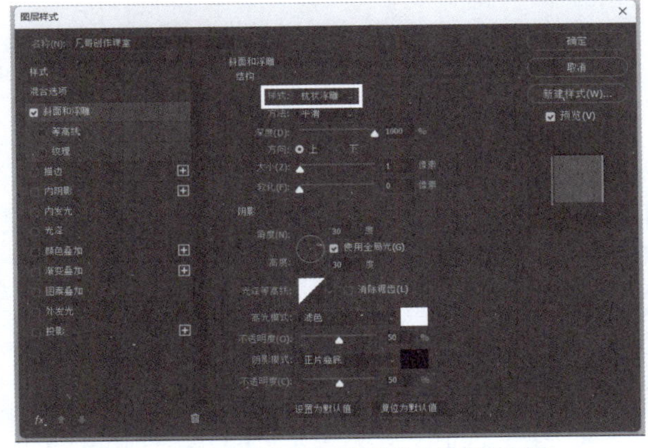

图 4-34　将“样式”设置为“枕状浮雕”

图 4-35　“枕状浮雕”效果

6）制作文字的镂空效果。方法：在“图层样式”对话框左侧选择“混合选项”，然后在右侧将“填充不透明度”设置为0%，如图4-36所示。最终效果如图4-37所示。

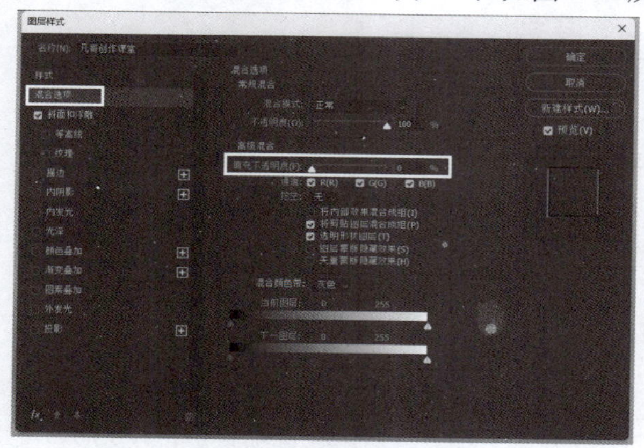

图4-36 将“填充不透明度”设置为0%

图4-37 最终效果

4.6 变天

扫码看视频

要点：

本例将制作变天效果，如图4-38所示。通过本例的学习应掌握“贴入”命令的使用，以及改变图层透明度的方法。

a)

b)

c)

图4-38 变天效果

a) 原图1 b) 原图2 c) 效果图

操作步骤：

1）执行菜单中的“文件→打开”命令，打开网盘中的“源文件\4.6 变天\原图1.jpg”和“原图2.jpg”文件。

2）选择“原图2.jpg”文件，然后执行菜单中的“选择→全选”（快捷键〈Ctrl+A〉）命令，接着执行菜单中的“编辑→复制”（快捷键〈Ctrl+C〉）命令进行复制。

3）回到图片“原图1.jpg”，然后利用工具箱中的（对象选择工具）在天空位置单击，从而创建出天空的选区，如图4-39所示。接着执行菜单中的“编辑→选择性粘贴→贴入”命令，此时晚霞图片被贴入到选区范围以内，选区以外的部分被遮住。同时，在“图层”面板中会产生一个新的“图层1”和图层蒙版。最后，使用（移动工具）选中蒙版中的天空部分，将晚霞移动到合适的位置，效果如图4-40所示。

图4-39　创建选区

图4-40　贴入晚霞效果

4）此时，树木与背景结合处有白边，下面来解决这个问题。方法：单击工具箱中的（画笔工具），然后在选项栏中选择一个柔化笔尖，并将前景色设置为白色，接着在“图层”面板中选择“图层 1”的蒙版，使用画笔在树木顶部进行涂抹处理，从而去除树木的白边，如图 4-41 所示。

图 4-41　处理树木顶部边缘

5）制作水中倒影效果。方法：选择“背景”层，然后单击工具箱中的（对象选择工具）在水面位置单击，从而创建出水塘部分的选区，如图 4-42 所示。

图 4-42　创建水塘部分的选区

6）执行菜单中的“编辑→选择性粘贴→贴入”命令，将晚霞的图片贴入水塘部分选区，此时“图层”面板中的“图层 2”会产生一个图层蒙版，如图 4-43 所示。

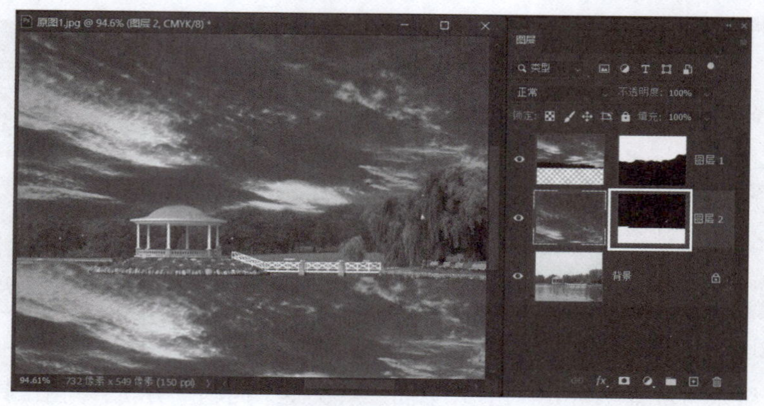

图 4-43　将晚霞的图片贴入水塘部分选区

7）选择“图层 2”，执行菜单中的“编辑→变换→垂直翻转”命令，从而制作出晚霞的倒影。然后利用 （移动工具）将晚霞倒影移动到合适的位置，接着将“图层 2”的“不透明度”调整为 50%，效果如图 4-44 所示。

图 4-44　调整“不透明度”

8）为了使陆地的色彩与晚霞相匹配，下面确定当前图层为“背景”层，然后在“图层”面板下方单击 （创建新的填充或调整图层）按钮，在弹出的菜单中选择“色相 / 饱和度”命令，再在弹出的“属性”面板中将“色相”设置为 +20，“饱和度”设置为 +50，如图 4-45 所示。最终效果如图 4-46 所示。

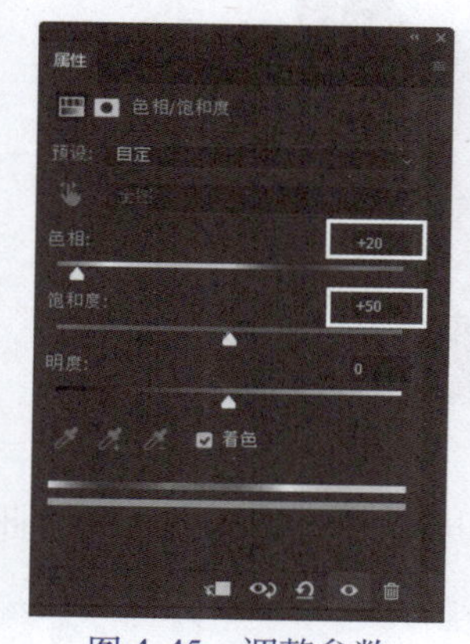

图 4-45　调整参数

图 4-46　最终效果

4.7　人物换脸效果

扫码看视频

要点：

本例将制作人物换脸效果，如图4-47所示。通过本例的学习应掌握利用改变图层不透明度来对位图像的方法，以及“收缩选区”和“自动混合图层”命令的综合应用。

a)

b)

c)

图 4-47　人物换脸效果
a) 原图1　b) 原图2　c) 效果图

操作步骤：

1）打开网盘中的“源文件\4.7 人物换脸效果\原图 1.jpg”和“原图 2.jpg”文件，如图 4-47a、b 所示。

2）单击工具箱中的 （套索工具），在选项栏中设置“羽化”为0像素，然后在“原图2.jpg”中创建人脸选区，如图4-48所示。

3）利用工具箱中的 （移动工具），将“原图2.jpg”中的人脸选区拖入“原图1.jpg”中，如图4-49所示。

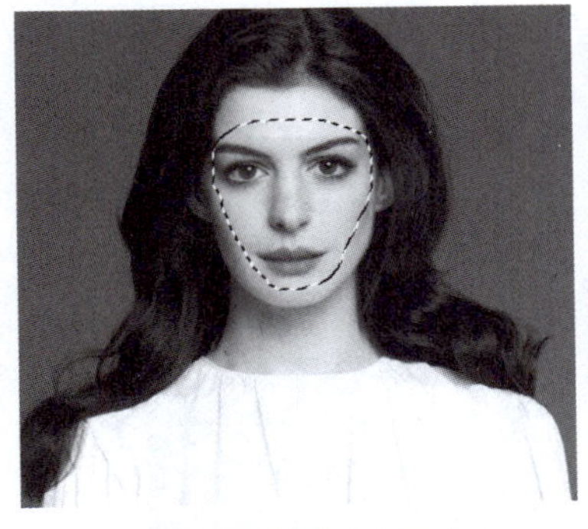

图 4-48　创建人脸选区

图 4-49　将“原图 2.jpg”中的人脸选区拖入“原图 1.jpg”中

4）对位图像。方法：将“图层 1”的“不透明度”降为 50%，然后执行菜单中的“编辑→自由变换”（快捷键〈Ctrl+T〉）命令，接着将拖入的人脸选区进行缩放和旋转，使之尽量与背景图像中的人脸部分匹配，如图 4-50 所示。

图 4-50　对位图像

5）按〈Enter〉键，确认自由变换操作，然后将“图层 1”的“不透明度”调整回 100%，效果如图 4-51 所示。

图 4-51　将“图层 1”的“不透明度”调整回 100%

6）在“图层”面板中双击背景层，然后在弹出的“新建图层”对话框中将“名称”设置为“图层 0”，如图 4-52 所示，单击“确定”按钮。然后按〈Ctrl+J〉键，复制出一个“图层 0 拷贝”层，如图 4-53 所示。

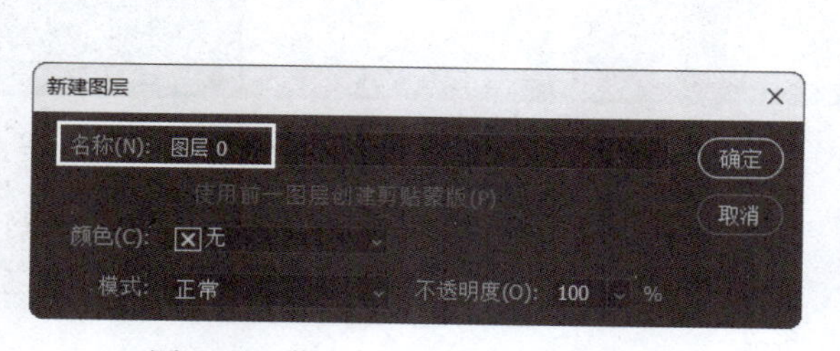

图 4-52　将“名称”设置为“图层 0”

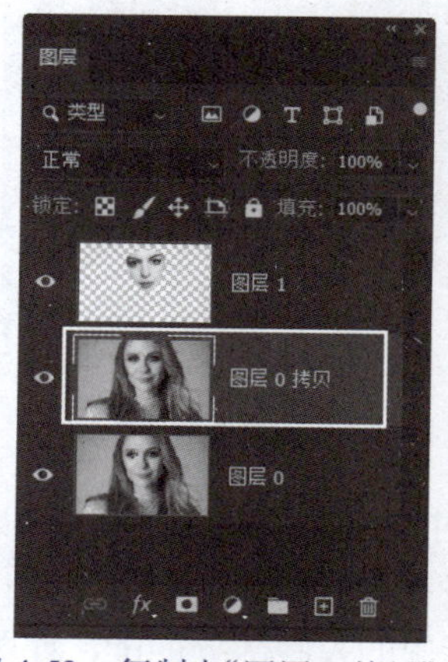

图 4-53　复制出“图层 0 拷贝”层

7）按〈Ctrl〉键，单击“图层 1”，从而在“图层 0 拷贝”图层上得到“图层 1”的人脸选区。如图 4-54 所示。

图 4-54　在“图层 0 拷贝”图层上得到“图层 1”的人脸选区

8）执行菜单中的“选择→修改→收缩选区”命令，然后在弹出“收缩选区”对话框中设置“收缩量”为 8 像素，如图 4-55 所示，单击“确定”按钮。接着按〈Delete〉键删除选区中的图像，效果如图 4-56 所示。

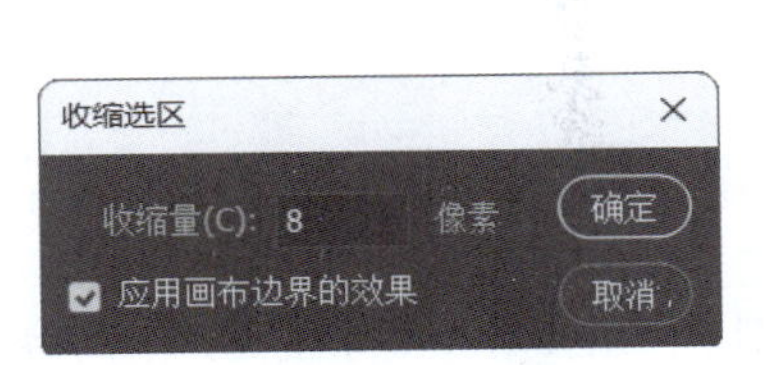

图 4-55　设置“收缩量”为 8 像素

图 4-56　删除选区中的图像

9）按〈Ctrl〉键，同时选择“图层 1”和“图层 0 拷贝”图层，执行菜单中的“编辑→自动混合图层”命令，然后在弹出的“自动混合图层”对话框中选择“全景图”，如图 4-57 所示，单击“确定”按钮。接着按〈Ctrl+D〉键取消选区，最终效果如图 4-58 所示。

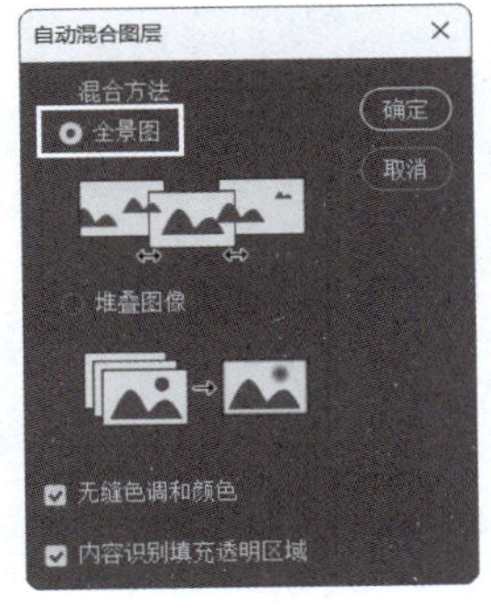

图 4-57　选择“全景图”

图 4-58　最终效果

4.8 更换人物身上的T恤衫

要点：

本例将更换人物身上的T恤衫效果，如图4-59所示。通过本例的学习应掌握“转换为智能对象”、“创建剪贴蒙版”命令，图层混合模式“亮度/对比度”命令的应用。

a)

b)

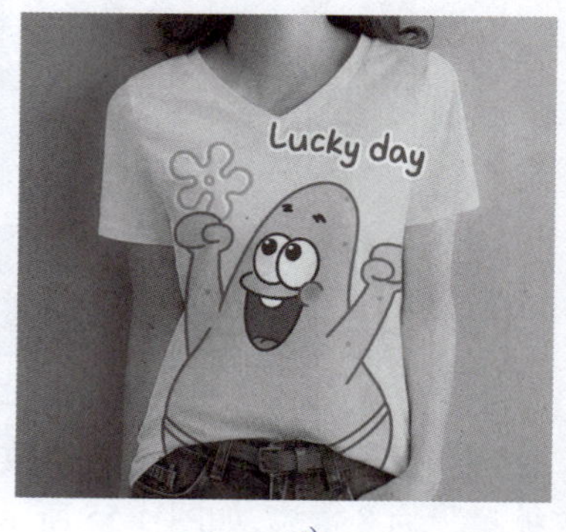

c)

图 4-59 更换人物身上的 T 恤衫

a) 原图 1 b) 原图 2 c) 效果图

操作步骤：

1）执行菜单中的“文件→打开”命令，打开网盘中的“源文件 \4.8 更换人物身上的 T 恤衫 \ 原图 1.jpg”文件，如图 4-59a 所示。

2）为防止破坏原图，下面将“背景”层拖到“图层”面板下方的（创建新图层）按钮上，从而复制出一个“背景 拷贝”层，如图 4-60 所示。

3）去除“原图 1.jpg”人物 T 恤衫上的图标。方法：利用工具箱中的（移除工具）在人物 T 恤衫的图标位置进行拖动，如图 4-61 所示。然后松开鼠标，即可去除人物 T 恤衫上的图标，效果如图 4-62 所示。

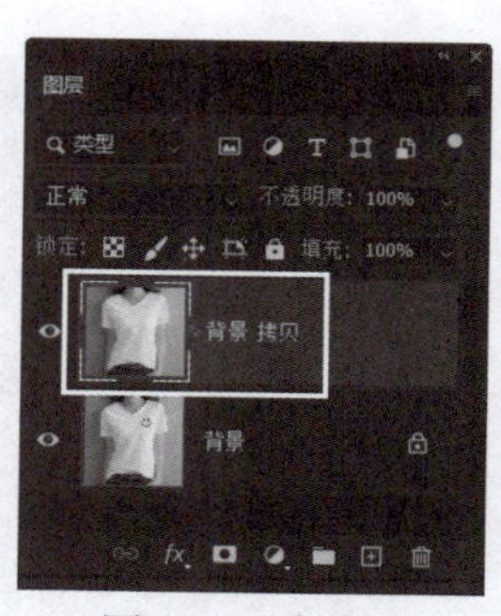

图 4-60 复制出“背景 拷贝”层

图 4-61 在人物 T 恤衫图标的位置进行拖动

图 4-62 去除人物 T 恤衫上的图标

4）利用工具箱中的 （快速选择工具），在人物T恤衫上进行拖动，从而创建出人物T恤衫上的选区，如图4-63所示。然后在画面上单击右键，在弹出的菜单中选择“通过拷贝的图层”命令，从而将选区中的内容复制到一个新的“图层1”上，如图4-64所示。

图 4-63　创建出人物 T 恤衫上的选区

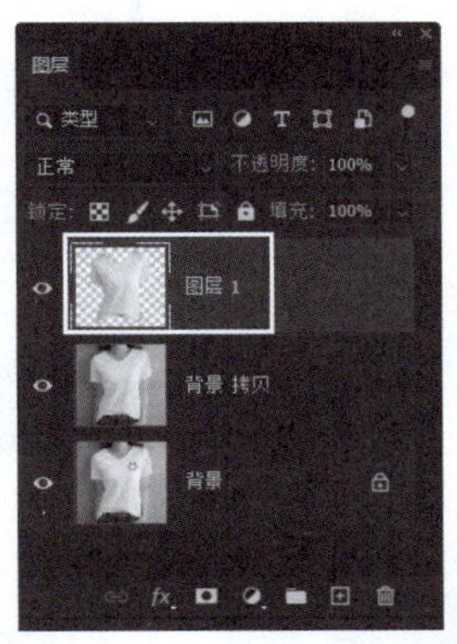
图 4-64　将选区中的内容复制到一个新的“图层 1”上

5）执行菜单中的“文件→打开”命令，打开网盘中的“源文件\4.8 更换人物身上的T恤衫\原图 2.jpg”文件，如图 4-59b 所示。然后利用工具箱中的 （移动工具）将“原图 2.jpg”移动到“原图 1.jpg”中，如图 4-65 所示。接着在“图层”面板中右键单击“图层 2”，在弹出的菜单中选择“转换为智能图层”命令，从而将“图层 2”转换为一个智能图层，如图 4-66 所示。最后右键单击“图层 2”，在弹出的菜单中选择“创建剪贴蒙版”命令，再在画面中调整图案的位置，效果如图 4-67 所示。

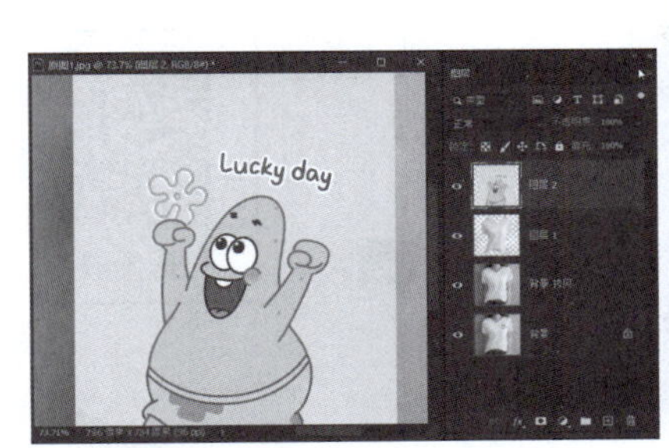

图 4-65　将“原图 2.jpg”移动到“原图 1.jpg”中

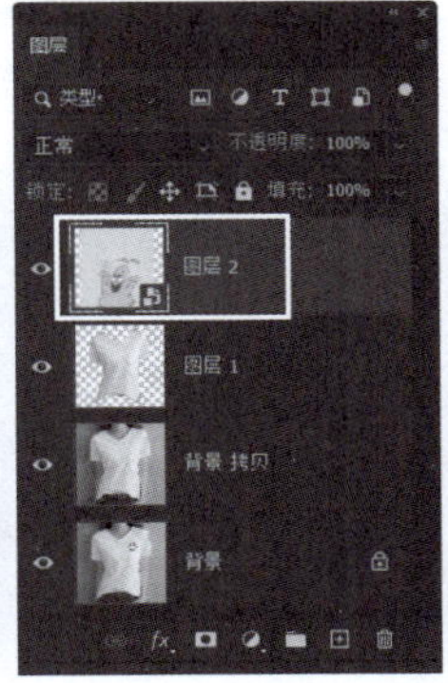
图 4-66　将“图层 2”转换为一个智能图层

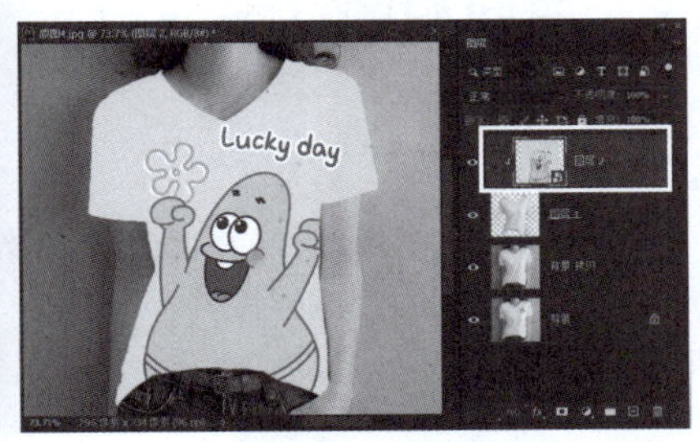

图 4-67　“创建剪贴蒙版”后的效果

6）为了使图案与 T 恤衫更好地融合在一起，下面将“图层 2”的“混合模式”设置为“正片叠底”，效果如图 4-68 所示。

7）此时 T 恤衫的亮度有些偏暗，下面在“图层”面板下方单击 （创建新的填充或调整图层）按钮，在弹出的菜单中选择“亮度 / 对比度”命令，然后在弹出的“属性”面板中将“亮度”数值加大为 15，如图 4-69 所示。此时 T 恤衫的亮度就提升上来了，最终效果如图 4-70 所示。

图 4-68　将“图层 2”的“混合模式”设置为“正片叠底”的效果

图 4-69　将“亮度”数值加大为 15

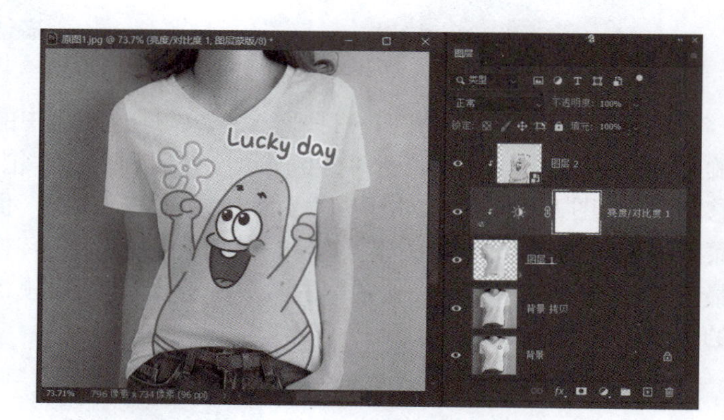

图 4-70　最终效果

4.9　曲面贴图效果

要点：

本例将制作曲线屏上的贴图效果，如图4-71所示。通过本例的学习应掌握（矩形工具）、“转换为智能对象”“扭曲”“变形”和“自由变换”命令的应用。

a)

b)

c)

图 4-71　曲面贴图效果

a) 原图1　b) 原图2　c) 效果图

操作步骤：

1）执行菜单中的“文件→打开”命令，打开网盘中的“源文件\4.9　曲面贴图效果\原图 1.jpg”文件，如图 4-71a 所示。

2）单击工具箱中的（矩形工具），然后在选项栏中将矩形类型设置为“形状”，“填充”设置为一种醒目的橙黄色。再在画面中绘制出一个矩形，接着为了便于对位，在“图层”面板中将“矩形1”的“不透明度”设置为50%，效果如图4-72所示。

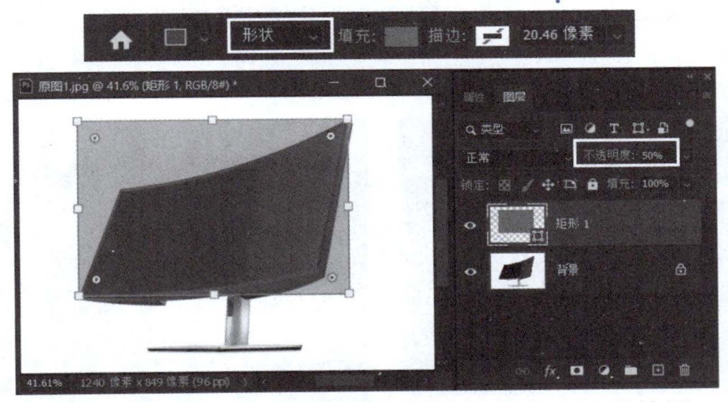

图 4-72　将“矩形 1”的“不透明度”设置为 50% 的效果

3）在“图层”面板中右键单击“矩形 1”图层，在弹出的菜单中选择“转换为智能图层”命令，从而将“矩形 1”图层转换为一个智能图层，如图 4-73 所示。然后执行菜单中的“编辑→变换→扭曲”命令，再在画面中调整矩形的形状，使之与曲线屏的边缘匹配，效果如图 4-74 所示。

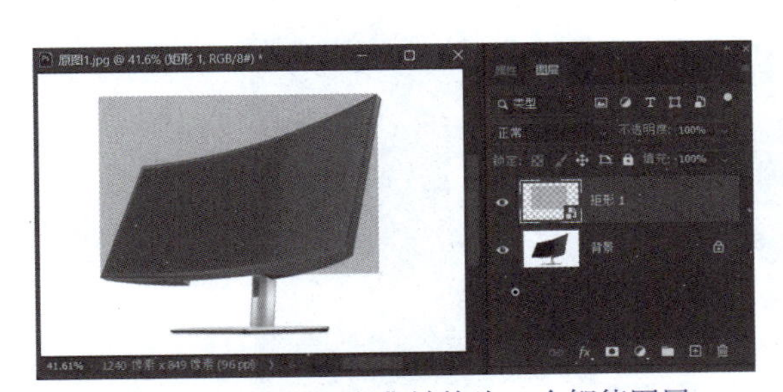

图 4-73　将“矩形 1”转换为一个智能图层

图 4-74　调整矩形的形状

4）执行菜单中的“编辑→变换→变形”命令，然后在画面中调整矩形的形状，使之与曲线屏完全匹配，如图 4-75 所示。

5）在“图层”面板中双击“矩形 1”的缩略图，进入“矩形 1”的编辑状态，如图 4-76 所示。

6）执行菜单中的“文件→打开”命令，打开网盘中的“源文件\4.9　曲面贴图效果\原图 2.jpg”文件，如图4-71b所示。然后利用工具箱中的（移动工具）将“原图2.jpg”移动到“原图1.jpg”中，如图4-77所示。接着执行菜单中的“编辑→自由变换”（快捷键〈Ctrl+T〉）命令，按住〈Shift〉键，将图片等比例缩放为正好覆盖住画面，如图4-78所示。最后按〈Enter〉键，确认操作。

图 4-75　将矩形与曲线屏进行匹配

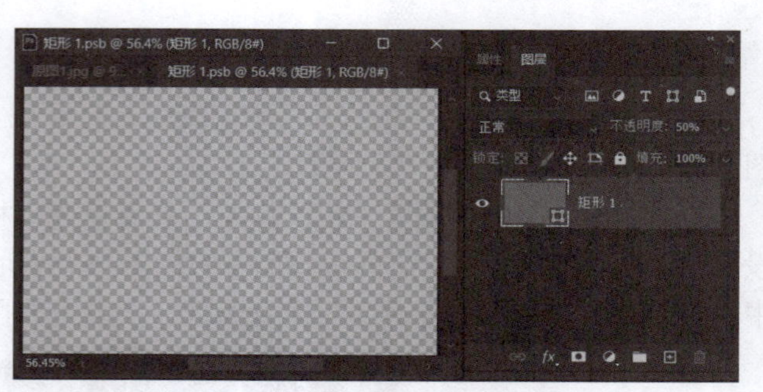

图 4-76　进入“矩形 1”的编辑状态

图 4-77　将“原图 2.jpg”移动到“原图 1.jpg”中

图 4-78　将图片等比例缩放为正好覆盖住画面

7) 执行菜单中的“文件→存储”命令，对当前文件进行保存。

8) 回到“原图 1.jpg”中，此时可以看到曲面贴图效果，最终效果如图 4-79 所示。

图 4-79　最终效果

4.10　奇妙的放大镜效果

要点：

本例将制作奇妙的放大镜效果，如图4-80所示。通过本例的学习应掌握链接图层和图层剪贴蒙版的应用。

a)

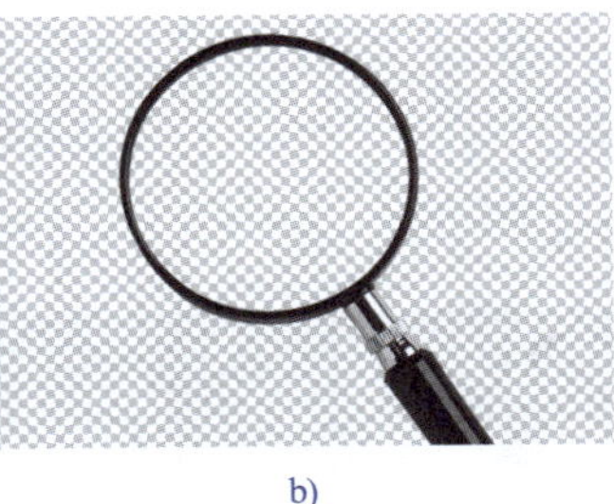
b)

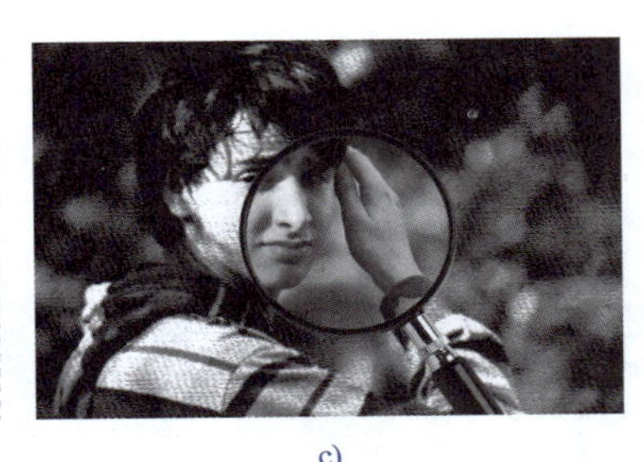
c)

图 4-80　奇妙的放大镜效果

a) 人物　b) 放大镜　c) 效果图

操作步骤：

1）执行菜单中的“文件→打开”命令，打开网盘中的“源文件 \ 4.10　奇妙的放大镜效果 \ 人物 .psd”和“放大镜 .psd”文件，如图 4-80a、b 所示。

2）确认“放大镜 .psd”为当前文件，利用工具箱中的（魔棒工具），在放大镜镜片区域单击，从而创建出镜片区域的选区，如图 4-81 所示。

3）新建“图层 1”,然后用白色填充选区,再按快捷键〈Ctrl+D〉取消选区,效果如图 4-82 所示。

图 4-81　创建出镜片区域的选区

图 4-82　用白色填充选区

4）为了使镜片区域的选区能够与放大镜一起移动,下面将图层进行链接。方法:在“图层”面板中同时选择“图层 0”和“图层 1”，然后单击“图层”面板下方的（链接图层）按钮，将它们链接在一起，如图 4-83 所示。

5）利用工具箱中的（移动工具）将“图层 0”和“图层 1”拖入“人物 .psd”文件中，如图 4-84 所示，然后调整图层的分布，如图 4-85 所示。

6）在“图层”面板中右击“人物”图层，在弹出的快捷菜单中选择“剪贴蒙版”命令（快捷键〈Ctrl+Alt+G〉），此时可以看到放大镜镜片以内区域显示正常图像，镜片以外区域显示灰色纹理，最终效果如图 4-86 所示。

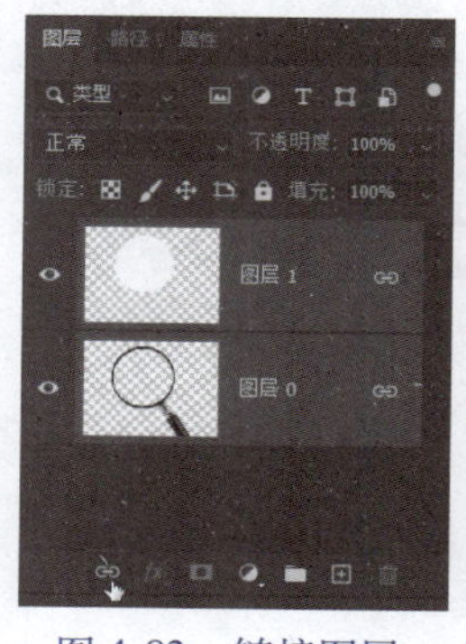

图 4-83 链接图层

图 4-84 将“图层 0”和“图层 1”拖入“人物.psd”文件中

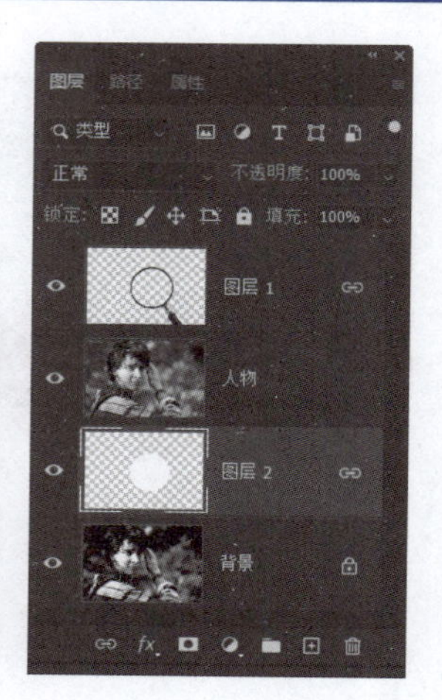

图 4-85 调整图层分布

图 4-86 最终效果

4.11 模拟半透明玻璃杯

扫码看视频

要点：

本例将利用两张图片模拟玻璃的透明效果，如图4-87所示。通过本例的学习应掌握图层蒙版、图层组蒙版、不透明度及链接图层的综合应用。

a)

b)

c)

图 4-87 模拟玻璃杯的透明效果
a) 原图 1 b) 原图 2 c) 效果图

操作步骤：

1）执行菜单中的“文件→打开”命令，打开网盘中的“源文件\4.11　模拟半透明玻璃杯\原图 1.jpg”和“原图 2.jpg”文件，如图 4-87a 与图 4-87b 所示。

2）单击工具箱中的 （移动工具），将“原图 2.jpg”拖到“原图 1.jpg”中，效果如图 4-88 所示。

3）执行菜单中的“选择→主体”命令，得到小怪人的大体选区。然后利用 （魔棒工具），按住〈Alt〉键，减选多选的区域，得到完整的小怪人的选区。接着单击“图层”面板下方的 （添加图层蒙版）按钮，为“图层1”添加一个图层蒙版，将小怪人以外的区域隐藏，效果如图4-89 所示。

提示：利用蒙版中的黑色将图像中不需要的部分隐藏，与直接将不需要的图像删除相比，前者具有不破坏原图的优点。

图 4-88　将“原图 2.jpg”拖到“原图 1.jpg”中

图 4-89　隐藏小怪人以外的区域

4）选择“图层 1”，执行菜单中的“编辑→变换→水平翻转”命令，将该层图像水平翻转，效果如图 4-90 所示。

提示：菜单中的“图像→图像旋转→水平翻转画布”命令，是对整幅图像进行水平翻转；菜单中的“编辑→变换→水平翻转”命令，只对所选择的图层进行水平翻转，而对未被选择的图层不进行翻转。

5）选择“背景”图层，单击“图层”面板下方的 （创建新图层）按钮，从而在背景层上方新建“图层2”。然后单击工具箱中的 （画笔工具），将前景色设置为黑色，在新建的“图层2”上绘制小怪人的阴影，效果如图4-91所示。

6）此时阴影颜色太深，为了解决这个问题，需要进入“图层”面板，将“图层 2”的“不透明度”设置为 70%，效果如图 4-92 所示。

7）制作小怪人在玻璃杯后的半透明效果。方法：关闭“图层 1”和“图层 2”前的 （图层可视性）图标，从而隐藏这两个图层，如图 4-93 所示。

图 4-90　水平翻转图像

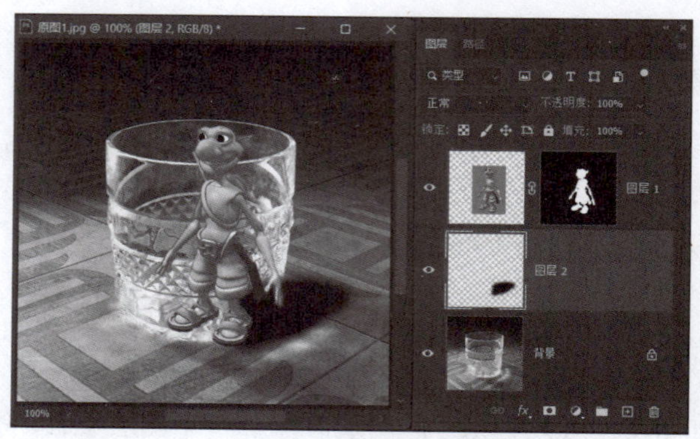

图 4-91　在“图层 2”上绘制小怪人的阴影

图 4-92　将“图层 2”的“不透明度”设置为 70% 后的效果

8) 选择“背景”层,然后单击工具箱中的 (对象选择工具) 在画面中创建玻璃杯的选区,如图 4-94 所示。接着恢复“图层 1”和“图层 2”的显示。

9) 单击“图层”面板下方的 (创建新组) 按钮，新建一个图层组，然后将“图层 1”和“图层 2”拖入图层组中，如图 4-95 所示。

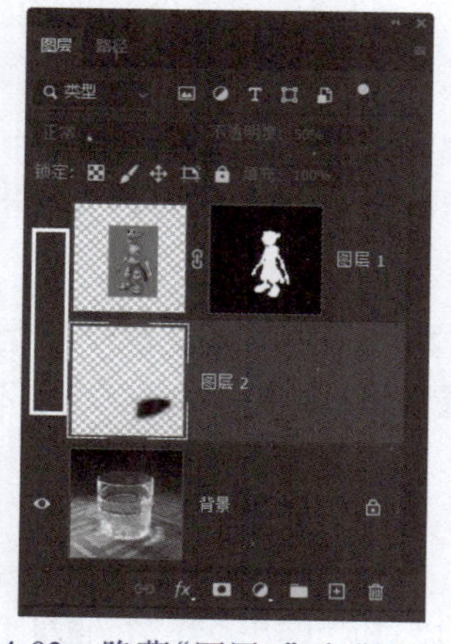

图 4-93　隐藏“图层 1”和“图层 2”

图 4-94　创建玻璃杯选区

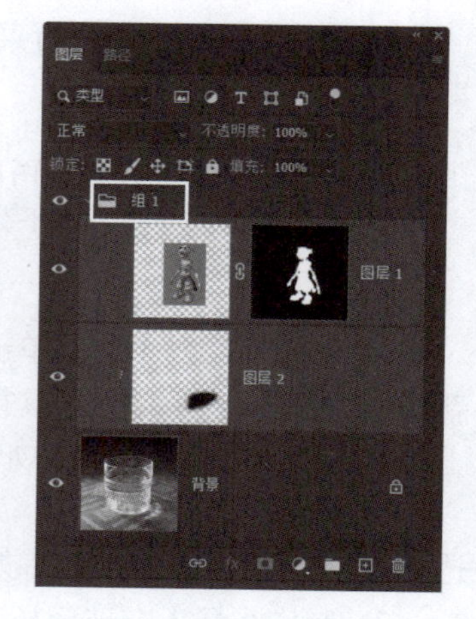

图 4-95　将“图层 1”和“图层 2”拖入图层组中

10）选择“组 1”层，单击“图层”面板下方的 （添加图层蒙版）按钮，对图层组添加一个图层蒙版，此时的图层分布如图 4-96 所示。然后按住〈Alt〉键，单击图层组的蒙版，使其在视图中显示，如图 4-97 所示。

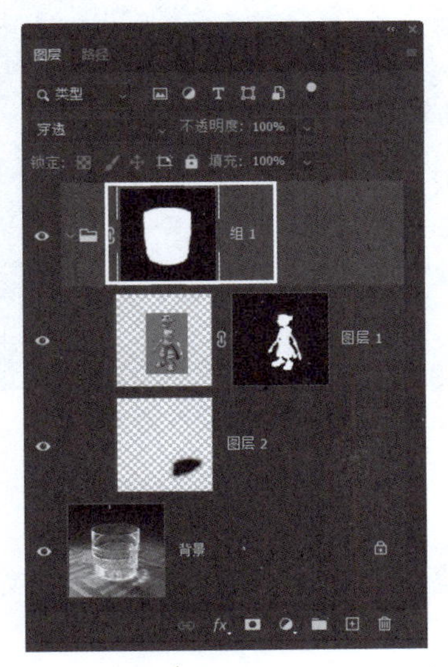

图 4-96　对图层组添加图层蒙版

图 4-97　显示图层蒙版

11）按快捷键〈Ctrl+I〉，对其颜色进行反相处理，然后单击工具箱中的 （对象选择工具）选择玻璃杯的选区，再用灰色（RGB的数值为（128，128，128））填充图层组蒙版中的玻璃杯选区，如图4-98所示，以产生玻璃的透明效果，接着按快捷键〈Ctrl+D〉取消选区。最后，按住〈Alt〉键，并单击图层组的蒙版，使其在视图中取消显示，效果如图4-99所示。

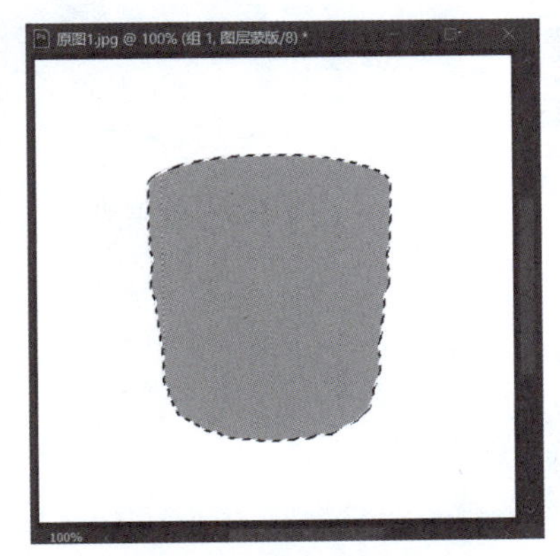

图 4-98　用 RGB 的数值为（128，128，128）的颜色填充选区

图 4-99　取消蒙版在视图中显示后的效果

12）恢复“图层 1”和“图层 2”的显示，然后利用工具箱中的 （移动工具）在画面上移动小怪人，此时会发现阴影并不随小怪人一起移动。为了使阴影和小怪人一起移动，下面同时选择“图层 1”和“图层 2”，并单击“图层”面板下方的 （链接图层）按钮，将两个图层进行链接，如图 4-100 所示。此时，阴影即可随小怪人一起移动了，最终效果如图 4-101 所示。

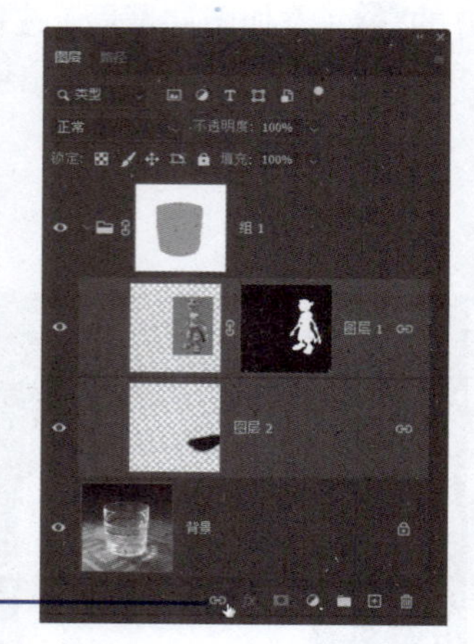

图 4-100　链接图层

图 4-101　最终效果图

4.12　课后练习

1. 打开网盘中的“课后练习\第 4 章\光盘效果\光盘图片.jpg”和“标志.png”文件，如图 4-102 所示，制作出图 4-103 所示的光盘效果。

光盘图片.jpg

标志.png

图 4-102　素材图

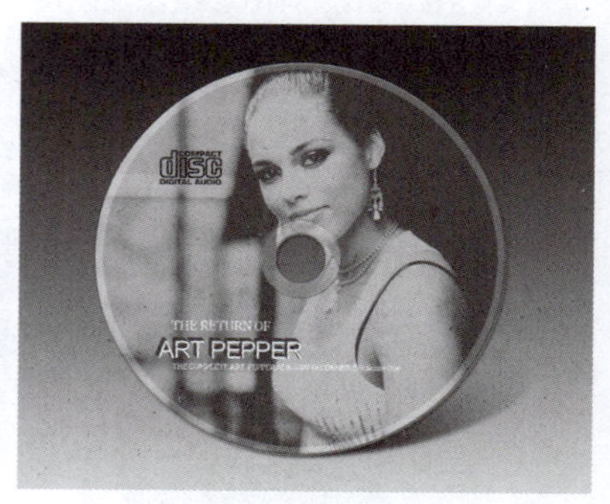

图 4-103　效果图

2. 制作出图 4-104 所示的玻璃字效果。

图 4-104　玻璃字效果

第5章　通道的使用

本章重点

通过本章的学习，读者应了解通道的基本概念和特性，正确使用通道和通道的相关选项，掌握颜色通道、专色通道和Alpha通道的原理和使用方法。

5.1　通道抠像

要点：

本例将利用通道将图像中的人物抠出，放入另一幅图像中，如图5-1所示，通过本例的学习应掌握利用通道来处理带毛发人物抠像的方法。

a)

b)

c)

图5-1　通道抠像效果
a）原图1　b）原图2　c）效果图

操作步骤：

1）执行菜单中的"文件→打开"命令，打开网盘中的"源文件\5.1　通道抠像\原图1.jpg"文件，如图5-1a所示。

2）进入"通道"面板，如图5-2所示。然后选择"红"通道，将其拖到 ⊞（创建新通道）按钮上，从而复制出"红 拷贝"通道，此时"通道"面板如图5-3所示，效果如图5-4所示。

3）通道中白色的区域为选区，黑色的区域不是选区，灰色的区域为渐隐渐现的选区。下面利用"亮度/对比度"命令将图像中的灰色区域去除。方法：执行菜单中的"图像→调整→亮度/对比度"命令，在弹出的"亮度/对比度"对话框中选中"使用旧版"复选框，然后将"对比度"的数值设置为80，如图5-5所示。单击"确定"按钮，效果如图5-6所示。

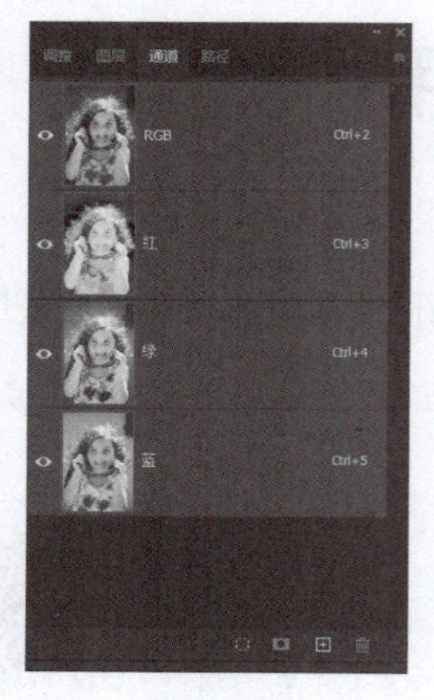

图 5-2　进入“通道”面板

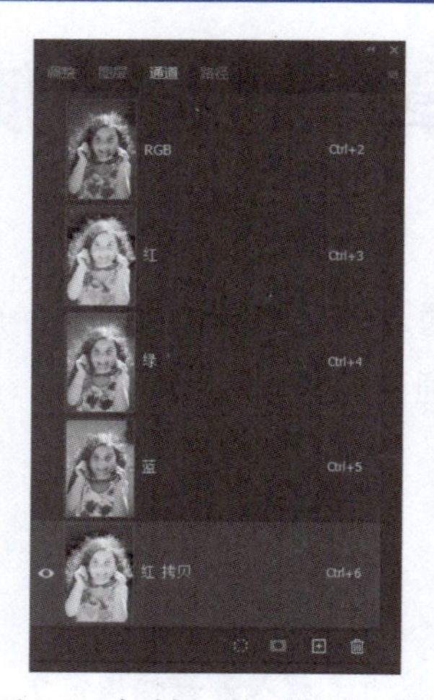

图 5-3　复制出“红 拷贝”通道

图 5-4　复制的“通道”效果

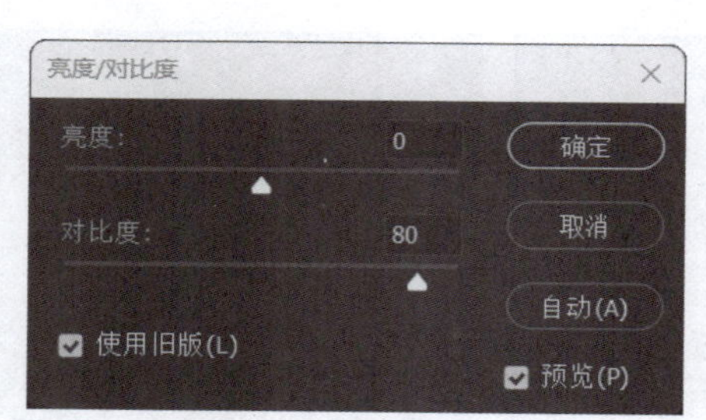

图 5-5　设置“亮度 / 对比度”参数

图 5-6　设置“亮度 / 对比度”后的效果

4）单击工具箱中的 （套索工具），设置“羽化”值为 0，创建如图 5-7 所示的选区。然后用白色填充选区，效果如图 5-8 所示。接着按住〈Ctrl〉键单击“红 拷贝”通道，从而获得“红 拷贝”通道的选区，效果如图 5-9 所示。

图 5-7　创建选区

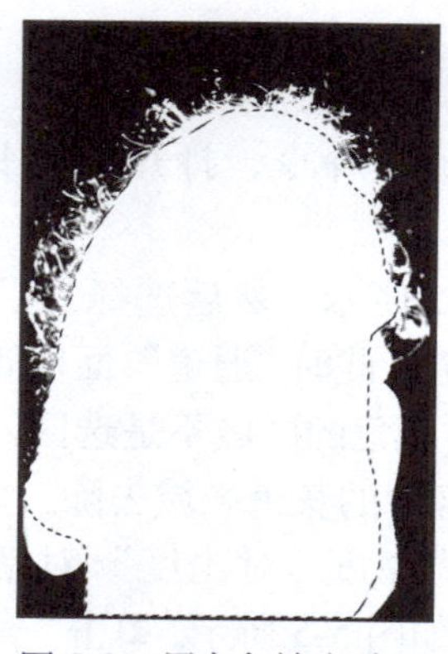

图 5-8　用白色填充选区

图 5-9　“红 拷贝”通道的选区

5）回到 RGB 通道，如图 5-10 所示。然后打开网盘中的“源文件 \5.1　通道抠像 \ 原图 2.jpg”图像文件，如图 5-1b 所示。接着利用 (移动工具) 将选区内的图像移到“原图 2.jpg”图像文件中，最终效果如图 5-11 所示。

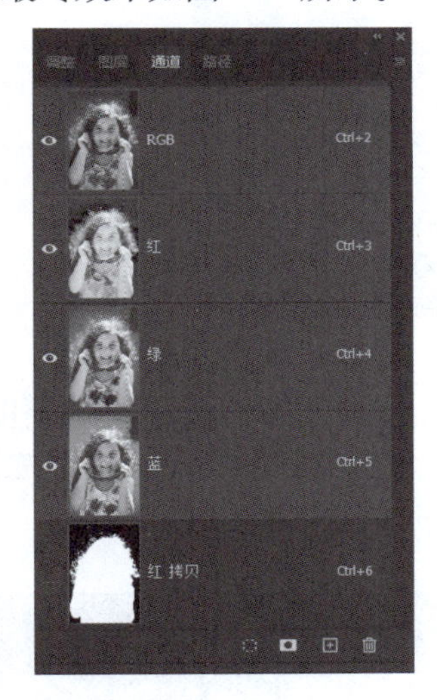

图 5-10　回到 RGB 通道

图 5-11　最终效果

5.2　通道抠火焰效果

要点：

本例将利用通道将图像中的火焰抠出，放入另一幅图像中，如图5-12所示，通过本例的学习应掌握利用通道来处理火焰抠像的方法。

a)

b)

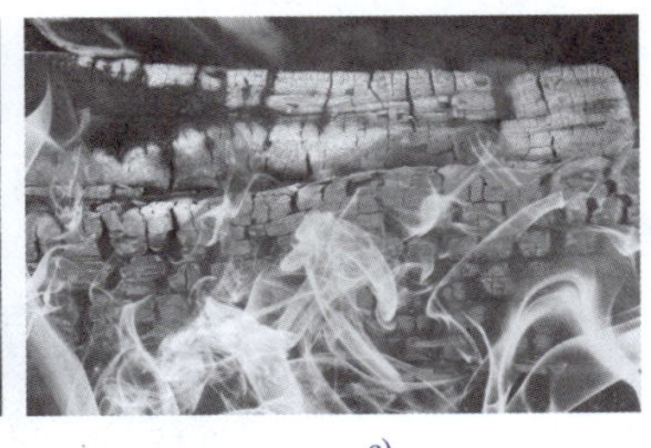
c)

图 5-12　通道抠火焰效果
a) 原图 1　b) 原图 2　c) 效果图

操作步骤：

1）执行菜单中的“文件→打开”命令，打开网盘中的“源文件 \5.2　通道抠火焰效果 \ 原图 1.jpg”文件，如图 5-12a 所示。

2）进入“通道”面板，然后选择“红”通道，单击下方的 (将通道作为选区载入）按钮，从而得到“红 ”通道的选区，如图 5-13 所示。

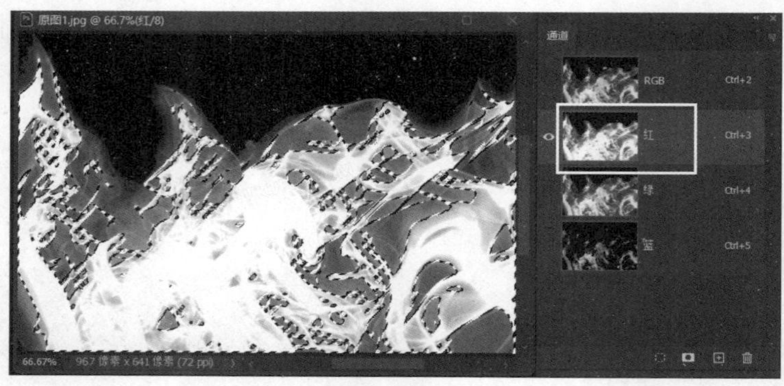

图 5-13　得到“红 ”通道的选区

3）回到 RGB 通道，如图 5-14 所示。然后进入“图层” 面板，单击下方的■（创建新图层）按钮，新建“图层 1”。接着将前景色设置为纯红色（RGB 的数值为（255，0，0）），再按快捷键〈Alt+Delete〉，用前景色的红色填充选区，此时效果及图层分布如图 5-15 所示。

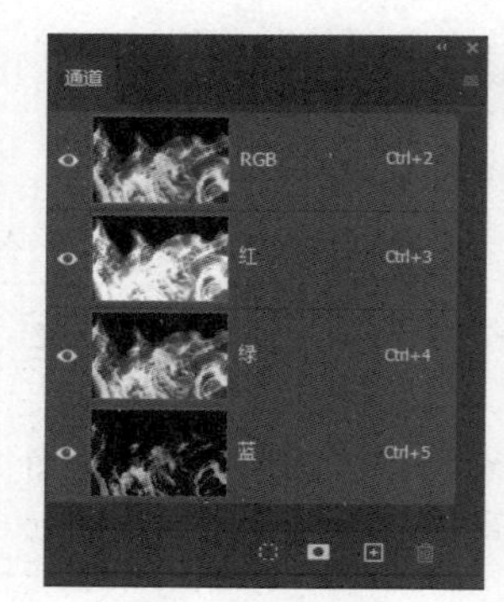

图 5-14　回到 RGB 通道

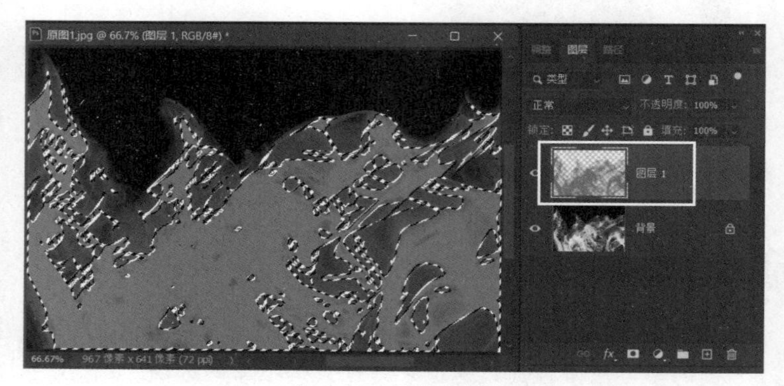

图 5-15　用红色填充选区

4）隐藏“图层 1”。

5）同理，进入“通道” 面板，然后选择“绿” 通道，单击下方的■（将通道作为选区载入）按钮，从而得到“绿” 通道的选区，如图 5-16 所示。

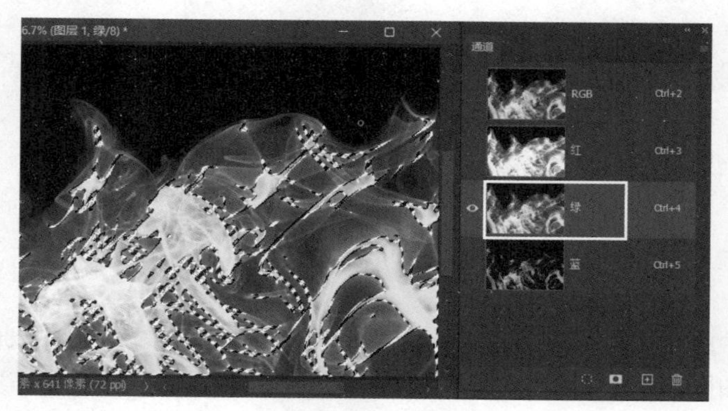

图 5-16　得到“绿 ” 通道的选区

6）回到 RGB 通道，然后进入“图层” 面板，单击下方的■（创建新图层）按钮，新建“图层 2”。

接着将前景色设置为纯绿色（RGB 的数值为（0，255，0）），再按快捷键〈Alt+Delete〉，用前景色的绿色填充选区，此时效果及图层分布如图 5-17 所示。

7）隐藏“图层 2”，如图 5-18 所示。

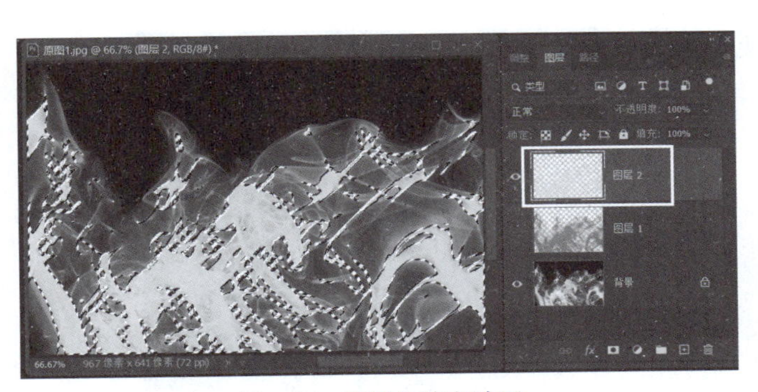

图 5-17 用绿色填充选区

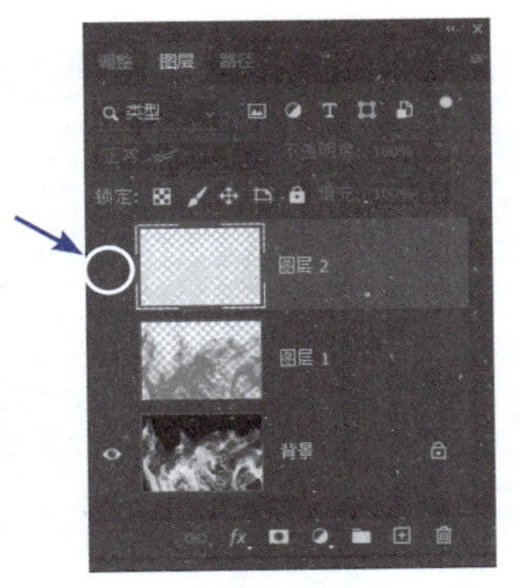

图 5-18 隐藏“图层 2”

8）同理，进入“通道”面板，然后选择“蓝”通道，单击下方的（将通道作为选区载入）按钮，从而得到“蓝”通道的选区，如图 5-19 所示。

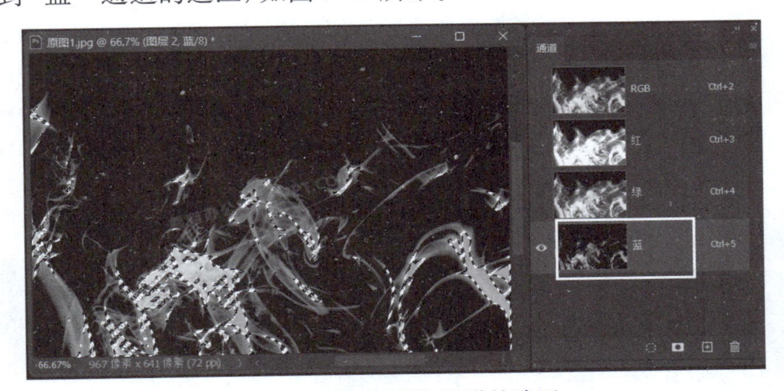

图 5-19 得到“蓝”通道的选区

9）回到 RGB 通道，然后进入“图层”面板，单击下方的（创建新图层）按钮，新建“图层 3”。接着将前景色设置为纯蓝色（RGB 的数值为（0，0，255）），再按快捷键〈Alt+Delete〉，用前景色的蓝色填充选区，此时效果及图层分布如图 5-20 所示。

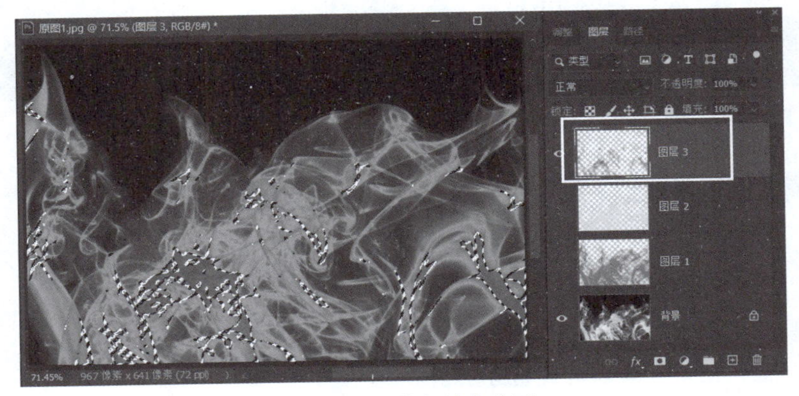

图 5-20 用蓝色填充选区

10）在“图层”面板中恢复“图层 1”和“图层 2”的显示，然后按快捷键〈Ctrl+D〉取消选区，接着将“图层 1”“图层 2”和“图层 3”的“混合模式”均设置为“滤色”，最后隐藏“背景”层，此时可以看到火焰被完整地抠出来，效果如图 5-21 所示。

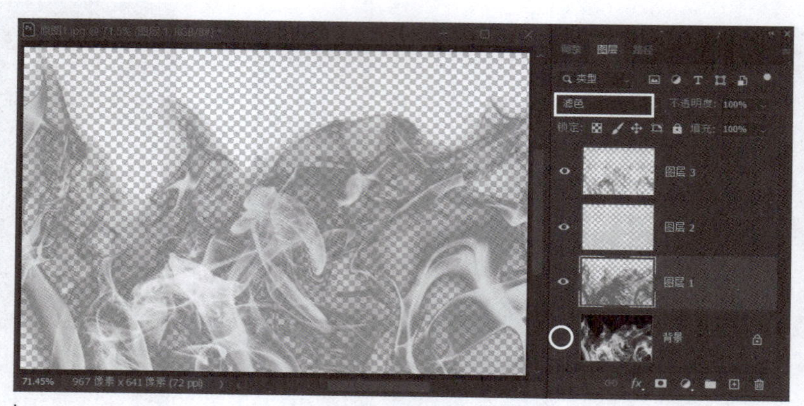

图 5-21　火焰被完整抠出的效果

11）单击“图层”面板右上方的☰按钮，在弹出的菜单中选择“合并可见图层”命令，合并所有可见图层，此时图层分布如图 5-22 所示。

12）打开网盘中的“源文件\5.2　通道抠火焰效果\原图 2.jpg”文件，如图 5-12b 所示。接着利用✥（移动工具）将“原图 1.jpg”中的“图层 1”移到“原图 2.jpg”图像文件中，最终效果如图 5-23 所示。

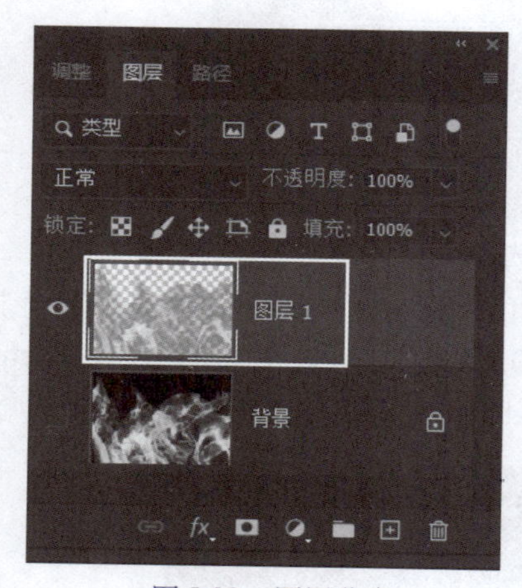

图 5-22　图层分布

图 5-23　最终效果

5.3　金属上的浮雕效果

扫码看视频

 **要点：**

本例将制作金属上的浮雕效果，如图5-24所示。通过本例的学习应掌握Alpha通道和“应用图像”命令的使用方法。

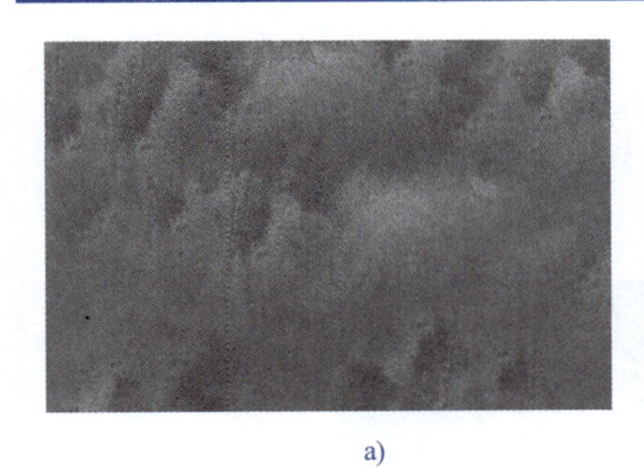

a)

b)

c)

图 5-24　金属上的浮雕效果

a) 原图　b) 印第安头像　c) 效果图

操作步骤：

1）执行菜单中的“文件→打开”命令，打开网盘中的“源文件\5.3 金属上的浮雕效果\原图.jpg”文件，如图 5-24a 所示。

2)置入印第安头像。方法：执行菜单中的“文件→置入嵌入对象”命令，然后在弹出的“置入嵌入的对象”对话框中选择网盘中的“源文件\5.3 金属上的浮雕效果\印第安头像.ai”文件，如图 5-25a 所示，单击“置入”按钮。接着在弹出的“打开为智能对象”对话框中选择“1”，如图 5-25b 所示。单击“确定”按钮，效果如图 5-26 所示。最后按〈Enter〉键，确认操作，此时效果显示及其图层分布如图 5-27 所示。

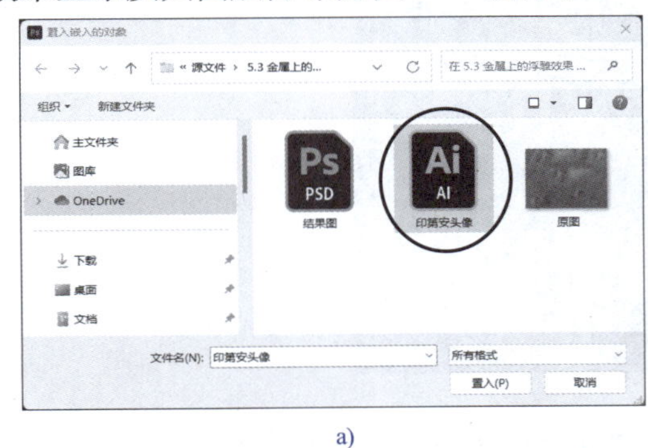

a)

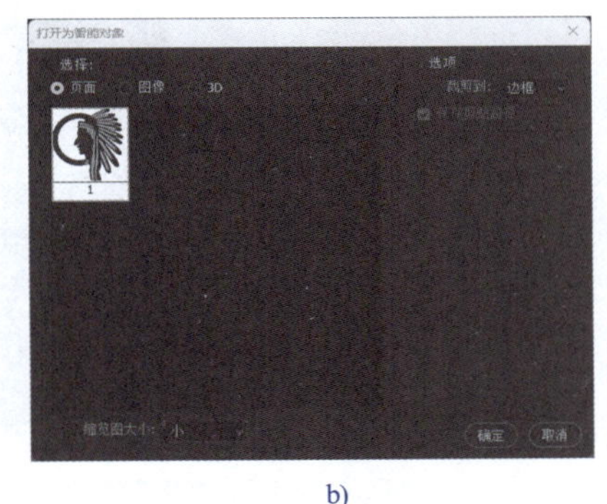

b)

图 5-25　置入印第安头像

a) 选择“印第安头像.ai”文件　b) 选择“1”

图 5-26　置入“印第安头像.ai”的效果

图 5-27　图层分布

3）确认当前图层为“印第安头像”层，然后按快捷键〈Ctrl+A〉全选，再按快捷键〈Ctrl+C〉复制。接着将“印第安头像”层拖到“图层”面板下方的（删除图层）按钮上，删除“印第安头像”层。

4）进入“通道”面板，单击“通道”面板下方的（创建新通道）按钮，新建 Alpha 1 通道，按快捷键〈Ctrl+V〉粘贴，效果如图 5-28 所示。

图 5-28　在“Alpha 1”通道粘贴印第安头像

5）按快捷键〈Ctrl+D〉取消选区，然后单击工具箱中的（魔棒工具），在选项栏中设置“容差”为 5，再在画面中圆环处单击，从而选择深灰色选区，如图 5-29a 所示。

6）将背景色设置为白色，然后按快捷键〈Ctrl+Delete〉，用背景色填充选区，效果如图 5-29b 所示。

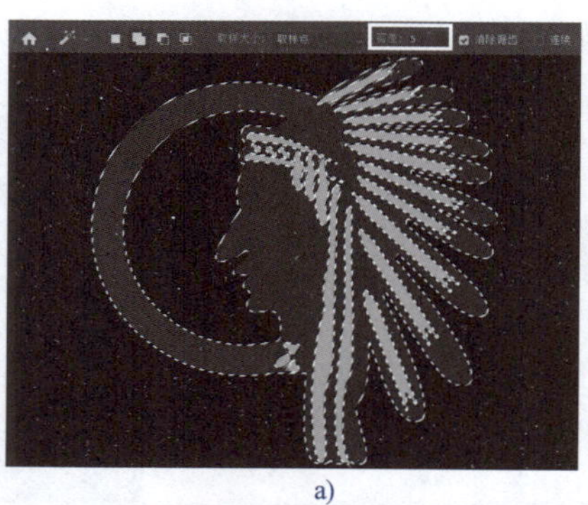

a)

b)

图 5-29　选择深灰色选区并用白色填充

a) 选择深灰色选区　b) 用白色填充选区

7）按快捷键〈Ctrl+D〉取消选区。然后执行菜单中的“滤镜→风格化→浮雕效果”命令，在弹出的“浮雕效果”对话框中设置参数，如图 5-30 所示。单击“确定”按钮，效果如图 5-31 所示。

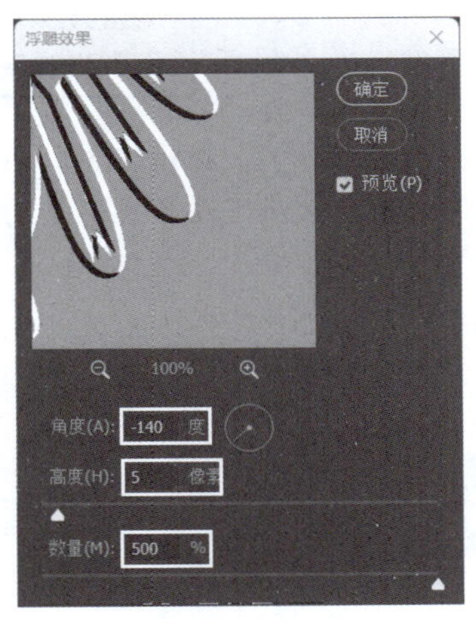

图 5-30　设置“浮雕”参数

图 5-31　浮雕效果

8）切换到 RGB 通道中，如图 5-32 所示。然后执行菜单中的“图像→应用图像”命令，接着在弹出的“应用图像”对话框中设置参数，如图 5-33 所示。单击“确定”按钮，最终效果如图 5-34 所示。

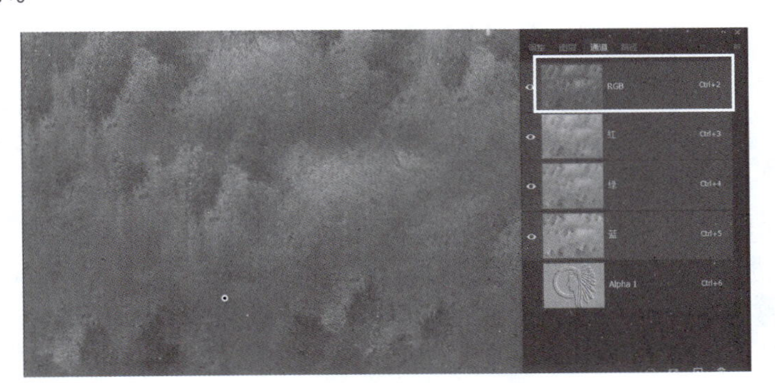

图 5-32　切换到 RGB 通道

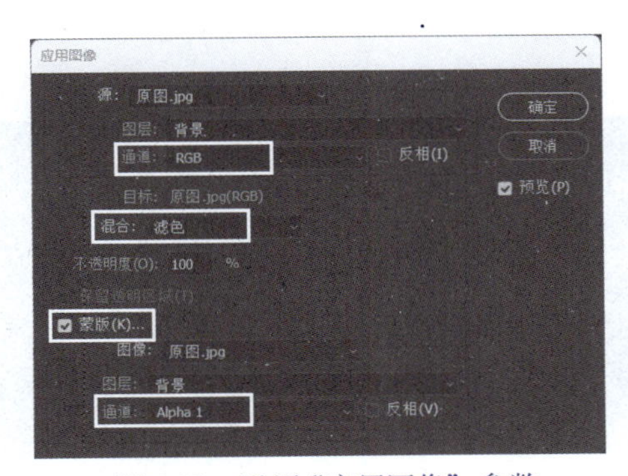

图 5-33　设置“应用图像”参数

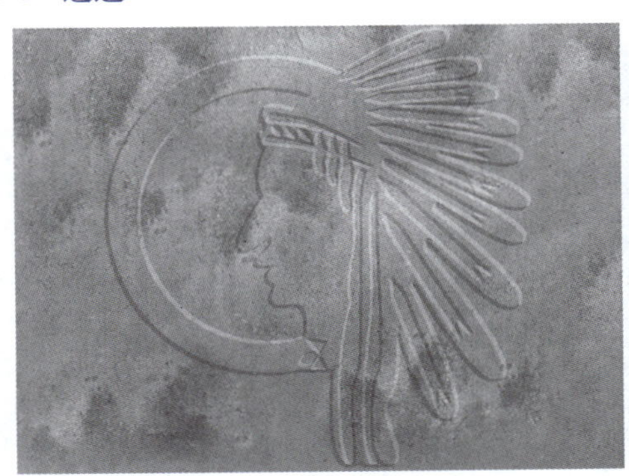

图 5-34　最终效果

5.4 金属字效果

要点：

金属字效果是Photoshop软件中的经典案例，其主要利用对两个通道中相对应的像素点进行数学计算的原理，配合层次与颜色的调整，形成带有立体浮凸感和金属反光效果的特殊材质。本例将制作一种金属字效果，如图5-35所示。通过本例的学习应掌握Alpha通道的创建，通道中的滤镜效果、通道计算、曲线功能，以及通过“色彩平衡”命令上色等知识的综合应用。

图 5-35　金属字效果

操作步骤：

1）执行菜单中的“文件→新建”命令，然后在弹出的“新建文档”对话框中设置参数，如图 5-36 所示，单击“创建”按钮，从而新建“金属字 .psd”文件。

2）创建通道并在通道中输入文字。方法：执行菜单中的“窗口→通道”命令，调出“通道”面板，然后单击“通道”面板下方的 （创建新通道）按钮，新建“Alpha 1”通道。接着单击工具箱中的 （横排文字工具），在画面中输入白色文字“堂皇”，在工具选项栏内设置“字体”为行楷、“字体大小”为 90 点。最后，按快捷键〈Ctrl+D〉取消选区，效果如图 5-37 所示。

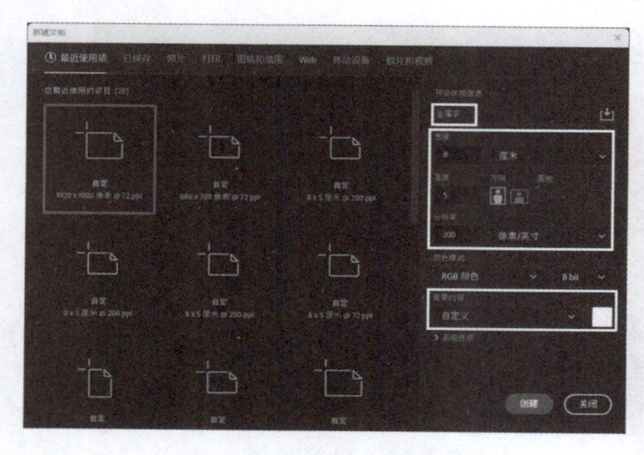

图 5-36　新建一个文件

图 5-37　在通道“Alpha 1”中输入文字

3）由于金属字制作完成后需产生扩展浮凸的效果，因此要先准备一个字体加粗的通道。方法：在“通道”面板中将“Alpha 1”通道拖动到面板下方的⊞（创建新通道）按钮上，将其复制，并重命名为“Alpha 2”，如图 5-38 所示。然后执行菜单中的“滤镜→其他→最大值”命令，在弹出的“最大值”对话框中设置“半径”为 4 像素，如图 5-39 所示，单击“确定”按钮。“最大值”操作的结果是将图像中白色的面积扩宽，因此“Alpha 2”通道中的文字明显加粗，效果如图 5-40 所示。

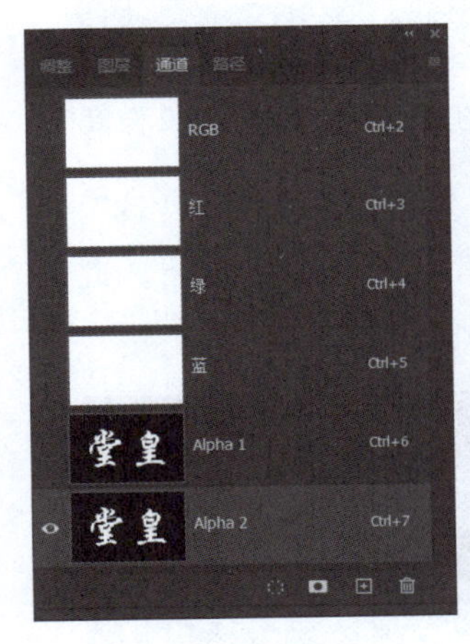

图 5-38　复制通道

图 5-39　“最大值”对话框

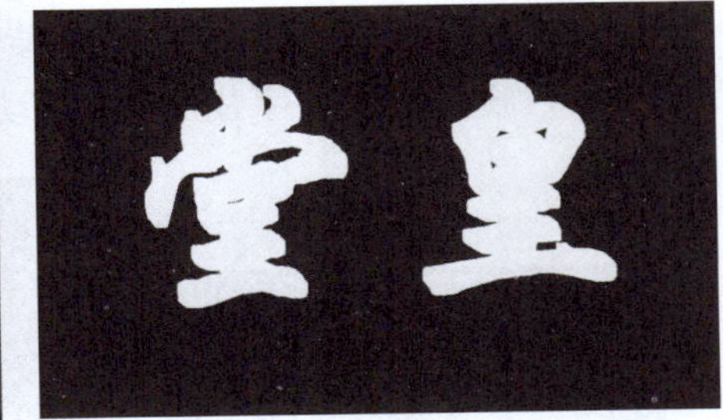

图 5-40　“Alpha 2”通道中的文字明显加粗

4）对文字进行模糊处理。方法：选中“Alpha 1”通道，将其再次拖动到面板下方的⊞（创建新通道）按钮上复制，并重命名为“Alpha 3”，然后执行菜单中的“滤镜→模糊→高斯模糊”命令，在弹出的“高斯模糊”对话框中设置“半径”为 4.0 像素，如图 5-41 所示。单击“确定”按钮后，就可以看到“Alpha 3”通道中的文字变模糊的效果，如图 5-42 所示。

图 5-41　“高斯模糊”对话框

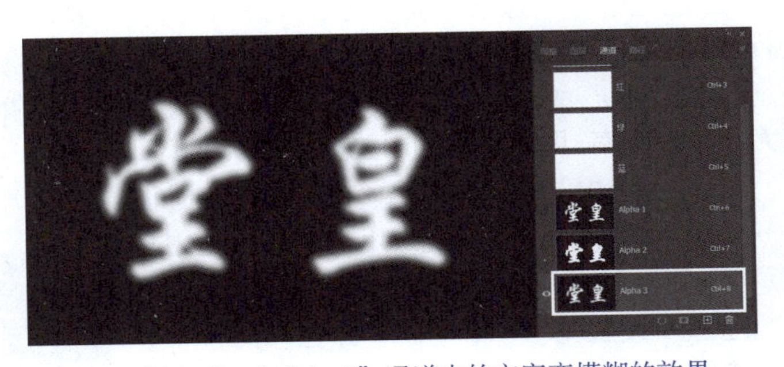

图 5-42　“Alpha 3”通道中的文字变模糊的效果

5）继续进行通道的复制与滤镜操作。方法：复制“Alpha 3”通道，并将复制出的通道重命名为“Alpha 4”，然后在“通道”面板中选中“Alpha 3”，执行菜单中的“滤镜→其他→位移”命令，在弹出的“位移”对话框中设置“水平”与“垂直”的参数均为 +2，如图 5-43 所示，单击“确定”按钮。此时“Alpha 3”通道中的文字往右下方移动了 2 像素，效果如图 5-44 所示。

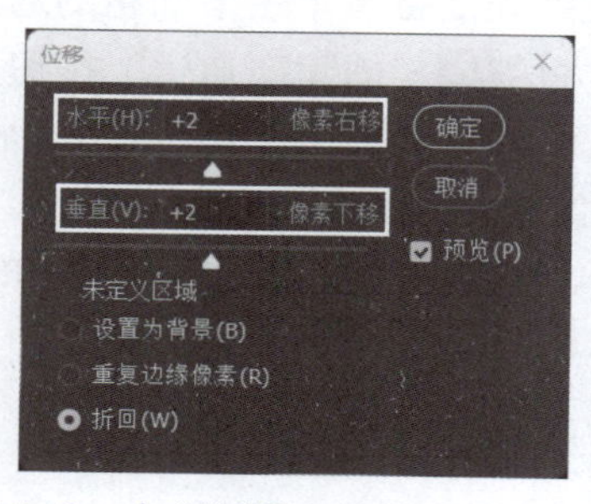

图 5-43　在“位移”对话框中输入正的数值　图 5-44　使“Alpha 3”通道中的文字往右下方移动 2 像素

6）选中“Alpha 4”，执行菜单中的“滤镜→其他→位移”命令，然后在弹出的“位移”对话框中设置“水平”与“垂直”的参数均为 -2，如图 5-45 所示，单击“确定”按钮。此时“Alpha 4”通道中的文字往左上方移动 2 像素，效果如图 5-46 所示。

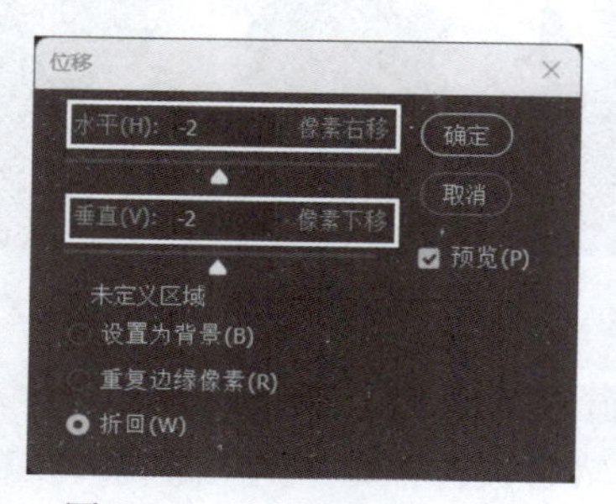

图 5-45　设置“位移”参数　图 5-46　使“Alpha 4”通道中的文字往左上方移动 2 像素

7）至此准备工作已完成，下面可以开始进行通道运算。要了解 Photoshop CC“计算”功能的工作原理，必须先理解以下两个基本概念：

① 通道中每个像素点亮度的数值范围是 0 ～ 255，使用“计算”功能，是指对这些数值进行计算；

② 因为执行的是像素对像素的计算，所以执行计算的两个文件（通道）必须具有完全相同的大小和分辨率，即要具有相同数量的像素点。

方法：选中“Alpha 4”，执行菜单中的“图像→计算”命令，在弹出的“计算”对话框中将“源 1”的“通道”设置为“Alpha 3”，将“源 2”的“通道”设置为“Alpha 4”，并在“混合”下拉列表框中选择“差值”选项，在“结果”下拉列表框中选择“新建通道”选项，如图 5-47 所示。这一步骤的意义是将“Alpha 3”和“Alpha 4”经过差值相减的计算，生成一个新通道，新通道自动命名为“Alpha 5”。单击“确定”按钮，得到如图 5-48 所示的效果。

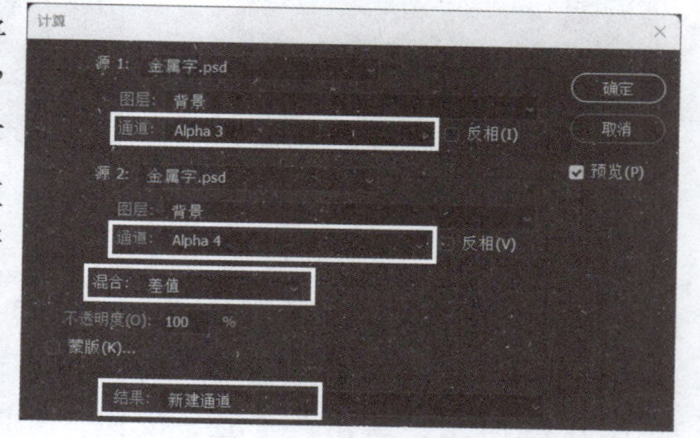

图 5-47　“计算”对话框

图 5-48　“Alpha 3”和“Alpha 4”经过计算生成新通道“Alpha 5”

8）经过步骤 7），“Alpha 5”中已初步形成了金属字的雏形，但是立体感和金属感都不够强烈，下面应用“曲线”功能来进行调节。方法：执行菜单中的“图像→调整→曲线”命令，在弹出的“曲线”对话框中调节曲线为近似“M”的形状，如图 5-49 所示（如果调整一次的效果不理想，还可以进行多次调整，使金属反光的效果变化更丰富），单击“确定”按钮，将得到如图 5-50 所示的效果。

提示：这一步骤的主观性和随机性较强，曲线形状的差异会形成效果迥异的金属反光效果，读者可以尝试多种不同的曲线形状，以得到自己满意的效果。

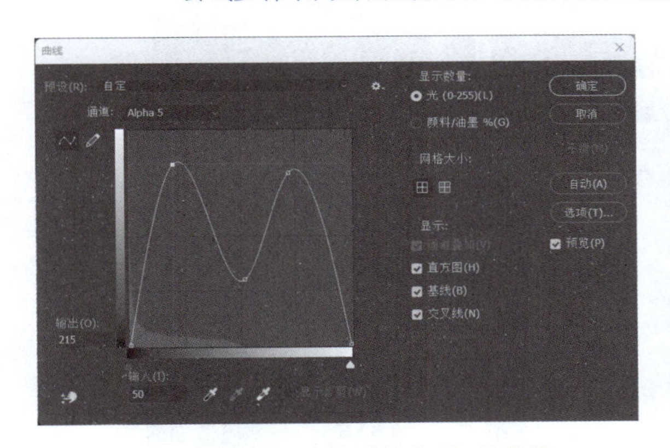

图 5-49　调节曲线为近似“M”的形状

图 5-50　通过调节曲线形成变化丰富的金属反光

9）将金属字从通道转换到图层中。方法：选中“Alpha 5”通道，然后按住〈Ctrl〉键，单击“Alpha 2”通道名称，这样就在“Alpha 5”中得到“Alpha 2”的选区。接着，按快捷键〈Ctrl+C〉将其复制，在“通道”面板中单击 RGB 主通道，再按快捷键〈Ctrl+V〉将刚才复制的内容粘贴到选区内，效果如图 5-51 所示。最后进入“图层”面板，可以看到自动生成的“图层 1”中显示黑白金属字效果，如图 5-52 所示。

10）给黑白金属字上色。方法：在“图层”面板中选择“图层 1”，然后单击下方的 （添加新的填充或调整图层）按钮，在弹出的菜单中选择“色彩平衡”命令，接着在弹出的“属性”面板中分别调整金属字的“中间调”“阴影”和“高光”参数，如图 5-53 所示，使文字呈现出黄铜色的金属效果，如图 5-54 所示。最后，单击“属性”面板下方的 （此调整剪切到此图层）按钮，使“色彩平衡”只对“图层 1”起作用。

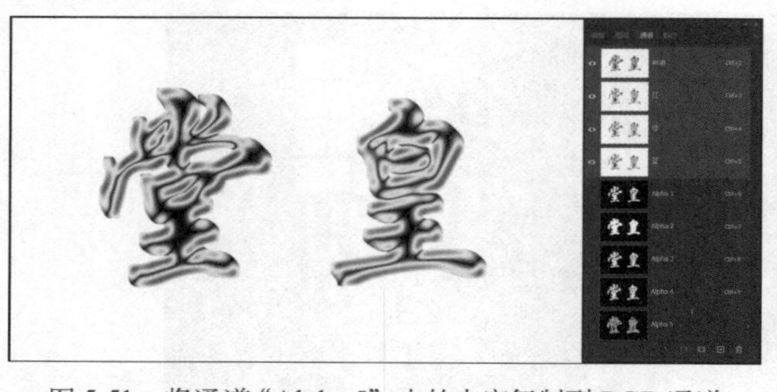

图 5-51　将通道“Alpha 5”中的内容复制到 RGB 通道

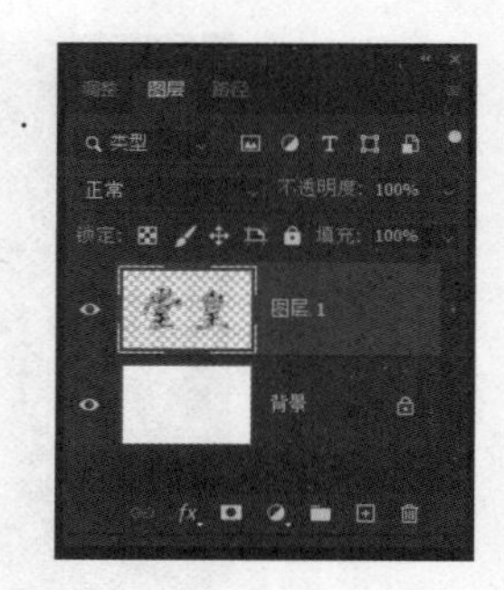

图 5-52　自动生成“图层 1”

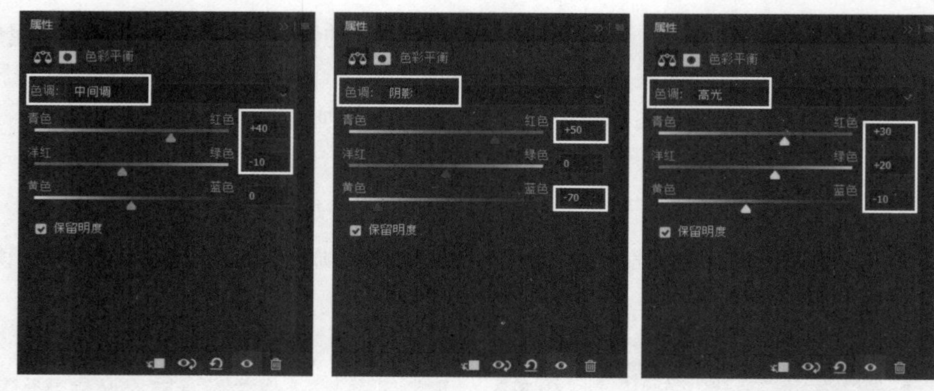

图 5-53　在“属性”面板中分别调整金属字的“中间调”“阴影”和“高光”参数

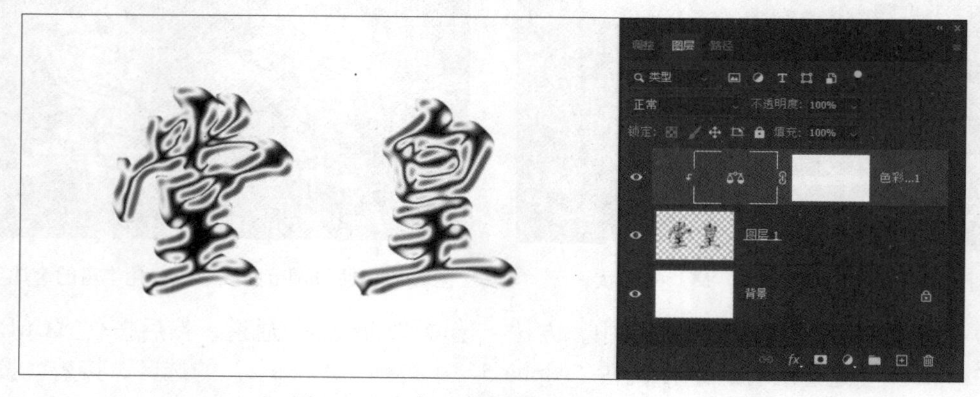

图 5-54　文字呈现出黄铜色的金属效果

11）为金属字添加投影，以增强字体的立体感。方法：选中“图层 1”，单击“图层”面板下方的 fx（添加图层样式）按钮，在弹出的菜单中选择“投影”命令。然后在弹出的“图层样式”对话框中设置参数，如图 5-55 所示，然后单击“确定”按钮，此时图像右下方出现半透明的投影。

12）至此，金属字制作完成，读者可以根据自己的喜好在上色时为文字添加不同色相的颜色，如蓝色和绿色的金属效果都不错。另外，对标志图形进行立体金属化的处理也是很有趣的尝试。最终完成的金属字效果如图 5-56 所示。

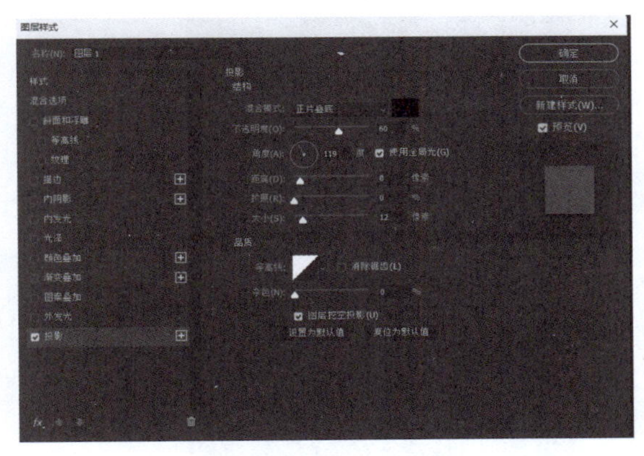

图 5-55　为“图层 1”设置“投影”参数

图 5-56　最终完成的金属字效果

5.5　去除人脸上的雀斑

扫码看视频

要点：

本例将去除图片中人脸上的雀斑，如图5-57所示。通过本例的学习应掌握复制通道、“高反差保留”滤镜、通道计算、曲线功能等知识的综合应用。

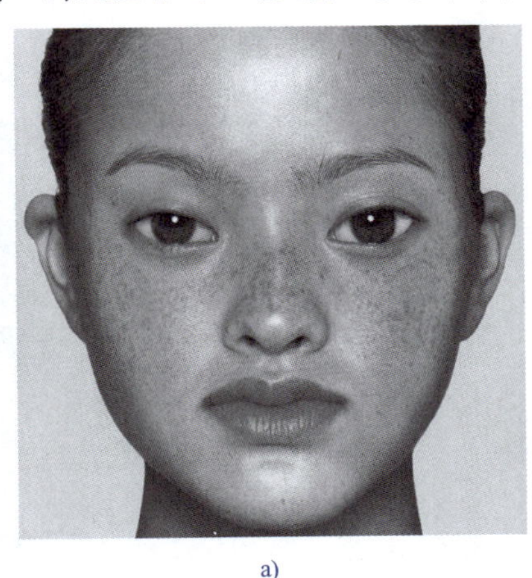

a)

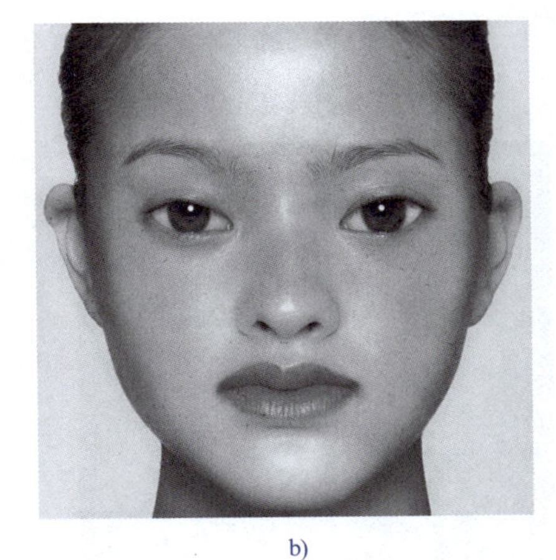

b)

图 5-57　去除人脸上的雀斑
a) 原图　b) 效果图

操作步骤：

1）执行菜单中的“文件→打开”命令，打开网盘中的“源文件\5.5　去除人脸上的雀斑\原图.jpg”文件，如图 5-57a 所示。

2）为防止破坏原图像，下面在“图层”面板中将“背景”层拖到下方⊞（创建新图层）按钮上，从而复制出一个“背景 拷贝”层，如图 5-58 所示。

3）进入“通道”面板，选择对比强烈的“蓝”通道，然后将其拖到下方的⊞（创建新通道）按钮上，从而复制出一个“蓝 拷贝”通道，如图 5-59 所示。

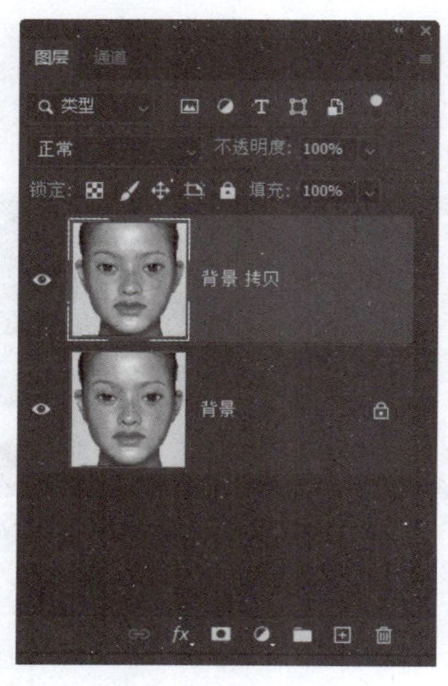

图 5-58　复制出“背景 拷贝”层

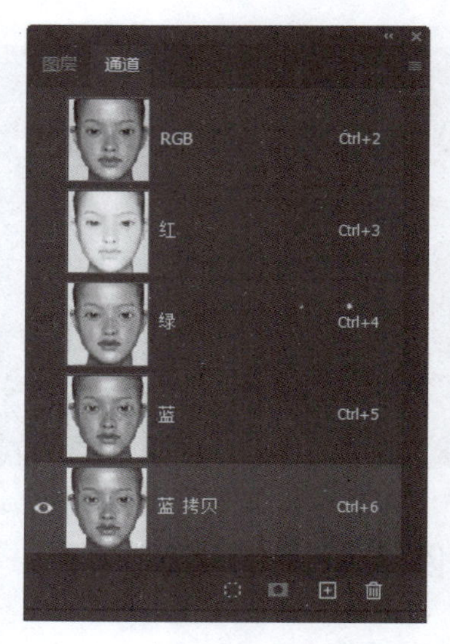

图 5-59　复制出“蓝 拷贝”通道

4）增强图像的纹理轮廓。方法：选择“蓝 拷贝”通道，执行菜单中的“滤镜→其他→高反差保留”命令，然后在弹出的“高反差保留”对话框中将“半径”设置为 10.0 像素，如图 5-60 所示。单击“确定”按钮，效果如图 5-61 所示。

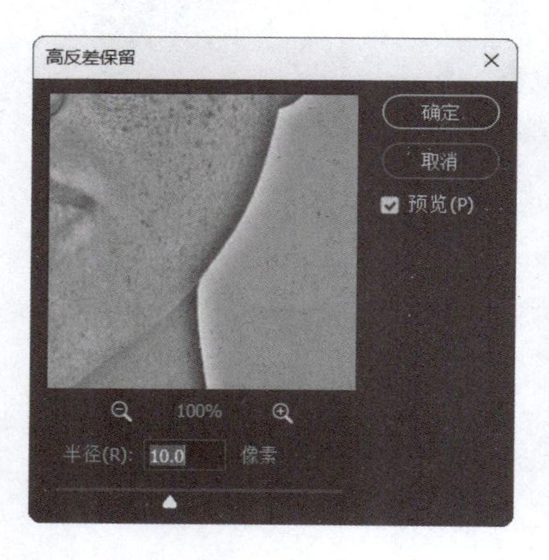

图 5-60　将“半径”设置为 10.0 像素

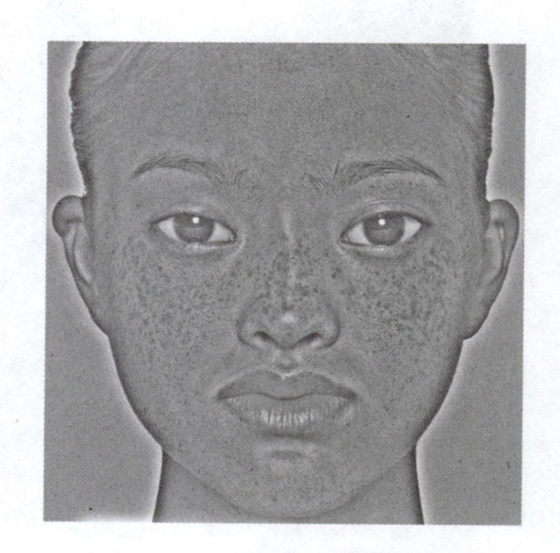

图 5-61　“高反差保留”效果

5）执行菜单中的“图像→计算”命令，然后在弹出的“计算”对话框将“混合”设置为“强光”，如图 5-62 所示。单击“确定”按钮，此时“通道”面板会自动产生一个“Alpha 1”通道，如图 5-63 所示。

6）为了增强“计算”的强光效果，下面执行“图像→计算”命令两次，此时“通道”面板会产生“Alpha 2”和“Alpha 3”两个通道，效果如图 5-64 所示。

7）单击工具箱中的（画笔工具），然后在选项栏中选择一个柔化笔头，并将画笔“不透明度”设置为 100%，接着将前景色设置为白色，再在画面上将不需要处理的嘴部部分绘制出来，如图 5-65 所示。

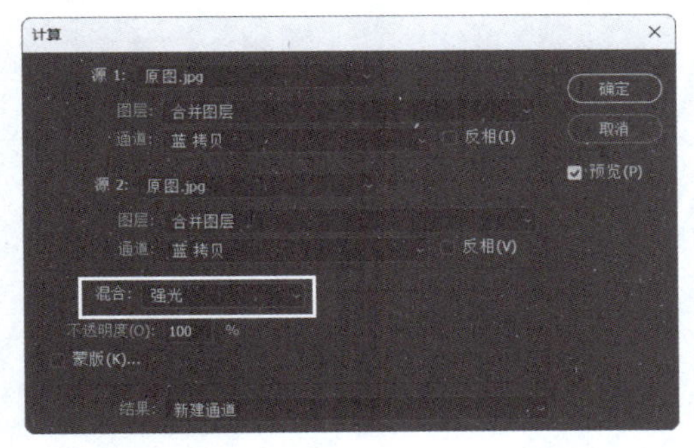

图 5-62　将“混合”设置为“强光”

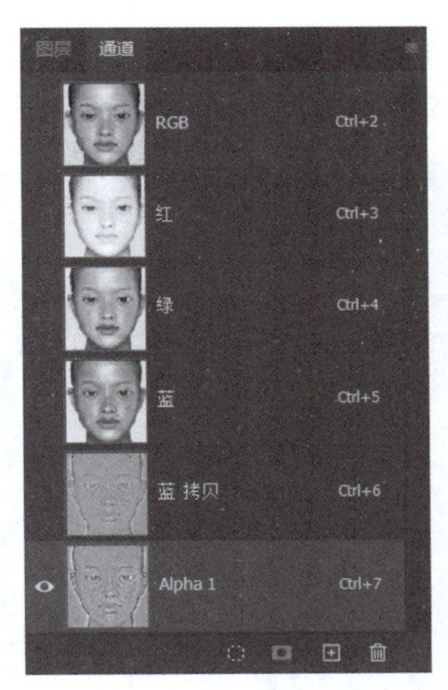

图 5-63　产生“Alpha 1”通道

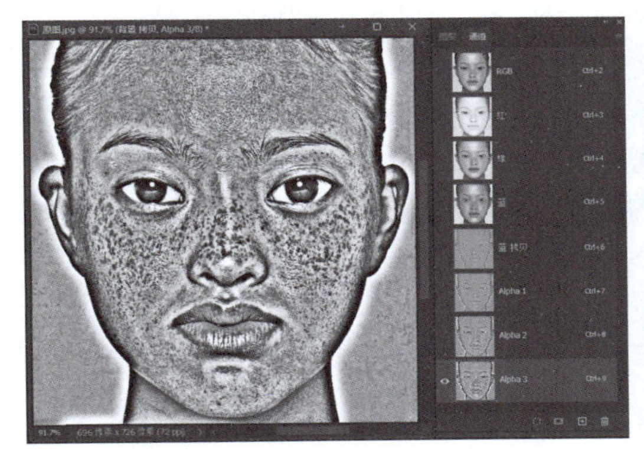

图 5-64　执行“计算”命令两次后的效果

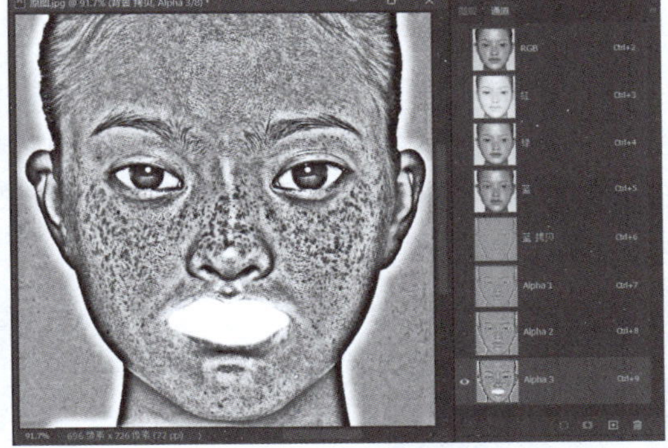

图 5-65　用白色将不需要处理的嘴部部分绘制出来

8）为了使人物脸部融合更自然，下面在选项栏中将画笔“不透明度”设置为 67%，然后在头部绘制出要融合的部分，如图 5-66 所示。

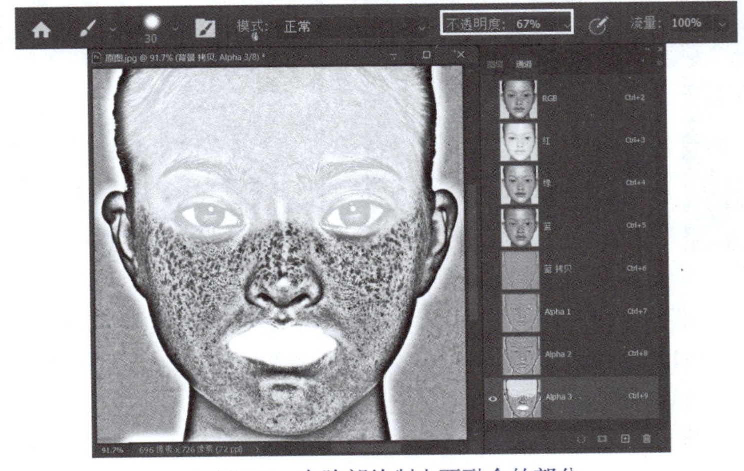

图 5-66　在脸部绘制出要融合的部分

9）执行菜单中的“图像→调整→反相”命令，效果如图 5-67 所示，然后在“通道”面板下方单击 （将通道作为选区载入）按钮，载入“Alpha 3”通道的白色选区，如图 5-68 所示。

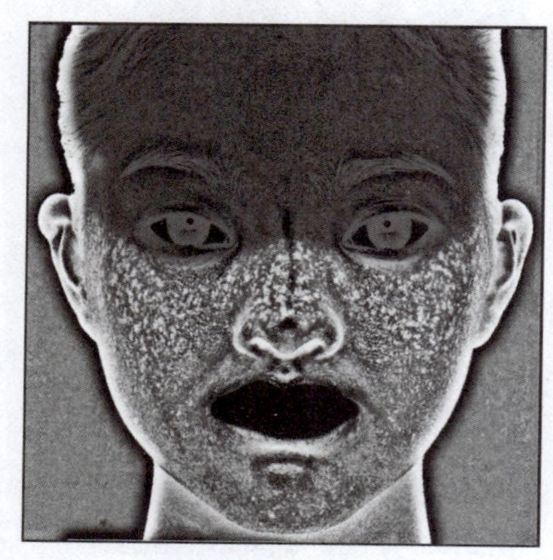

图 5-67 “反相”效果

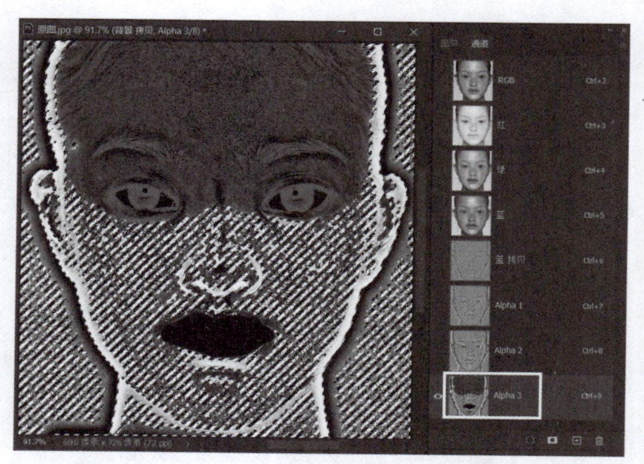

图 5-68 载入“Alpha 3”通道的白色选区

10）回到“RGB”通道，如图 5-69 所示。

11）切换到“图层”面板，然后选择“背景 拷贝”层，在“图层”面板下方单击 （创建新的填充或调整图层）按钮，在弹出的菜单中选择“曲线”命令，再在弹出的“属性”面板中调整曲线的形状，如图 5-70 所示，从而使雀斑区域的颜色与正常皮肤的颜色尽量吻合，效果如图 5-71 所示。

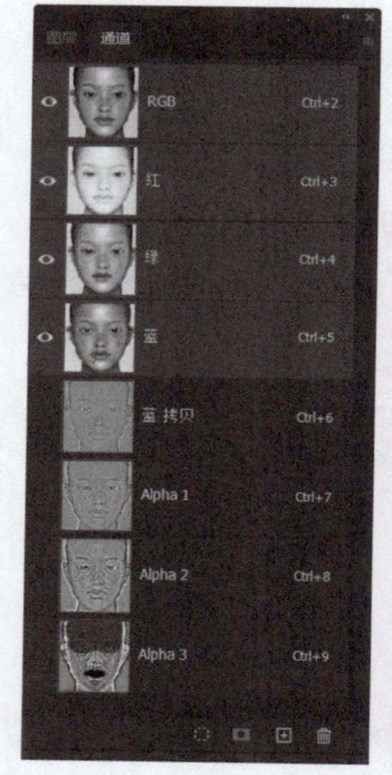

图 5-69 回到“RGB”通道

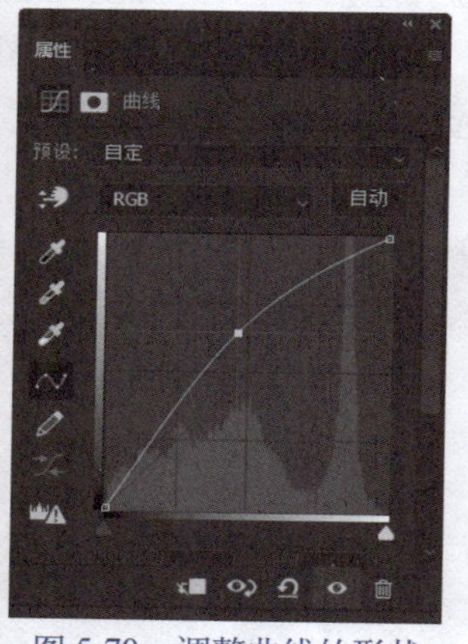

图 5-70 调整曲线的形状

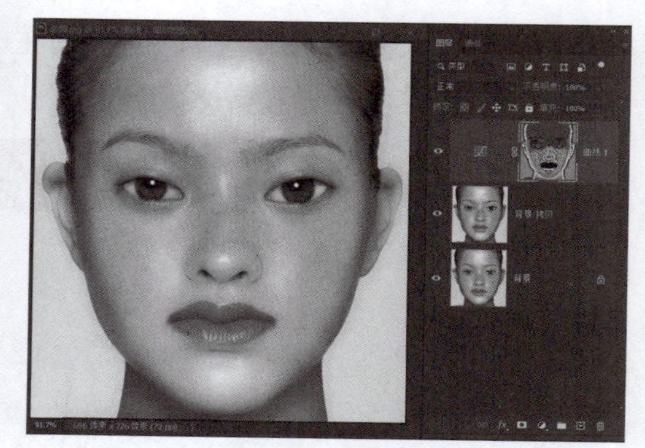

图 5-71 人脸上的雀斑大体被去除

12）此时人物脸部的雀斑大体去除完成，但局部依然有部分区域的颜色与脸部整体颜色不一致。下面按〈Ctrl+Shift+Alt+E〉键，盖印出一个新的“图层 1”，然后利用工具箱中的 （污点修复画笔工具）对这些颜色不一致的区域进行处理，从而使人物脸部的整体颜色保持一致，最终效果如图 5-72 所示。

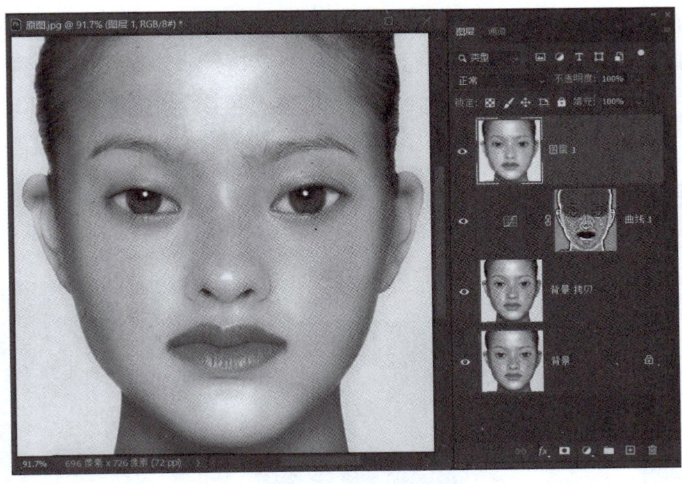

图 5-72　最终效果

5.6　去除人脸上的油光

扫码看视频

要点：

本例将去除人脸上的油光效果，如图5-73所示。通过本例的学习应掌握复制通道、“色阶”命令、（画笔工具）、载入通道选区、图层混合模式等知识的综合应用。

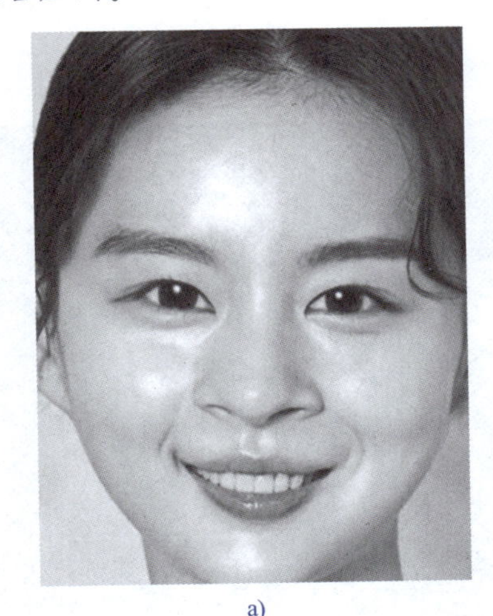

a)

b)

图 5-73　去除人脸上的油光
a) 原图　b) 效果图

操作步骤：

1）执行菜单中的“文件→打开”命令，打开网盘中的“源文件\5.6　去除人脸上的油光\原图.jpg”文件，如图 5-73a 所示。

2）进入“通道”面板，然后将脸部油光最明显的“蓝”通道拖到下方的（创建新通道）按钮上，复制出一个“蓝 拷贝”通道，如图5-74所示。接着执行菜单中的“图像→调整→色阶”命令，在弹出的“色阶”对话框中将输入色阶数值加大为200，如图5-75所示，从而将脸部压暗，只保留脸部油光部分，再单击“确定”按钮，效果如图5-76所示。

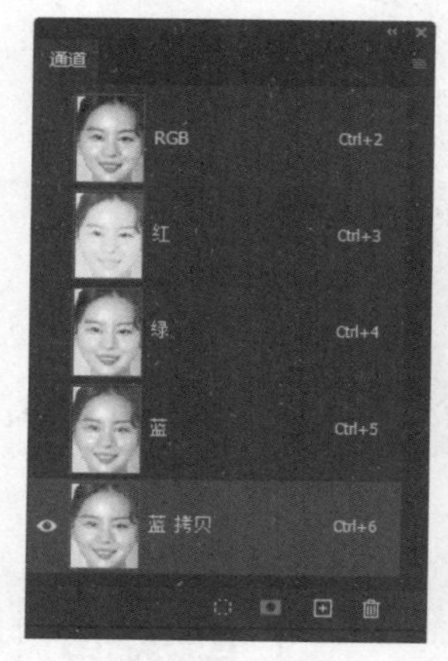

图5-74 复制出一个“蓝 拷贝”通道

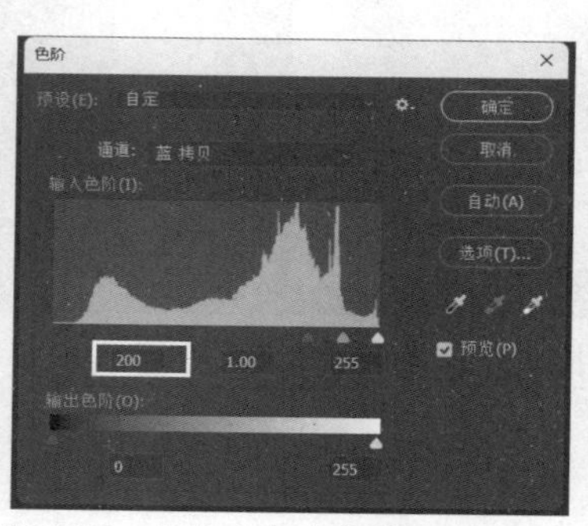

图5-75 将输入色阶数值加大为200

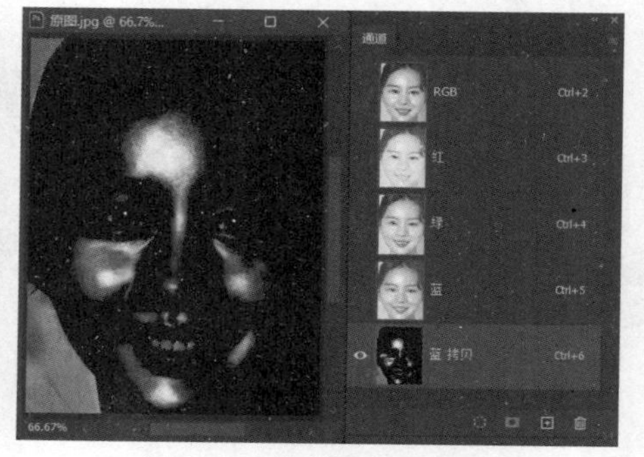

图5-76 将输入色阶数值加大为200后的效果

3）单击工具箱中的（画笔工具），然后将前景色设置为纯黑色，再在画面中不需要调整油光的眼睛、嘴位置进行涂抹，使之成为黑色，如图5-77所示。

4）在“通道”面板下方单击（将通道作为选区载入）按钮，载入“蓝 拷贝”通道的选区，如图5-78所示。

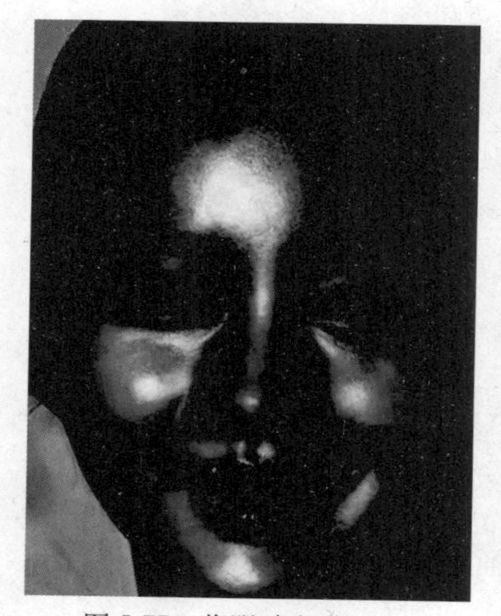

图5-77 将眼睛和嘴涂黑

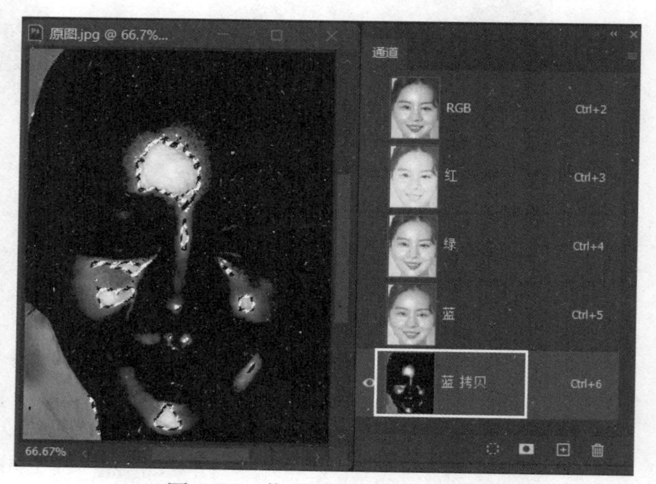

图5-78 载入“蓝 拷贝”通道的选区

5）回到RGB通道，如图5-79所示。然后进入“图层”面板，单击下方的（创建新图层）按钮，新建“图层1”，如图5-80所示。

6）单击工具箱中的（吸管工具）吸取脸部没有油光的颜色，如图5-81所示，然后按〈Alt+Delete〉键，用吸取的前景色填充选区，再按〈Ctrl+D〉键取消选区，效果如图5-82所示。

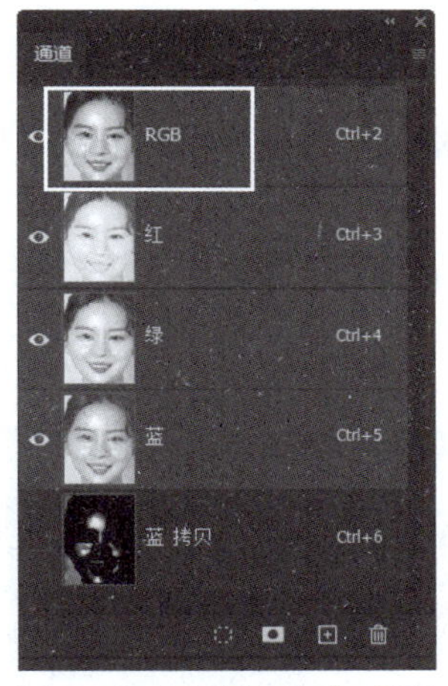

图 5-79　回到“RGB”通道

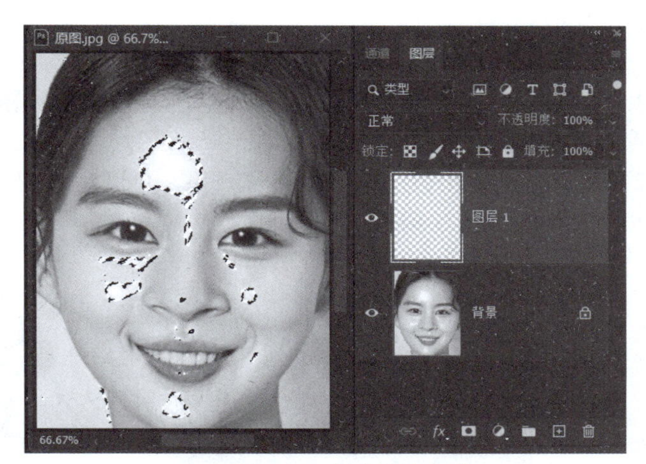

图 5-80　新建“图层 1”

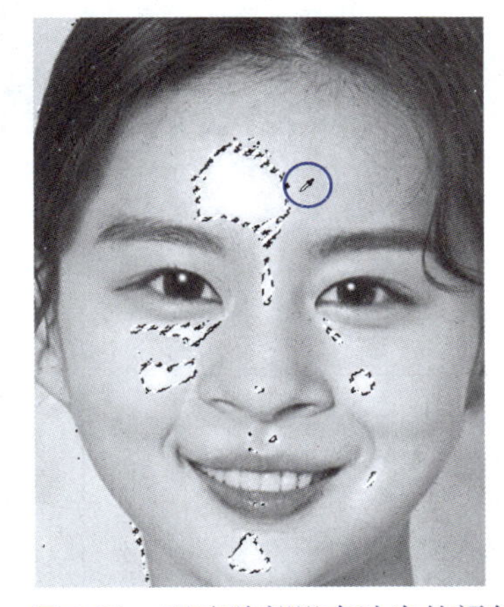

图 5-81　吸取脸部没有油光的颜色

图 5-82　取消选区

7）由于去除脸部油光后的效果不是很自然，下面将“图层 1”的“混合模式”设置为“正片叠底”，此时去除脸部油光后的效果就很自然了，最终效果如图 5-83 所示。

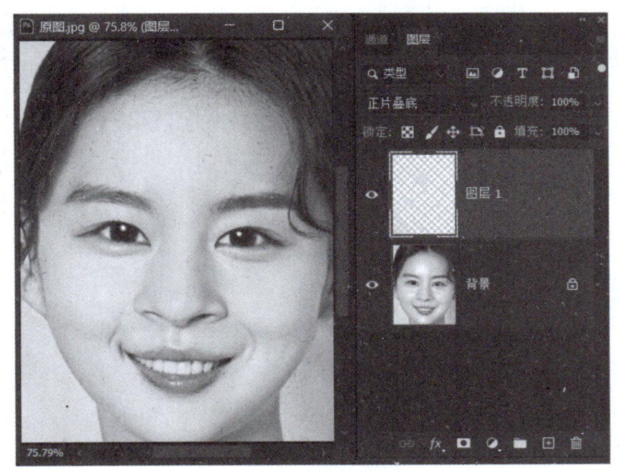

图 5-83　最终效果

5.7 课后练习

1. 打开网盘中的“课后练习\第5章\雕花效果\原图.jpg”文件，如图5-84所示。利用“计算”命令制作出木板雕花效果，如图5-85所示。

2. 利用通道制作边缘文字效果，效果参见网盘中的“课后练习\第5章\边缘效果\结果.psd”文件，如图5-86所示。

图5-84 原图

图5-85 木板雕花效果

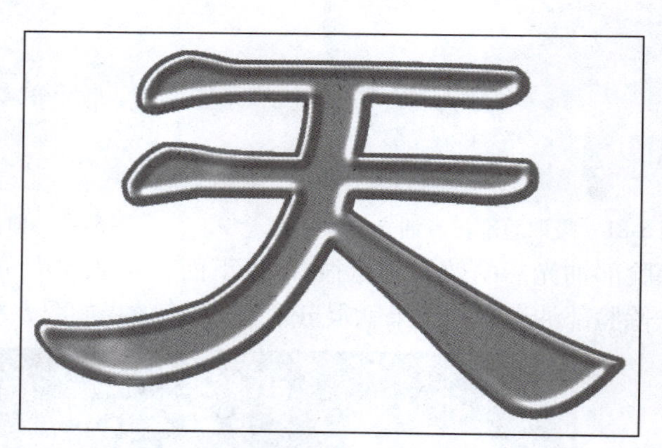

图5-86 边缘文字效果

第6章　色彩校正

本章重点

通过本章的学习，读者应掌握利用各种色彩校正命令对图像进行处理的方法。

6.1　变色的瓜叶菊

要点：

本例将对一幅图片上的蓝色花朵进行变色处理，使之分别变为红色和紫红色，如图6-1所示。通过本例的学习应掌握利用“色相/饱和度”命令单独调整某一颜色的方法。

a)

b)

c)

图 6-1　变色的瓜叶菊效果

a) 原图　b) 效果图 1　c) 效果图 2

操作步骤：

1）执行菜单中的“文件→打开”命令，打开网盘中的“源文件\6.1 变色的瓜叶菊\原图.jpg”文件，如图 6-1a 所示。

2）此时画面上蓝色花朵的颜色很突出，而周围环境中的蓝色成分极少。下面通过“色相/饱和度”命令来单独编辑“蓝色”的参数，从而将蓝色花朵处理为红色。方法：在“图层”面板下方单击◙（创建新的填充或调整图层）按钮，在弹出的菜单中选择“色相/饱和度”命令，如图 6-2 所示。然后在弹出的“属性”面板中选择“蓝色”选项，再设置参数，如图 6-3 所示，调整参数后的效果如图 6-4 所示。

3）将红色花朵处理为紫红色。方法：在“图层”面板中按快捷键〈Ctrl+Shift+Alt+E〉，盖印出一个新的“图层 1”，如图 6-5 所示。然后在“图层”面板下方单击◙（创建新的填充或调整图层）按钮，在弹出的菜单中选择“色相/饱和度”命令，接着在弹出的“属性”面板中选择“红色”选项，再设置参数，如图 6-6 所示，单击“确定”按钮后，调整参数后的效果如图 6-7 所示。

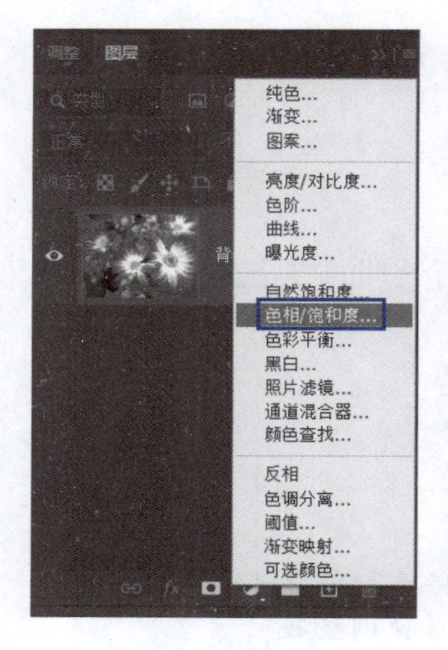

图 6-2　选择“色相 / 饱和度”命令

图 6-3　设置蓝色“色相 / 饱和度”参数

图 6-4　调整参数后的效果（红色）

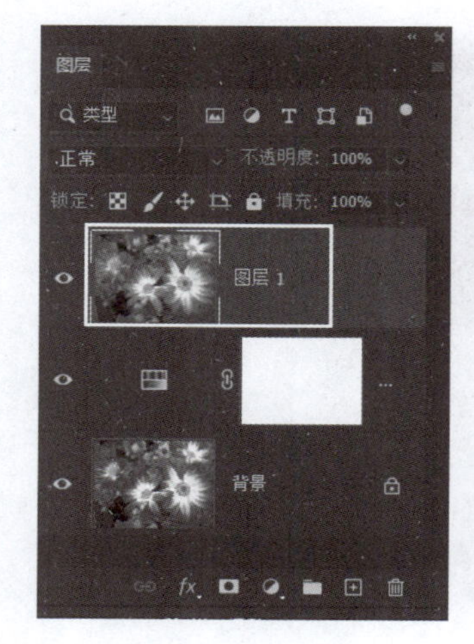

图 6-5　盖印出一个新的“图层 1”

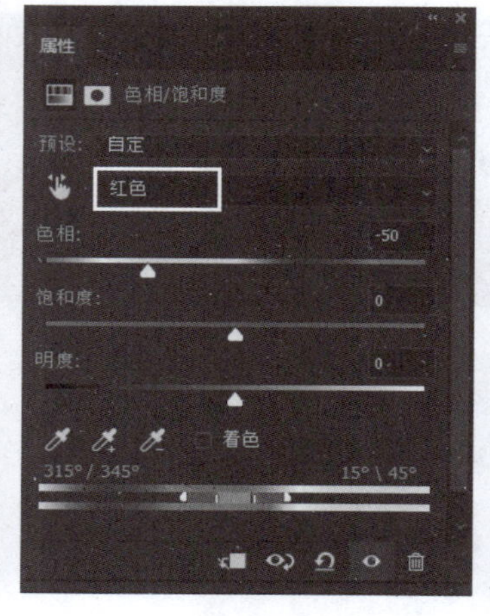

图 6-6　设置红色“色相 / 饱和度”参数

图 6-7　调整参数后的效果（紫红色）

6.2　绿掌花变红掌花

扫码看视频

要点：

本例将把一幅图片中的绿掌花处理为红掌花，如图6-8所示。通过本例的学习应掌握利用“色相/饱和度”命令对图像中的某一选区调整颜色的方法。

操作步骤：

1）执行菜单中的“文件→打开”命令，打开网盘中的“源文件\6.2　绿掌花变红掌花\原图.jpg”文件，如图 6-8a 所示。

a)

b)

图 6-8　绿掌花变红掌花效果

a) 原图　b) 效果图

2）执行菜单中的“选择→主体”命令，创建出绿掌花的选区，如图 6-9 所示。

图 6-9　创建选区

3）在“图层”面板下方单击（创建新的填充或调整图层）按钮，在弹出的菜单中选择“色相 / 饱和度”命令，然后在弹出的“属性”面板中选中“着色”复选框，再将“饱和度”数值设置为 100，如图 6-10 所示，设置“色相 / 饱和度”参数后效果及其图层分布如图 6-11 所示。

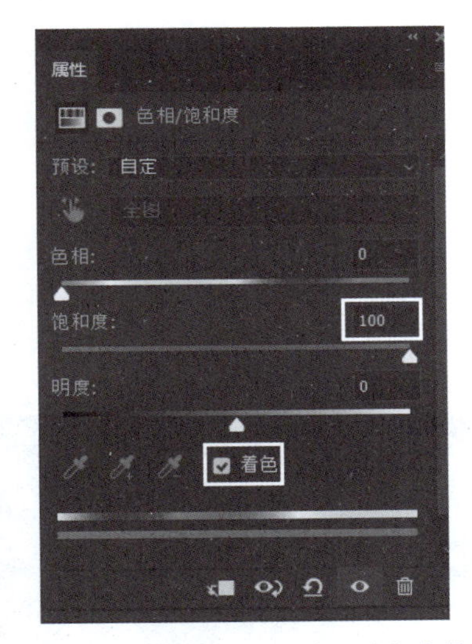

图 6-10　设置“色相 / 饱和度”参数

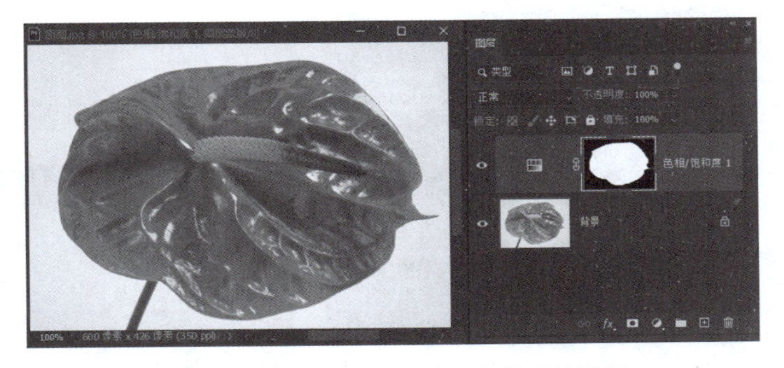

图 6-11　设置“色相 / 饱和度”参数后的效果

6.3　秋景变夏景的效果

要点：

本例将对一幅图片中以红黄色为主调的秋景处理为以绿色为主调的夏景效果，如图6-12所示。通过本例的学习应掌握利用“色相/饱和度”命令调整颜色的方法。

扫码看视频

a)

b)

图 6-12　秋景变夏景的效果
a) 原图　b) 效果图

操作步骤：

1）执行菜单中的“文件→打开”命令，打开网盘中的“源文件 \6.3　秋景变夏景的效果 \ 原图 .jpg”文件，如图 6-12a 所示。

2）在“图层”面板下方单击 （创建新的填充或调整图层）按钮，在弹出的菜单中选择“色相 / 饱和度”命令，然后在弹出的“属性”面板中单击 按钮，再在画面中吸取红色，接着将“色相”数值设置为 +80，如图 6-13 所示。此时画面中的红黄色就变成了绿色，效果如图 6-14 所示。

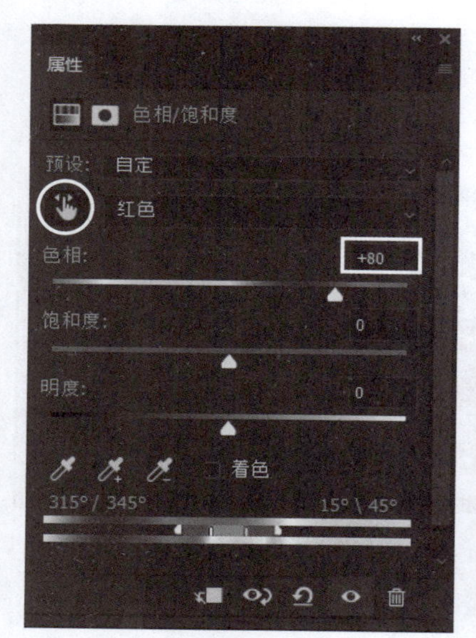

图 6-13　将“色相”数值设置为 +80

图 6-14　画面中的红黄色变成了绿色的效果

3）由于画面中局部树木的颜色没有改变，下面通过增大“色相 / 饱和度”的影响范围来解决这个问题。方法：在“调整”面板中将 滑块往右移动，如图 6-15 所示，从而增大“色相 / 饱和度”的影响范围，此时原来局部树木的颜色（见图 6-16）也最终变为绿色，效果如图 6-17 所示。

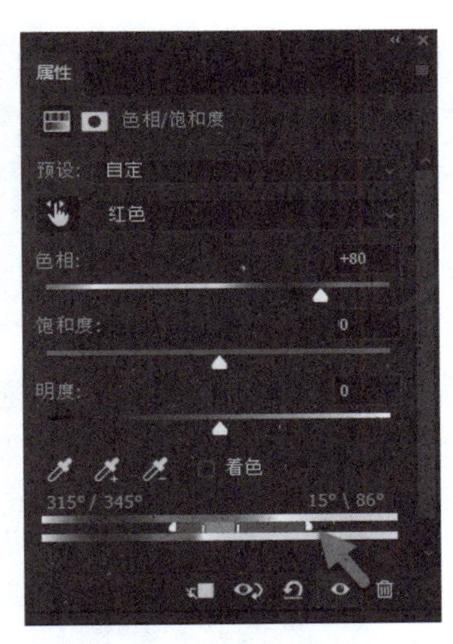

图 6-15 将▢滑块往右移动

图 6-16 局部树木的颜色（没有改变）

图 6-17 最终效果

6.4 将银色文字处理为金色文字的效果

扫码看视频

要点：

本例将把一幅图片中的银色文字处理为金色文字，如图6-18所示。通过本例的学习应掌握利用“色彩校正”中的“色相/饱和度”命令对图像中的某一选区调整颜色的方法。

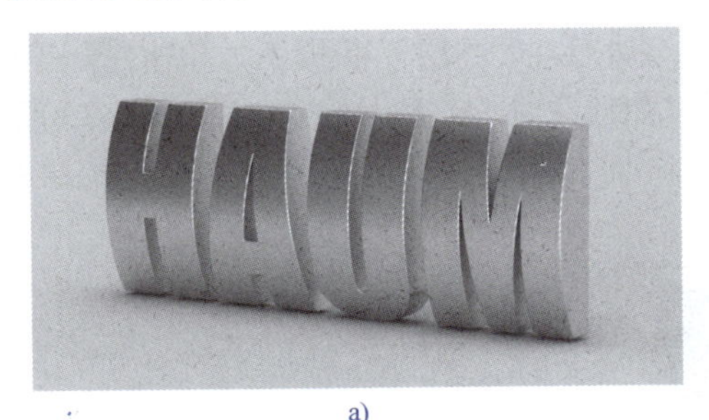

a)

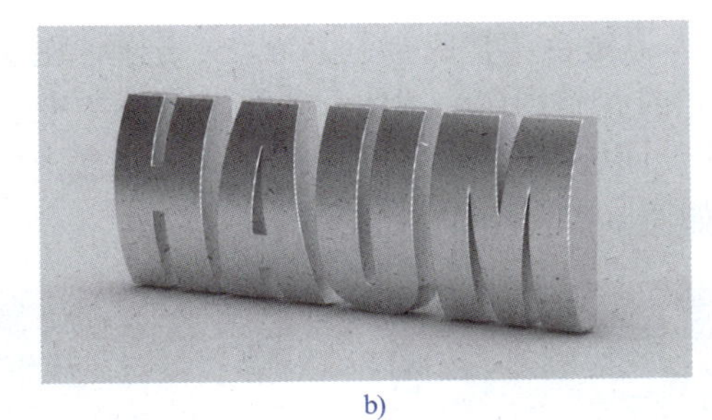

b)

图 6-18 将银色文字处理为金色文字的效果
a) 原图 b) 效果图

操作步骤：

1）执行菜单中的“文件→打开”命令，打开网盘中的“源文件\6.4 将银色文字处理为金色文字的效果\原图.jpg”文件，如图 6-18a 所示。

2）执行菜单中的“选择→主体”命令，创建出银色文字的大体选区，如图 6-19 所示。

3）单击工具箱中的▢（魔棒工具），然后在选项栏中将“容差”设置为 5，并选中“连续”复选框，接着在画面中按住键盘上的〈Alt〉键，去除多余的文字选区，效果如图 6-20 所示。

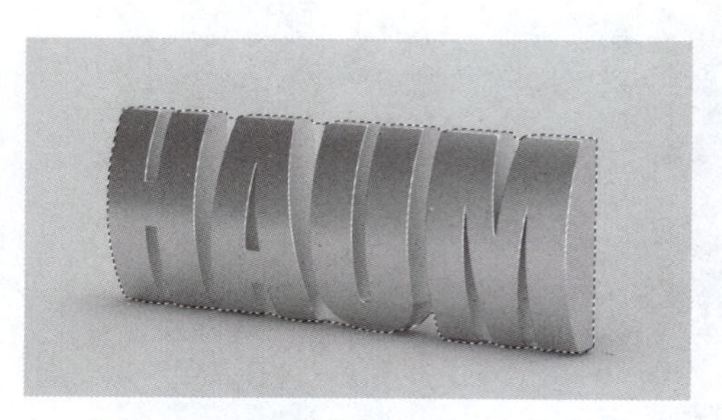

图 6-19　创建出银色文字的大体选区

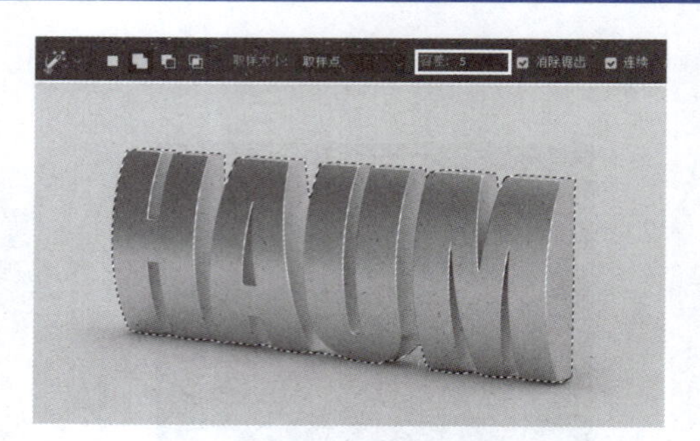

图 6-20　去除多余的文字选区

4）将选区中的文字复制到新的图层。方法：在画面中单击右键，在弹出的快捷菜单中选择“通过拷贝的图层”命令，从而将选区中的文字复制到一个新的“图层 1”中，如图 6-21 所示。

5）右键单击“图层 1”，从弹出的快捷菜单中选择“转换为智能图层”命令，从而将该层转换为一个智能图层，此时图层分布如图 6-22 所示。

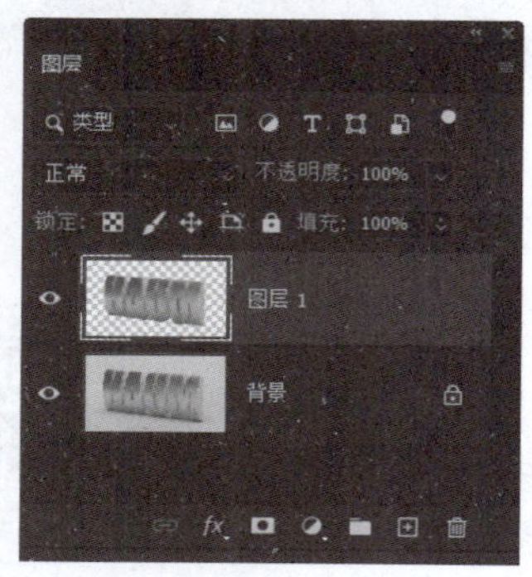

图 6-21　将选区中的文字复制到一个新的“图层 1”中

图 6-22　将“图层 1”层转换为一个智能图层

6）将银色调整为金色。方法：选择“图层 1”，然后在“图层”面板下方单击（创建新的填充或调整图层）按钮，在弹出的菜单中选择“曲线”命令，然后在弹出的图 6-23 所示的“属性”面板中选择“蓝”选项，再在曲线上单击添加控制点，并调整其形状，如图 6-24 所示，效果如图 6-25 所示。

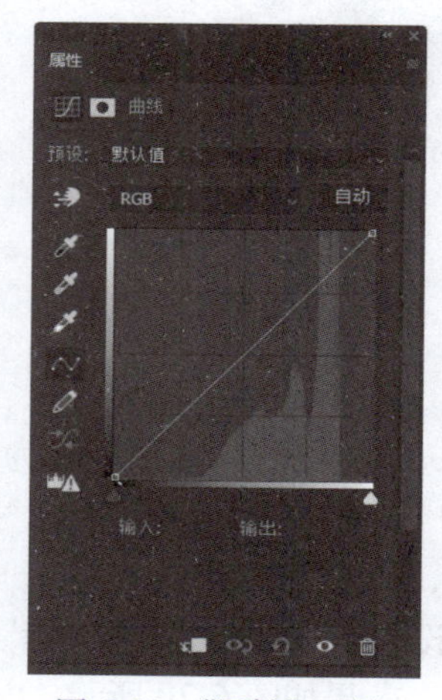

图 6-23　“属性”面板

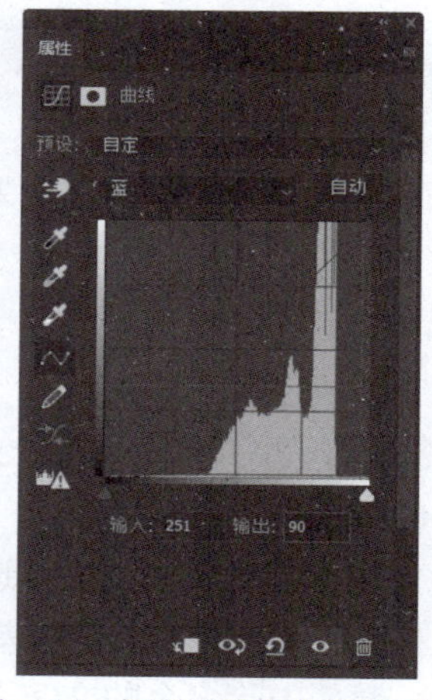

图 6-24　调整“蓝”曲线的形状

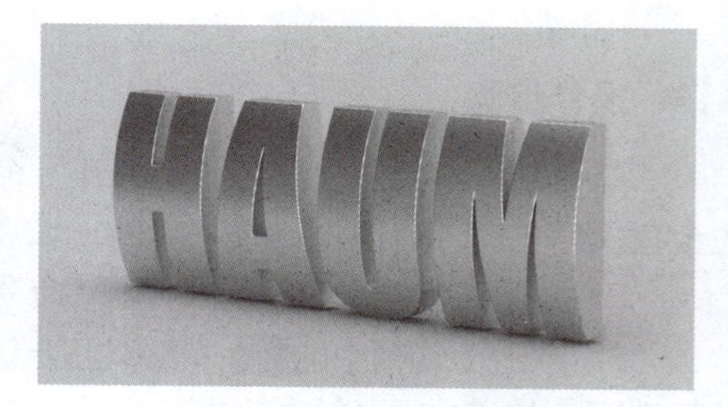

图 6-25　调整“蓝”曲线的形状后的效果

7）此时文字以外的颜色也被更改了，这是错误的。在“调整”面板中单击下方的（此调整剪切到此图层）按钮，此时只有文字的颜色被更改，而文字以外的颜色没有被更改，最终效果如图 6-26 所示。

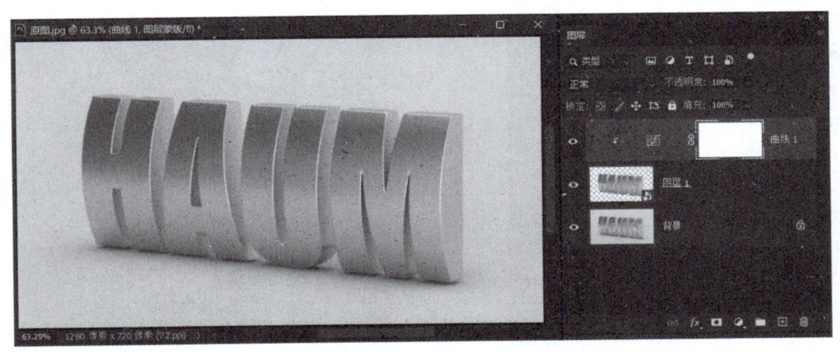

图 6-26　最终效果

6.5　替换颜色效果

要点：

本例将利用“替换颜色”命令将一张以绿色为主基调的图像调整为蓝色，如图6-27所示。通过学习本例应掌握利用“替换颜色”命令来处理图像的方法。

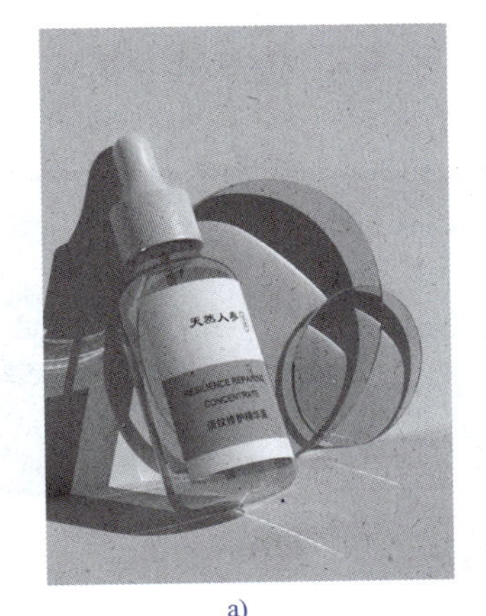

a)

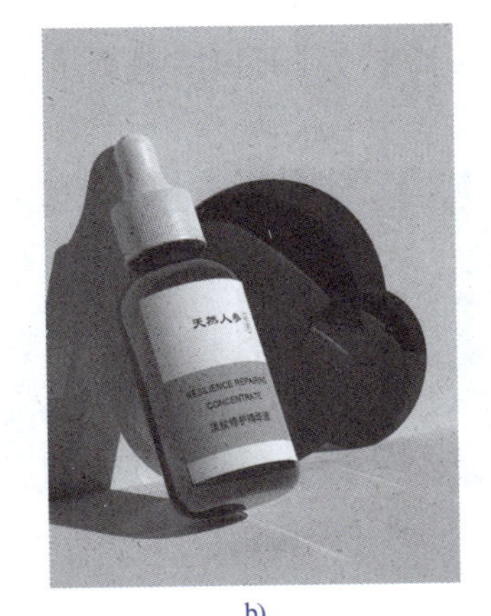

b)

图 6-27　以绿色为主基调的图像调整为蓝色的效果

a）原图　b）效果图

操作步骤：

1）执行菜单中的“文件→打开”命令，打开网盘中的“源文件\6.5　替换颜色效果\原图.jpg”文件，如图 6-27a 所示。

2）执行菜单中的“图像→调整→替换颜色”命令，然后在弹出的“替换颜色”对话框中利用（吸管工具）吸取画面中的绿色，再将“颜色容差”数值设置为 200，“色相”数值设置为 -180，如图 6-28 所示。单击“确定”按钮，此时以绿色为主基调的图像就被调整为蓝色了，最终效果如图 6-29 所示。

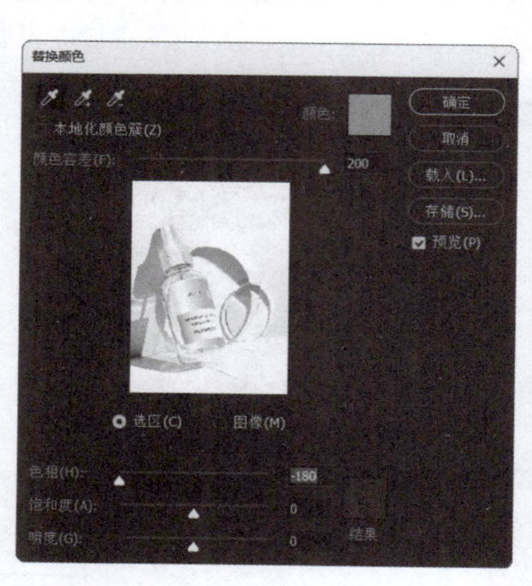

图 6-28　设置"替换颜色"参数

图 6-29　最终效果

6.6　颜色匹配效果

要点:

本例将利用"匹配颜色"命令将一张照片匹配成另一张照片的颜色，如图6-30所示。通过学习本例应掌握利用菜单中的"匹配颜色"命令来处理照片的方法。

a)

b)

c)

图 6-30　匹配颜色

a) 原图 1　b) 原图 2　c) 效果图

操作步骤:

1）执行菜单中的"文件→打开"命令，打开网盘中的"源文件\6.6 颜色匹配效果\原图 1.jpg"和"原图 2.jpg"文件，如图 6-30a、b 所示。

2）利用"匹配颜色"命令，将"原图 1.jpg"图像文件匹配为"原图 2.jpg"图像文件的颜色。方法：激活"原图 1.jpg"图像文件，执行菜单中的"图像→调整→匹配颜色"命令，弹出如图 6-31 所示的对话框。然后单击"源"下拉列表框，从中选择"原图 2.jpg"，并调整其他参数，如图 6-32 所示。单击"确定"按钮，最终效果如图 6-33 所示。

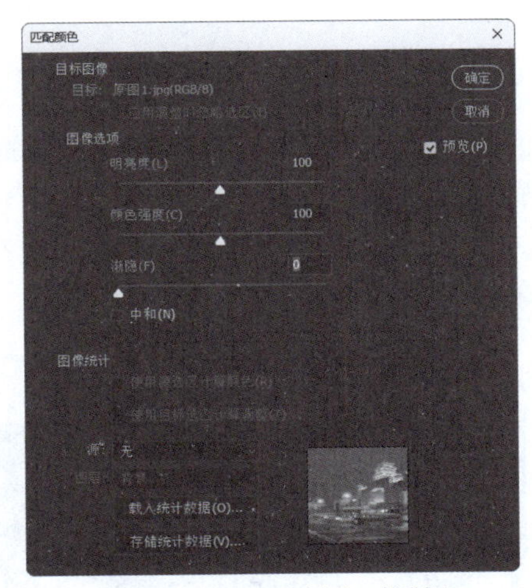

图 6-31 “匹配颜色”对话框

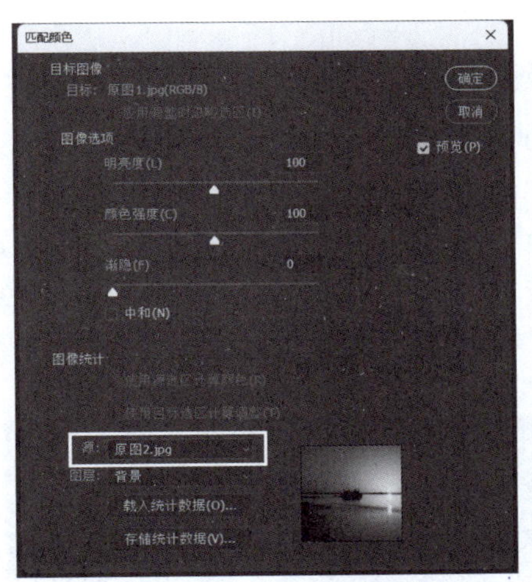

图 6-32 调整“匹配颜色”参数

图 6-33 最终效果

6.7 利用阴影高光命令进行校色的效果

要点：

本例将利用“阴影/高光”命令将一张照片中的树木阴影区域调亮，并将整个画面调整得鲜亮一些，如图6-34所示。通过本例的学习应掌握利用“阴影/高光”命令来处理照片的方法。

a)

b)

图 6-34 利用阴影高光命令进行校色的效果
a) 原图 b) 效果图

操作步骤：

1）执行菜单中的“文件→打开”命令，打开网盘中的“源文件\6.7 利用阴影高光命令进行校色的效果\原图.jpg”文件，如图6-34a所示。

2）执行菜单中的“图像→调整→阴影/高光”命令，弹出如图6-35所示的“阴影/高光”对话框。然后将“数量”设置为50%，“颜色”设置为+70，如图6-36所示。单击“确定”按钮，最终效果如图6-37所示。

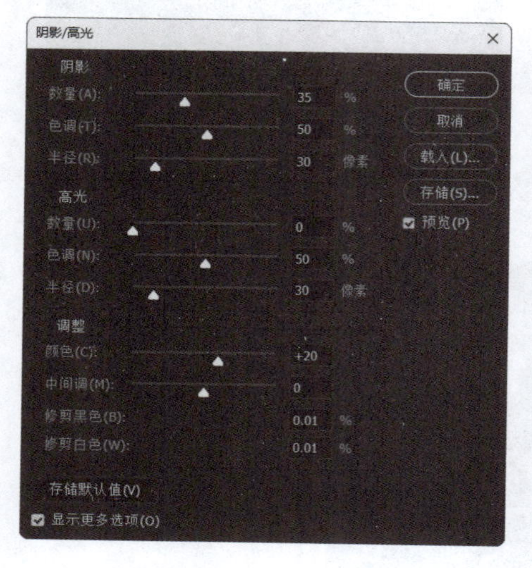

图6-35 “阴影/高光”对话框

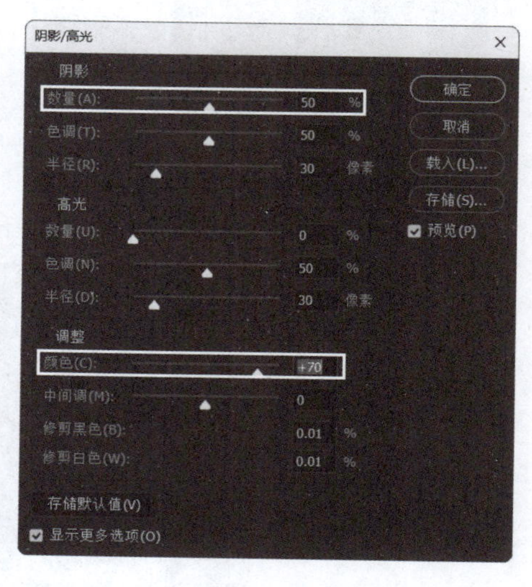

图6-36 调整“阴影/高光”参数

图6-37 最终效果

6.8 牙齿美白效果

要点：

本例将对一张图片中的牙齿进行美白处理，效果如图6-38所示。通过本例的学习应掌握利用“色相/饱和度”和“亮度/对比度”命令来处理照片的方法。

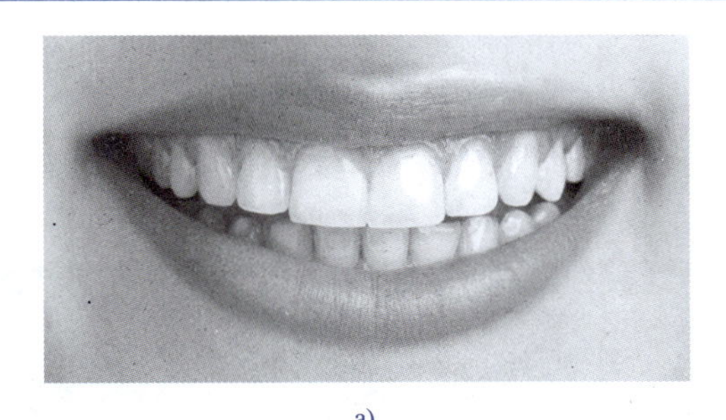
a)

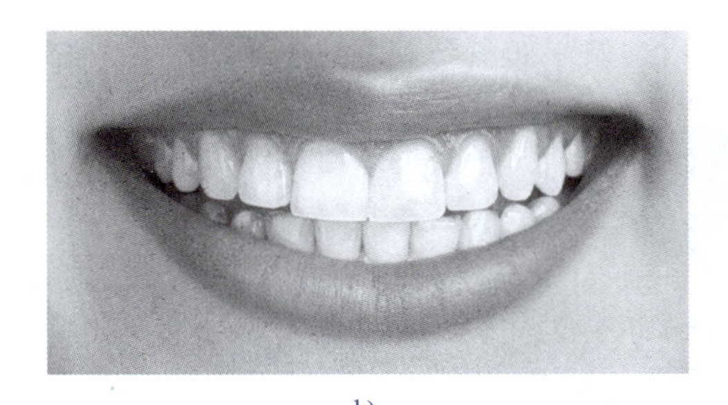
b)

图 6-38　牙齿美白效果
a) 原图　b) 效果图

操作步骤：

1）执行菜单中的“文件→打开”命令，打开网盘中的“源文件 \6.8　牙齿美白效果 \ 原图 .jpg”文件，如图 6-38a 所示。

2）单击工具箱中的（快速选择工具），然后在画面中牙齿的位置进行拖动，从而创建出牙齿的选区，如图 6-39 所示。

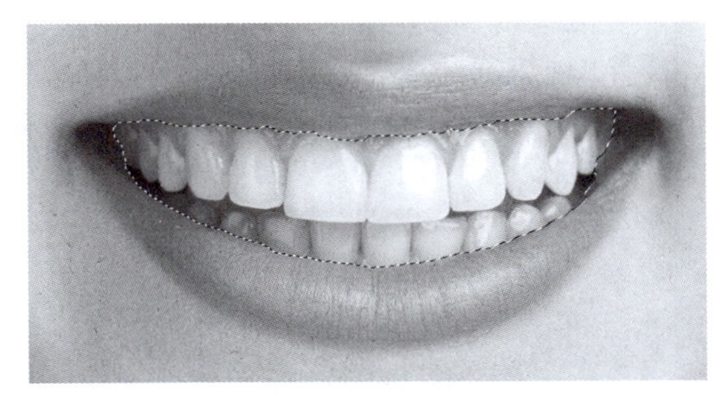

图 6-39　创建出牙齿的选区

3）羽化选区。方法：在画面中单击右键，在弹出的快捷菜单中选择“羽化”命令，然后在弹出的“羽化选区”对话框中将“羽化半径”设置为 5 像素，如图 6-40 所示。单击“确定”按钮，效果如图 6-41 所示。

图 6-40　将“羽化半径”设置为 5 像素

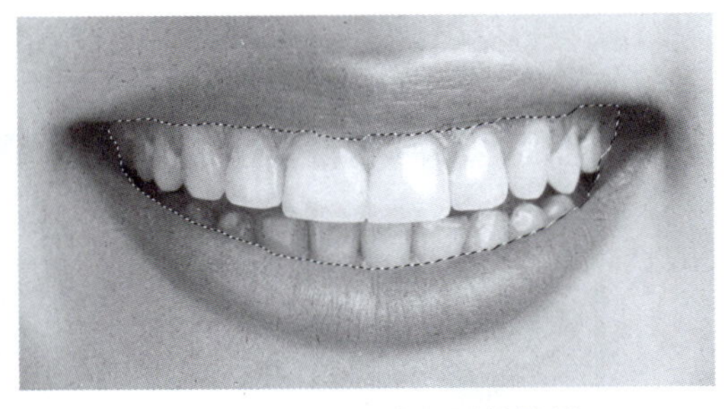

图 6-41　羽化处理后的效果

4）在“图层”面板下方单击（创建新的填充或调整图层）按钮，在弹出的菜单中选择“色相 / 饱和度”命令，然后在弹出的“属性”面板中将“色相 / 饱和度”调色类型设置为“黄色”，再将“饱和度”的数值设置为 -100，“明度”的数值设置为 +100，如图 6-42 所示。此时牙齿就变白了，效果如图 6-43 所示。

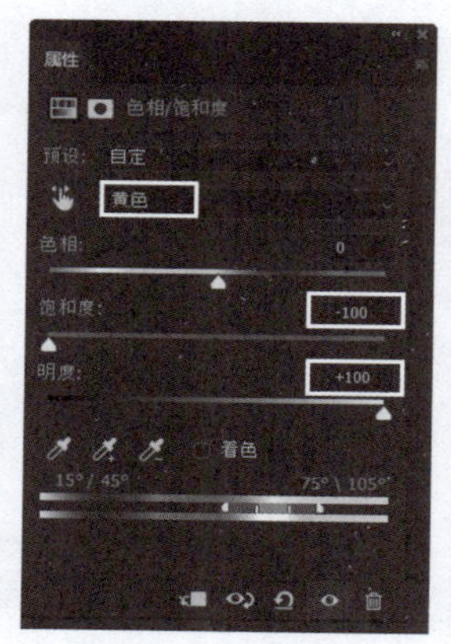

图 6-42　调整“色相 / 饱和度”参数

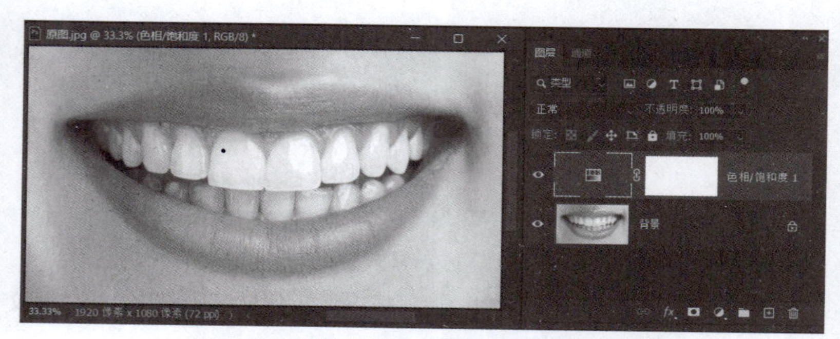

图 6-43　调整“色相 / 饱和度”参数后的效果

5）由于下牙的颜色偏暗，下面将下牙整体调亮。方法：单击工具箱中的（快速选择工具），在画面中创建出下牙的选区，如图6-44所示，然后也将其“羽化半径”设置为5像素。接着在“图层”面板下方单击（创建新的填充或调整图层）按钮，在弹出的菜单中选择“亮度/对比度”命令，然后在弹出的“属性”面板中将“亮度/对比度”的“亮度”数值设置为30，如图6-45所示。此时下牙的颜色也变亮了，最终效果如图6-46所示。

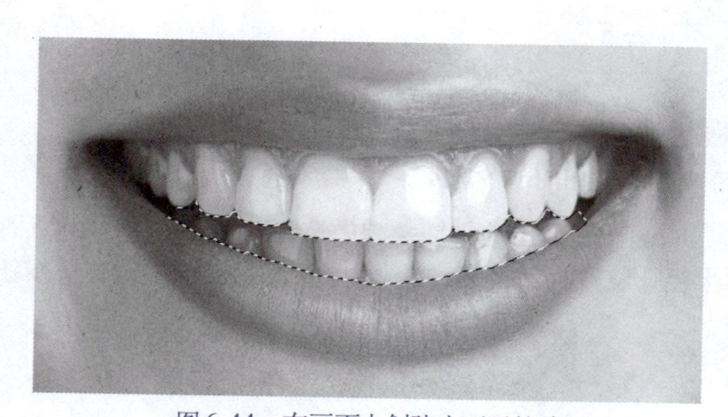

图 6-44　在画面中创建出下牙的选区

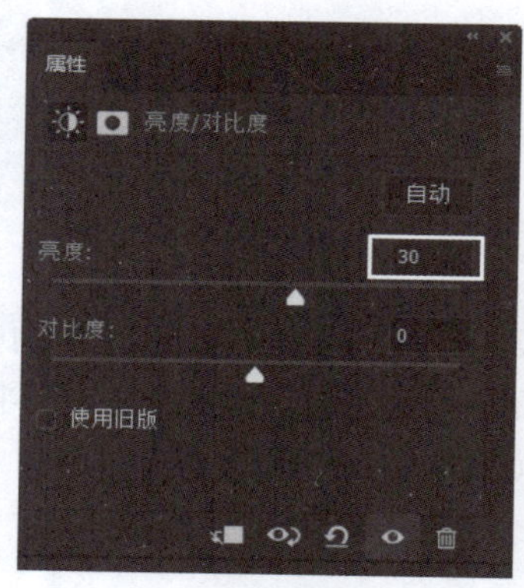

图 6-45　将“亮度”数值设置为 30

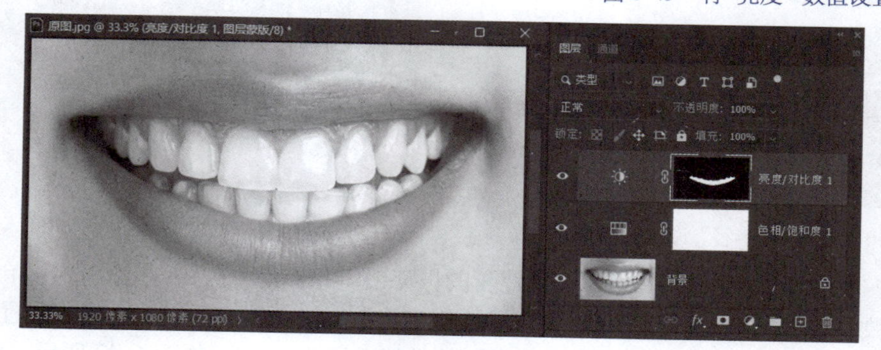

图 6-46　最终效果

6.9　去除画面中的水印效果2

要点：

本例将去除一个文档图片中的水印，效果如图6-47所示。通过本例的学习应掌握利用“曲线”命令去除文档水印的方法。

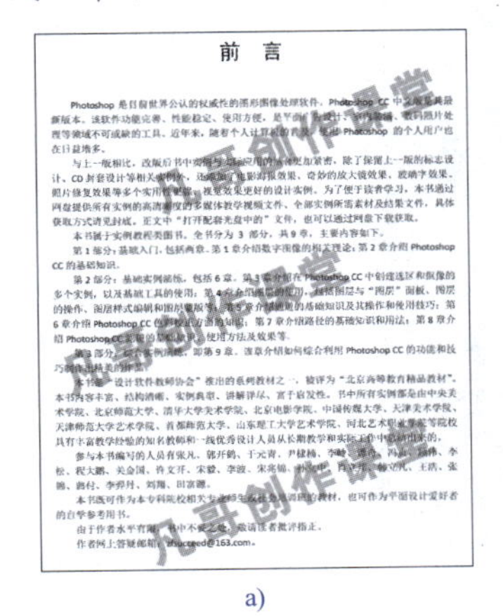

前　言

Photoshop 是目前世界公认的权威性的图形图像处理软件。Photoshop CC 中文版是其最新版本。该软件功能完善、性能稳定、使用方便，是平面广告设计、室内装潢、数码照片处理等领域不可或缺的工具。近年来，随着个人计算机的普及，使用 Photoshop 的个人用户也在日益增多。

与上一版相比，改版后书中实例与实际应用的结合更加紧密，除了保留上一版的标志设计、CD 封套设计等相关实例外，还添加了电影海报效果、奇妙的放大镜效果、玻璃字效果、照片修复效果等多个实用性更强、视觉效果更好的设计实例。为了便于读者学习，本书通过网盘提供所有实例的高清晰度的多媒体教学视频文件、全部实例所需素材及结果文件，具体获取方式请见封底。正文中“打开配套光盘中的”文件，也可以通过网盘下载获取。

本书属于实例教程类图书。全书分为 3 部分，共 9 章，主要内容如下。

第 1 部分：基础入门，包括两章。第 1 章介绍数字图像的相关理论；第 2 章介绍 Photoshop CC 的基础知识。

第 2 部分：基础实例演练，包括 6 章。第 3 章介绍在 Photoshop CC 中创建选区和抠像的多个实例，以及基础工具的使用；第 4 章介绍图层的使用，包括图层与“图层”面板、图层的操作、图层样式编辑和图层蒙版等；第 5 章介绍通道的基础知识及其操作和使用技巧；第 6 章介绍 Photoshop CC 色彩校正方面的知识；第 7 章介绍路径的基础知识和用法；第 8 章介绍 Photoshop CC 滤镜的基础知识、使用方法及效果等。

第 3 部分：综合实例演练，即第 9 章。该章介绍如何综合利用 Photoshop CC 的功能和技巧制作出精美的作品。

本书是“设计软件教师协会”推出的系列教材之一，被评为“北京高等教育精品教材”。本书内容丰富、结构清晰、实例典型、讲解详尽、富于启发性。书中所有实例都是由中央美术学院、北京师范大学、清华大学美术学院、北京电影学院、中国传媒大学、天津美术学院、天津师范大学艺术学院、首都师范大学、山东理工大学艺术学院、河北艺术职业学院等院校具有丰富教学经验的知名教师和一线优秀设计人员从长期教学和实际工作中总结出来的

参与本书编写的人员有张凡、郭开鹤、于元青、尹棣楠、李岭、谭奇、冯贞、顾伟、李松、程大鹏、关金国、许文开、宋毅、李波、宋兆锦、孙立中、肖立邦、韩立凡、王浩、张锦、曲付、李羿丹、刘翔、田富源。

本书既可作为本专科院校相关专业师生或社会培训班的教材，也可作为平面设计爱好者的自学参考用书。

由于作者水平有限，书中不妥之处，敬请读者批评指正。

作者网上答疑邮箱：zfsucceed@163.com。

a)　　b)

图 6-47　去除画面中的水印效果 2

a) 原图　b) 效果图

操作步骤：

1）执行菜单中的“文件→打开”命令，打开网盘中的“源文件\6.9　去除画面中的水印效果 2\原图.jpg”文件，如图 6-47a 所示。

2）在“图层”面板下方单击 （创建新的填充或调整图层）按钮，在弹出的菜单中选择“曲线”命令，然后在弹出的图 6-48 所示的“属性”面板的左侧选择 （在图像中取样以设置白场）按钮，再在画面中水印的位置单击吸取颜色，如图 6-49 所示，此时画面中的水印就被去除了，效果如图 6-50 所示，此时“属性”面板如图 6-51 所示。

图 6-48　“属性”面板

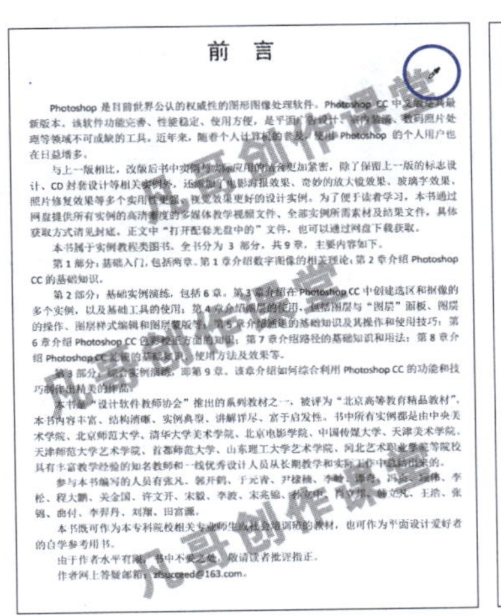

前　言

Photoshop 是目前世界公认的权威性的图形图像处理软件。Photoshop CC 中文版是其最新版本。该软件功能完善、性能稳定、使用方便，是平面广告设计、室内装潢、数码照片处理等领域不可或缺的工具。近年来，随着个人计算机的普及，使用 Photoshop 的个人用户也在日益增多。

与上一版相比，改版后书中实例与实际应用的结合更加紧密，除了保留上一版的标志设计、CD 封套设计等相关实例外，还添加了电影海报效果、奇妙的放大镜效果、玻璃字效果、照片修复效果等多个实用性更强、视觉效果更好的设计实例。为了便于读者学习，本书通过网盘提供所有实例的高清晰度的多媒体教学视频文件、全部实例所需素材及结果文件，具体获取方式请见封底。正文中“打开配套光盘中的”文件，也可以通过网盘下载获取。

本书属于实例教程类图书。全书分为 3 部分，共 9 章，主要内容如下。

第 1 部分：基础入门，包括两章。第 1 章介绍数字图像的相关理论；第 2 章介绍 Photoshop CC 的基础知识。

第 2 部分：基础实例演练，包括 6 章。第 3 章介绍在 Photoshop CC 中创建选区和抠像的多个实例，以及基础工具的使用；第 4 章介绍图层的使用，包括图层与“图层”面板、图层的操作、图层样式编辑和图层蒙版等；第 5 章介绍通道的基础知识及其操作和使用技巧；第 6 章介绍 Photoshop CC 色彩校正方面的知识；第 7 章介绍路径的基础知识和用法；第 8 章介绍 Photoshop CC 滤镜的基础知识、使用方法及效果等。

第 3 部分：综合实例演练，即第 9 章。该章介绍如何综合利用 Photoshop CC 的功能和技巧制作出精美的作品。

本书是“设计软件教师协会”推出的系列教材之一，被评为“北京高等教育精品教材”。本书内容丰富、结构清晰、实例典型、讲解详尽、富于启发性。书中所有实例都是由中央美术学院、北京师范大学、清华大学美术学院、北京电影学院、中国传媒大学、天津美术学院、天津师范大学艺术学院、首都师范大学、山东理工大学艺术学院、河北艺术职业学院等院校具有丰富教学经验的知名教师和一线优秀设计人员从长期教学和实际工作中总结出来的

参与本书编写的人员有张凡、郭开鹤、于元青、尹棣楠、李岭、谭奇、冯贞、顾伟、李松、程大鹏、关金国、许文开、宋毅、李波、宋兆锦、孙立中、肖立邦、韩立凡、王浩、张锦、曲付、李羿丹、刘翔、田富源。

本书既可作为本专科院校相关专业师生或社会培训班的教材，也可作为平面设计爱好者的自学参考用书。

由于作者水平有限，书中不妥之处，敬请读者批评指正。

作者网上答疑邮箱：zfsucceed@163.com。

图 6-49　吸取水印颜色

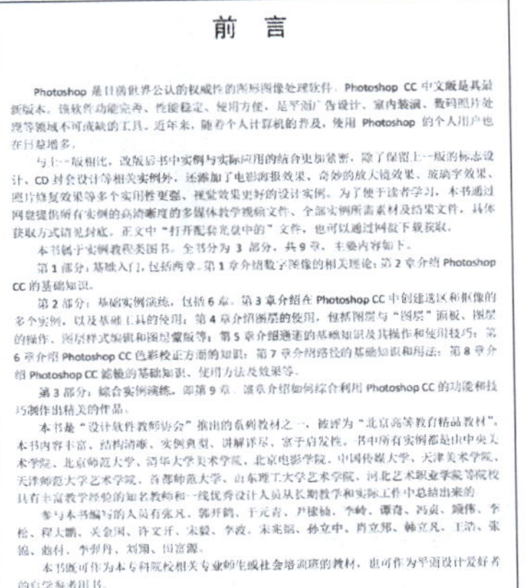

前　言

Photoshop 是目前世界公认的权威性的图形图像处理软件。Photoshop CC 中文版是其最新版本。该软件功能完善、性能稳定、使用方便，是平面广告设计、室内装潢、数码照片处理等领域不可或缺的工具。近年来，随着个人计算机的普及，使用 Photoshop 的个人用户也在日益增多。

与上一版相比，改版后书中实例与实际应用的结合更加紧密，除了保留上一版的标志设计、CD 封套设计等相关实例外，还添加了电影海报效果、奇妙的放大镜效果、玻璃字效果、照片修复效果等多个实用性更强、视觉效果更好的设计实例。为了便于读者学习，本书通过网盘提供所有实例的高清晰度的多媒体教学视频文件、全部实例所需素材及结果文件，具体获取方式请见封底。正文中“打开配套光盘中的”文件，也可以通过网盘下载获取。

本书属于实例教程类图书。全书分为 3 部分，共 9 章，主要内容如下。

第 1 部分：基础入门，包括两章。第 1 章介绍数字图像的相关理论；第 2 章介绍 Photoshop CC 的基础知识。

第 2 部分：基础实例演练，包括 6 章。第 3 章介绍在 Photoshop CC 中创建选区和抠像的多个实例，以及基础工具的使用；第 4 章介绍图层的使用，包括图层与“图层”面板、图层的操作、图层样式编辑和图层蒙版等；第 5 章介绍通道的基础知识及其操作和使用技巧；第 6 章介绍 Photoshop CC 色彩校正方面的知识；第 7 章介绍路径的基础知识和用法；第 8 章介绍 Photoshop CC 滤镜的基础知识、使用方法及效果等。

第 3 部分：综合实例演练，即第 9 章。该章介绍如何综合利用 Photoshop CC 的功能和技巧制作出精美的作品。

本书是“设计软件教师协会”推出的系列教材之一，被评为“北京高等教育精品教材”。本书内容丰富、结构清晰、实例典型、讲解详尽、富于启发性。书中所有实例都是由中央美术学院、北京师范大学、清华大学美术学院、北京电影学院、中国传媒大学、天津美术学院、天津师范大学艺术学院、首都师范大学、山东理工大学艺术学院、河北艺术职业学院等院校具有丰富教学经验的知名教师和一线优秀设计人员从长期教学和实际工作中总结出来的

参与本书编写的人员有张凡、郭开鹤、于元青、尹棣楠、李岭、谭奇、冯贞、顾伟、李松、程大鹏、关金国、许文开、宋毅、李波、宋兆锦、孙立中、肖立邦、韩立凡、王浩、张锦、曲付、李羿丹、刘翔、田富源。

本书既可作为本专科院校相关专业师生或社会培训班的教材，也可作为平面设计爱好者的自学参考用书。

由于作者水平有限，书中不妥之处，敬请读者批评指正。

作者网上答疑邮箱：zfsucceed@163.com。

图 6-50　去除水印的效果

3）此时文字的颜色偏浅，下面加深画面中文字的颜色。方法：在“属性”面板中选择曲线上左侧的控制点，然后将“输入”的数值加大为 50，如图 6-52 所示，从而使画面中暗部文字的颜色更暗，最终效果如图 6-53 所示。

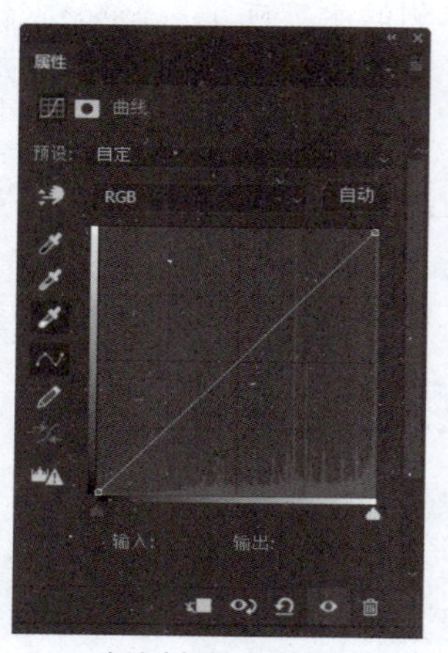

图 6-51　水印被去除后的“属性”面板

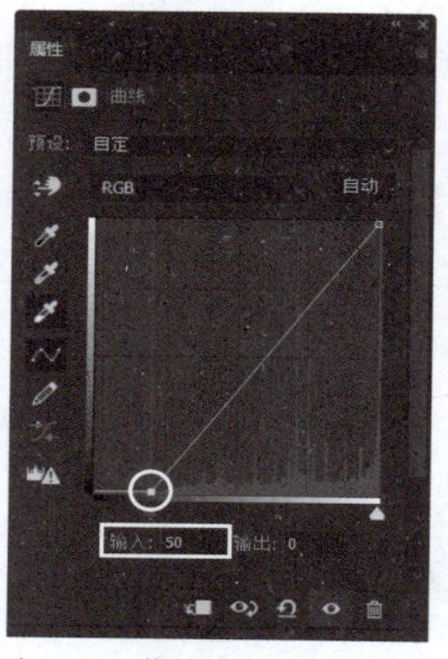

图 6-52　将“输入”设置为 50

前　言

Photoshop 是目前世界公认的权威性的图形图像处理软件。Photoshop CC 中文版是其最新版本。该软件功能完善、性能稳定、使用方便，是平面广告设计、室内装潢、数码照片处理等领域不可或缺的工具。近年来，随着个人计算机的普及，使用 Photoshop 的个人用户也在日益增多。

与上一版相比，改版后书中实例与实际应用的结合更加紧密，除了保留上一版的标志设计、CD 封套设计等相关实例外，还添加了电影海报效果、奇妙的放大镜效果、玻璃字效果、照片修复效果等多个实用性更强、视觉效果更好的设计实例。为了便于读者学习，本书通过网盘提供所有实例的高清晰度的多媒体教学视频文件、全部实例所需素材及结果文件，具体获取方式请见封底。正文中“打开配套光盘中的”文件，也可以通过网盘下载获取。

本书属于实例教程类图书，全书分为 3 部分，共 9 章，主要内容如下。

第 1 部分：基础入门，包括两章。第 1 章介绍数字图像的相关理论；第 2 章介绍 Photoshop CC 的基础知识。

第 2 部分：基础实例演练，包括 6 章。第 3 章介绍在 Photoshop CC 中创建选区和抠像的多个实例，以及基础工具的使用；第 4 章介绍图层的使用，包括图层与“图层”面板、图层的操作、图层样式编辑和图层蒙版等；第 5 章介绍通道的基础知识及其操作和使用技巧；第 6 章介绍 Photoshop CC 色彩校正方面的知识；第 7 章介绍路径的基础知识和用法；第 8 章介绍 Photoshop CC 滤镜的基础知识、使用方法及效果等。

第 3 部分：综合实例演练，即第 9 章。该章介绍如何综合利用 Photoshop CC 的功能和技巧制作出精美的作品。

本书是“设计软件教师协会”推出的系列教材之一，被评为“北京高等教育精品教材”。本书内容丰富、结构清晰、实例典型、讲解详尽、富于启发性。书中所有实例都是由中央美术学院、北京师范大学、清华大学美术学院、北京电影学院、中国传媒大学、天津美术学院、天津师范大学艺术学院、首都师范大学、山东理工大学艺术学院、河北艺术职业学院等院校具有丰富教学经验的知名教师和一线优秀设计人员从长期教学和实际工作中总结出来的。

参与本书编写的人员有张凡、郭开鹤、于元青、尹棣楠、李岭、谭奇、冯贞、顾伟、李松、程大鹏、关金国、许文开、宋毅、李波、宋兆锦、孙立中、肖立邦、韩立凡、王浩、张锦、曲付、李羿丹、刘翔、田富源。

本书既可作为本专科院校相关专业师生或社会培训班的教材，也可作为平面设计爱好者的自学参考用书。

由于作者水平有限，书中不妥之处，敬请读者批评指正。

作者网上答疑邮箱：zfsucceed@163.com。

图 6-53　最终效果

6.10　去除画面中的水印效果3

本例将去除一张效果图中的水印，效果如图6-54所示。通过本例的学习应掌握利用“色阶”和“内容识别填充”命令去除水印的方法。

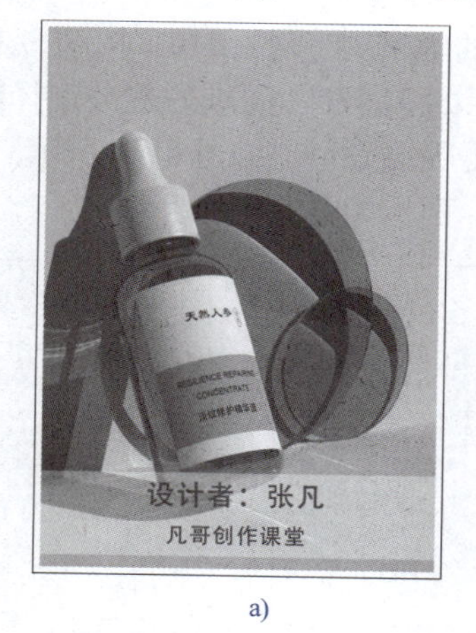

a)

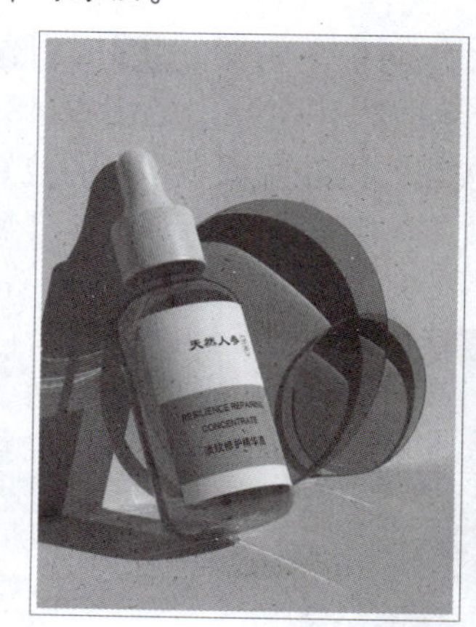

b)

图 6-54　去除画面中的水印效果 3
a) 原图　b) 效果图

操作步骤：

1. 去除半透明的水印区域

1）执行菜单中的“文件→打开”命令，打开网盘中的“源文件\6.10　去除画面中的水印效果 3\ 原图 .jpg”文件，如图 6-54a 所示。

2）利用工具箱中的 （矩形选框工具）在画面中绘制出半透明水印的选区，如图 6-55 所示。

图 6-55　绘制出半透明水印的选区

3）在“图层”面板下方单击 （创建新的填充或调整图层）按钮，在弹出的菜单中选择“色阶”命令，然后在弹出的图 6-56 所示的“属性”面板中将“输入色阶”数值加大为 100，如图 6-57 所示。此时可以看到半透明水印区域的亮度与画面相同，效果如图 6-58 所示。

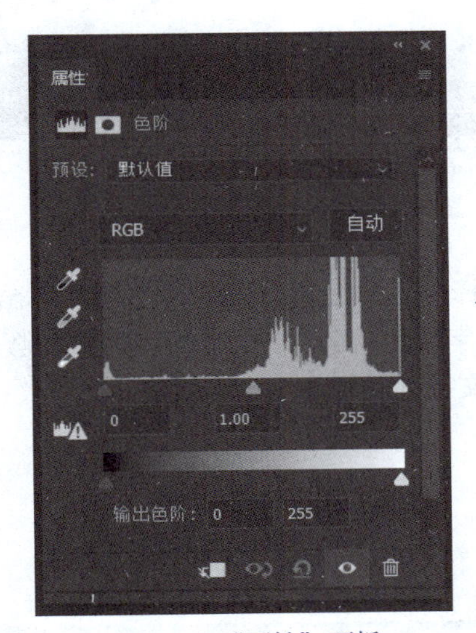

图 6-56　“属性”面板

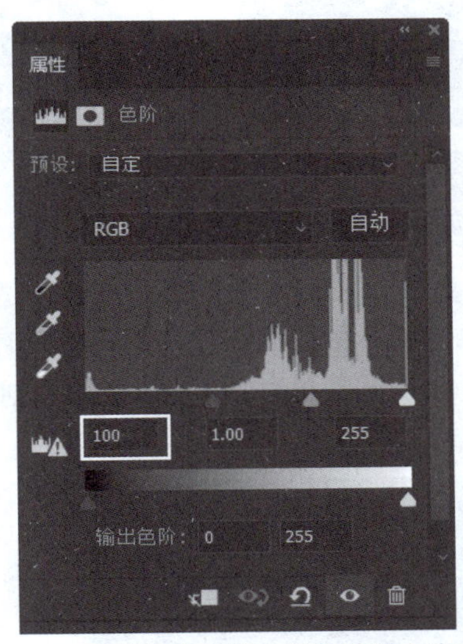

图 6-57　将“输入色阶”的数值加大为 100

图 6-58　半透明水印区域的亮度与画面相同

4）此时压暗区域的上下会有两条边线，这是因为绘制的选区并没有与半透明选区完全匹配，下面来解决这个问题。方法：按〈Ctrl+Shift+Alt+E〉键，盖印出一个新的“图层 1”，如图 6-59 所示。然后单击工具箱中的（污点修复画笔工具），在选项栏中将笔头大小设置为 10，接着按住〈Shift〉键在画面中两条白线的位置拖动鼠标，从而去除这两条白线，效果如图 6-60 所示。

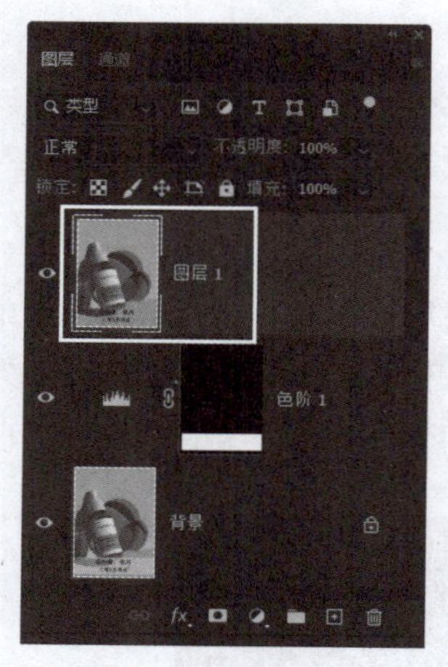

图 6-59　盖印出一个新的“图层 1”

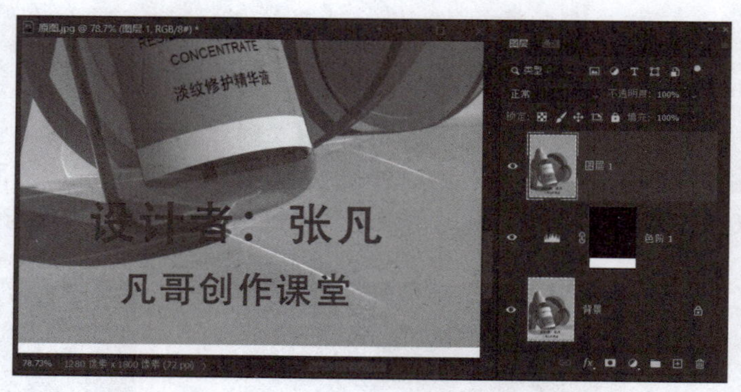

图 6-60　去除两条白线的效果

2. 去除画面中多余的文字

1）创建文字选区。方法：执行菜单中的“选择→色彩范围”命令，然后在弹出的“色彩范围”对话框中单击（吸管工具），吸取画面文字中的蓝色，并将“颜色容差”数值设置为 120，如图 6-61 所示。单击“确定”按钮，创建的文字选区如图 6-62 所示。

图 6-61　设置“色彩范围”参数

图 6-62　创建文字选区

2）扩展选区。方法：执行菜单中的“选择→修改→扩展”命令，然后在弹出的“扩展选区”对话框中将“扩展量”设置为3像素，如图6-63所示，扩展选区后的效果如图6-64所示。

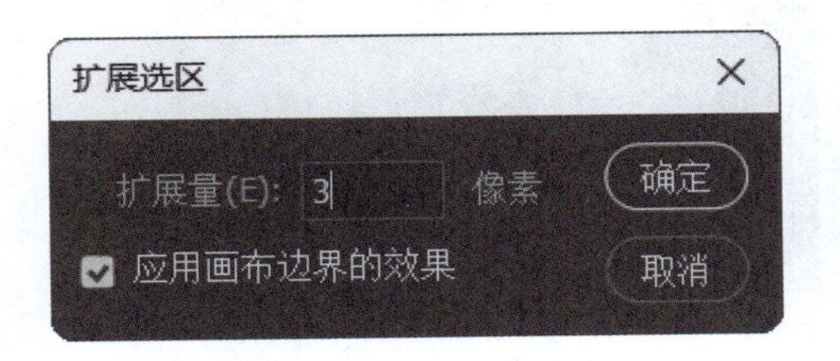

图6-63　将“扩展量”设置为3像素

图6-64　扩展选区后的效果

3）执行菜单中的“编辑→填充”命令，然后在弹出的“填充”对话框中将“内容”设置为“内容识别”，如图6-65所示，单击“确定”按钮，此时蓝色文字就被去除了。接着按〈Ctrl+D〉键取消选区，最终效果如图6-66所示。

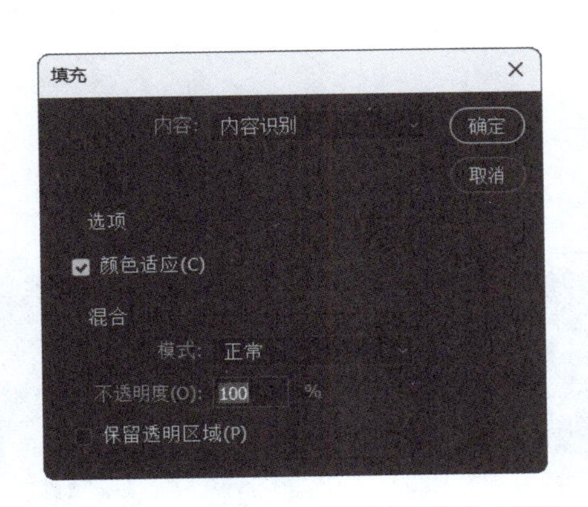

图6-65　将“内容”设置为“内容识别”

图6-66　最终效果

6.11　彩色老照片色彩校正

扫码看视频

要点：

本例将对一张色彩失衡的彩色照片进行色彩校正，如图6-67所示。通过本例的学习应掌握利用“曲线”命令对彩色老照片进行色彩校正的方法。

a)

b)

图 6-67 彩色老照片色彩校正效果
a) 原图 b) 效果图

操作步骤：

1）打开网盘中的“源文件 \6.11 彩色老照片色彩校正 \ 原图 .jpg”文件，如图 6-67a 所示。

2）此时照片的整体对比度不强，下面来解决这个问题。方法：在“图层”面板下方单击（创建新的填充或调整图层）按钮，然后在弹出的“属性”面板的左侧单击（设置黑场）按钮，如图 6-68 所示。接着在画面中吸取最暗的西服衣角的颜色作为黑场，如图 6-69 所示，设置黑场后的效果如图 6-70 所示。

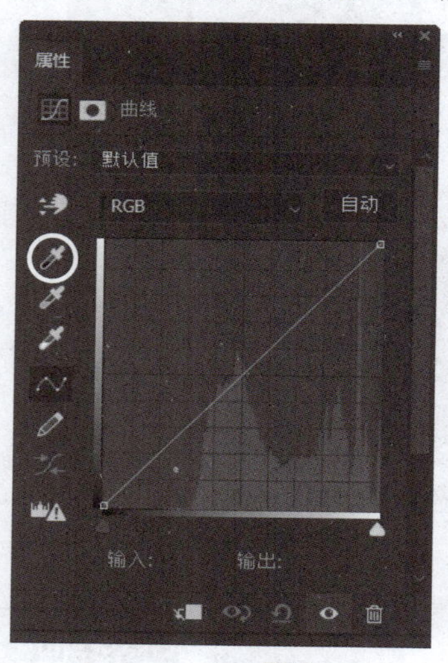

图 6-68 选择（设置黑场）按钮

图 6-69 吸取最暗的西服衣角的颜色

图 6-70 设置黑场后的效果

3）在“属性”面板的左侧单击（设置白场）按钮，如图 6-71 所示，接着在画面中吸取最亮的白色衬衫的颜色作为白场，如图 6-72 所示，最终效果如图 6-73 所示。

图 6-71　选择 (设置白场) 按钮

图 6-72　吸取最亮的白色衬衫的颜色

图 6-73　最终效果

6.12　黑白老照片去黄效果

要点：

本例将对一幅黑白老照片进行去黄处理，如图6-74所示。通过本例的学习应掌握利用通道及“色彩校正”中的“曲线”命令对黑白老照片去黄的方法。

扫码看视频

a)

b)

图 6-74　黑白老照片去黄效果
a) 原图　b) 效果图

操作步骤：

1）打开网盘中的“源文件\6.12 黑白老照片去黄效果\原图.jpg”文件，如图 6-74a 所示。

2）进入“通道”面板，复制出一个名称为“红 拷贝”的红色通道，如图 6-75 所示。然后删除“红 拷贝”通道以外的其他通道，如图 6-76 所示，删除通道后的效果如图 6-77 所示。

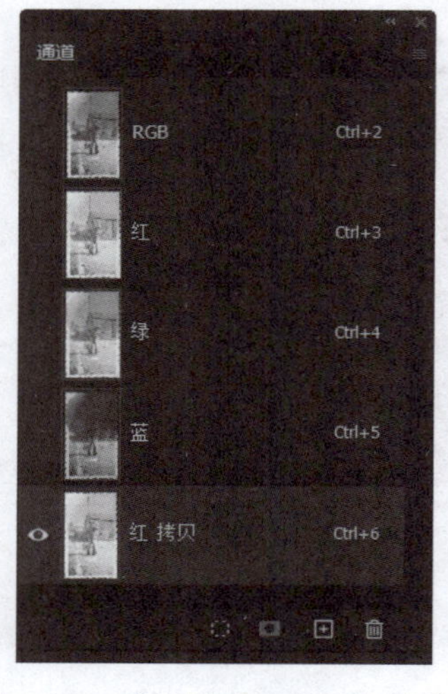

图 6-75　复制出“红 拷贝”通道

图 6-76　删除“红 拷贝”以外的通道

图 6-77　删除通道后的效果

3）去除水印。方法：单击工具箱中的（套索工具），设置“羽化”值为 20 像素，然后在画面上创建如图 6-78 所示的水印选区。

4）执行菜单中的“图像→调整→曲线”命令，然后在弹出的“曲线”对话框中的曲线上添加一个控制点并向下拖动，如图 6-79 所示，从而去除画面中的水印，如图 6-80 所示，最后单击“确定”按钮。

图 6-78　创建出水印选区

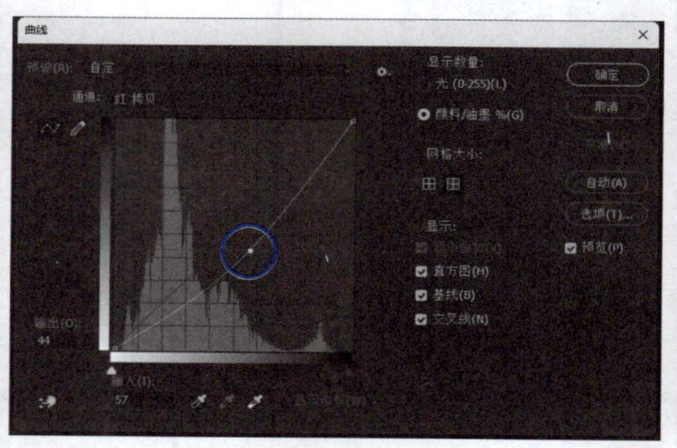

图 6-79　在曲线上添加一个控制点并向下拖动

图 6-80　去除画面中的水印

5）按快捷键〈Ctrl+D〉取消选区。

6）对照片进行上色处理。方法：执行菜单中的“图像→模式→灰度”命令，将图像转换为灰度图像，此时的“通道”面板如图 6-81 所示。然后执行菜单中的“图像→模式→ RGB 颜色”命令，将灰度图像转换为 RGB 模式的图像，此时“通道”面板如图 6-82 所示。

图 6-81　灰度模式的“通道”面板

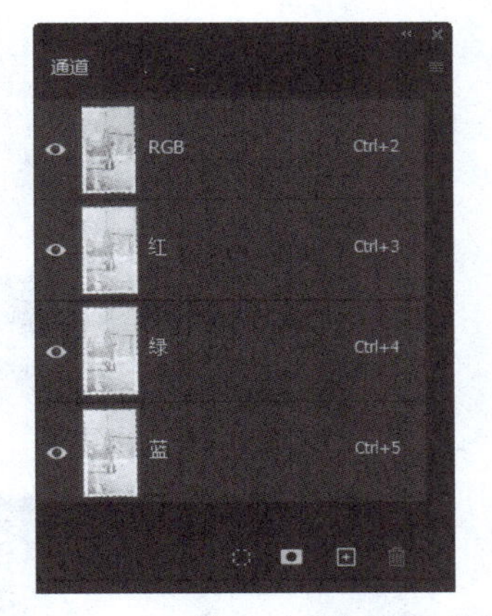

图 6-82　RGB 模式的“通道”面板

7）在“图层”面板下方单击（创建新的填充或调整图层）按钮，然后在弹出的菜单中选择“色相 / 饱和度”命令，接着在弹出的图 6-83 所示的“属性”面板中选中“着色”复选框，再将“色相”数值设置为 +100，“饱和度”数值设置为 +20，如图 6-84 所示，最终效果如图 6-85 所示。

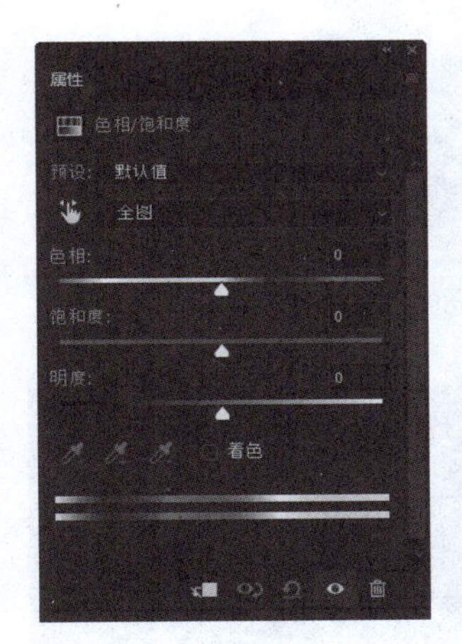

图 6-83　“属性”面板

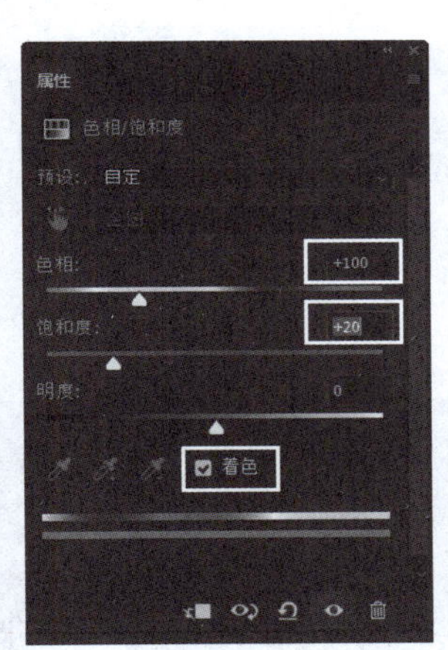

图 6-84　设置“色相 / 饱和度”参数

图 6-85　最终效果

6.13　课后练习

1. 打开网盘中的“课后练习 \ 第 6 章 \ 变色的玫瑰 \ 原图 .jpg”文件，如图 6-86 所示，利用“图像→调整→色相 / 饱和度”命令，对原图中的绿色进行处理，效果如图 6-87 所示。

2. 打开网盘中的“课后练习 \ 第 6 章 \Lab 通道调出明快色彩 \ 原图 .jpg”文件，如图 6-88 所示，利用菜单中的“图像→调整→曲线”命令调整图片的色彩，效果如图 6-89 所示。

3. 打开网盘中的“课后练习 \ 第 6 章 \ 正午变黄昏 \ 原图 1.jpg”和“原图 2.jpg”文件，如图 6-90a、b 所示。利用菜单中的“图像→调整→匹配颜色”命令，制作出黄昏效果，效果如图 6-91 所示。

图 6-86　原图

图 6-87　效果图

图 6-88　原图

图 6-89　效果图

a)

b)

图 6-90　素材图
a) 原图 1　b) 原图 2

图 6-91　效果图

第7章　路径的使用

本章重点

通过本章的学习，读者应掌握利用钢笔工具绘制路径、将路径作为选区载入、从选区生成工作路径、用画笔描边路径，以及用前景色填充路径等对路径进行相关操作的方法。

7.1　去除过大的眼袋

要点：

本例将去除一幅图片中过大的眼袋，如图7-1所示。通过本例的学习应掌握利用（钢笔工具）、“变形”命令、“液化”滤镜和“剪贴蒙版”命令去除过大的眼袋和调整眼睛大小的方法。

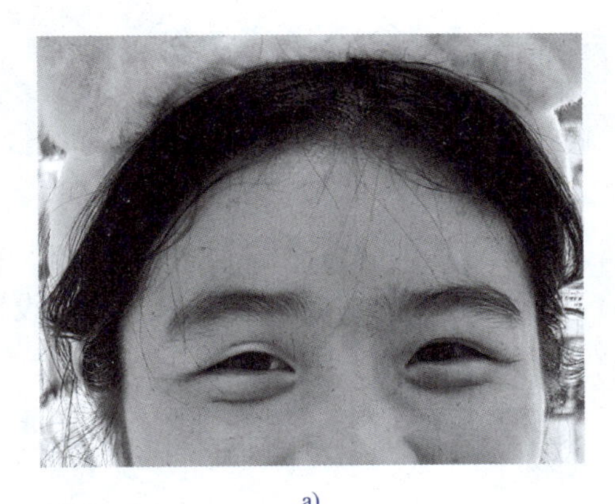

a)

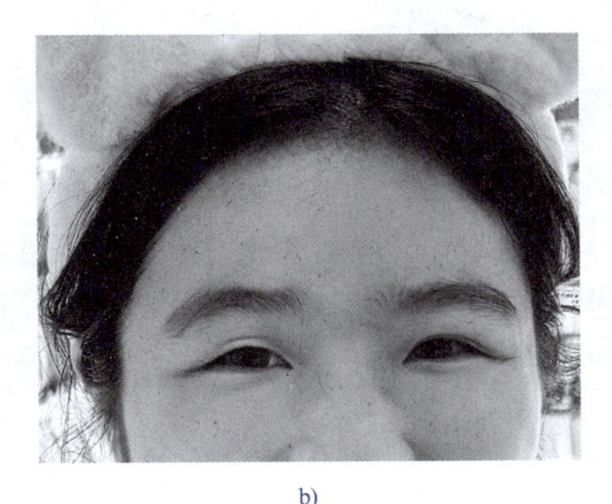

b)

图 7-1　去除过大的眼袋

a) 原图　b) 效果图

操作步骤：

1）执行菜单中的“文件→打开”命令，打开网盘中的“源文件 \7.1　去除过大的眼袋 \ 原图 .jpg”文件，如图 7-1a 所示。

2）去除额头上凌乱的头发和脸上的雀斑。方法：单击工具箱中的（移除工具），然后在选项栏中将笔头大小设置为 50，然后在人物额头上凌乱的头发位置进行拖动，从而去除额头上凌乱的头发。同理，去除人脸上的雀斑，效果如图 7-2 所示。

3）去除眼部下方过大的眼袋。方法：单击工具箱中的（钢笔工具），在右眼眼袋位置绘制出一个封闭路径，如图 7-3 所示。然后按〈Ctrl+Enter〉键，将路径转换为选区，如图 7-4 所示。

图 7-2　去除额头上凌乱的头发和人脸上雀斑效果

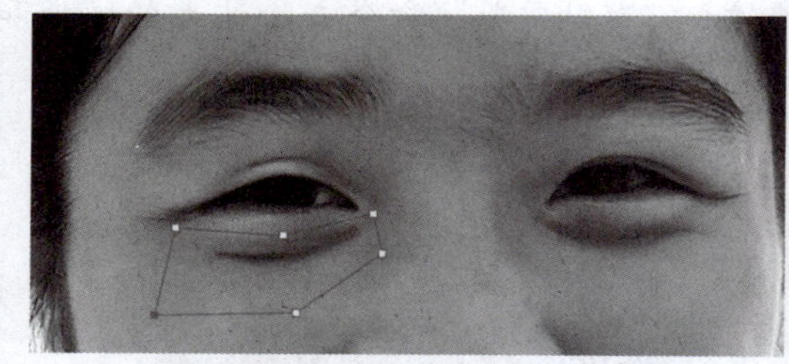

图 7-3　在右眼眼袋位置绘制出一个封闭路径

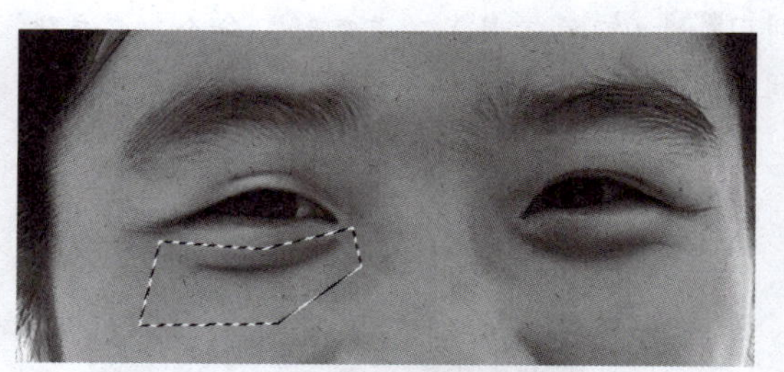

图 7-4　将路径转换为选区

4）羽化选区。方法：单击工具箱中的 （矩形选框工具），然后在画面中单击右键，在弹出的快捷菜单中选择“羽化”命令，接着在弹出的“羽化选区”对话框中将“羽化半径”设置为 5 像素，如图 7-5 所示。单击“确定”按钮，效果如图 7-6 所示。

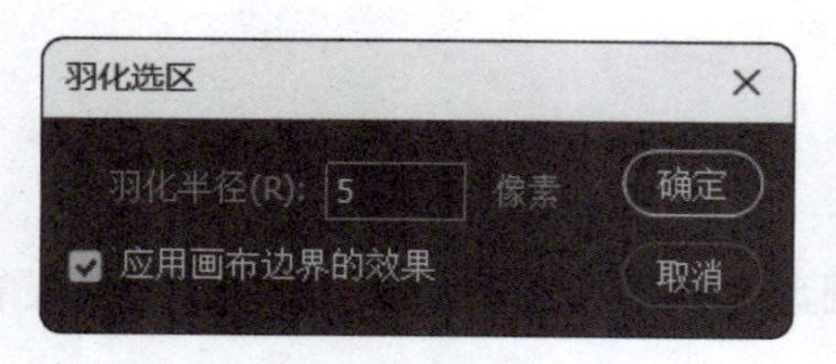

图 7-5　将“羽化半径”设置为 5 像素

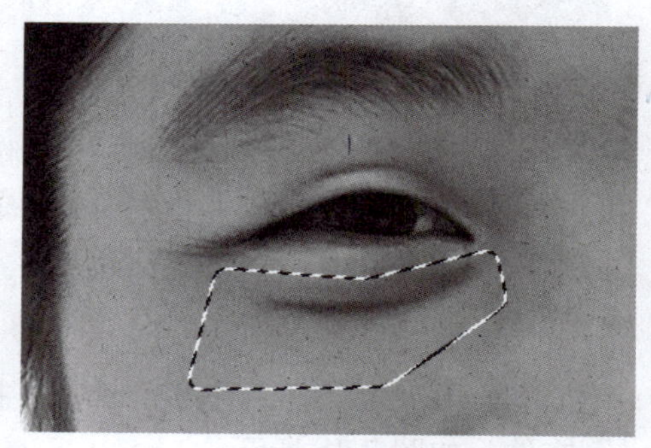

图 7-6　“羽化选区”的效果

5）在画面中单击右键，在弹出的快捷菜单中选择“通过拷贝的图层”命令，从而将选区中的内容复制到一个新的“图层 1”上，如图 7-7 所示。然后按快捷键〈Ctrl+J〉，复制出一个“图层 1 拷贝”层，再在该层上单击右键，从弹出的快捷菜单中选择“创建剪贴蒙版”命令，此时图层的分布如图 7-8 所示。

6）执行菜单中的“编辑→变换→变形”命令，然后在画面中通过向上拖动去除右眼下方的眼袋，效果如图 7-9 所示，调整完成后按〈Enter〉键，确认操作。

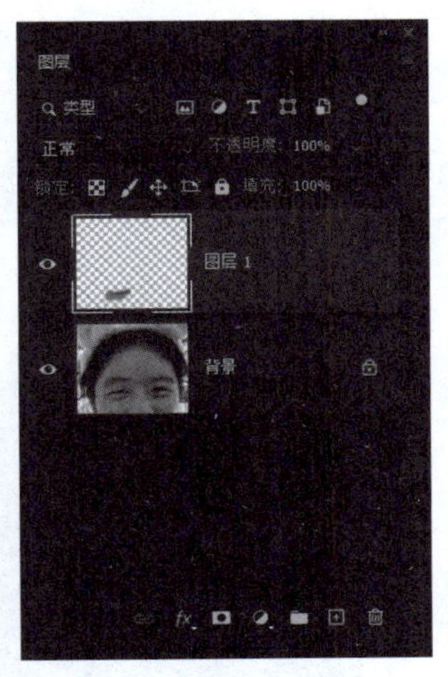

图 7-7　将选区中的内容复制到一个新的“图层 1”上

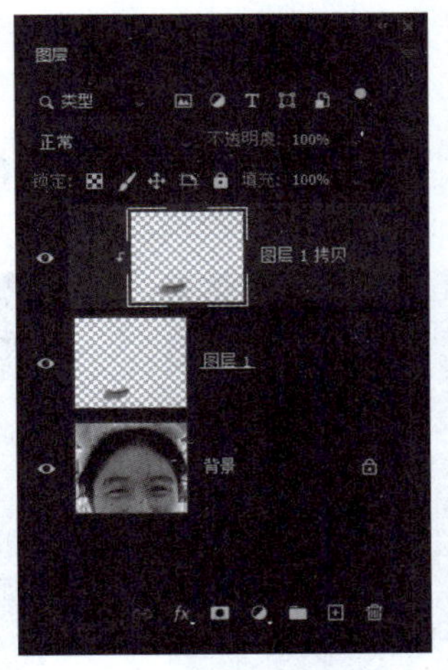

图 7-8　创建“剪贴蒙版”

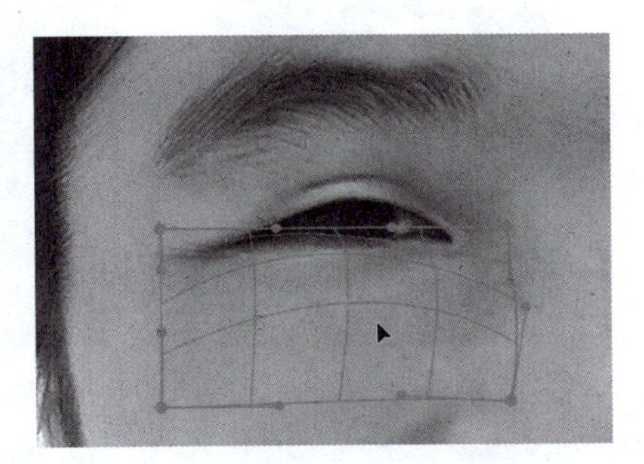

图 7-9　去除右眼下方的眼袋

7）同理，去除左眼下方过大的眼袋，效果如图 7-10 所示。

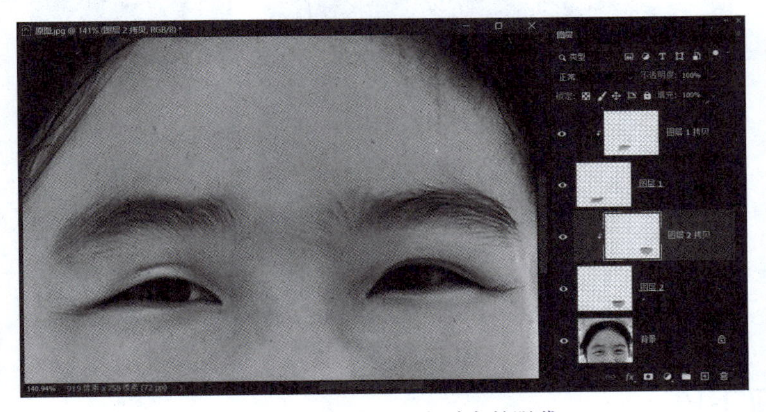

图 7-10　去除左眼下方过大的眼袋

8）此时去除眼袋后的眼睛有些小了，下面利用“液化”滤镜对人眼进行适当放大。方法：在“图层”面板中按〈Ctrl+Shift+Alt+E〉键，盖印出一个新的“图层 3”，如图 7-11 所示。然后右键单击“图层 3”，在弹出的快捷菜单中选择“转换为智能对象”命令，将该层转换为一个智能图层，此时图层分布如图 7-12 所示。接着执行菜单中的“滤镜→液化”命令，在弹出的“液化”对话

框中将右眼的“眼睛高度”设置为60，左眼的“眼睛高度”设置为30，如图7-13所示，单击“确定”按钮，最终效果如图7-14所示。

提示：普通图层添加滤镜后无法进行再次编辑，将“图层3”转换为智能图层后再添加滤镜，此时添加的就是智能滤镜，可以随时对添加的滤镜进行再次编辑。

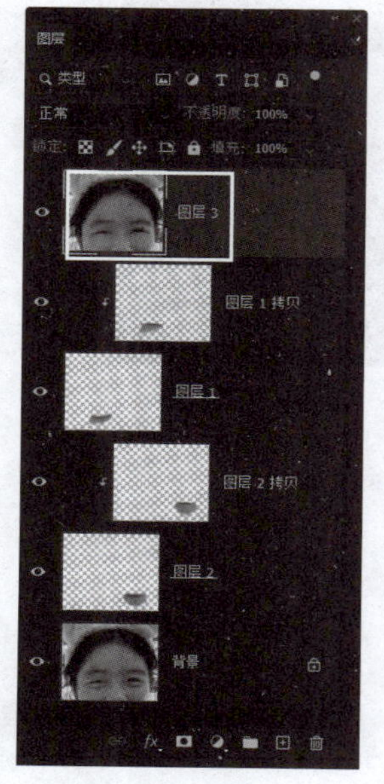

图7-11　盖印出一个新的“图层3”

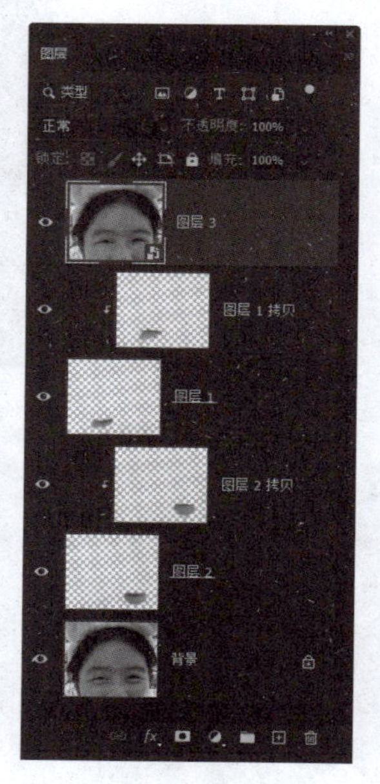

图7-12　图层分布

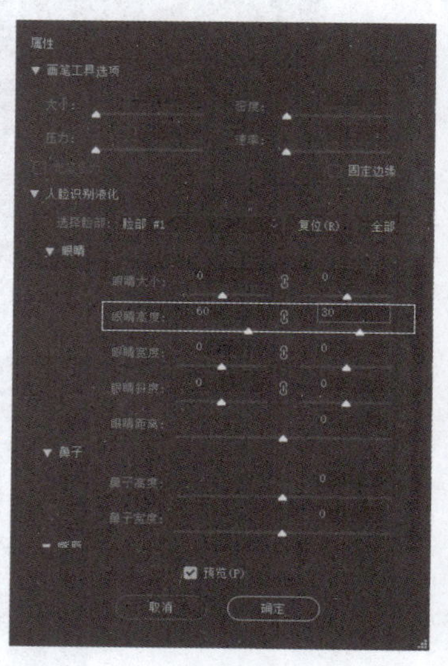

图7-13　调整眼睛的高度

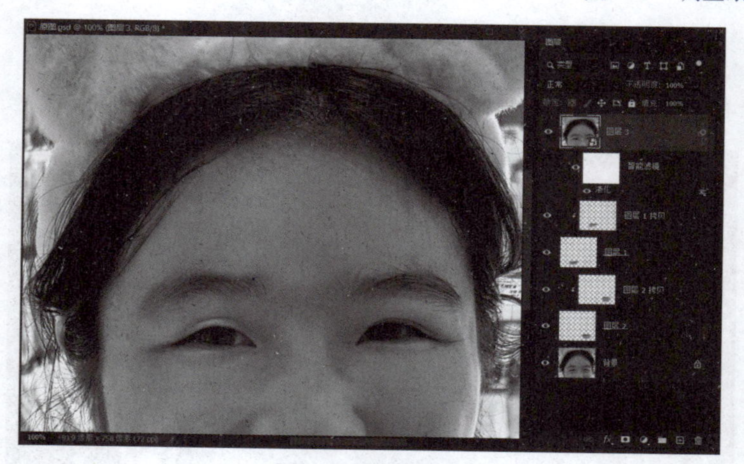

图7-14　最终效果

7.2　去除双下巴

扫码看视频

要点：

本例将去除画面人物的双下巴，从而制作出人物的瘦脸效果，如图7-15所示。通过本例的学习应掌握利用（钢笔工具）、“变形”和“剪贴蒙版”命令去除双下巴的方法。

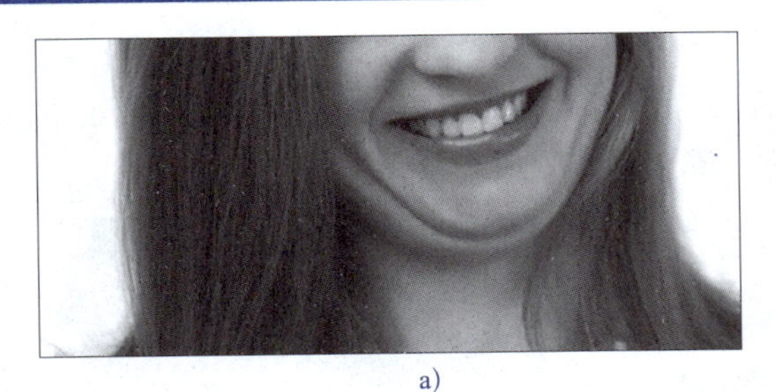
a)

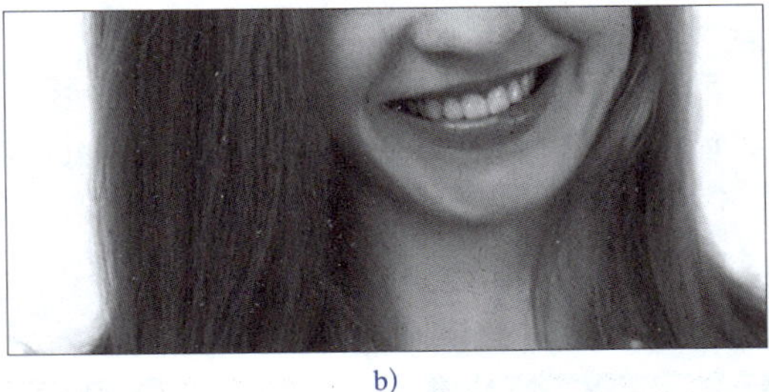
b)

图 7-15　去除双下巴
a) 原图　b) 效果图

操作步骤：

1）执行菜单中的“文件→打开”命令，打开网盘中的“源文件\7.2　去除双下巴\原图.jpg”文件，如图 7-15a 所示。

2）利用工具箱中的 （钢笔工具），在双下巴的位置绘制出一个封闭路径，如图 7-16 所示。然后按快捷键〈Ctrl+Enter〉，将路径转换为选区，如图 7-17 所示。

图 7-16　在双下巴的位置绘制出一个封闭路径

图 7-17　将路径转换为选区

3）为了使后面去除双下巴后的效果更加自然，下面对选区进行羽化处理。方法：选择工具箱中的 （矩形选框工具），然后在画面中单击右键，在弹出的快捷菜单中选择“羽化”命令，接着在弹出的“羽化选区”对话框中将“羽化半径”设置为 3 像素，如图 7-18 所示。单击“确定”按钮，效果如图 7-19 所示。

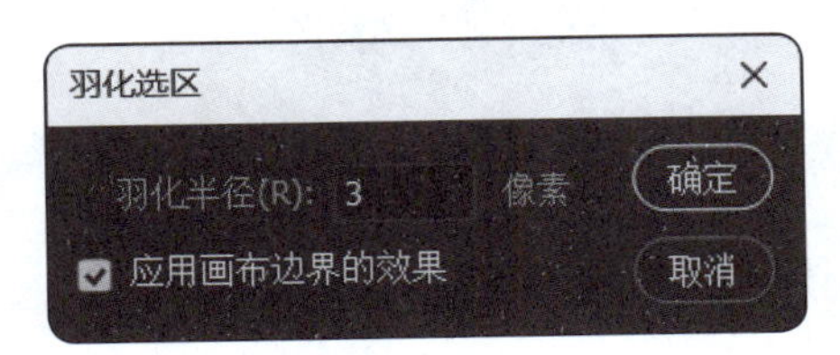

图 7-18　将“羽化半径”设置为 3 像素

图 7-19　“羽化选区”的效果

4）在画面中单击右键，在弹出的快捷菜单中选择“通过拷贝的图层”命令，从而将选区中的内容复制到一个新的“图层 1”上，如图 7-20 所示。然后按快捷键〈Ctrl+J〉，复制出一个“图层 1 拷贝”层，再在该层上单击右键，在弹出的快捷菜单中选择“创建剪贴蒙版”命令，此时图层的分布如图 7-21 所示。

5）执行菜单中的“编辑→变换→变形”命令，然后在画面中通过向上拖动去除双下巴，效果如图 7-22 所示。调整完成后按〈Enter〉键，确认操作，最终效果如图 7-23 所示。

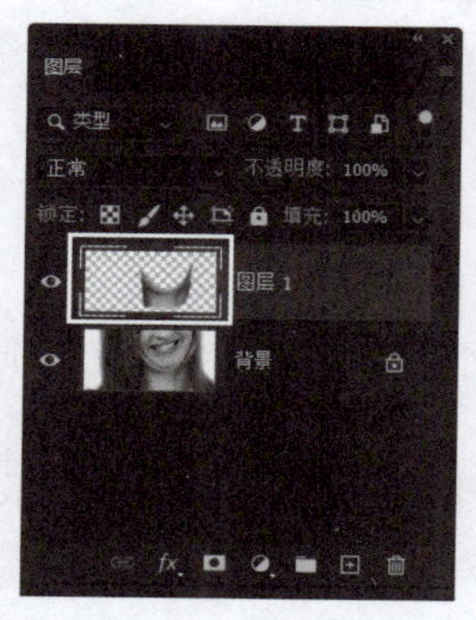

图 7-20　将选区中的内容复制到一个新的“图层 1”上

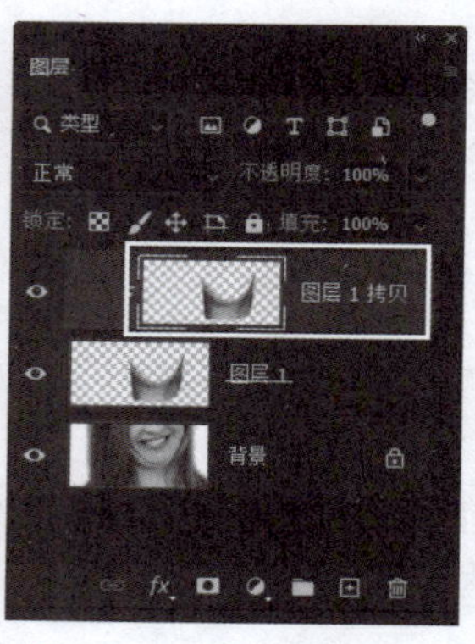

图 7-21　创建剪贴蒙版

图 7-22　在画面中通过向上拖动去除双下巴

图 7-23　最终效果

7.3　单眼皮变双眼皮效果

扫码看视频

要点：

本例将制作一个单眼皮变双眼皮的效果，如图7-24所示。通过本例的学习应掌握利用 （钢笔工具）、路径描边和 （涂抹工具）将单眼皮变双眼皮的方法。

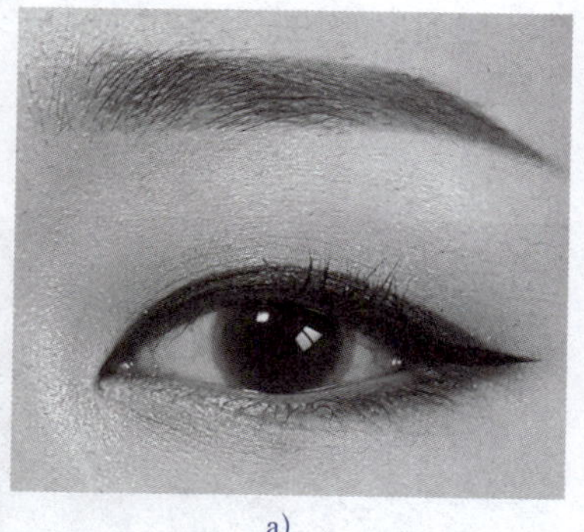

a)

b)

图 7-24　单眼皮变双眼皮效果
a）原图　b）效果图

操作步骤：

1）执行菜单中的“文件→打开”命令，打开网盘中的“源文件\7.3　单眼皮变双眼皮效果\原图.jpg”文件，如图 7-24a 所示。

2）为防止破坏原图，下面在“图层”面板中将“背景”层拖到下方的 （创建新图层）按钮上，从而复制出一个“背景 拷贝”层，如图 7-25 所示。

3）单击工具箱中的 （钢笔工具），然后在工具选项栏中将路径类型设置为“路径”，接着在画面中绘制出一个人物双眼皮的路径，如图 7-26 所示。

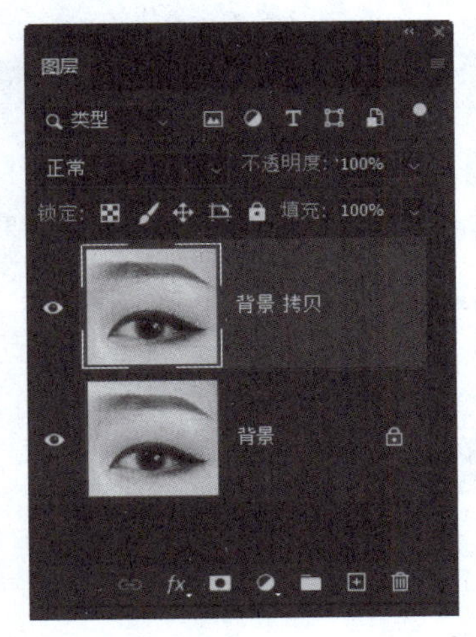

图 7-25　复制出一个“背景 拷贝”层

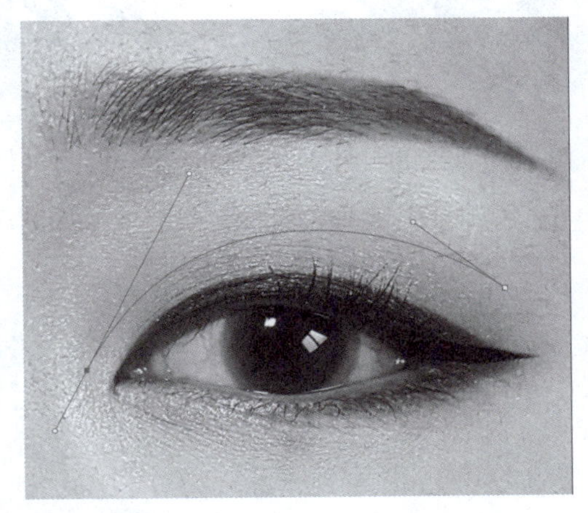

图 7-26　在画面中绘制出人物双眼皮的路径

4）单击工具箱中的 （画笔工具），然后在选项栏中将笔头大小设置为 12 像素，“硬度”设置为 60%，如图 7-27 所示，再将前景色设置为一种较深的褐色（RGB 的数值为（160,130,130）），接着单击工具箱中的 （钢笔工具），再在画面中单击右键，在弹出的快捷菜单中选择“描边路径”命令，再在弹出的“描边路径”对话框中将“工具”设置为“画笔”，并选中“模拟压力”复选框，如图 7-28 所示。单击“确定”按钮，此时可以看到双眼皮路径上的描边效果，如图 7-29 所示。

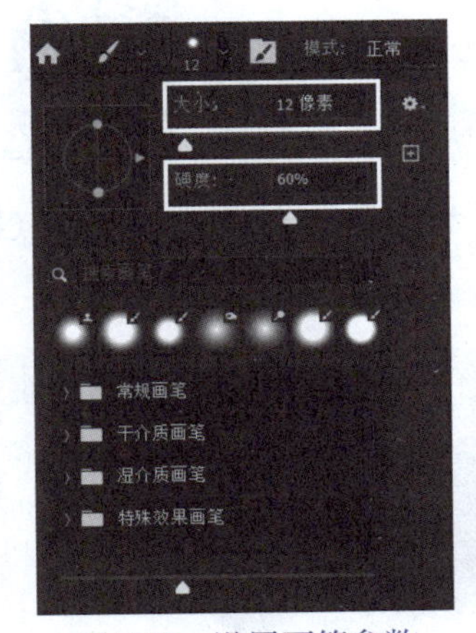

图 7-27　设置画笔参数

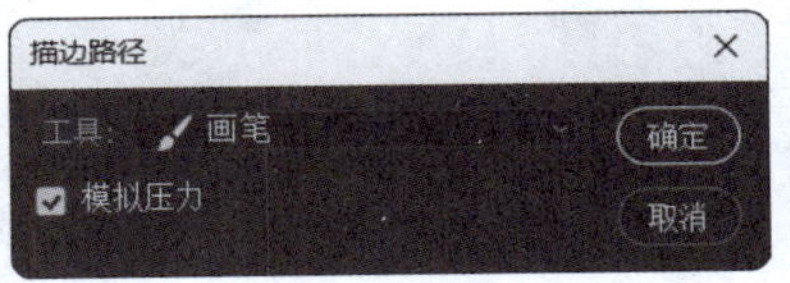

图 7-28　设置“描边路径”参数

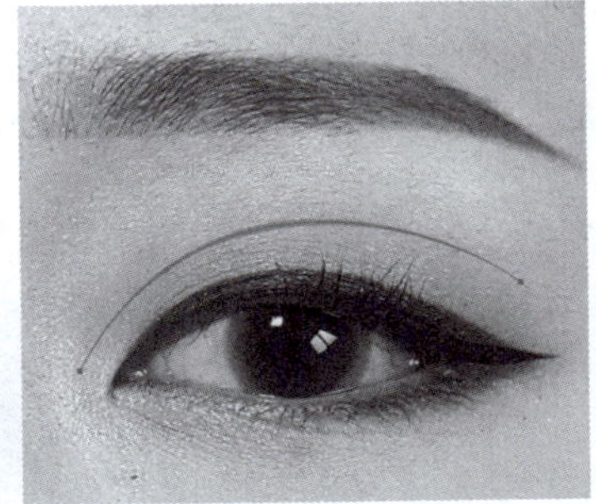

图 7-29　双眼皮路径上的描边效果

5）单击 （钢笔工具），在原有双眼皮路径上继续绘制出封闭路径。如图 7-30 所示，然后按〈Ctrl+Enter〉键，将路径转换为选区，如图 7-31 所示。接着利用工具箱中的 （涂抹工具）在选区中双眼皮的位置进行涂抹，效果如图 7-32 所示。

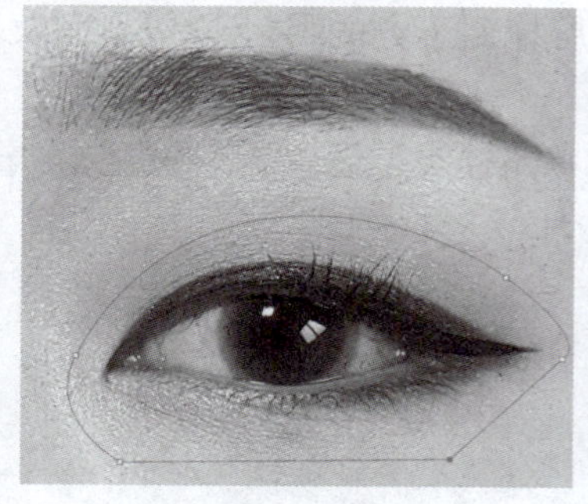
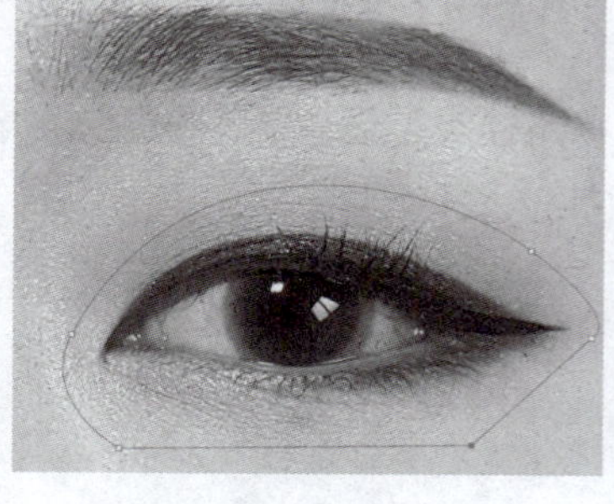

图 7-30　绘制出封闭路径　　　图 7-31　将路径转换为选区　　　图 7-32　涂抹后的效果

6）按〈Ctrl+D〉键取消选区，最终效果如图 7-33 所示。

图 7-33　最终效果

7.4　给嘴唇添加口红效果

扫码看视频

要点：

本例将给画面中人物的嘴唇添加口红效果，如图 7-34 所示。通过本例的学习应掌握利用（钢笔工具）、图层混合模式和混合选项给人物嘴唇添加口红的方法。

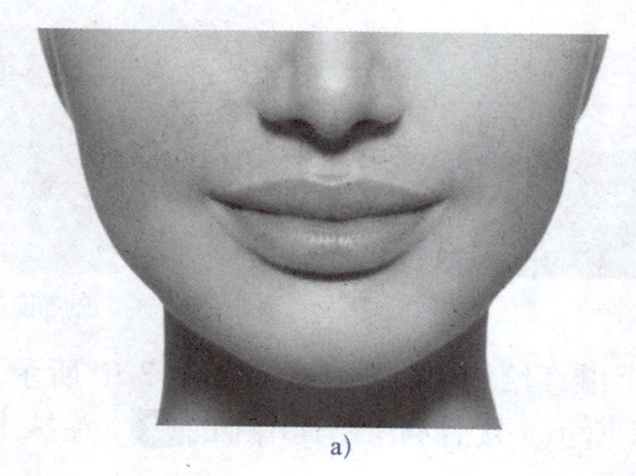

a)

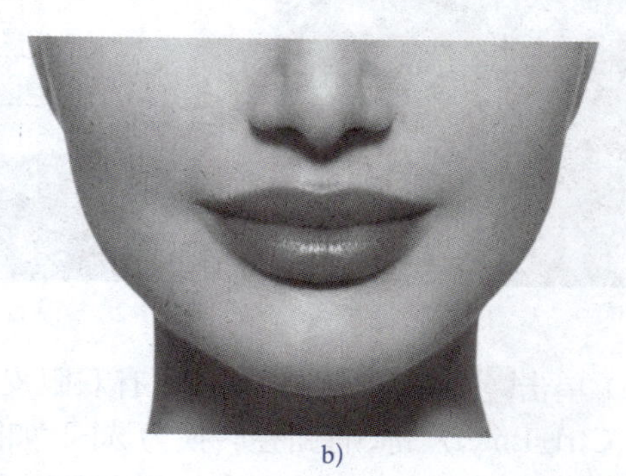

b)

图 7-34　给嘴唇添加口红效果
a) 原图　b) 效果图

操作步骤：

1）执行菜单中的“文件→打开”命令，打开网盘中的“源文件\7.4 给嘴唇添加口红效果\原图.jpg”文件，如图7-34a所示。

2）利用工具箱中的（钢笔工具）在画面中人物上下嘴唇的位置各绘制出一条封闭路径，如图7-35所示。

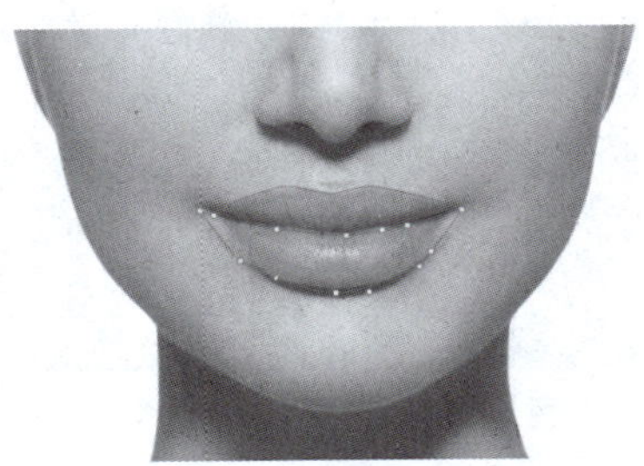

图7-35　在上下嘴唇的位置各绘制出一条封闭路径

3）在（钢笔工具）选项栏中将路径类型设置为“形状”，并将“填充”设置为白色，“描边”设置为（无色），如图7-36所示。然后在“路径”面板中选择刚绘制的工作路径，如图7-37所示，再在选项栏中将路径类型设置为“路径”，并单击“形状”按钮，如图7-38所示，此时就会用白色填充路径，并在“图层”面板中新建一个名称为“形状1”的形状图层，如图7-39所示。

图7-36　设置路径参数

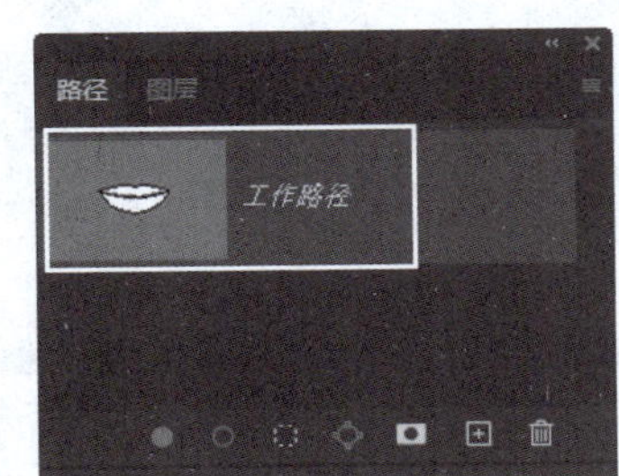

图7-37　设置路径参数

图7-38　将路径类型设置为“路径”，并单击“形状”按钮

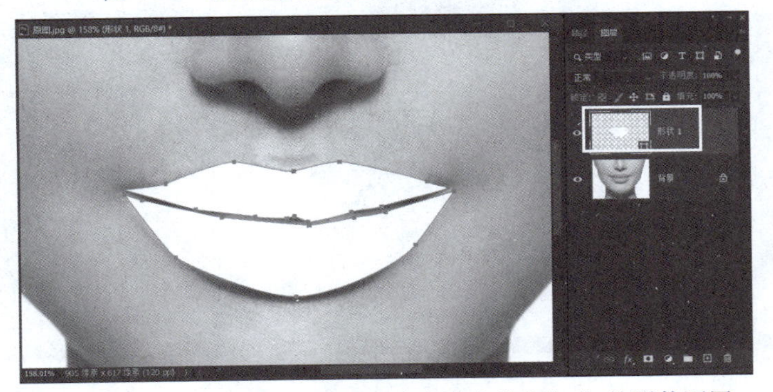

图7-39　在“图层”面板新建一个名称为“形状1”的形状图层

4）将嘴唇填充为红色。方法：在“图层”面板中双击“形状 1”前面的缩略图，然后在弹出的“拾色器”对话框中将颜色设置为红色（RGB 的数值为（255，0，0）），如图 7-40 所示。单击“确定”按钮，此时嘴唇变为红色，如图 7-41 所示。

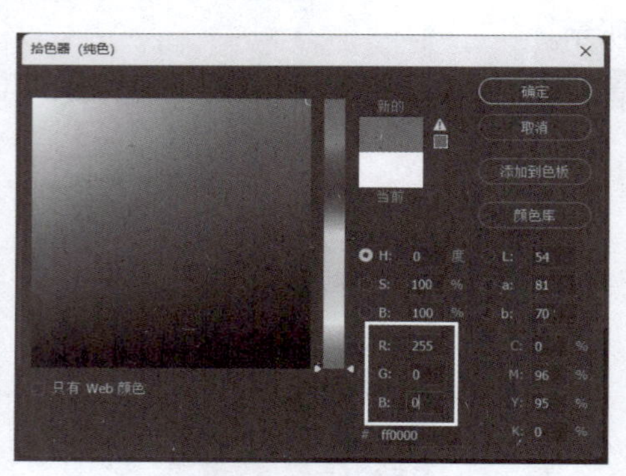

图 7-40　将颜色设置为红色（RGB 的数值为（255,0,0））

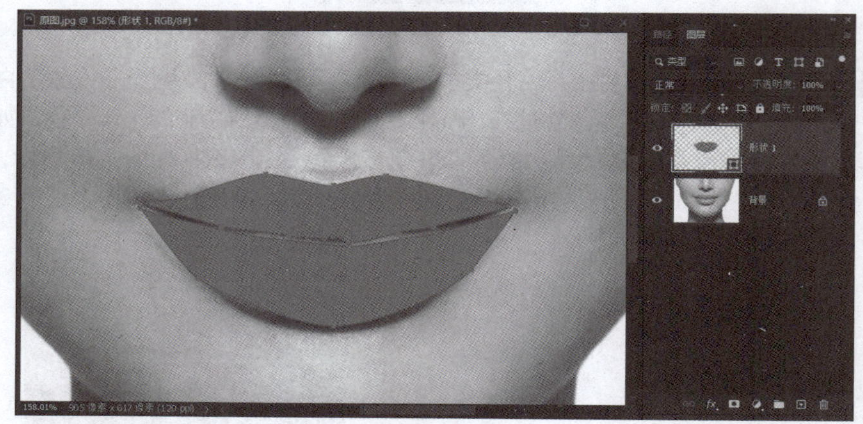

图 7-41　嘴唇变为红色

5）此时的红色很生硬，为了使红色与嘴唇更好地融合在一起，下面将“形状 1”的图层“混合模式”设置为“正片叠底”，效果如图 7-42 所示。

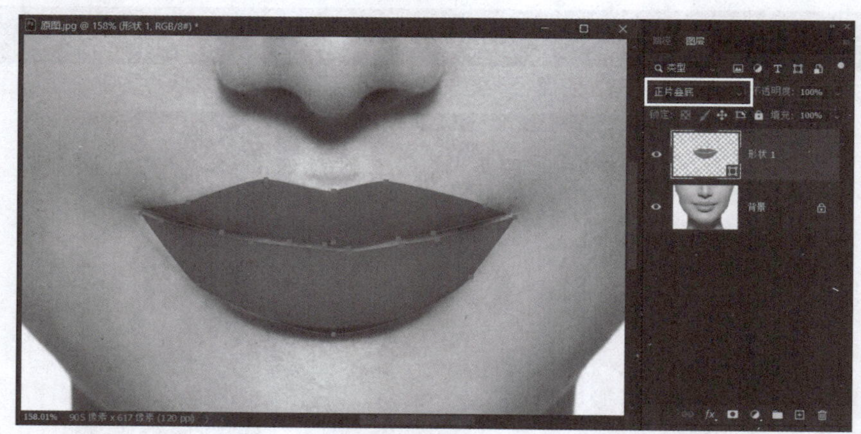

图 7-42　将“形状 1”的图层“混合模式”设置为“正片叠底”的效果

6）为了使嘴唇的红色过渡更加自然，下面在“属性”面板中将“羽化”设置为7.0像素，效果如图7-43所示。

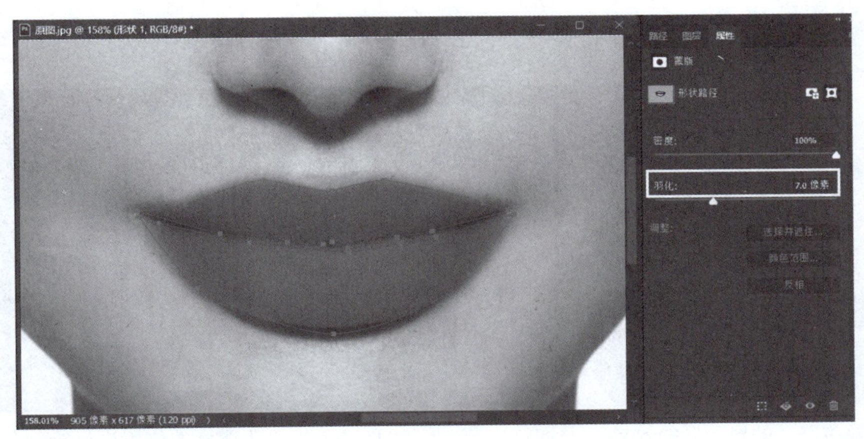

图7-43　将“羽化”设置为7.0像素的效果

7）制作口红的光泽感。方法：在“图层”面板下方单击fx（添加图层样式）按钮，在弹出的菜单中选择“混合选项”，然后在弹出的“图层样式”对话框中按住〈Alt〉键，将“下一图层”右侧的一半小三角向左侧移动，如图7-44所示，此时可以看到口红的光泽感，如图7-45所示，最后单击“确定”按钮，确定操作。

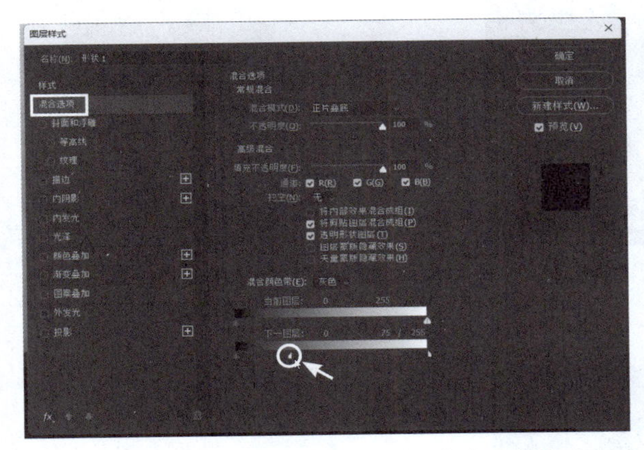

图7-44　下一图层右侧的一半小三角向左侧移动

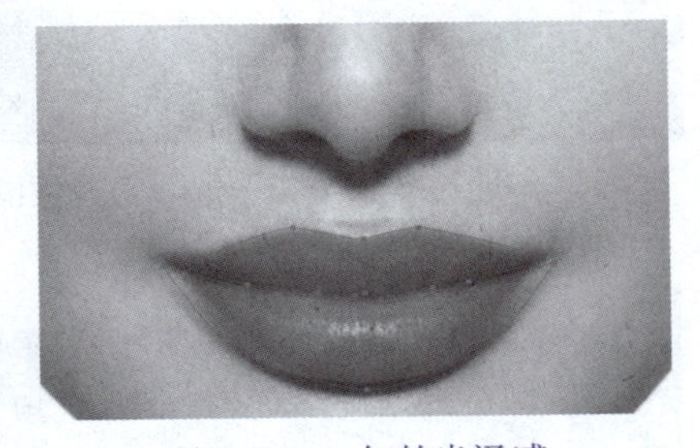

图7-45　口红的光泽感

8）在“图层”面板的空白处单击，从而隐藏路径的显示，效果如图7-46所示。

9）由于下嘴唇的亮光效果不是很明显，下面来增强下嘴唇的亮光效果。方法：在“图层”面板下方单击⊞（创建新图层）按钮，新建“图层1”，然后单击工具箱中的（画笔工具），在选项栏中选择一种笔头大小为60的柔化笔头，再将“不透明度”降低为80%，接着在下嘴唇的位置进行绘制，如图7-47所示。

10）选择“图层1”，然后在“图层”面板下方单击fx（添加图层样式）按钮，在弹出的菜单中选择“混合选项”，接着在弹出的“图层样式”对话框中将“下一图层”左侧滑块往右移动，如图 7-48 所示，从而显示出嘴唇纹理，如图 7-49 所示。最后按住〈Alt〉键，将“下一图层”左侧的一半小三角向右侧移动，如图 7-50 所示，此时可以看到下嘴唇的亮光效果增强了，最终效果如图 7-51 所示。

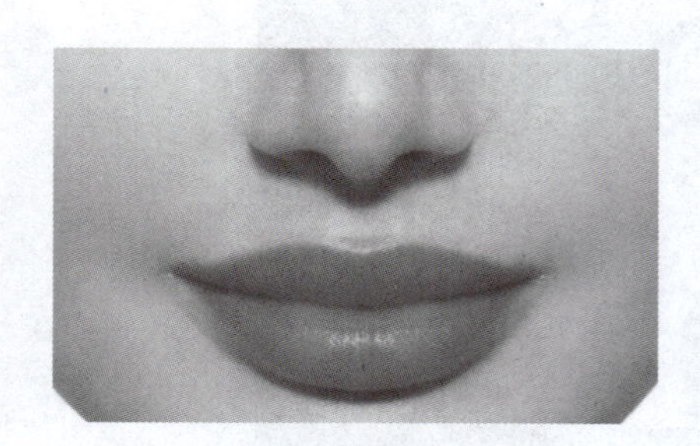

图 7-46　隐藏路径的显示后的效果

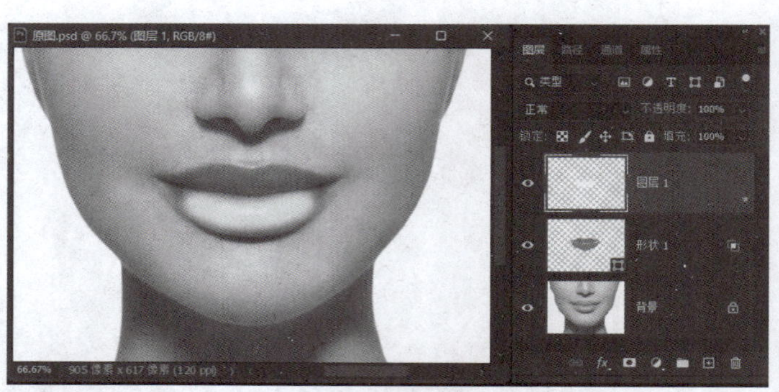

图 7-47　在下嘴唇的位置进行绘制

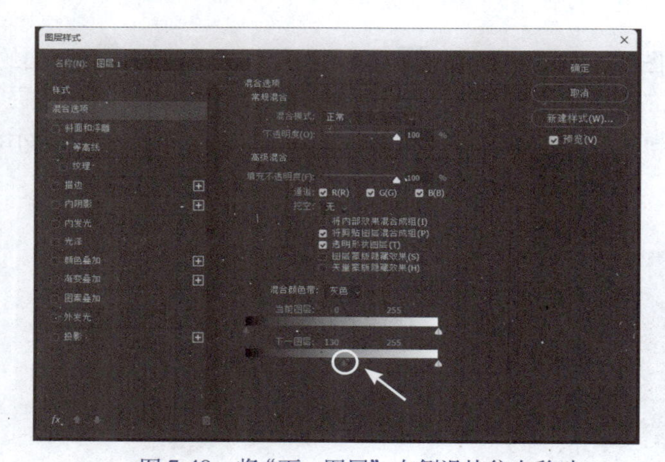

图 7-48　将“下一图层”左侧滑块往右移动

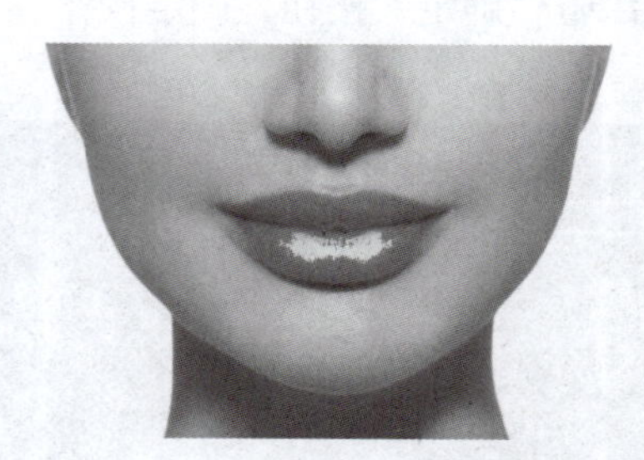

图 7-49　显示出嘴唇纹理的效果

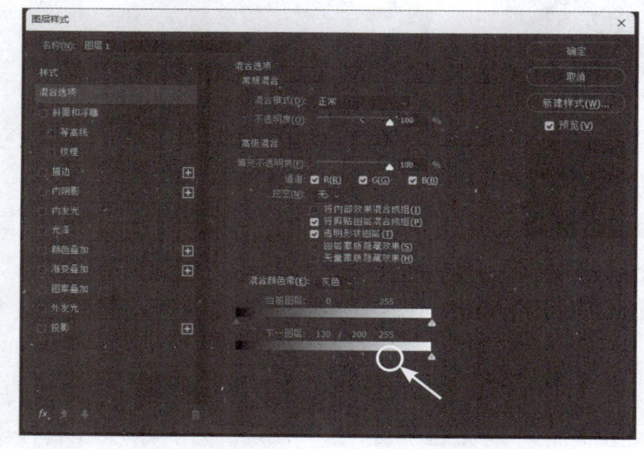

图 7-50　将“下一图层”左侧的一半小三角滑块往右移动

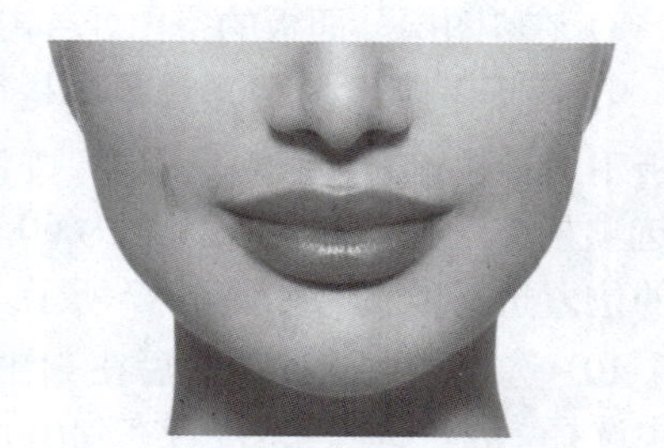

图 7-51　最终效果

7.5　课后练习

1. 打开网盘中的"课后练习 \ 第 7 章 \ 猎豹奔跑的动感画面效果 \ 原图 .jpg"文件，如图 7-52 所示，制作出猎豹奔跑的动感画面效果，如图 7-53 所示。

2. 打开网盘中的"课后练习 \ 第 7 章 \ 木刻效果 \ 原图 .jpg"文件，如图 7-54 所示，制作出木刻效果，如图 7-55 所示。

图 7-52　原图

图 7-53　动感画面效果

图 7-54　原图

图 7-55　木刻效果

第8章　滤镜的使用

本章重点

滤镜是 Photoshop CC 最重要的功能之一，其功能十分强大。使用滤镜可以很容易地制作出非常专业的效果。通过本章的学习，读者应掌握常用滤镜的使用方法。

扫码看视频

8.1　下雨效果

要点：

本例将制作一个下雨效果，如图8-1所示。通过本例的学习应掌握“添加杂色”“高斯模糊”“动感模糊”滤镜以及图层混合模式、“阈值”和“色阶”等命令的综合应用。

a)

b)

图 8-1　下雨效果
a) 原图　b) 效果图

操作步骤：

1）执行菜单中的“文件→打开”命令，打开网盘中的“源文件\8.1　下雨效果\原图.jpg”文件，如图 8-1a 所示。

2）在“图层”面板下方单击 ⊞（创建新图层）按钮，创建一个新的“图层 1”层，然后将前景色设置为黑色，再按〈Alt+Delete〉键，用黑色作为前景色填充画面，效果如图 8-2 所示。

图 8-2　用黑色作为前景色填充画面

3）执行菜单中的“滤镜→杂色→添加杂色”命令，在弹出的“添加杂色”对话框中选择“高斯分布”，并将“数量”设置为60%，如图8-3所示。单击“确定”按钮，添加杂色效果如图8-4所示。

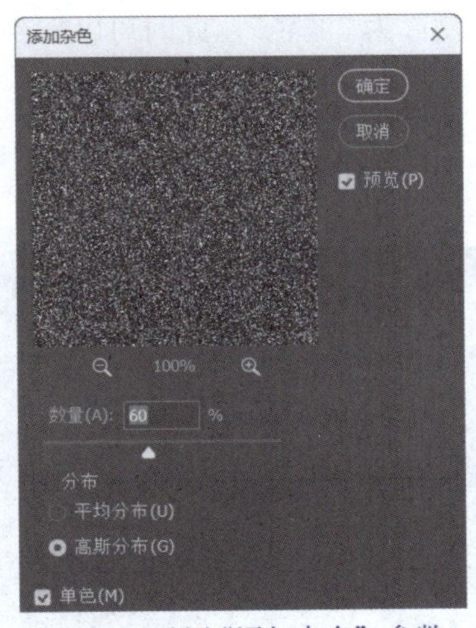

图8-3　设置“添加杂色”参数

图8-4　添加杂色效果

4）执行菜单中的“滤镜→模糊→高斯模糊”命令，在弹出的“高斯模糊”对话框中将“半径”设置为1.0像素，如图8-5所示。单击“确定”按钮，高斯模糊效果如图8-6所示。

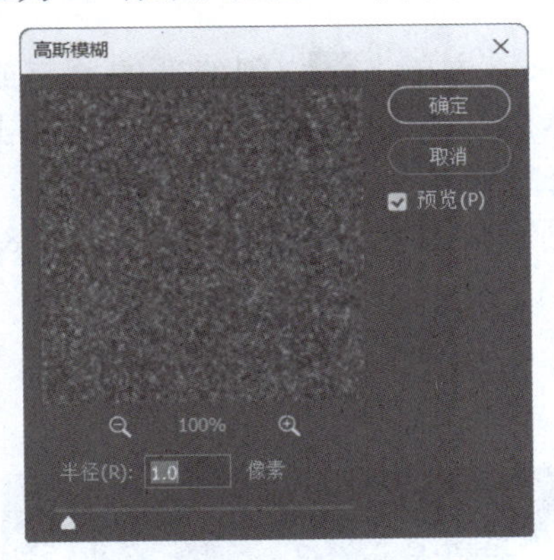

图8-5　设置“高斯模糊”参数

图8-6　高斯模糊效果

5）设置雨滴的数量。方法：执行菜单中的“图像→调整→阈值”命令，在弹出的“阈值”对话框中将“阈值色阶”的数值设置为110，如图8-7所示。单击“确定”按钮，雨滴效果如图8-8所示。

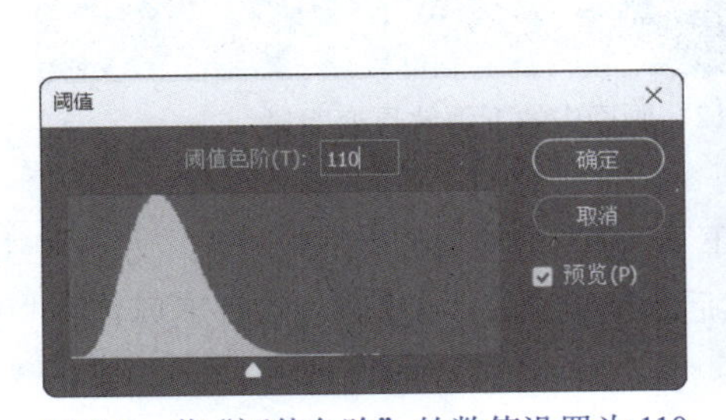

图8-7　将“阈值色阶”的数值设置为110

图8-8　“雨滴”效果

6）制作下雨效果。方法：执行菜单中的“滤镜→模糊→动感模糊”命令，在弹出的“动感模糊”对话框中将“角度”设置为80度，“距离”设置为30像素，如图8-9所示，单击“确定”按钮。然后在“图层”面板中将“图层1”的“混合模式”设置为“滤色”，此时可以看到下雨效果，效果如图8-10所示。

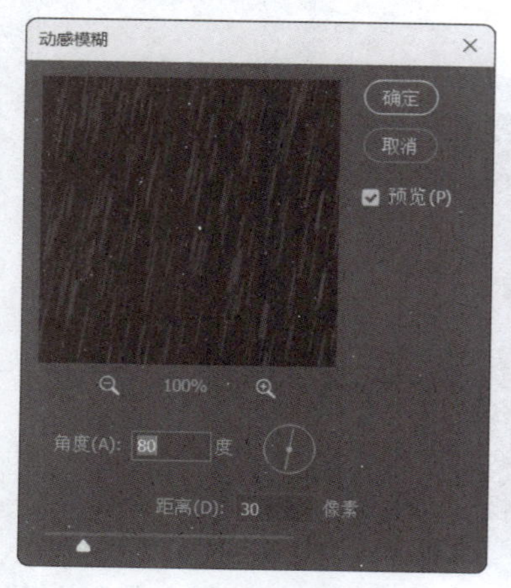

图8-9　设置“动感模糊”参数

图8-10　将“图层1”的“混合模式”设置为“滤色”的效果

7）由于下雨效果不是很明显，下面在“图层”面板下方单击（创建新的填充或调整图层）按钮，在弹出的菜单中选择“色阶”命令，然后在弹出的“属性”面板中单击下方的（此调整剪切到此图层）按钮，从而使“色阶”效果只对“图层1”起作用，接着将输出色阶的数值减小为170，如图8-11所示。此时画面中的下雨效果变明显，如图8-12所示。

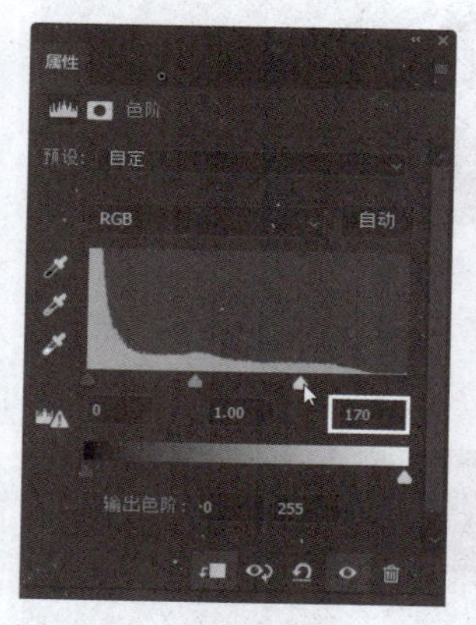

图8-11　将输出色阶的数值减小为170

图8-12　画面中的下雨效果变明显

8）画面上、下会出现不自然的白色区域，下面对这些区域进行处理。方法：按〈Ctrl+Shifit+Alt+E〉键，盖印出一个新的“图层2”，然后利用工具箱中的（修补工具）对“图层2”的白色区域进行处理，最终效果如图8-13所示。

图 8-13　最终效果

8.2　高尔夫球的效果

扫码看视频

要点：

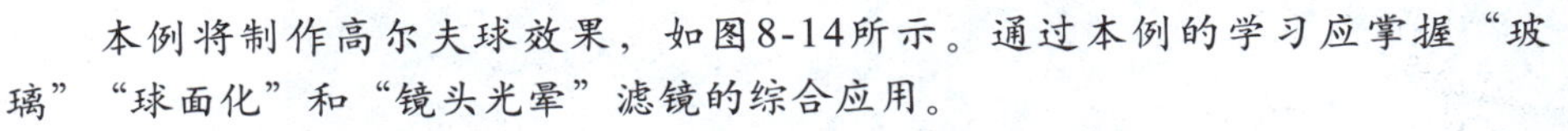

本例将制作高尔夫球效果，如图8-14所示。通过本例的学习应掌握“玻璃”“球面化”和“镜头光晕”滤镜的综合应用。

图 8-14　高尔夫球的效果

操作步骤：

1）执行菜单中的“文件→新建”（快捷键〈Ctrl+N〉）命令，然后在弹出的“新建文档”对话框中将新建文档的名称设置为“高尔夫球”，“宽度”设置为 400 像素，“高度”设置为 300 像素，“分辨率”设置为 72 像素 / 英寸，背景颜色设置为一种深蓝色（RGB 的数值为（30,50,90）），如图 8-15 所示，单击“确定”按钮，从而新建一个文件。

2）单击工具箱中的（渐变工具），然后在选项栏中将渐变方式设置为“渐变”，渐变色设置为（白 - 黑），设置渐变类型为（径向渐变），接着单击（点按可编辑渐变）按钮，然后对画面进行从左上方到右下方的径向渐变填充，效果如图 8-16 所示。

3）执行菜单中的“滤镜→滤镜库”命令，在弹出的对话框中选择“扭曲”文件夹中的“玻璃”滤镜，接着在右侧按照如图 8-17 所示设置参数。单击“确定”按钮，效果如图 8-18 所示。

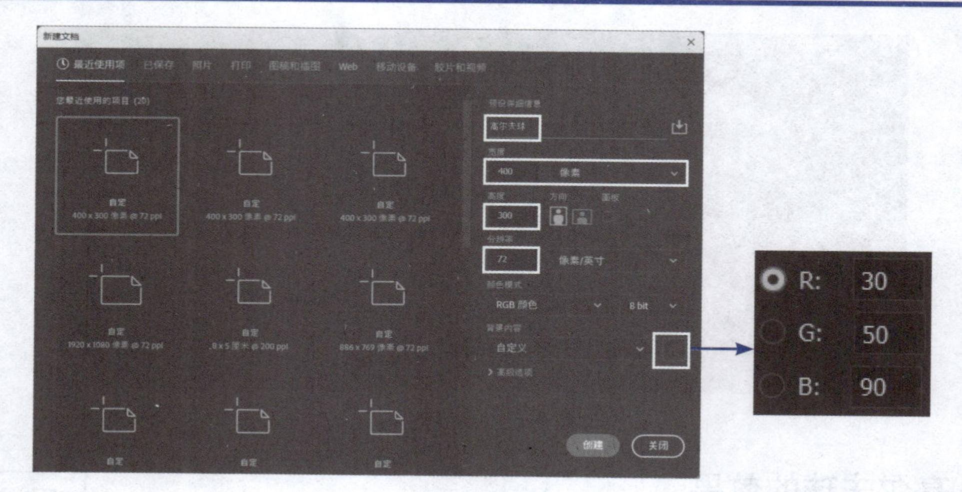

图 8-15 设置“新建文档”参数

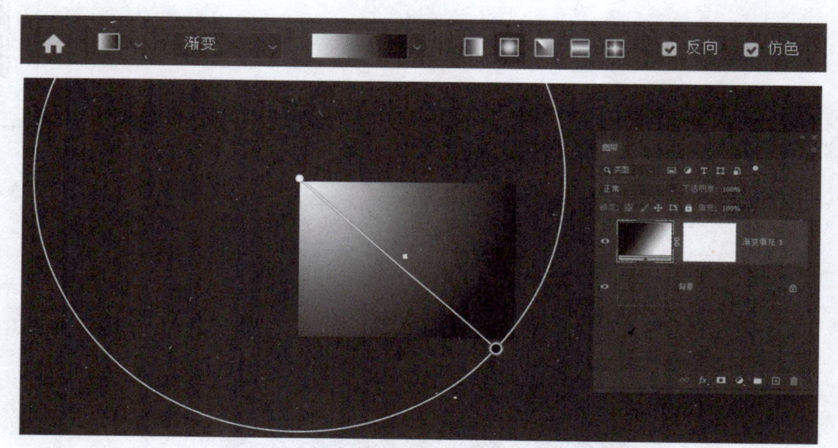

图 8-16 对画面进行从左上方到右下方的径向渐变填充

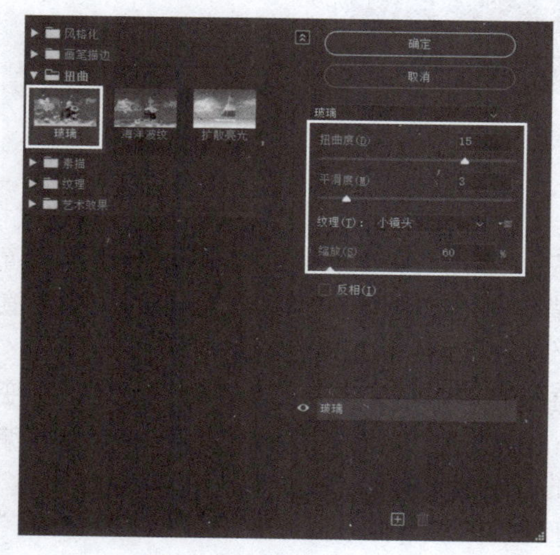

图 8-17 设置“玻璃”参数

图 8-18 “玻璃”效果

4）单击工具箱中的 （椭圆选框工具），按住〈Shift〉键，在画面中创建一个正圆形选区，如图 8-19 所示。

5）执行菜单中的“选择→反向”命令（快捷键〈Ctrl+Shift+I〉），将选区反选，然后按〈Delete〉键，删除选区中的内容。接着执行菜单中的“选择→反向”命令，反选选区，效果如图 8-20 所示。

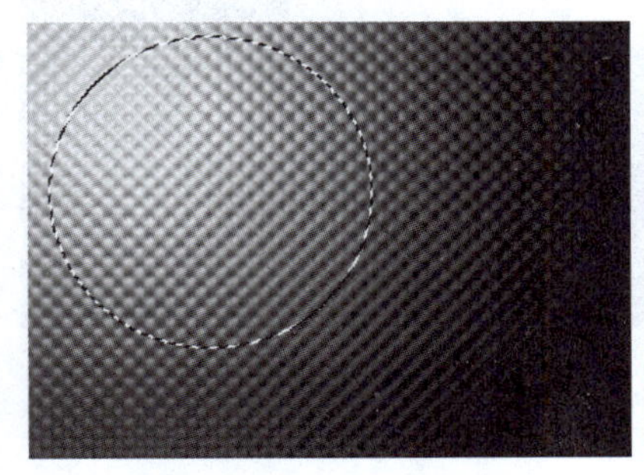

图 8-19　绘制正圆形选区

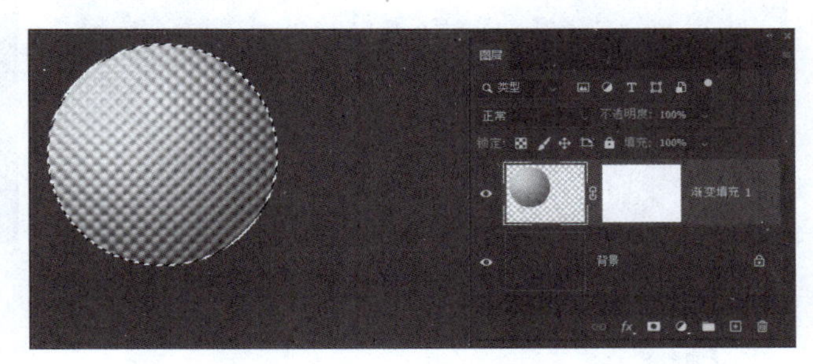

图 8-20　反选选区

6）执行菜单中的“滤镜→扭曲→球面化”命令，在弹出的“球面化”对话框中将“数量”设置为 100%，如图 8-21 所示。然后单击“确定”按钮，效果如图 8-22 所示。

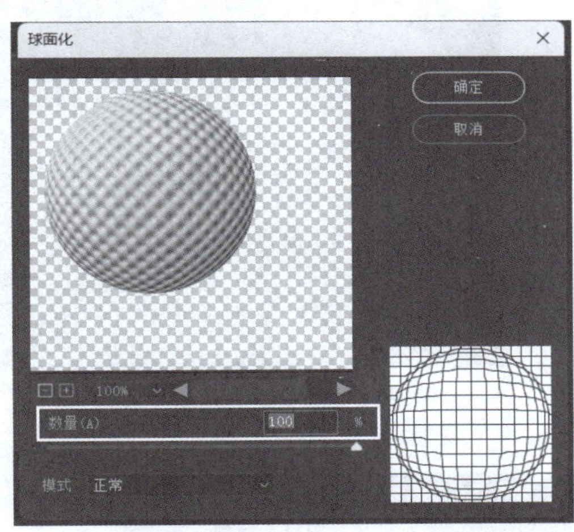

图 8-21　设置“球面化”参数

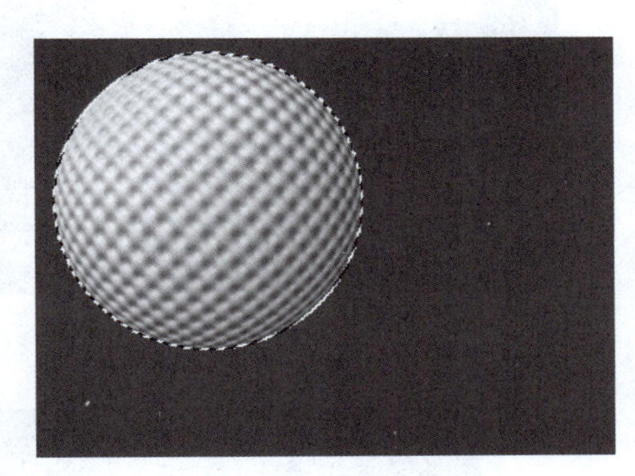

图 8-22　“球面化”效果

7）给高尔夫球添加投影效果。方法：选择“渐变填充 1”层，然后单击“图层”面板下方的 fx （添加图层样式）按钮，从弹出的菜单中选择“投影”命令，接着在弹出的“图层样式”对话框中设置“投影”的相关参数，如图 8-23 所示。单击“确定”按钮，效果如图 8-24 所示。

8）在高尔夫球上添加镜头光晕效果。方法：选择“渐变填充 1”层，执行菜单中的“滤镜→渲染→镜头光晕”命令，然后在弹出的“镜头光晕”对话框中设置参数，如图 8-25 所示。单击“确定”按钮，效果如图 8-26 所示。

9）按〈Ctrl+D〉键，取消选区，然后利用工具箱中的 （移动工具）将画面中的高尔夫球移动到画面的中央位置，最终效果如图 8-27 所示。

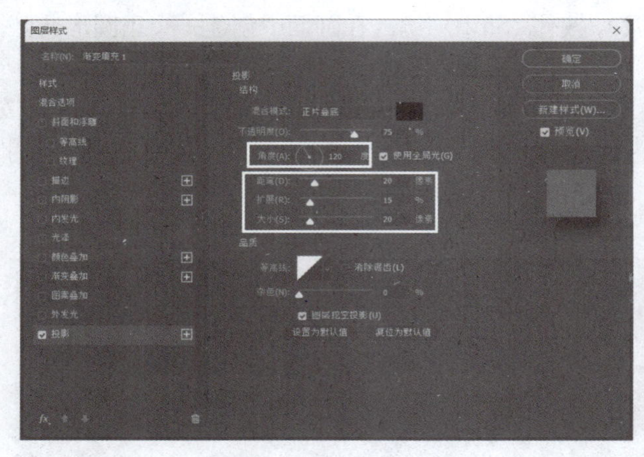

图 8-23 设置“投影”参数

图 8-24 “投影”效果

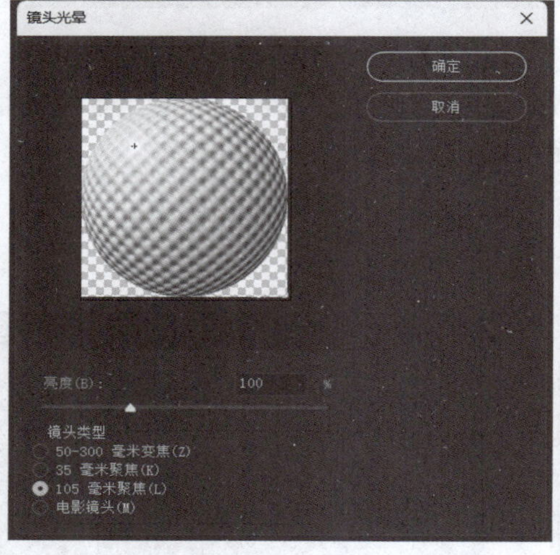

图 8-25 设置“镜头光晕”参数

图 8-26 “镜头光晕”效果

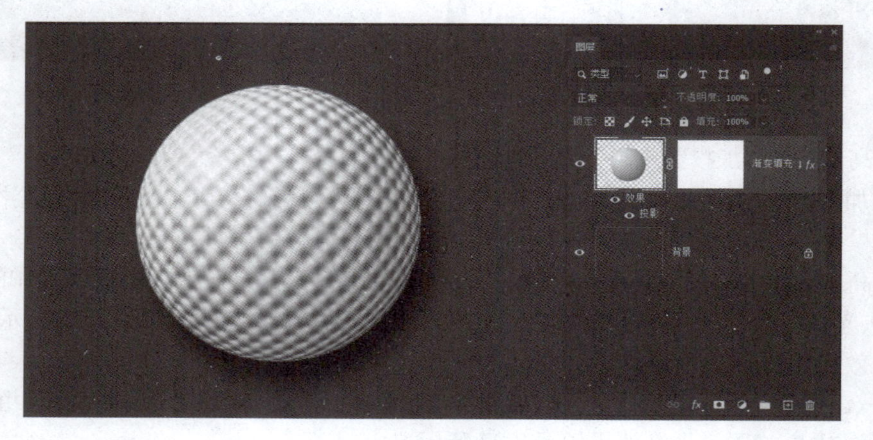

图 8-27 最终效果

8.3 去除人物黑眼圈的效果

扫码看视频

要点：

本例将制作一个去除人物黑眼圈的效果，如图8-28所示。通过本例的学习应掌握“去色”命令、“高反差滤镜”滤镜、“创建剪贴蒙版”命令和画笔工具的综合应用。

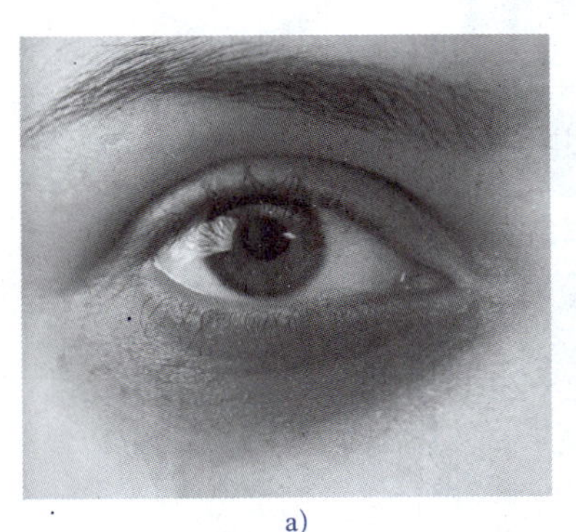

a)

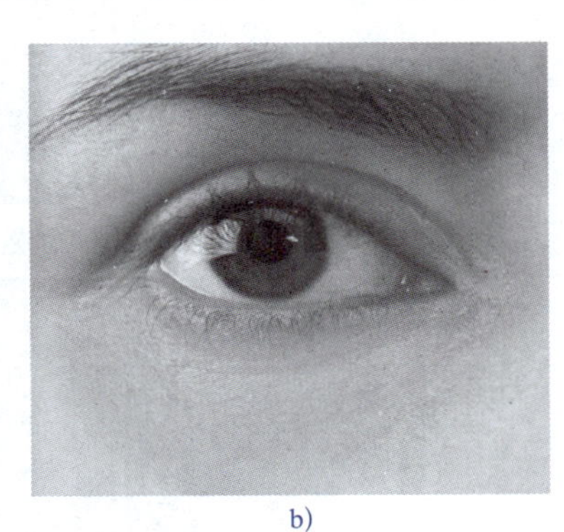

b)

图 8-28 去除人物黑眼圈的效果

a) 原图 b) 效果图

操作步骤：

1）执行菜单中的“文件→打开”命令，打开网盘中的“源文件\8.3 去除人物黑眼圈的效果\原图.jpg”文件，如图 8-28a 所示。

2）在“图层”面板中将“背景”层拖到下方的 (创建新图层) 按钮上，从而复制出一个“背景 拷贝”层，然后执行菜单中的“图像→调整→去色”命令，从而对“背景 拷贝”层上的图像进行去色处理。接着右键单击“背景 拷贝”层，在弹出的快捷菜单中选择“转换为智能对象”命令，此时图层分布如图 8-29 所示。

3）执行菜单中的“滤镜→其他→高反差保留”命令，然后在弹出的“高反差保留”对话框中将“半径”设置为 15 像素，如图 8-30 所示。单击“确定”按钮，效果如图 8-31 所示。接着将“背景 拷贝”层的“混合模式”设置为“叠加”，效果如图 8-32 所示。

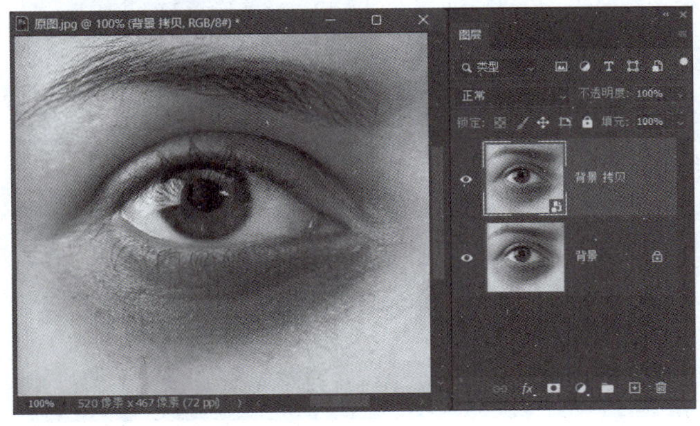

图 8-29 图层分布

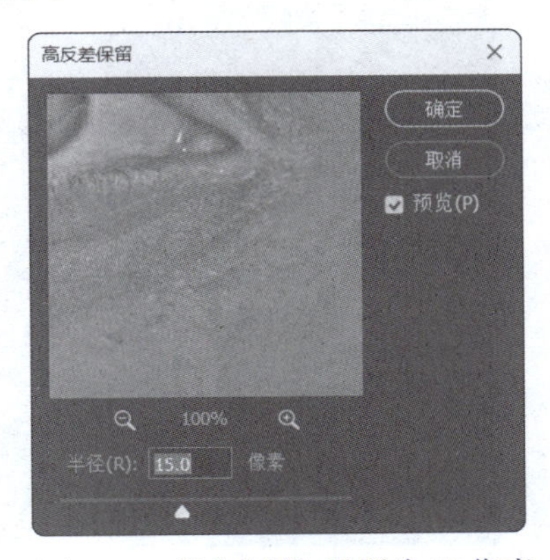

图 8-30 将“半径”设置为 15 像素

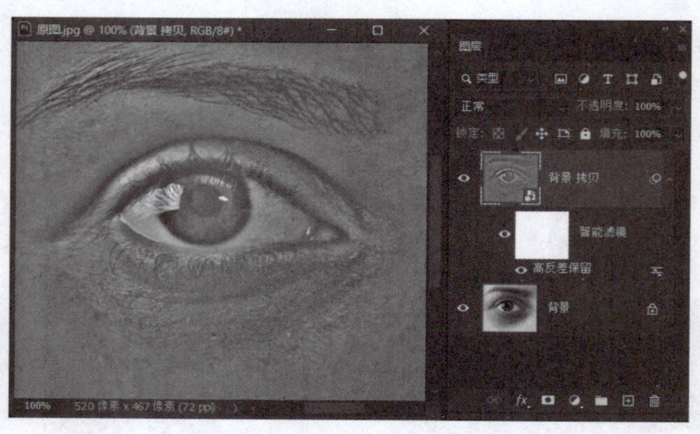

图 8-31　设置“半径”后的效果

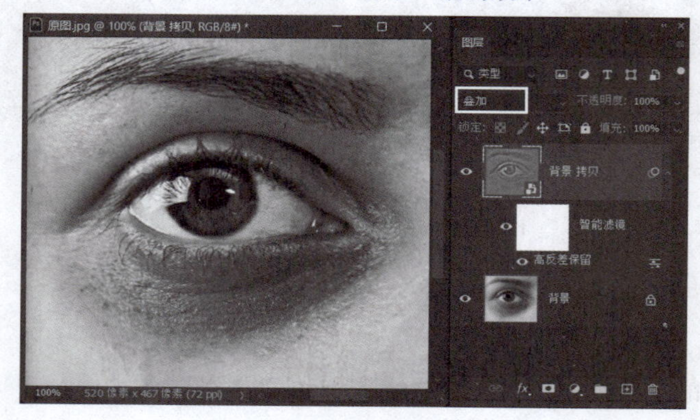

图 8-32　将“背景 拷贝”层的“混合模式”设置为“叠加”

4）在“背景”层上方新建“图层1”，然后右键单击“背景 拷贝”层，在弹出的菜单中选择“创建剪贴蒙版”命令，此时图层分布如图 8-33 所示。

5）单击工具箱中的（画笔工具），然后在选项栏中设置一种笔头大小为 150 的柔化笔头，并将“流量”设置为 5%，接着按住〈Alt〉键，吸取画面中正常皮肤的颜色，再在下眼皮位置的黑眼圈进行涂抹，从而去除人眼下方的黑眼圈，效果如图 8-34 所示。

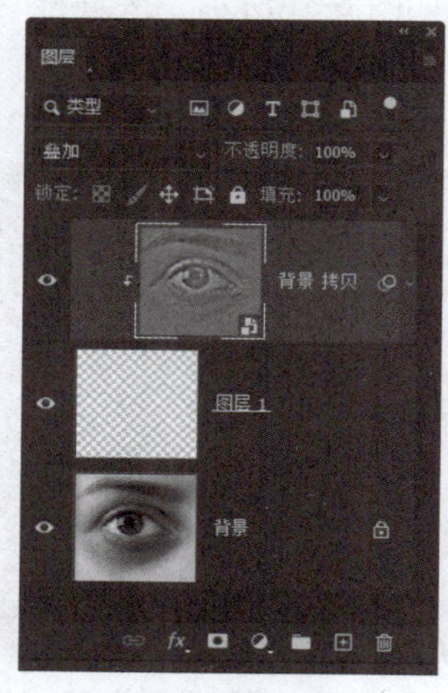

图 8-33　图层分布

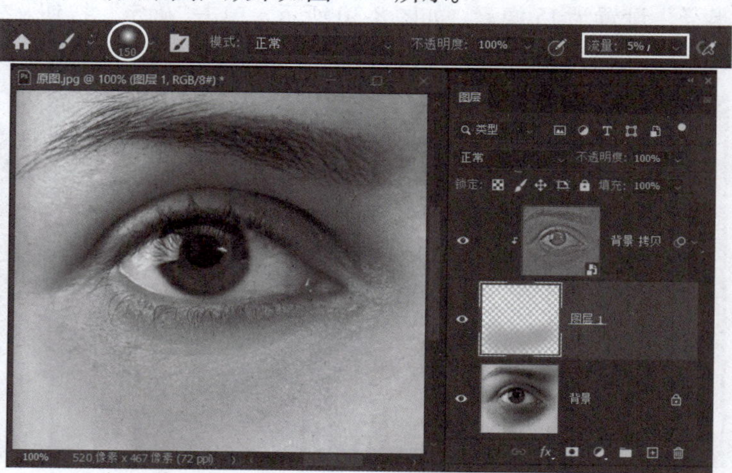

图 8-34　去除下眼皮位置的黑眼圈

6）同理，设置一种笔头大小为100的柔化笔头，然后在上眼皮的位置进行涂抹，从而去除上眼皮位置的黑眼圈，最终效果如图8-35所示。

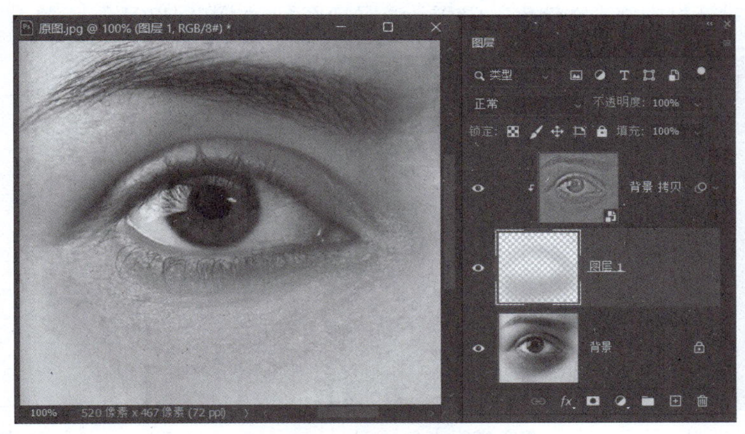

图8-35　最终效果

8.4　墙面上的刷漆文字效果

扫码看视频

要点：

本例将制作一个与墙面纹理匹配的刷漆文字效果，如图8-36所示。通过本例的学习应掌握“去色”命令、椭圆工具、横排文字工具、“转换为智能对象”命令、“置换”滤镜和图层混合选项的综合应用。

a)

b)

图8-36　墙面上的刷漆文字效果

a) 原图　b) 效果图

操作步骤：

1）执行菜单中的“文件→打开”命令，打开网盘中的“源文件\8.4　墙面上的刷漆文字效果\原图.jpg”文件，如图8-36a所示。

2）在“图层”面板中将“背景”层拖到下方的⊞（创建新图层）按钮上，从而复制出一个“背景 拷贝”层，然后执行菜单中的“图像→调整→去色”命令，从而对“背景 拷贝”层上的图像进行去色处理，效果如图 8-37 所示。接着执行菜单中的“文件→存储”命令，再在弹出的“另存为”对话框中将“文件名”设置为“置换图”，如图 8-38 所示，单击“保存”按钮。

图 8-37　对“背景 拷贝”层上的图像进行去色处理

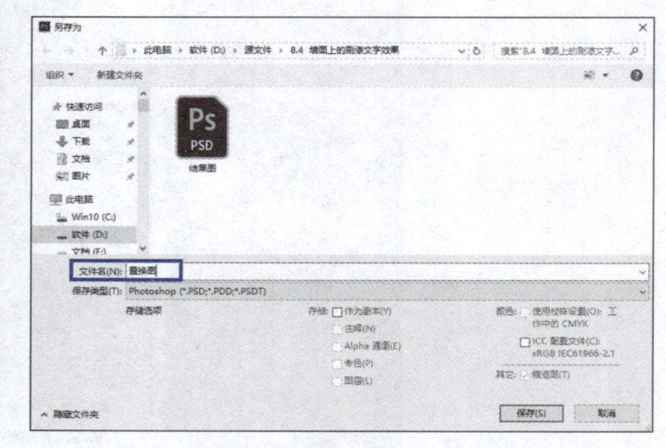

图 8-38　另存为“置换图 .psd”文件

3）按〈Ctrl+D〉键，删除“背景 拷贝”层。

4）绘制白色圆形。方法：单击工具箱中的（椭圆工具），然后在选项栏中将类型设置为形状，接着在画面中按住〈Shift〉键绘制出一个正圆形，并在“属性”面板中将正圆形的“W（宽度）”和“H（高度）”均设置为 450 像素，“描边”设置为（白色），“填色”设置为（无色），描边大小设置为 30 像素，如图 8-39 所示，效果如图 8-40 所示。

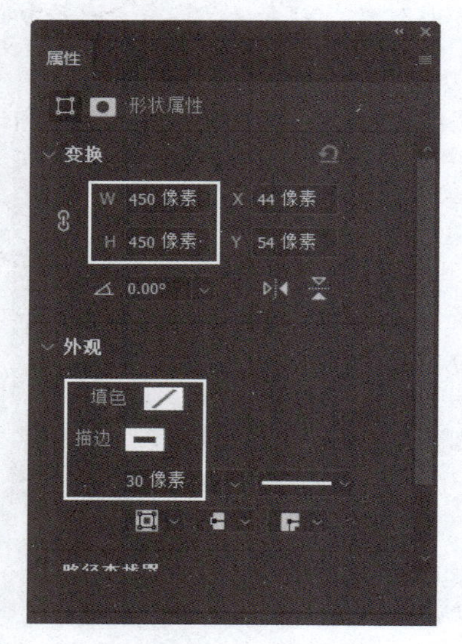

图 8-39　设置正圆形属性

图 8-40　绘制白色圆形

5）输入文字。方法：单击工具箱中的（横排文字工具），然后在选项栏中将“字体”设置为“汉仪粗黑简”，“字体大小”设置为 300 点，“字色”设置为白色，如图 8-41 所示，接着在画面中单击，输入文字“墙”，最后在“图层”面板中同时选择“椭圆 1”和“墙”层，再在选项栏中单击（水平居中对齐）和（垂直居中对齐）按钮，如图 8-42 所示，从而将它们居中对齐，效果如图 8-43 所示。

图 8-41　设置文字属性

图 8-42　单击（水平居中对齐）和（垂直居中对齐）按钮

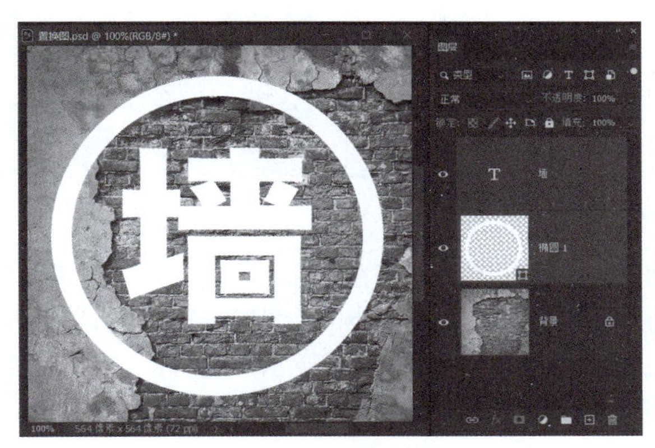

图 8-43　将“椭圆 1”和“墙”层居中对齐

6）在“图层”面板右上方单击按钮，然后在弹出的菜单中选择“向下合并”命令，从而将“椭圆 1”和“墙”图层合并为一个“墙”层。接着右键单击“墙”层，从弹出的快捷菜单中选择“转换为智能对象”命令，将其转换为一个智能图层，此时图层分布如图 8-44 所示。

7）制作与墙面纹理匹配的刷漆文字效果。方法：执行菜单中的“滤镜→扭曲→置换图”命令，然后在弹出的“置换”对话框中将“水平比例”和“垂直比例”均设置为 8，如图 8-45 所示，单击“确定”按钮。接着在弹出的“选取一个置换图”对话框中选择刚才保存的“置换图 .psd”文件，如图 8-46 所示，单击“打开”按钮。此时可以看到与墙面纹理匹配的刷漆文字效果，如图 8-47 所示。

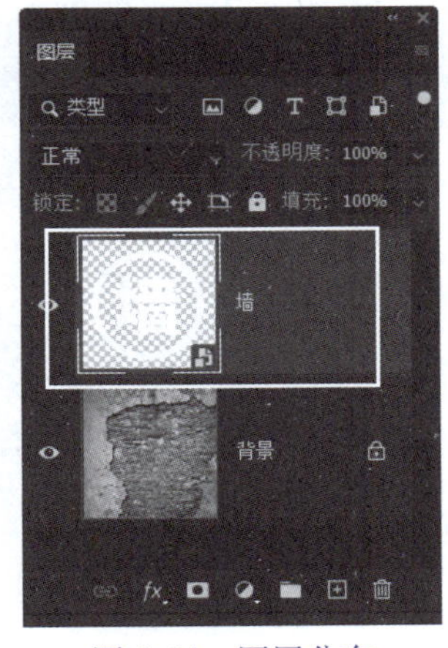

图 8-44　图层分布

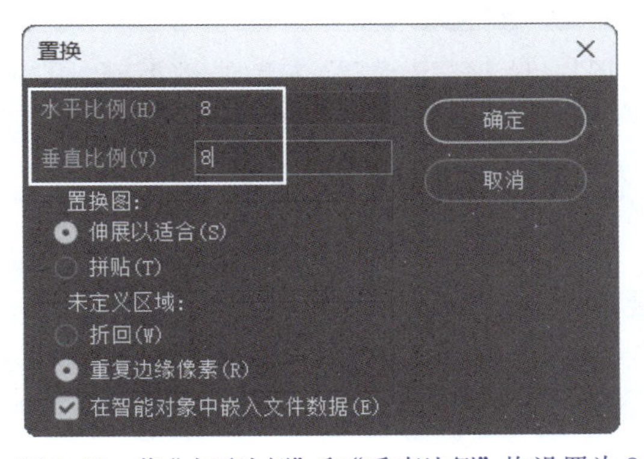

图 8-45　将“水平比例”和“垂直比例”均设置为 8

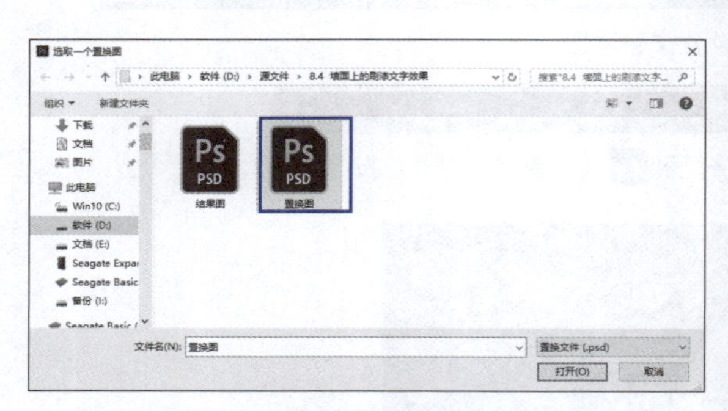

图 8-46　选择“置换图 .psd”文件

图 8-47　与墙面纹理匹配的刷漆文字效果

8）为了使文字与墙面融合得更自然，下面在“图层”面板下方单击 fx（添加图层样式）按钮，在弹出的菜单中选择“混合选项”，然后在弹出的“图层样式”对话框中按住〈Alt〉键，将“下一图层”左侧的一半小三角向右拖动，如图 8-48 所示，此时可以看到文字与墙面十分自然地融合在一起，最终效果如图 8-49 所示。

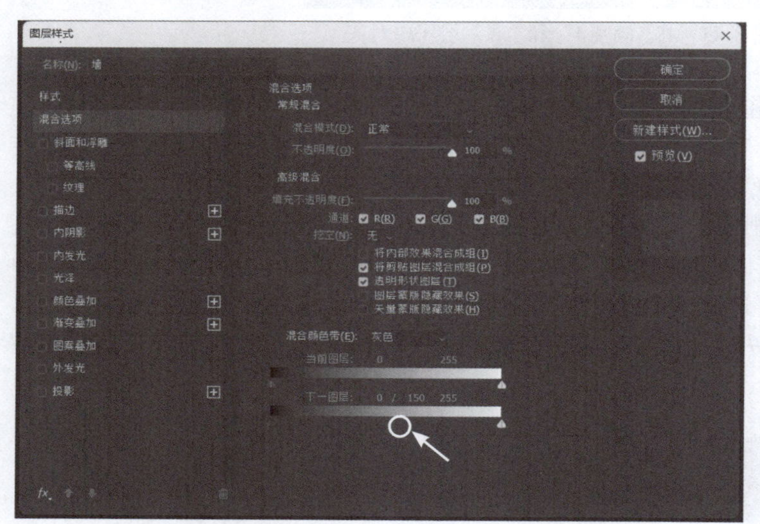

图 8-48　将“下一图层”左侧的一半小三角向右拖动

图 8-49　最终效果

8.5　褶皱的布料图案效果

扫码看视频

要点：

本例将制作一个褶皱的布料图案效果，如图8-50所示。通过本例的学习应掌握“去色”命令、“转换为智能对象”命令、“置换”滤镜、图层混合模式和“曲线”命令的综合应用。

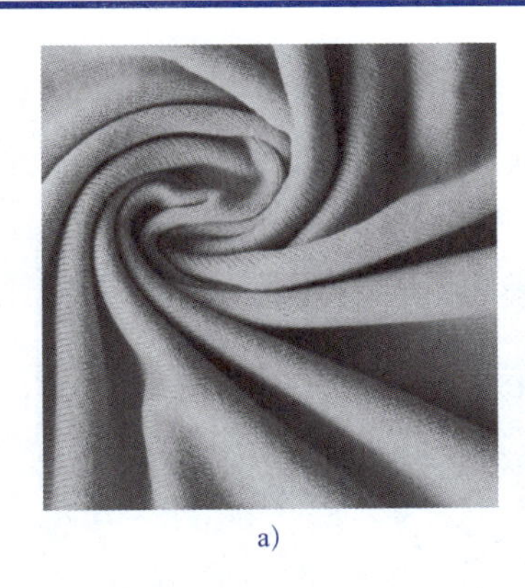

a)

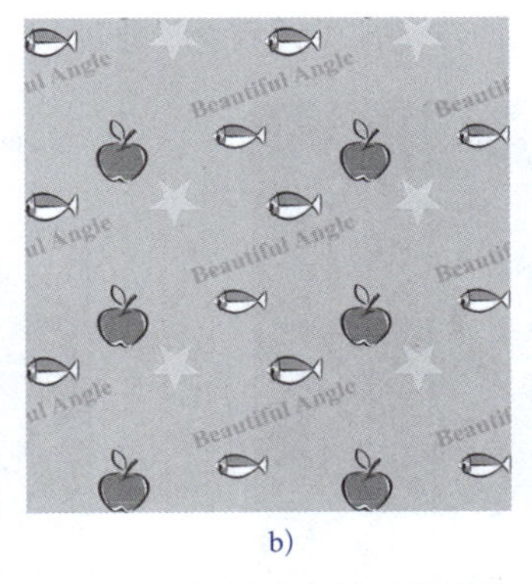

b)

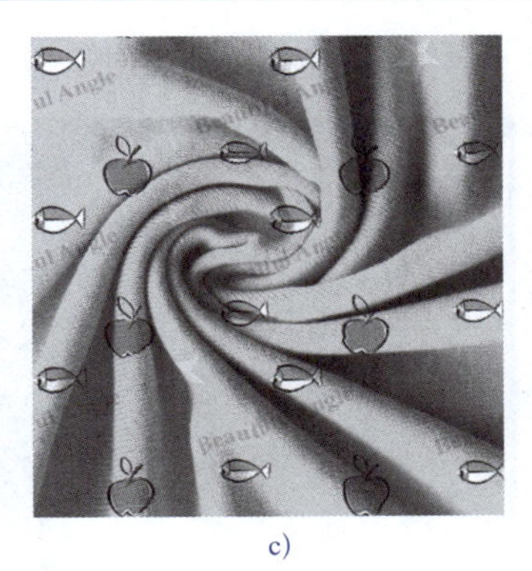

c)

图 8-50　褶皱的布料图案效果

a) 原图 1　b) 原图 2　c) 效果图

操作步骤：

1）执行菜单中的“文件→打开”命令，打开网盘中的“源文件\8.5 褶皱的布料图案效果\原图 1.jpg”文件，如图 8-50a 所示。

2）在“图层”面板中将“背景”层拖到下方的 ⊞（创建新图层）按钮上，从而复制出一个“背景 拷贝”层，然后执行菜单中的“图像→调整→去色”命令，从而对“背景 拷贝”层上的图像进行去色处理，效果如图 8-51 所示。接着执行菜单中的“文件→存储”命令，再在弹出的“另存为”对话框中将“文件名”设置为“置换”，如图 8-52 所示，单击“保存”按钮。

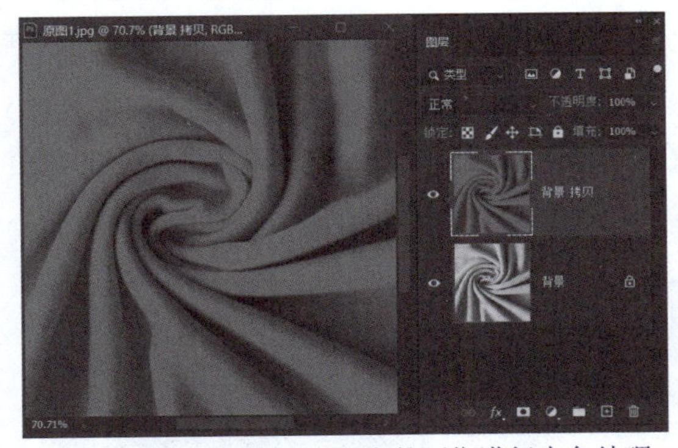

图 8-51　对“背景 拷贝”层上的图像进行去色处理

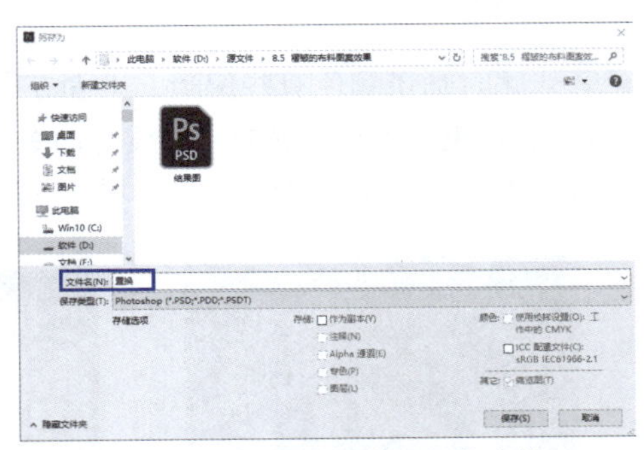

图 8-52　存储为“置换.psd”文件

3）执行菜单中的“文件→打开”命令，打开网盘中的“源文件\8.5 褶皱的布料图案效果\原图 2.jpg”文件，如图 8-50b 所示。然后利用工具箱中的 ✥（移动工具）将“原图 2.jpg”拖入“原图 1.jpg”中，接着在“图层”面板中右键单击“图层 1”，在弹出的快捷菜单中选择“转换为智能对象”命令，将其转换为一个智能图层，此时图层分布如图 8-53 所示。

4）制作置换效果。方法：执行菜单中的“滤镜→扭曲→置换图”命令，然后在弹出的“置换”对话框中将“水平比例”和“垂直比例”均设置为 5，如图 8-54 所示，单击“确定”按钮。接着在弹出的“选取一个置换图”对话框中选择刚才保存的“置换.psd”文件，如图 8-55 所示，单击“打开”按钮。最后将“图层 1”的“混合模式”设置为“叠加”，效果如图 8-56 所示。

图 8-53　图层分布

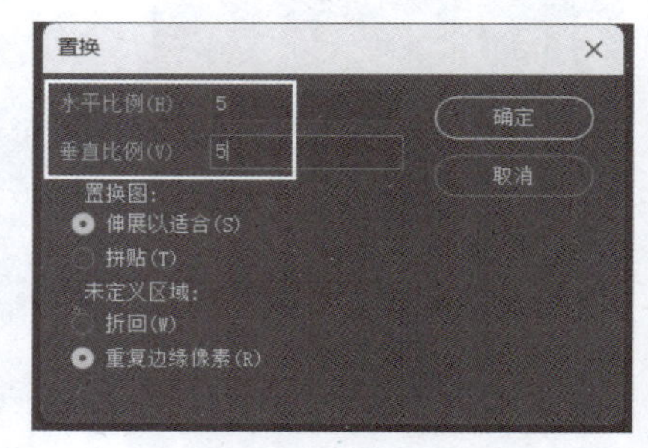

图 8-54　将“水平比例”和“垂直比例”均设置为 5

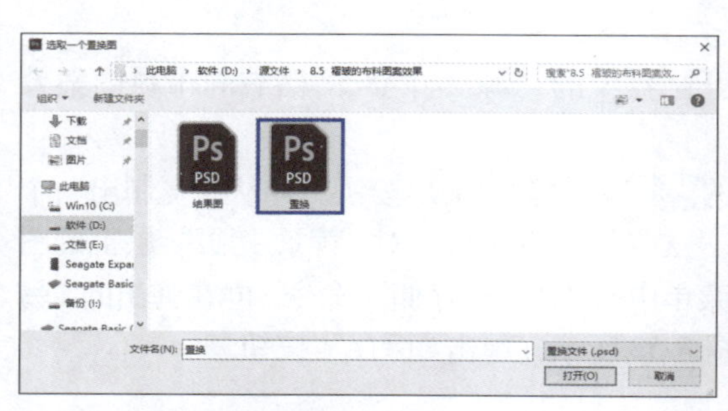

图 8-55　选择“置换 .psd”文件

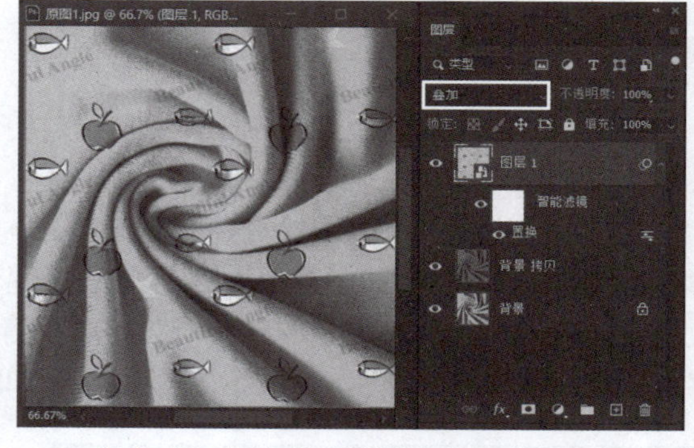

图 8-56　将“图层 1”的“混合模式”设置为“叠加”的效果

5）此时画布颜色有些偏暗，下面在“图层”面板下方单击 ◐（创建新的填充或调整图层）按钮，在弹出的菜单中选择“曲线”命令。然后在弹出的“属性”面板中将“输出色阶”的数值减小为 240，如图 8-57 所示。此时画布颜色就变亮了，最终效果如图 8-58 所示。

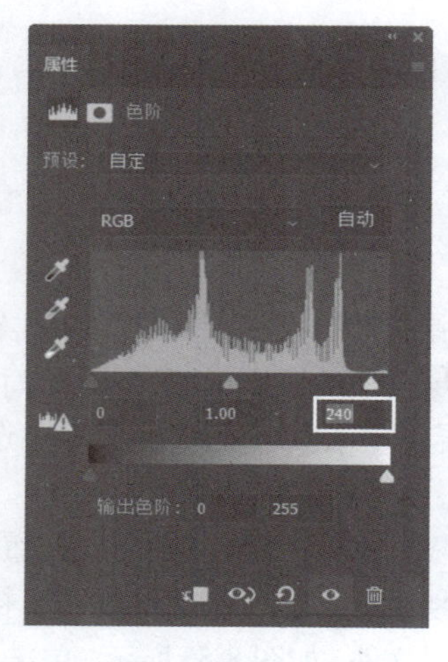

图 8-57　将输出色阶的数值减小为 240

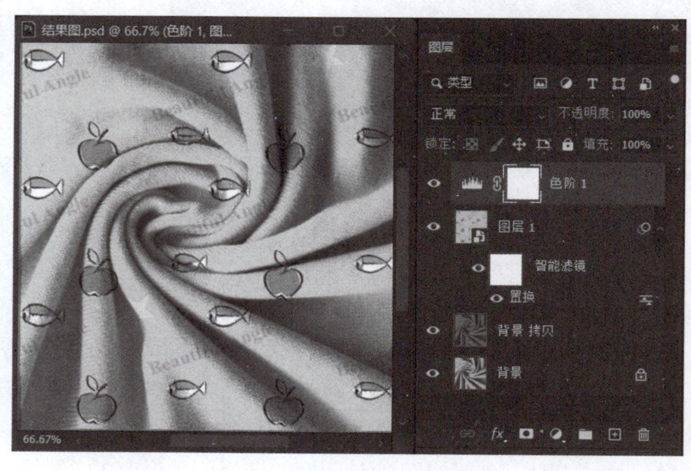

图 8-58　最终效果

8.6　LED屏的转角透视贴图效果

扫码看视频

要点：

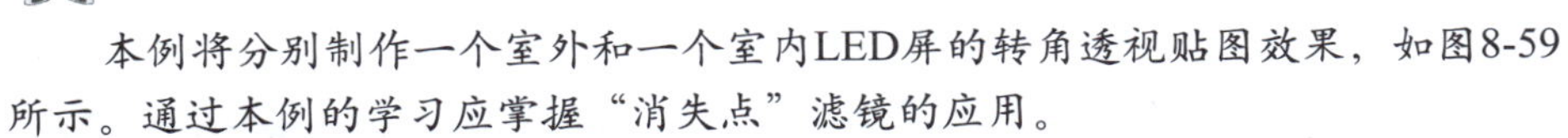

本例将分别制作一个室外和一个室内LED屏的转角透视贴图效果，如图8-59所示。通过本例的学习应掌握“消失点”滤镜的应用。

a)　　b)　　c)

d)　　e)　　f)

图 8-59　LED 屏的转角透视贴图效果

a) 原图 1　b) 原图 2　c) 效果图 1　d) 原图 3　e) 原图 4　f) 效果图 2

操作步骤：

1. 制作室外LED屏的转角贴图效果

1）执行菜单中的“文件→打开”命令，打开网盘中的“源文件\8.6　LED 屏的转角透视贴图效果\原图 2.jpg”文件，如图 8-59b 所示，然后按〈Ctrl+A〉键全选，再按〈Ctrl+C〉键复制。

2）执行菜单中的“文件→打开”命令，打开网盘中的“源文件\8.6　LED 屏的转角透视贴图效果\原图 1.jpg”文件，如图 8-59a 所示，然后在“图层”面板中单击 (创建新图层）按钮，新建“图层 1”，如图 8-60 所示。

图 8-60　新建“图层 1”(室外)

3）执行菜单中的“滤镜→消失点”命令，在弹出的“消失点”对话框中单击工具箱中的 （创建平面工具），然后绘制出一个左侧 LED 屏的网格平面，如图 8-61 所示，接着按住〈Ctrl〉键将左侧 LED 屏的网格平面复制到右侧，并调整其大小，使其与右侧 LED 屏进行匹配，如图 8-62 所示。

图 8-61　绘制出一个左侧 LED 屏的网格平面（室外）

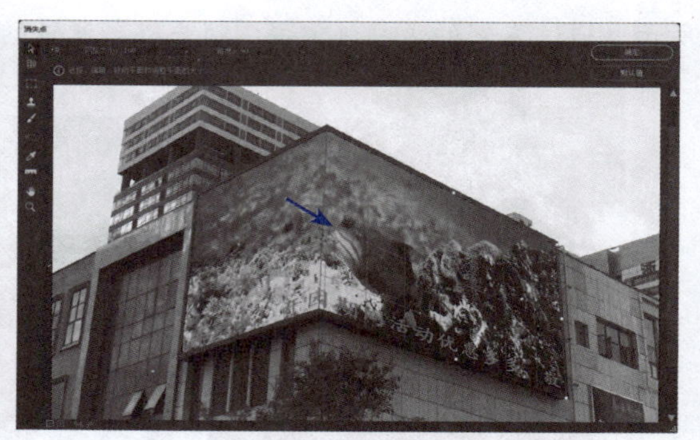

图 8-62　将复制的网格平面与右侧 LED 屏进行匹配（室外）

4）按〈Ctrl+V〉键，将“原图 2.jpg”粘贴到“消失点”对话框中，然后单击工具箱中的 （变换工具），按住〈Shift〉键，使其等比例缩小，并将其放置到绘制的 LED 屏的网格平面中，如图 8-63 所示。接着单击“确定”按钮，最终效果如图 8-64 所示。

图 8-63　将“原图 2.jpg”放置到绘制的 LED 屏的网格平面中（室外）

图 8-64　最终效果（室外）

2. 制作室内LED屏的转角贴图效果

1）执行菜单中的“文件→打开”命令，打开网盘中的“源文件\8.6 LED 屏的转角透视贴图效果\原图 4.jpg”文件，如图 8-59e 所示，然后按〈Ctrl+A〉键全选，再按〈Ctrl+C〉键复制。

2）执行菜单中的“文件→打开”命令，打开网盘中的“源文件\8.6 LED 屏的转角透视贴图效果\原图 3.jpg”文件，如图 8-59d 所示，然后在“图层”面板中单击 （创建新图层）按钮，新建“图层 1”，如图 8-65 所示。

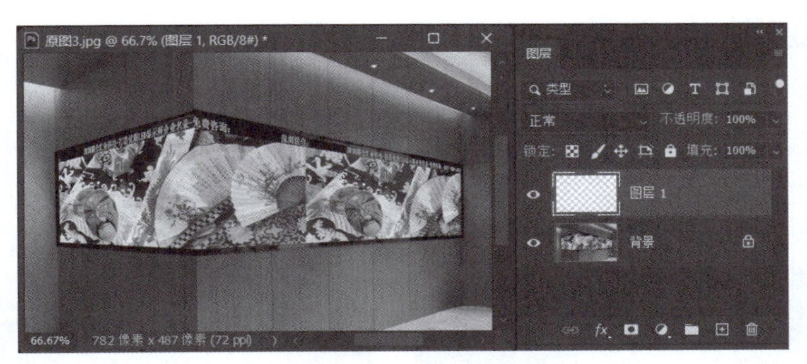

图 8-65　新建“图层 1”(室内)

3）执行菜单中的“滤镜→消失点”命令,在弹出的“消失点”对话框中单击工具箱中的 （创建平面工具），然后绘制出一个左侧 LED 屏的网格平面，如图 8-66 所示，接着按住〈Ctrl〉键将左侧 LED 屏的网格平面复制到右侧，并调整其大小，使其与右侧 LED 屏进行匹配，如图 8-67 所示。

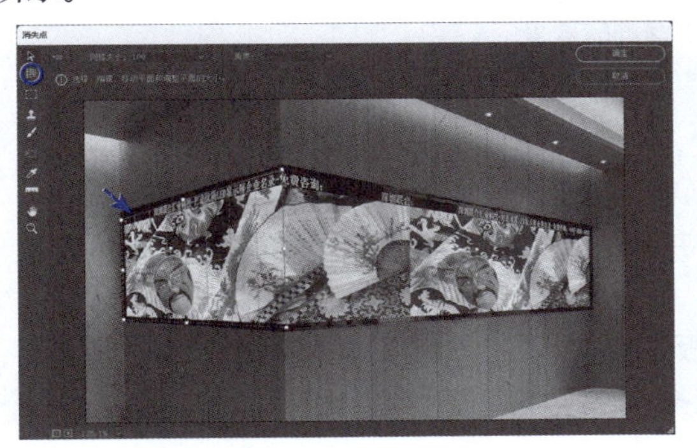

图 8-66　绘制出一个左侧 LED 屏的网格平面（室内）

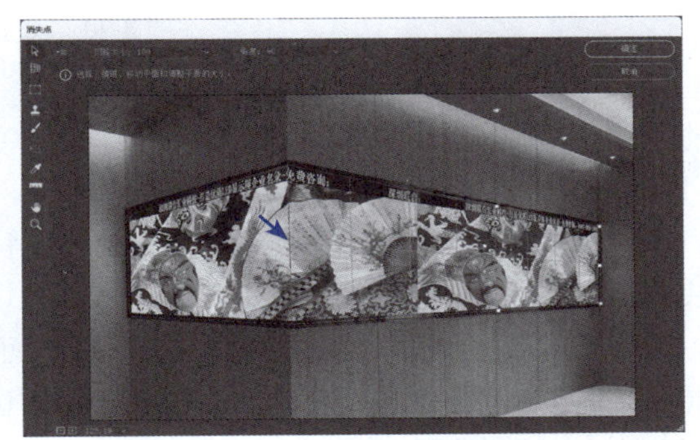

图 8-67　将复制的网格平面与右侧 LED 屏进行匹配（室内）

4）按〈Ctrl+V〉键，将“原图 4.jpg”粘贴到“消失点”对话框中，然后单击工具箱中的 （变换工具），按住〈Shift〉键，使其等比例缩小，并将其放置到绘制的 LED 屏的网格平面中，如图 8-68 所示。接着单击“确定”按钮，最终效果如图 8-69 所示。

图 8-68　将“原图 4.jpg”放置到绘制的 LED 屏的网格平面中（室内）

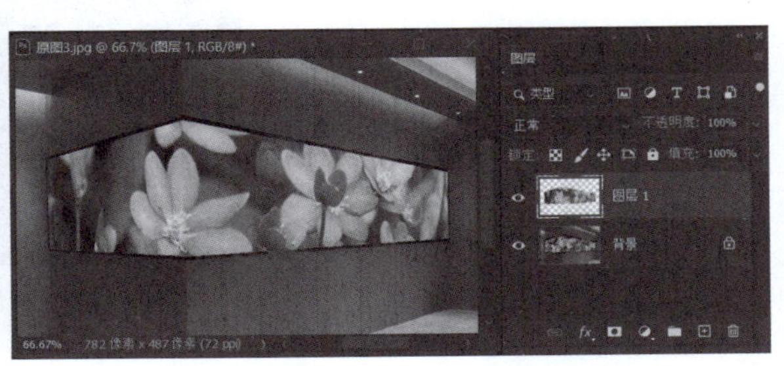

图 8-69　最终效果（室内）

8.7 戈壁变绿洲的效果

扫码看视频

 **要点：**

本例将把一幅戈壁图片处理为绿洲效果，如图8-70所示。通过本例的学习应掌握“Neural Filters”滤镜的综合应用。

a)

b)

图 8-70　戈壁变绿洲的效果
a) 原图　b) 效果图

 **操作步骤：**

1）执行菜单中的“文件→打开”命令，打开网盘中的“源文件\8.7 戈壁变绿洲的效果\原图 .jpg”文件，如图 8-70a 所示。

2）为了防止破坏原图，下面在“图层”面板中按快捷键〈Ctrl+J〉，复制出一个“图层 1”，然后右键单击“图层 1”，在弹出的快捷菜单中选择“转换为智能对象”命令，将其转换为一个智能图层，如图 8-71 所示。

图 8-71　将复制出的“图层 1”转换为智能图层

3）选择“图层 1”，然后执行菜单中的“滤镜→ Nerual Filters”命令，接着在弹出的“Nerual Filters”对话框的左侧选择并激活“风景混合器”选项，再在右侧选择一个夏天的预设，如图 8-72 所示。此时软件开始处理，显示出图 8-73 所示的进度条，当软件计算完成后，在左侧预览区就可以看到戈壁变绿洲的效果。最后单击“确定”按钮，最终效果如图 8-74 所示。

图 8-72　选择并激活“风景混合器”选项，再在右侧选择一个夏天的预设

正在设备上进行处理

图 8-73　软件处理的进度条

图 8-74　最终效果

8.8　图片中远景的梦幻模糊效果

扫码看视频

要点：

本例将制作一幅图片中远景的梦幻模糊效果，如图8-75所示。通过本例的学习应掌握“Neural Filters”滤镜的综合应用。

a)

b)

图 8-75　图片中远景的梦幻模糊效果
a) 原图　b) 效果图

操作步骤：

1）执行菜单中的“文件→打开”命令，打开网盘中的“源文件\8.8 图片中远景的梦幻模糊效果\原图.jpg”文件，如图 8-75a 所示。

2）为了防止破坏原图，下面在“图层”面板中按快捷键〈Ctrl+J〉，复制出一个“图层 1”，然后右键单击“图层 1”，在弹出的快捷菜单中选择“转换为智能对象”命令，将其转换为一个智能图层，此时图层分布如图 8-76 所示。

图 8-76　图层分布

3）选择“图层 1”，然后执行菜单中的“滤镜→ Nerual Filters”命令，在弹出的“Nerual Filters”对话框的左侧选择并激活“深度模糊”选项，再在右侧选中“焦点主体”复选框，接着将“模糊强度”的数值加大为 70，如图 8-77 所示。此时软件开始处理，当软件计算完成后，就可以看到画面中人物主体清晰，而人物以外的远景模糊的效果，如图 8-78 所示。

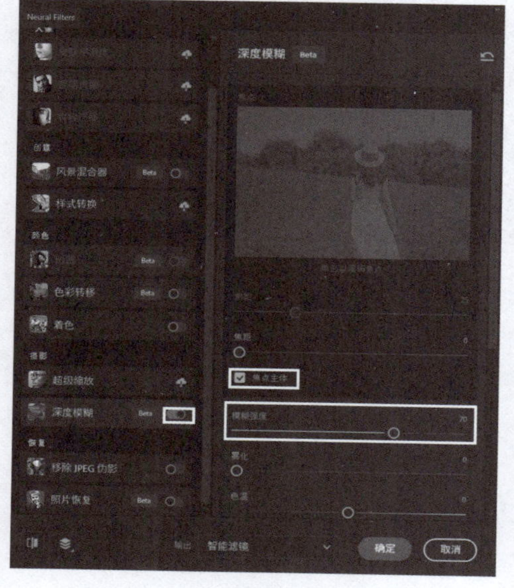

图 8-77　选择并激活“深度模糊”选项，再在右侧设置相关参数

图 8-78　画面中人物主体清晰，而人物以外的远景模糊的效果

4）将远景处理为梦幻效果。方法：将“色温”和“色调”数值均设置为 +50，“饱和度”数值设置为 +30，“亮度”加大为 +10，然后将“雾化”数值加大为 +50，如图 8-79 所示。此时在左侧预览区就可以看到画面中人物以外的远景产生了一种梦幻模糊效果。接着单击“确定”按钮，最终效果如图 8-80 所示。

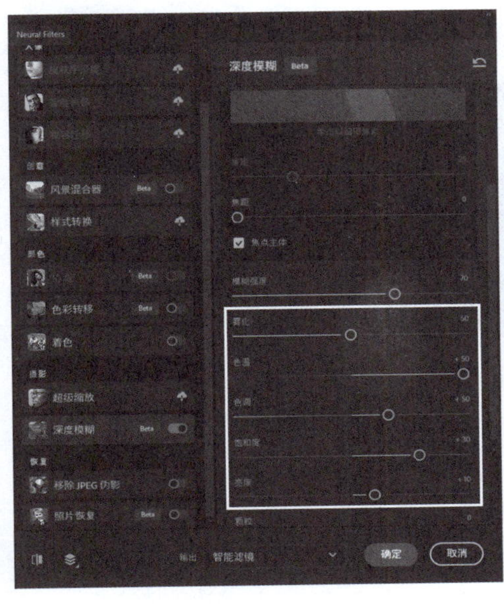

图 8-79　进一步设置“深度模糊”的参数

图 8-80　最终效果

8.9　课后练习

1. 打开网盘中的“课后练习 \ 第 8 章 \ 延伸的地面效果 \ 原图 .jpg”文件，如图 8-81 所示，利用“消失点”滤镜制作出延伸的地面效果，如图 8-82 所示。

图 8-81　原图

图 8-82　延伸的地面效果图

2. 打开网盘中的“课后练习\第 8 章\肌理海报效果\原图 1.jpg”和“原图 2.jpg”文件，如图 8-83 所示，利用“动感模糊”“USM 锐化”等滤镜制作出肌理海报效果，如图 8-84 所示。

原图 1

原图 2

图 8-83　素材

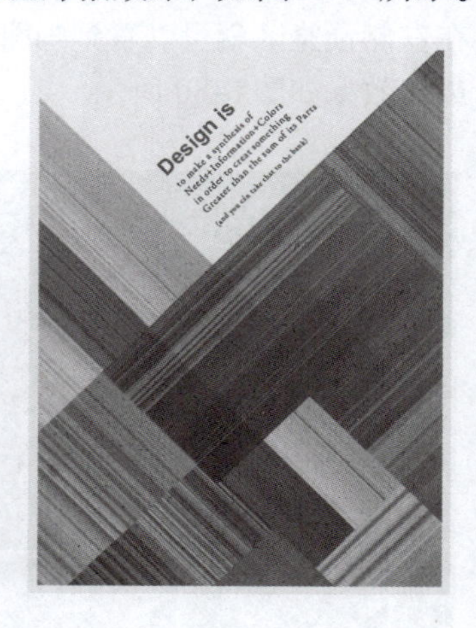

图 8-84　肌理海报效果图

第3部分　综合实例演练

第9章　手机APP界面设计

本章重点

本章将讲解以“新拟物设计”为主要思路的现代UI设计。新拟物设计的前身是拟物设计，即在界面中模仿现实物纹理材质的设计，让人们在使用界面时联想到现实物体的使用方式。

新拟物设计摒弃了传统拟物设计的厚重感与扁平化设计的单调感，在保留模拟物的特性与真实感的同时，整体界面设计风格更为干净轻盈。通过对光线的运用，既保留模拟物的真实特质，又赋予界面元素适当的立体感，使界面信息以更为直接有效的方式传递。本章将通过食谱与运动健康监测两个APP的界面设计来具体讲解以“新拟物设计”为主要思路的现代UI设计。

提示：在UI互动设计中，Photoshop主要用于策划初期的概念设计和视觉设计部分，具体的UI互动设计是由其他软件来完成的。

9.1　新拟物设计（毛玻璃效果）——食谱APP界面设计

本节将制作一个以食谱为主题的APP界面设计，如图9-1所示。

扫码看视频

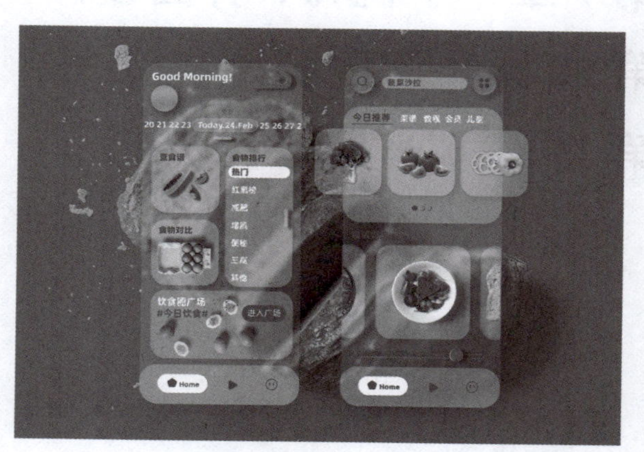

图9-1　以食谱为主题的APP界面展示效果

要点：

1. 新拟物设计中的毛玻璃效果，主要是通过半透明的图形重叠，以及微妙的阴影效果来形成。

2. 在UI界面设计中，按钮的设计是通过多个图层的图层样式叠加来完成的，由于每一个小的按钮步骤和指令较多，在实际操作中要注意图层的区分与细节的变化。

3. 新拟物设计是通过对光线的运用使画面元素产生立体感，在整体的界面设计中要注意光线的来向，阴影与投影方向的统一，以免造成画面混乱。

操作步骤：

1. 制作手机界面的基本形态及立体按钮

手机界面设计分为左、右两部分，下面来进行具体制作。

（1）制作左侧的手机食谱 APP 界面

1）执行菜单中的“文件→新建”（快捷键〈Ctrl+N〉）命令，新建一个 35cm×25cm，“分辨率”为 300 像素 / 英寸，“颜色模式”为“RGB 颜色模式”，名称为“菜单 APP”的文件。

2）选择“背景”图层，然后将其填充为紫色（RGB 的数值为（125,105,245）），作为整体展示效果图的大背景。接着单击工具箱中的 （矩形工具），在画面中绘制出一个矩形，并将该层重命名为“底层 1”，再在“属性”面板的“外观”选项中，将“填色”设置为白色，“描边”设置为无色，所有的“角半径”都设置为 120 像素，如图 9-2 所示。最后在“图层”面板中将“底层 1”的不透明度设置为 40%，“填充”设置为 40%，从而得到一个基本的手机界面图形，如图 9-3 所示。

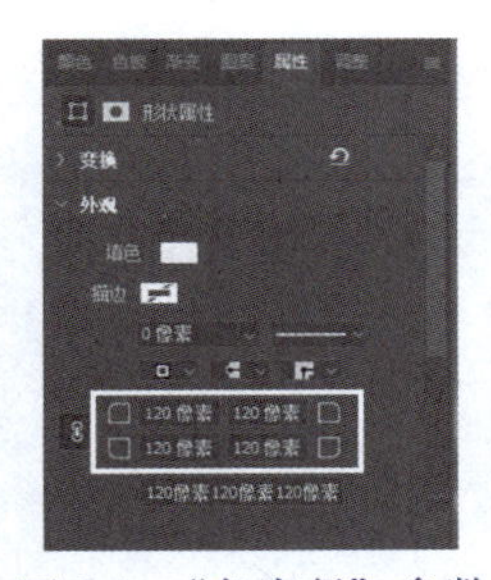

图 9-2　“角半径”参数

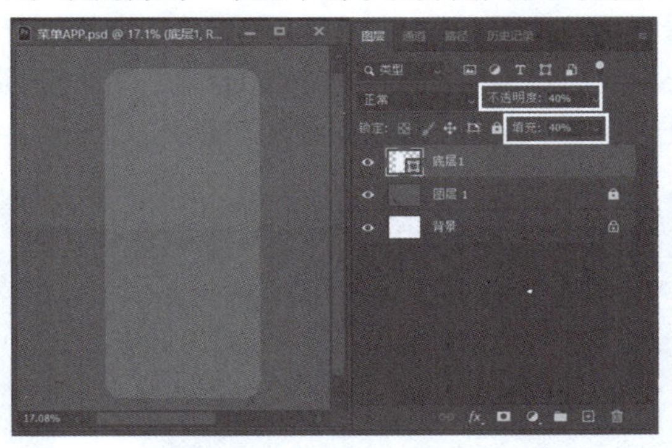

图 9-3　更改“不透明度”和“填充”参数

3）为了使模拟的手机界面更为立体，下面在“图层”面板中双击“底层 1”，打开“图层样式”对话框，然后选中“斜面和浮雕”和“投影”选项，并设置参数如图 9-4 和图 9-5 所示。接着按快捷键〈Ctrl+J〉复制出一个“底层 1”的副本，并将其重命名为“底层 2”，再将其移动到合适位置，效果如图 9-6 所示。

4）下面开始在手机界面上增加各种按钮，在制作之前，先来讲解按钮的设计原理。新拟物设计是一种介于拟物与扁平之间的风格，为了避免图形的扁平化，它的按钮一般会设计成凸凹的风格。新拟物按钮的结构由背景色、高光色和阴影色组成，如图 9-7 所示。

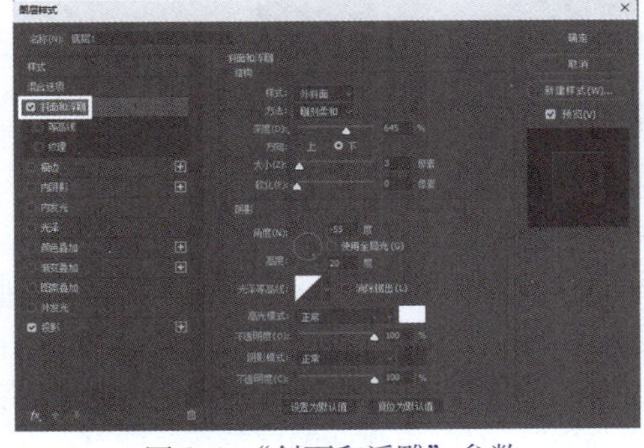

图 9-4　“斜面和浮雕”参数

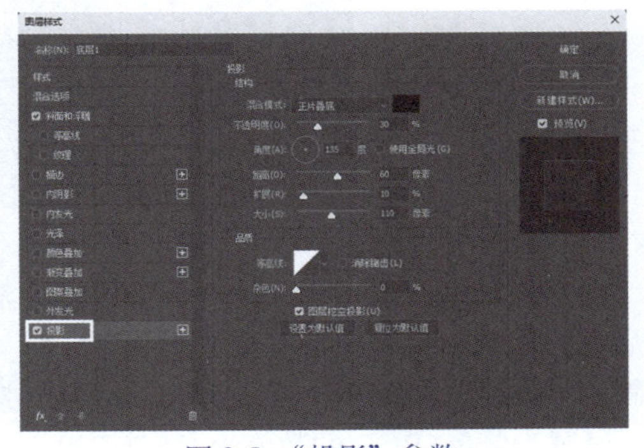

图 9-5　“投影”参数

图 9-6　底图效果

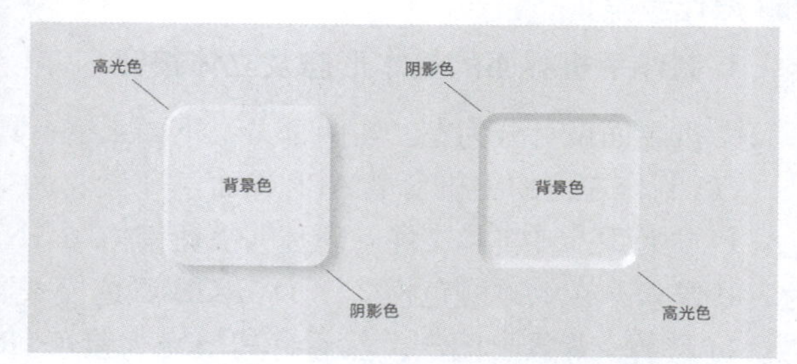

图 9-7　新拟物按钮的基本设计原理

5）下面利用该原理来制作手机 APP 界面上每个按钮的细节，先从左侧界面底部按钮开始。方法：新建“APP 工具栏”层，然后单击工具箱中的▭（矩形工具），绘制一个矩形，再在“属性”面板中将“填色”设置为白色，“描边”设置为无色，所有的“角半径”设置为 120 像素。接着在“图层”面板中将“不透明度”设置为 35%。最后双击“APP 工具栏”层，打开“图层样式”对话框，选中“斜面和浮雕”和“投影”选项，并设置参数如图 9-8 和图 9-9 所示。单击“确定”按钮，效果如图 9-10 所示。

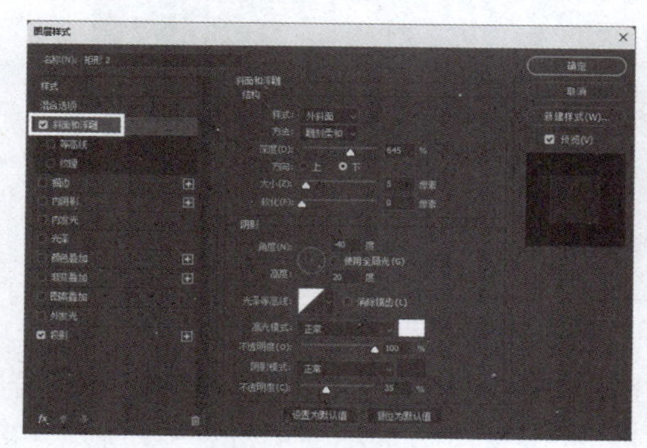

图 9-8　APP 界面的“斜面和浮雕”参数

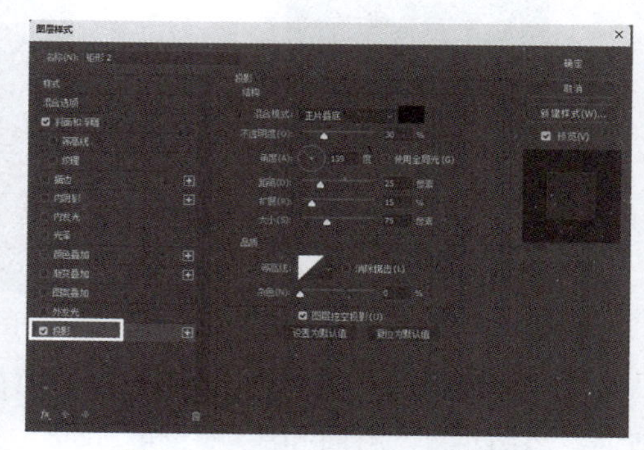

图 9-9　APP 界面的“投影”参数

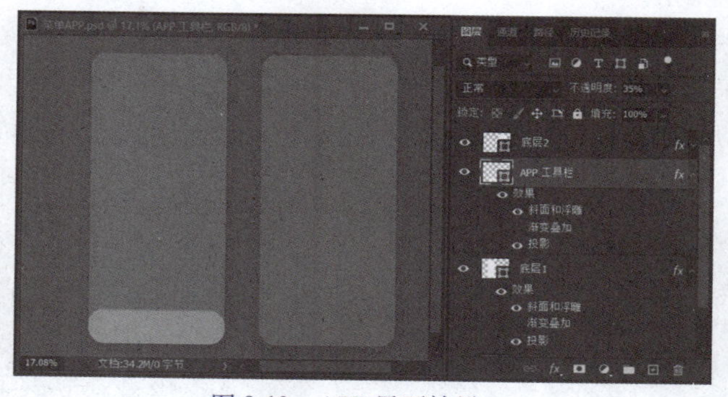

图 9-10　APP 界面效果

6）制作底部工具栏左侧的 home 键。方法：单击工具箱中的⬡（多边形工具），单击画面，然后在弹出的对话框中将“宽度”和“高度”均设置为 100 像素，“边数”设置为 5，“圆角半径”设置为 10 像素，如图 9-11 所示，单击“确定”按钮。接着在“属性”面板的“外观”选项中，将“填色”设置为紫色（RGB 的数值为（85,70,230）），单击“确定”按钮，再将此图层重命名为“home 键”。

7) 在“home 键”层下新绘制一个矩形，然后将图层重命名为“home 底”，并将其“填色”设置为白色，“描边”设置为无色。然后双击“home 底”层，打开“图层样式”对话框，选中“斜面和浮雕”选项，并设置参数如图 9-12 所示，单击“确定”按钮。接着单击工具箱中的 T（横排文字工具），输入文字“Home”，“字体”设置为“阿里巴巴惠普体 -heavy”，“字体大小”设置为 11 点。最后，为了便于管理，将“home 键”“home 底”和文字层置于一个图层组中，并将图层组的名称重命名为“home”，效果如图 9-13 所示。

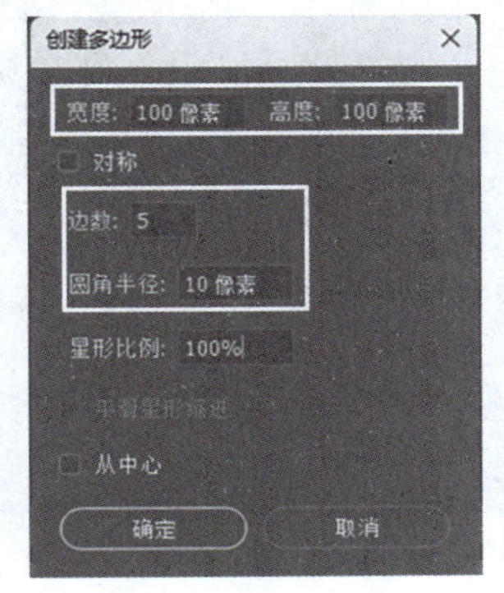

图 9-11　多边形参数

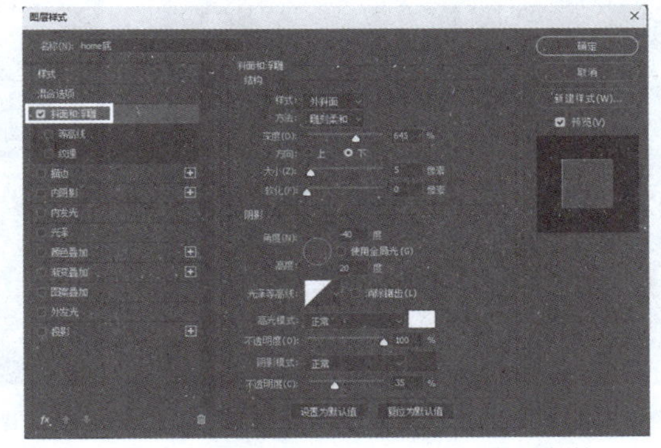

图 9-12　Home 键的“斜面和浮雕”参数

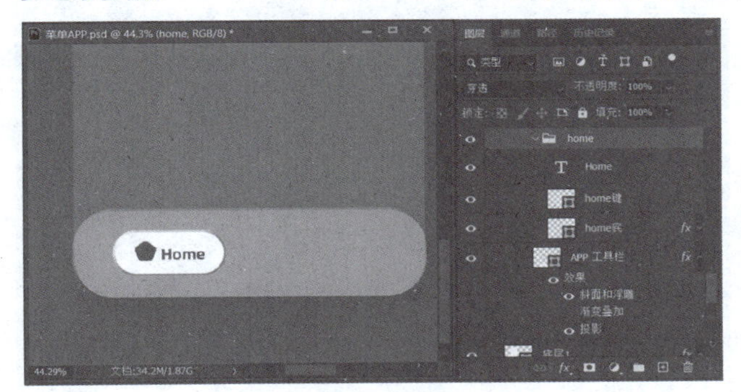

图 9-13　Home 键效果

8) 绘制三角形。方法：单击工具箱中的 （三角形工具），单击画面，然后在弹出的“创建三角形”对话框中将“宽度”和“高度”均设置为 100 像素，“圆角半径”设置为 10 像素，如图 9-14 所示，单击“确定”按钮。

9) 同理，绘制出右侧的笑脸图形。然后为了便于管理，将底部工具栏中的所有图标置于一个图层组中，并将图层组的名称重命名为“底部工具栏”，如图 9-15 所示。

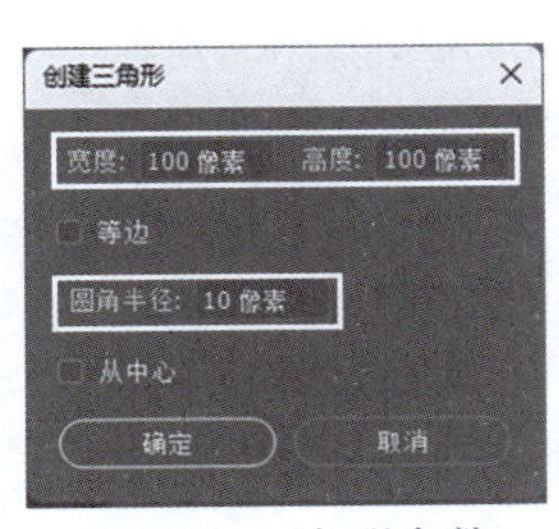

图 9-14　三角形参数

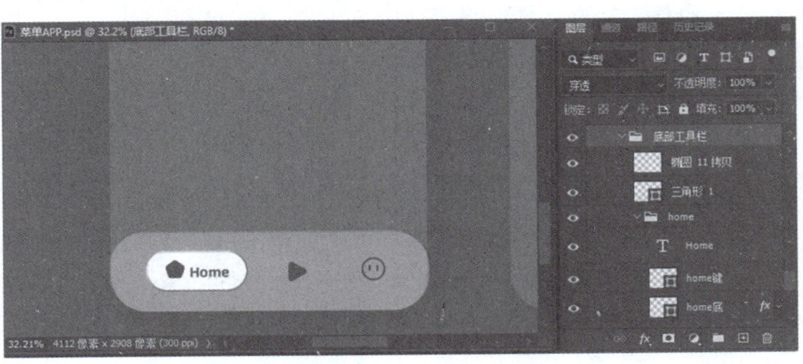

图 9-15　底部工具栏效果

10）制作APP界面中以圆角矩形形状为主的其他板块。方法：单击工具箱中的（矩形工具），在画面中绘制出一个矩形，然后双击矩形，打开“图层样式”对话框，选中“斜面和浮雕”和“投影”选项，并设置参数如图9-16和图9-17所示，单击“确定”按钮。接着在“图层”面板中将该层“不透明度”设置为35%，单击“确定”按钮。同理，制作出一系列圆角矩形，如图9-18所示。最后，为了便于管理，将所有的圆角矩形置于一个图层组中，并将图层组的名称重命名为“板块分区”。

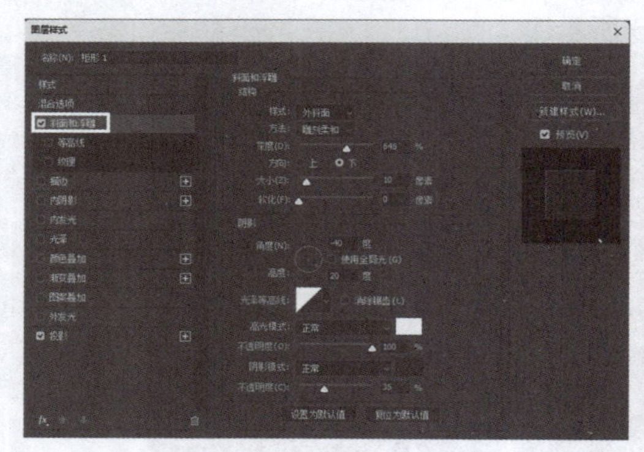

图9-16　圆角矩形的“斜面和浮雕”参数

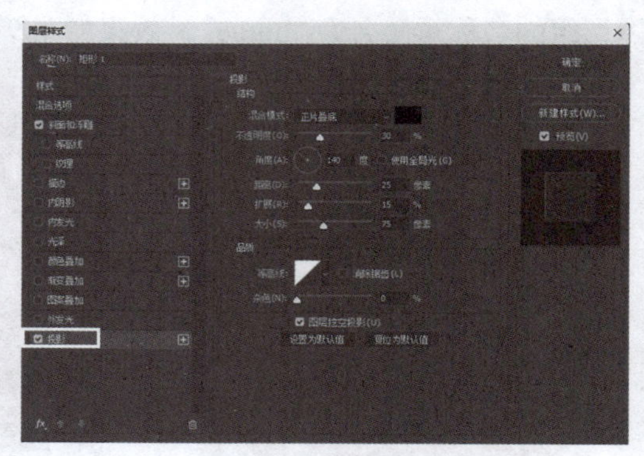

图9-17　圆角矩形的“投影”参数

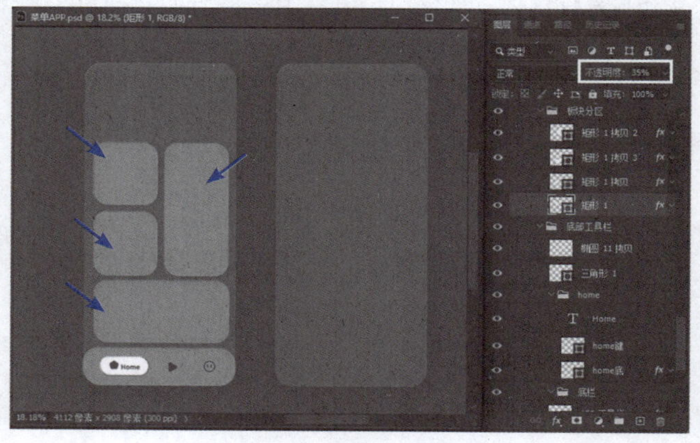

图9-18　APP界面板块

提示1：为什么UI设计中多采用圆角？

- 圆角设计对于使用者体验有许多正面的影响。圆角会使资讯更容易被大脑处理，因为它能够降低大脑的认知负荷。
- 圆角更具有辨识性，对视觉更友好。例如连续对齐卡片，当它们具有圆角时，更容易计算卡片的总数。
- 在网格布局中，圆角的表现会更好。
- 圆角传达了简约、乐观、开放、温暖、值得信赖的印象，有些人甚至将圆角矩形称作“友善的矩形”。

请读者观察一下，图9-19中这个常见的邮箱页面充满了各种圆角的设计。

提示2：在使用圆角时，radius（半径）的大小会影响UI带给用户的印象。如果想要保留直角所带来的方正、稳重的感觉，可以考虑使用radius= 1～2pt/dp的微圆角。如果想要塑造圆润、平易近人的感觉，可以使用radius = 8～12pt/dp的圆角，如图9-20所示。这里需要强调的是，如果radius的数值过大，整个APP就会看起来很不专业，效果反而会不好。

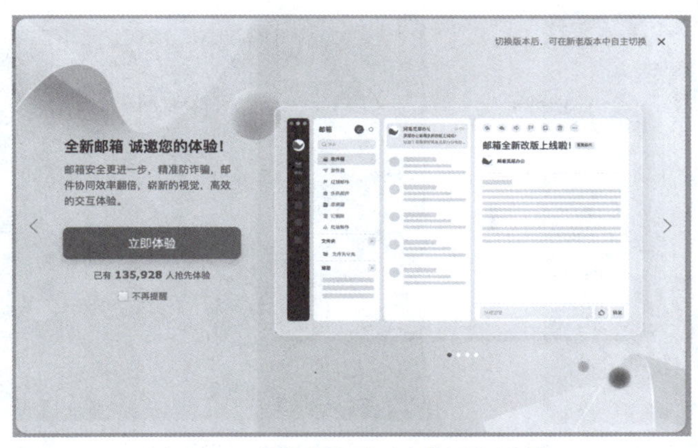

图 9-19　观察常见页面中的圆角设计

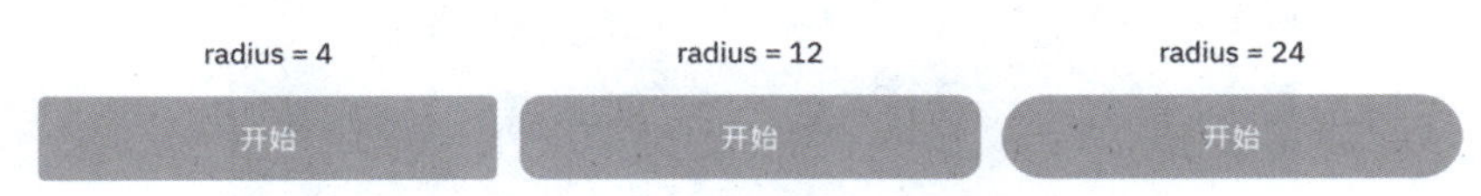

图 9-20　不同半径值的圆角矩形按钮

11）在圆角矩形的结构之上，添加一些细节文字，首先从顶部开始。方法：单击工具箱中的 T（横排文字工具），输入文字“Good Morning！”，“字体”设置为“阿里巴巴惠普体-Medium”，“字体大小”设置为 18 点，“文字颜色”设置为白色。

12）在文字右侧制作一个凸起的按钮。方法：单击工具箱中的 （矩形工具），绘制一个矩形，并将图层重命名为“突出按钮”。然后双击“突出按钮”层，打开“图层样式”对话框，选中“斜面和浮雕”和“投影”选项，并设置参数如图 9-21 和图 9-22 所示。接着在“属性”面板中的“外观”选项中，将“填色”设置为白色，“描边”设置为无色。最后，在“图层”面板中将“填充”设置为 0，效果如图 9-23 所示。

13）与上一步骤的凸起效果相反，下面在按钮上添加有凹陷的部分，从而形成微妙的对比。方法：单击工具箱中的 （椭圆工具），绘制一个圆形，并将该层重命名为“渐变凹陷”。同理，为其添加“斜面和浮雕”图层样式，参数设置如图 9-24 所示，单击“确定”按钮。最后为其选择一种渐变颜色，效果参考如图 9-25 所示。

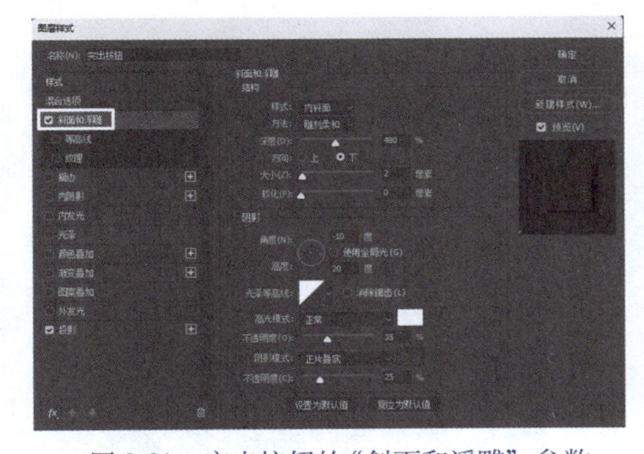

图 9-21　突出按钮的“斜面和浮雕”参数

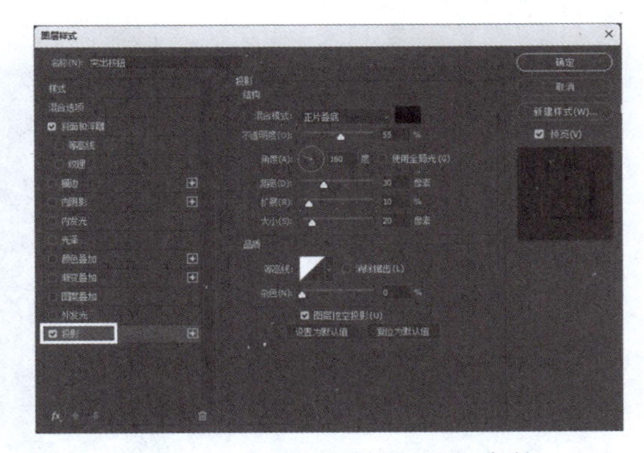

图 9-22　突出按钮的“投影”参数

图 9-23　文字右侧凸起的按钮

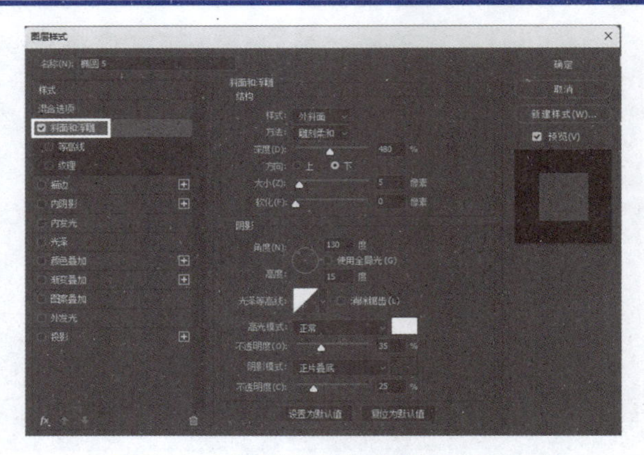

图 9-24　凹陷部分的“斜面和浮雕”参数

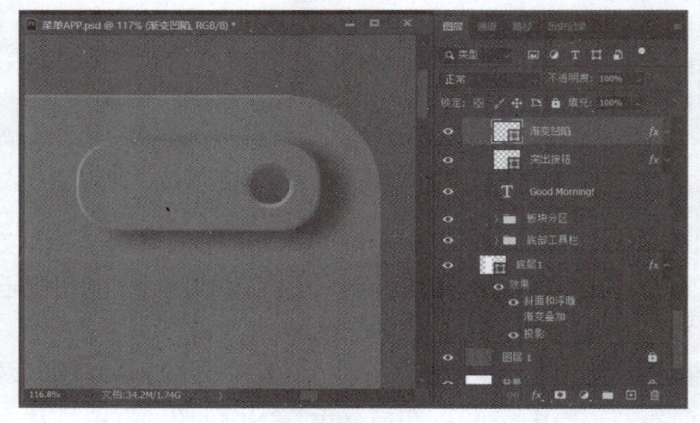

图 9-25　添加渐变色后的按钮局部

14）制作 APP 界面左上方“头像”部分的圆形按钮。方法：单击工具箱中的（椭圆工具），绘制一个圆形，并将图层重命名为“头像”，然后为其添加“投影”图层样式，参数设置如图 9-26 所示，单击“确定”按钮。接着在“属性”面板的“外观”选项中，为其填充一种合适的渐变色，并将“描边”设置为无色，效果如图 9-27 所示，此时图层分布及整体效果如图 9-28 所示。

15）在“头像”部分的圆形按钮下方，添加代表日历的文字。方法：单击工具箱中的（横排文字工具），分别输入文字“20，21，22，23”“Today.24.Feb”和“25，26，27，2”，“字体”设置为“阿里巴巴惠普体 -heavy”，“字体大小”设置为 14 点，放置文字的效果如图 9-29 所示。

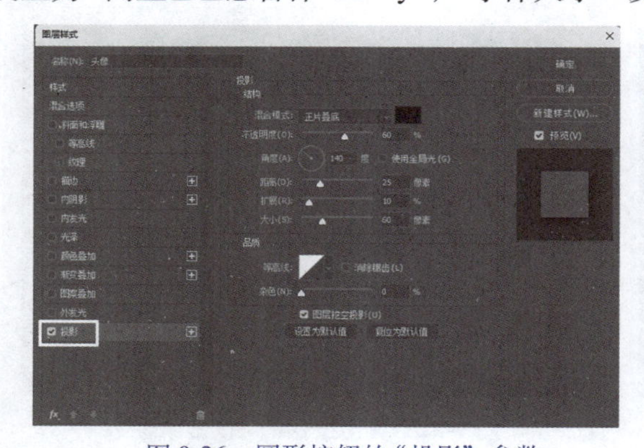

图 9-26　圆形按钮的“投影”参数

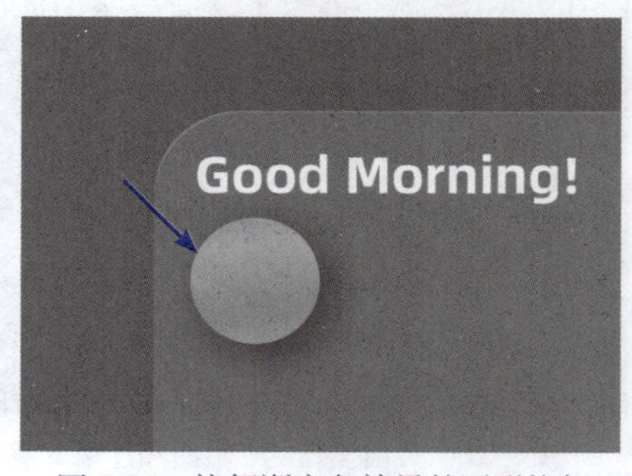

图 9-27　按钮渐变色效果的圆形按钮

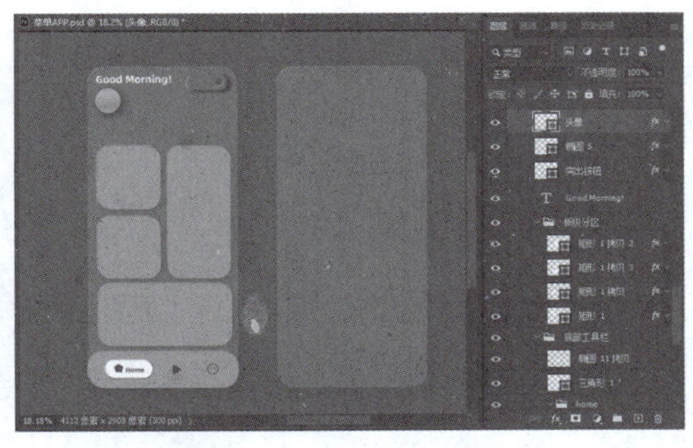

图 9-28　APP 界面整体效果

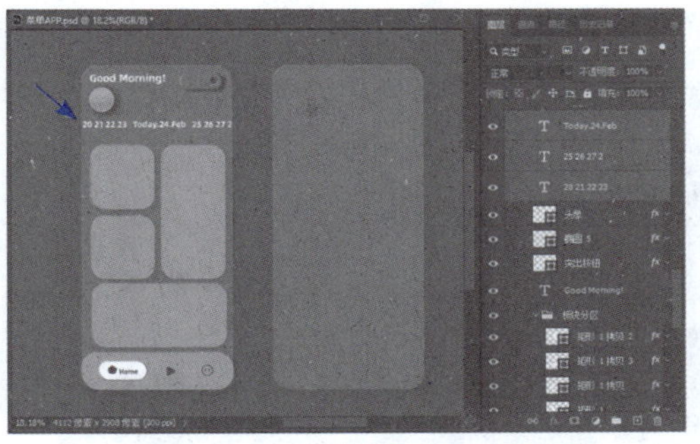
图 9-29　添加代表日历的文字

16）在 UI 界面中，细节设计非常重要，下面继续在界面中制作出各种微妙的凸起与凹陷效果。方法：在日历文字下面绘制一个圆角矩形，并将图层重命名为“日历”，然后将其置于日历数字层之下。接着在“属性”面板中将“填色”设置为白色，“描边”设置为无色，“角半径”设置为 50 像素，从而形成适度的圆角。最后在“图层”面板中将该层“填充”设置为 25%，并为其添加“斜面和浮雕”图层样式，参数设置如图 9-30 所示。单击“确定”按钮，效果如图 9-31 所示（该圆角矩形主要对日历内容起强调的作用）。

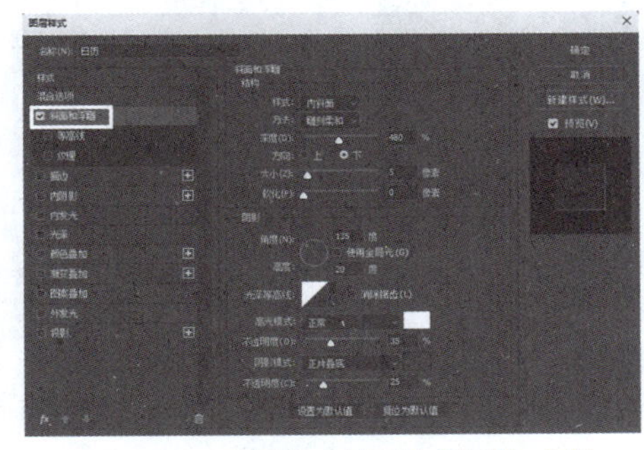
图 9-30　日历的“斜面和浮雕”参数

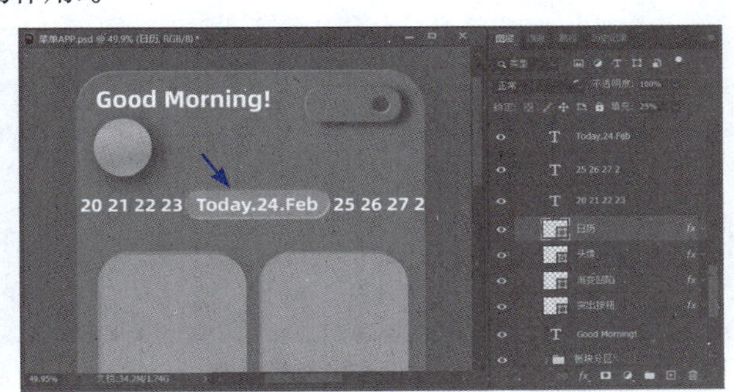

图 9-31　起强调作用的圆角矩形

17）继续处理细节，在日历的下部增加一个很小的滑动条。方法：绘制一个窄小的矩形，并将图层重命名为“日历滑动条”，然后在“属性”面板中将“填色”设置为白色，“描边”设置为无，色，“角半径”设置为 10 像素。接着在“图层”面板中将该层“填充”设置为 30%，并为其添加“斜面和浮雕”和“投影”两种图层样式，参数设置如图 9-32 和图 9-33 所示。单击“确定”按钮，从而得到一个浮凸效果的图形，效果如图 9-34 所示。

18）前面已确定好设计的整体框架与基调，下面可以在界面中不断地加入各种内容，使界面更加丰富。方法：首先添加所有的文字内容，并将“字体”设置为“阿里巴巴惠普体”，“字体大小”设置为 14 点，放置文字的效果如图 9-35 所示。

19）接下来，将素材库中的食物图片导入画面中。方法：打开网盘中的“源文件 \9.1　新拟物设计（毛玻璃效果）——食谱 APP 界面设计 \ 鸡蛋 .jpg、木瓜 .jpg、分散鸡蛋 .jpg”文件，然后将它们拖入“菜单 APP.psd”的文件中，效果如图 9-36 所示，接着将所有关于第一个菜单 APP 界面的图层置于一个图层组中，并将组名重命名为“界面 1”，至此，左侧第一个菜单 APP 界面就完成了。

（2）制作右侧的手机食谱 APP 界面

1）在“图层”面板中找到“界面 1”组中的“底部工具栏”组，然后按快捷键〈Ctrl+J〉复制组，接着将其置于“底层 2”层之上，并移至右侧相应位置，如图 9-37 所示。

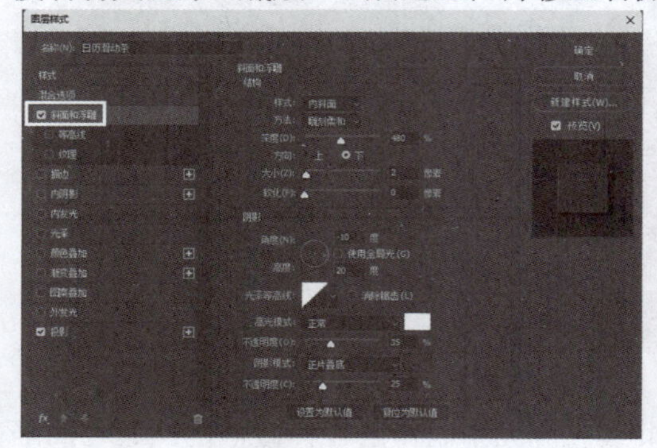

图 9-32　日历滑动条的“斜面和浮雕”参数

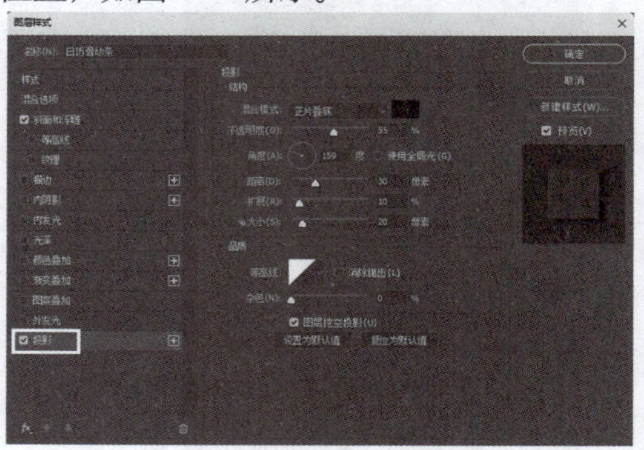

图 9-33　日历滑动条的“投影”参数

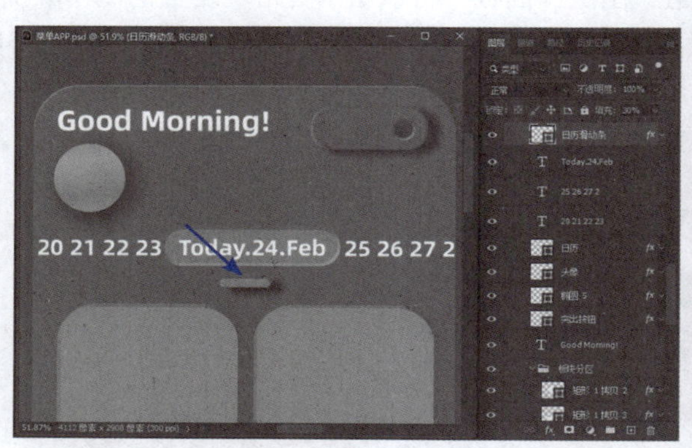

图 9-34　日历下面小滑动条效果

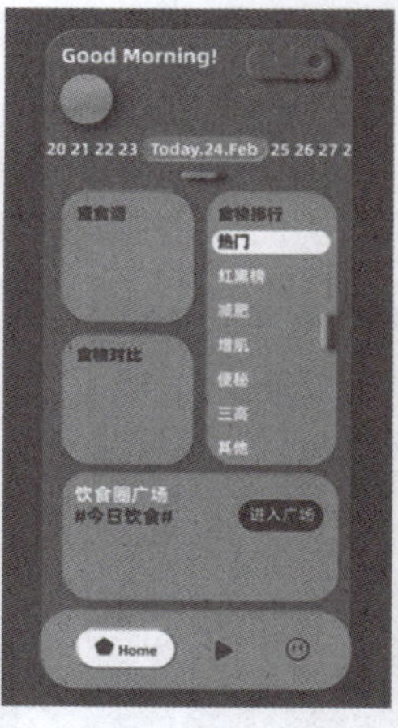

图 9-35　添加文字

图 9-36　置入食物素材

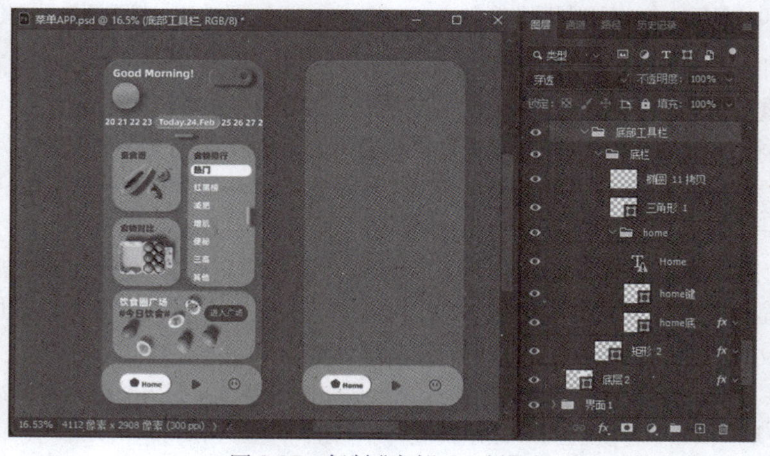

图 9-37　复制“底部工具栏”组

2）和制作左侧界面的思路一样，首先利用圆角矩形进行分区板块的规划。方法：单击工具箱中的 （矩形工具），绘制出一系列矩形，然后双击图层打开“图层样式”面板，选中“斜面和浮雕”和“投影”选项，并设置参数如图 9-38 和图 9-39 所示，单击“确定”按钮。接着将图层“不透明度”设置为35%，此时板块之间会产生透明重叠的效果，最后请读者参照图9-40进行半透明圆角矩形板块排布。

提示：透明重叠是后面步骤中毛玻璃效果得以产生的基础。

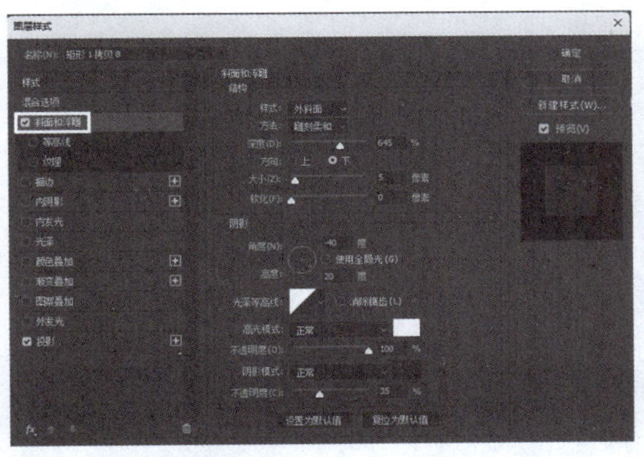

图9-38　右侧界面的“斜面和浮雕”参数

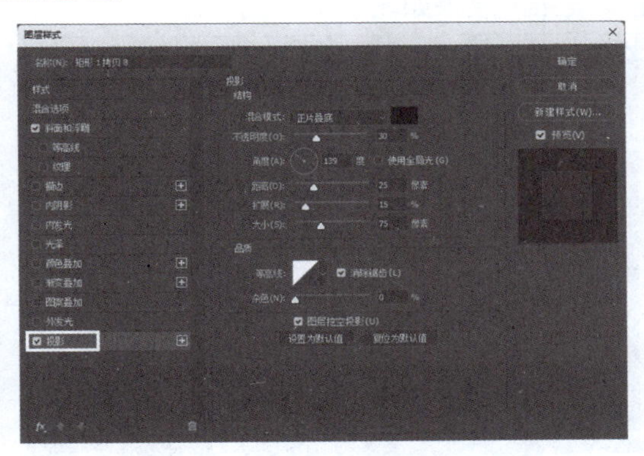

图9-39　右侧界面的“投影”参数

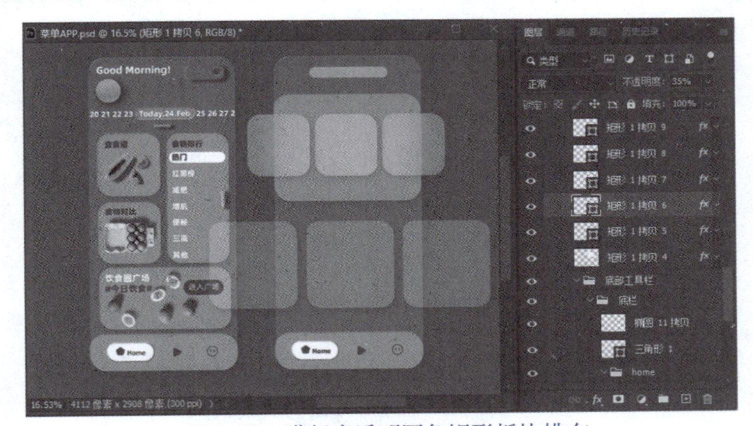

图9-40　进行半透明圆角矩形板块排布

3）选择界面中下部分两侧的矩形图层，然后在“图层”面板中单击右键，在弹出的快捷菜单中选择“栅格化图层”命令，接着利用工具箱中的（矩形工具）框选手机形状之外的部分，按〈Delete〉键将多余内容删除，效果如图9-41所示。

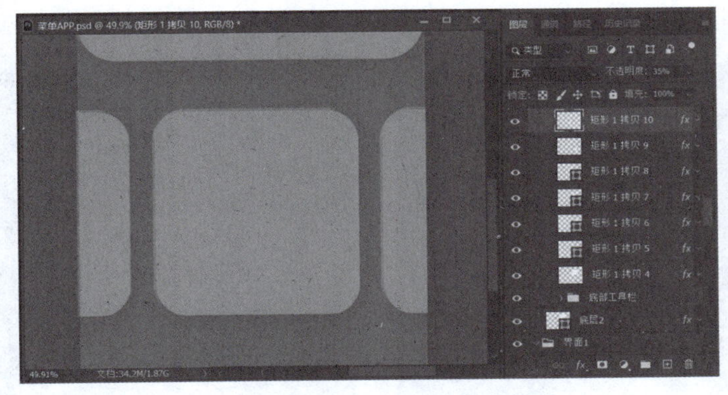

图9-41　删除手机形状之外的部分

4）在界面顶部制作两个可爱的圆形按钮。方法：利用工具箱中的（椭圆工具）绘制一个白色圆形，并将该层重命名为“底圆”，然后在“图层”面板中将其“不透明度”设置为15%，再为其添加“斜面和浮雕”和“投影”图层样式，参数设置如图9-42和图9-43所示。单击“确定”按钮，效果如图9-44所示。

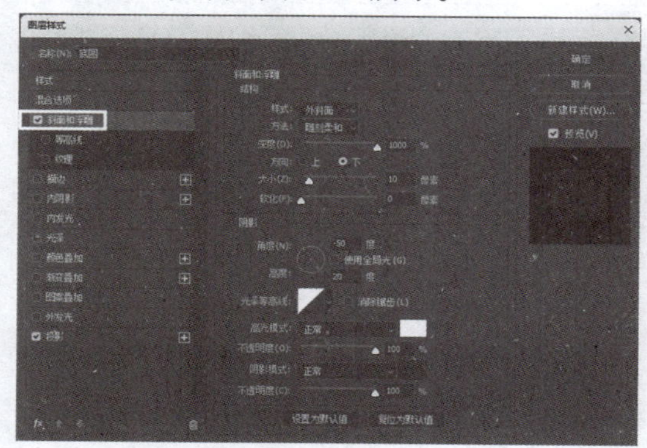

图9-42　“底圆”的“斜面和浮雕”参数

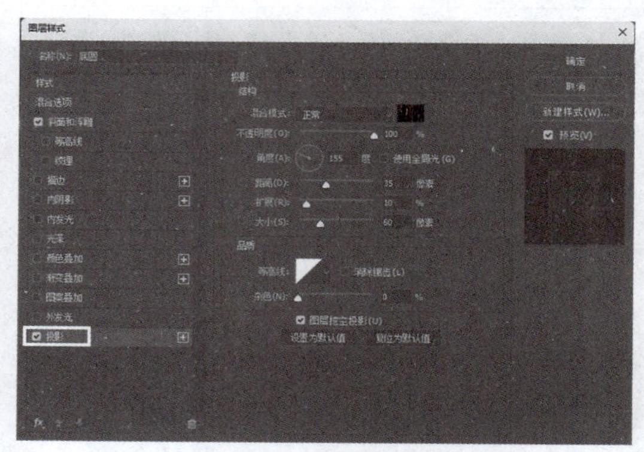

图9-43　“底圆”的“投影”参数

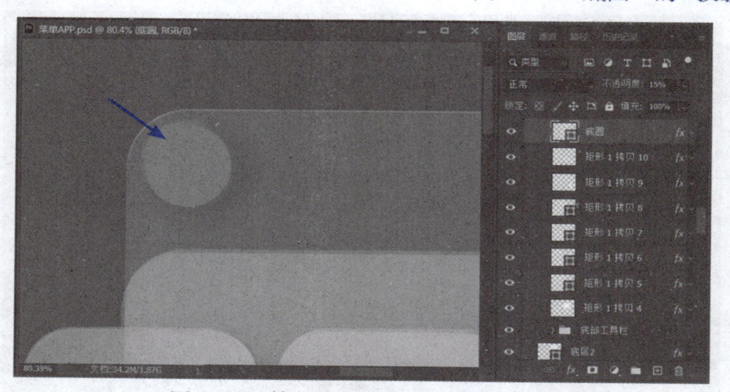

图9-44　第一个圆形按钮的放大效果

5）接下来，按快捷键〈Ctrl+J〉复制“底圆”层，并将复制后的图层重命名为“圆环”，然后在“图层”面板中将“填充”设置为0%，“不透明度”设置为25%，并为其添加“斜面和浮雕”和“投影”图层样式，参数设置如图9-45和图9-46所示，单击“确定”按钮。接着将“底圆”层和“圆环”层置于一个图层组中，并将图层组名重命名为“圆底”。最后按快捷键〈Ctrl+J〉复制组，并将其移动至界面右端，如图9-47所示。此时整体格局与图层分布如图9-48所示。

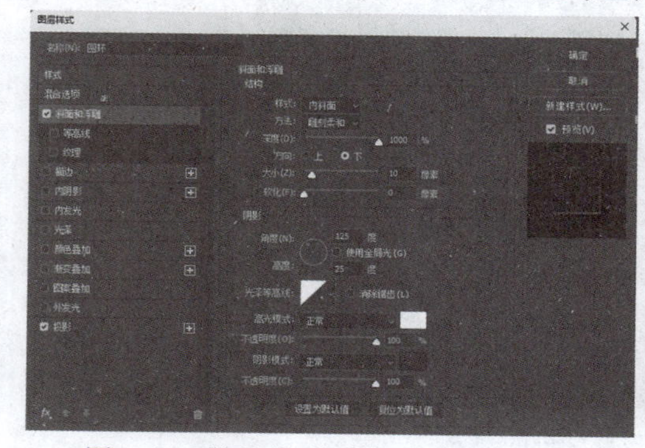

图9-45　“圆环”的“斜面和浮雕”参数

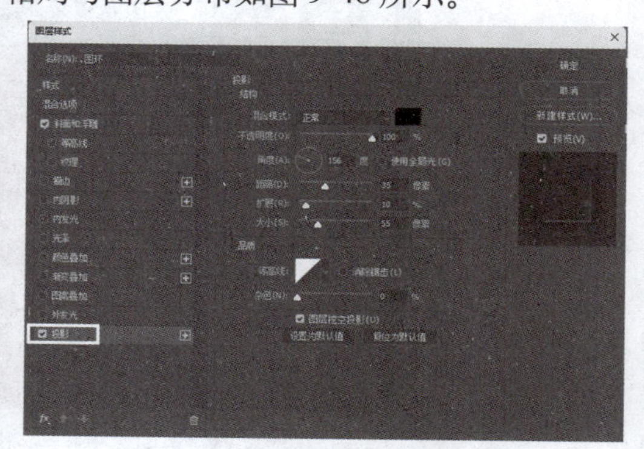

图9-46　“圆环”的“投影”参数

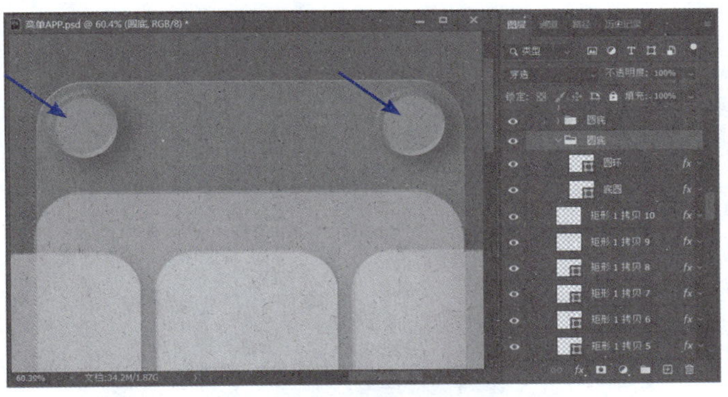
图 9-47　界面两侧圆形按钮

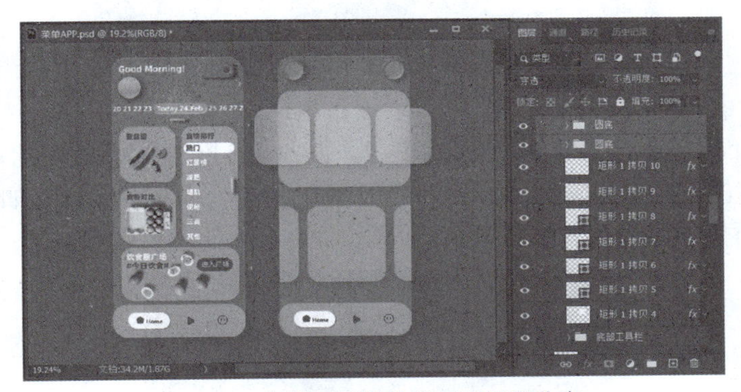
图 9-48　右侧界面整体格局及图层分布

6）下面绘制“放大镜”图形和四个小圆点，并将颜色填充为紫色（RBG 的数值为（85,70,230）），至此，钮扣式的小按钮制作完成，效果如图 9-49 所示。

7）在右侧的手机食谱 APP 界面中继续添加所有文字，“字体”设置为“阿里巴巴惠普体”，效果如图 9-50 所示。

提示：在文字的排版中，要注意字号大小、字体粗细和颜色的变化。

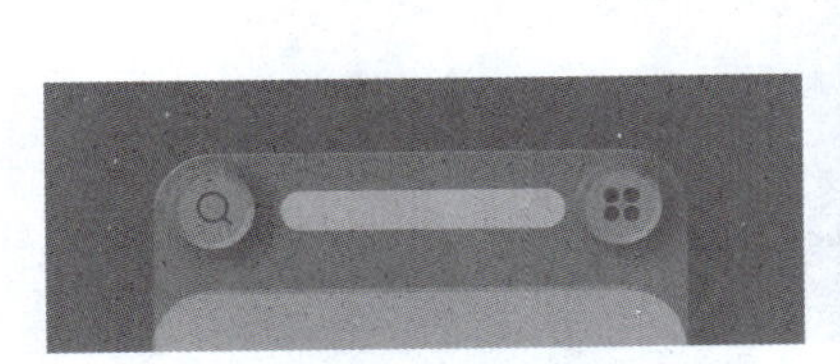
图 9-49　钮扣式的小按钮

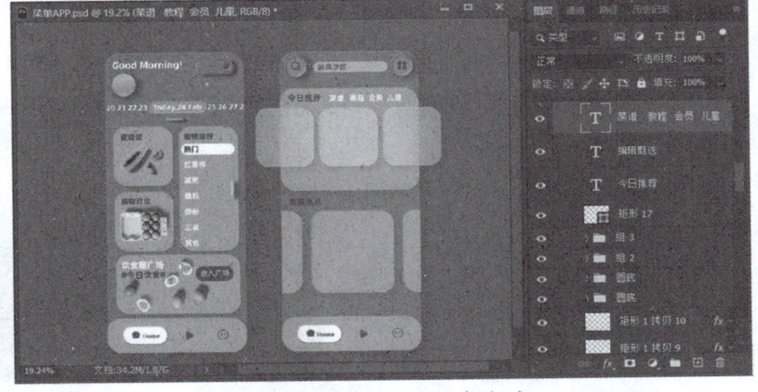
图 9-50　添加所有文字

8）将素材库中的食物图片导入画面中。方法：打开网盘中的“源文件 \9.1 新拟物设计（毛玻璃效果）——食谱 APP 界面设计 \ 西兰花 .jpg、西红柿 .jpg、辣椒 .jpg、比萨 .jpg、沙拉 .jpg、面包 .jpg”文件，然后将它们拖入“菜单 APP.psd”的文件中，效果如图 9-51 所示。

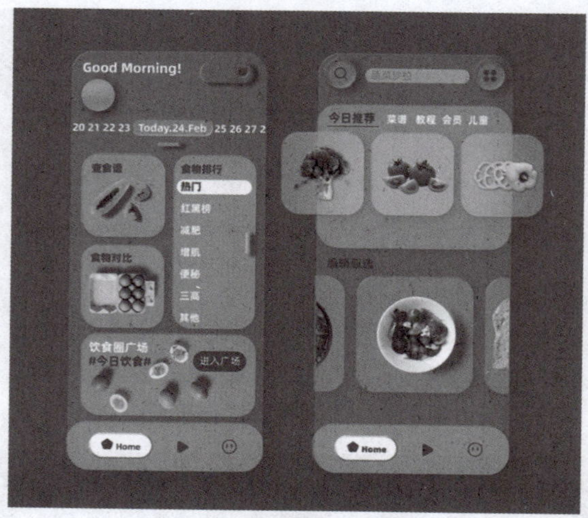

图 9-51　置入食物素材

9) 在 APP 界面中，还有很多细微的小按钮，如“今日推荐”面板中的滑动点（如图 9-52 所示）、视频暂停的三角暂停符号（如图 9-53 所示）、菜单中间的滑动条（如图 9-54 所示）等，具体制作此处不再赘述，请读者参照效果图完成。

图 9-52　滑动点效果

图 9-53　三角暂停符号

图 9-54　滑动条效果

2. 模拟毛玻璃效果

UI 设计中有种流行的风格叫 Glassmorphism（毛玻璃），显而易见，Glassmorphism 这个词是 Glass（玻璃）和 Skeumorphism（拟物化）的结合。使用“玻璃拟物化”设计的界面，由于毛玻璃的通透性，会呈现出一种独特的虚实结合的美感。图 9-55 就是一种典型的虚实结合的界面设计风格，请注意观察其中的按钮与底层的搭配。

这种毛玻璃的整体效果来自于阴影、透明和背景模糊的组合，需要使用微妙的、贴合环境色的投影来呈现层次感，如图 9-56 所示。重叠的部分变得虚化，是形成毛玻璃效果的重要特征之一。

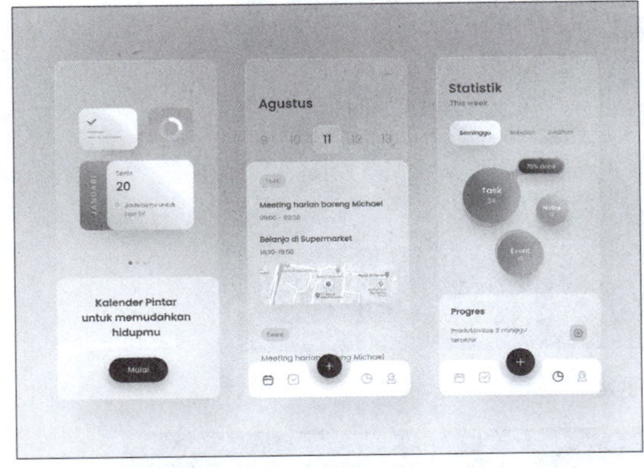

图 9-55　虚实结合的界面设计风格

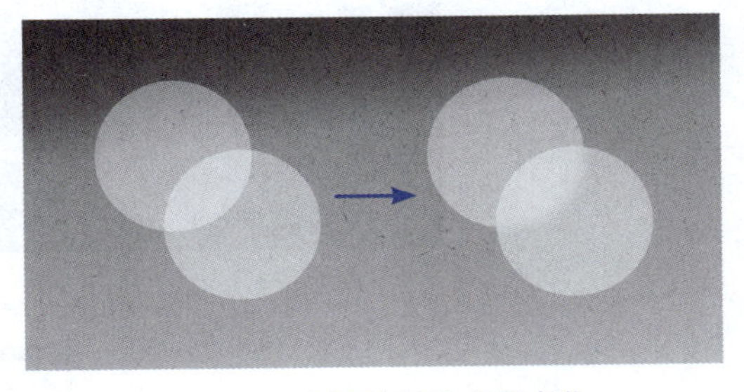

图 9-56　重叠的部分变得虚化

1）接下来制作毛玻璃效果。方法：首先打开网盘中的“源文件 \ 9.1 新拟物设计（毛玻璃效果）——食谱 APP 界面设计 \ 面包 .psd”文件，然后将其拖入“菜单 APP.psd”文件中，效果如图 9-57 所示。

提示：由于前面所有的界面图形都设置了透明度，因此面包图形仿佛置于半透明的玻璃面板之下。

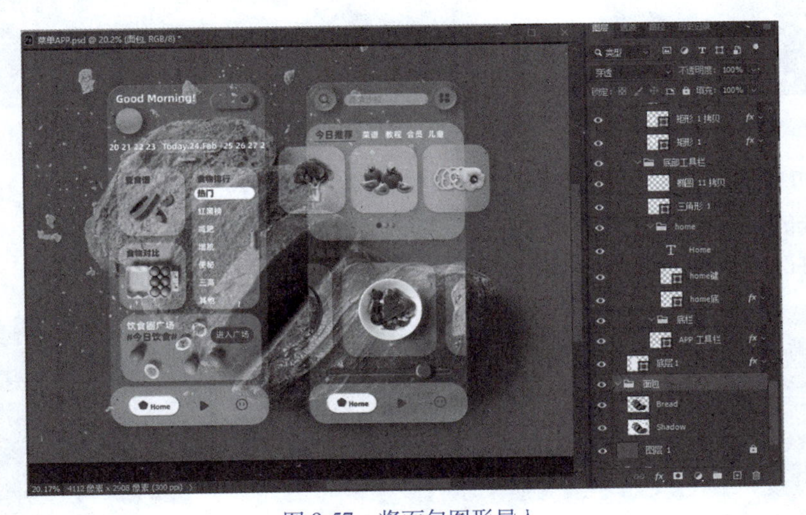

图 9-57　将面包图形导入

2）根据图 9-56 所示的原理，穿过玻璃的内容需要降低清晰度，下面将面包区域的图形处理成模糊效果。方法：在“图层”面板中选择“底层 1”，然后按住〈Ctrl〉键，单击“底层 1”

的缩略图，从而创建出“底层 1”的选区，如图 9-58 所示。接着选中“面包”图层组中的“Bread”层，执行菜单中的“滤镜→模糊→高斯模糊”命令，在弹出来的“高斯模糊”对话框中将半径设置为 10 像素，如图 9-59 所示，单击“确定”按钮，此时可以看出“底层 1”后的面包已被模糊化了。同理，对“底图 2”层也进行背景模糊处理，效果如图 9-60 所示。

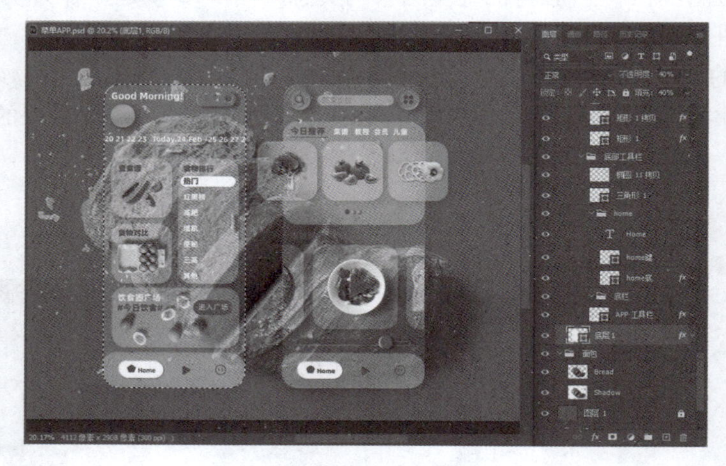

图 9-58　快速建立选区

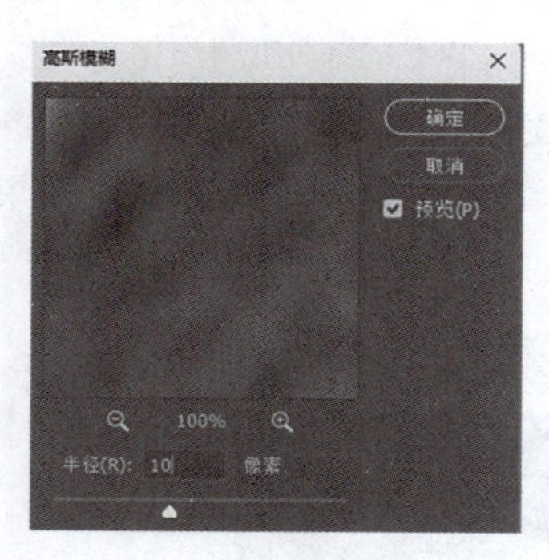

图 9-59　设置“高斯模糊”参数

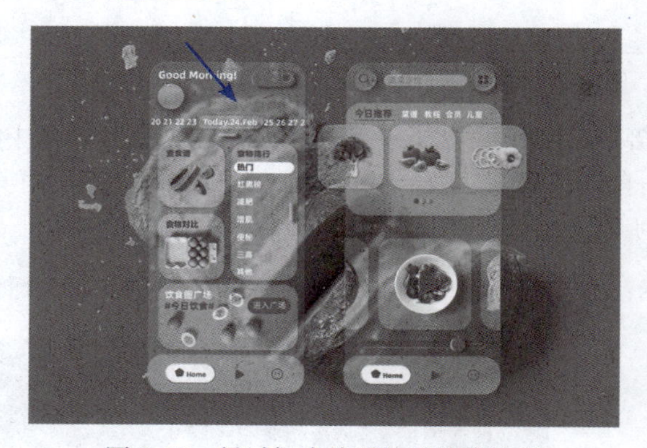

图 9-60　经过初步处理的毛玻璃效果

3）经过初步对“面包”图层组处理，此时玻璃覆盖的内容已经被模糊化，但画面中还存在多层玻璃重叠的情况，如图 9-61 所示（一层与两层玻璃重叠的效果），下面就要对有两层玻璃重叠的部分再次进行模糊处理，具体步骤不再赘述。

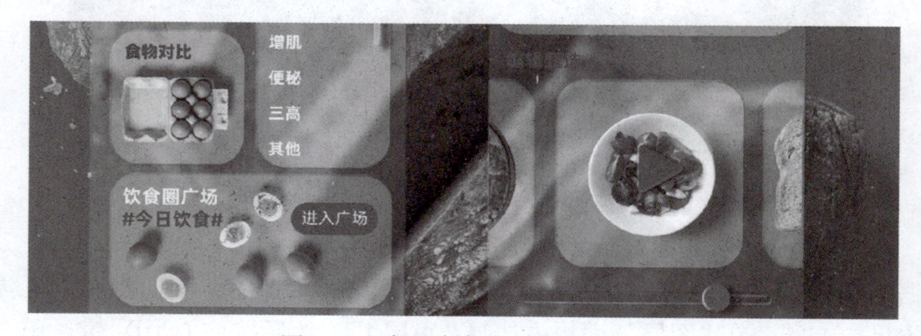

图 9-61　多层玻璃重叠模糊效果

4）最后完成的手机食谱 APP 效果如图 9-62 所示。另外需要提示的一点，展示效果图中要尽量选择有明显色彩变化的背景，这样能够让玻璃效果更容易被用户感知到。

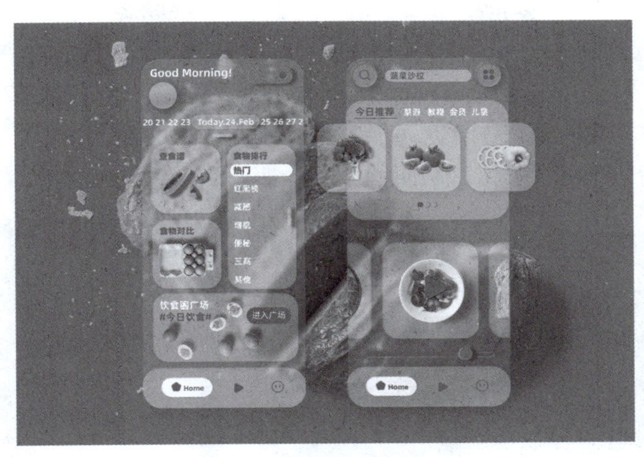

图 9-62　手机食谱 APP 效果

9.2　暗背景光效设计——运动健康监测APP展示设计

本例将制作一个运动健康监测 APP 的展示效果，如图 9-63 所示。

图 9-63　运动健康监测 APP 的展示效果

要点：

1. 在暗背景的设计中要注意背景的弥散效果与暗色调的融合，在 UI 设计中重要的是准确传递每个界面的信息，放置背景过“花”反而会导致信息的失真。

2. 在暗背景中可以自由进行发光按钮的设计，每个微小的按钮既可以是一个独立的小发光体，又可以是借助其他光源被局部照亮的物体。

3. 暗背景中的光效与上一节讲过的毛玻璃质感的结合，也是很有趣的设计思路。

操作步骤：

1）执行菜单中的“文件→新建”（快捷键〈Ctrl+N〉）命令，然后在弹出的对话框中选择“移动设备”选项卡，再在下方选择“iPhoneX”大小的文件（1125 像素 ×2436 像素），“分辨率”设置为 72 像素 / 英寸，“颜色模式”设置为“RGB 颜色模式”，名称设置为“运动健康检测界面”，如图 9-64 所示。单击“创建”按钮，从而创建一个如图 9-65 所示的画板界面。

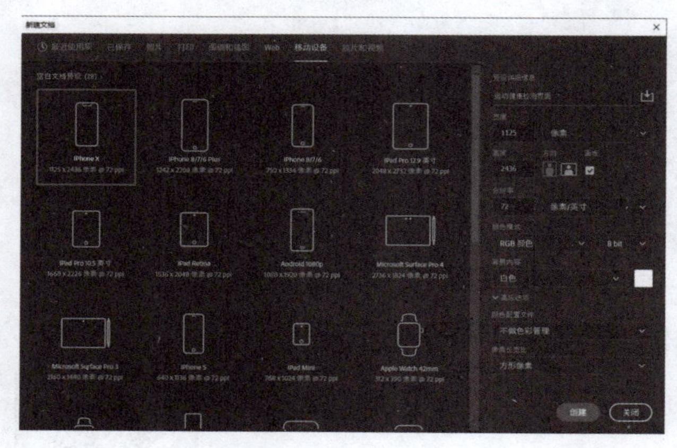

图 9-64　新建文档

图 9-65　创建画板

2）新建“底色”图层，然后选择（渐变工具），再在渐变编辑器中设置一种深色渐变（从左至右 RGB 的数值为（30,45,65）和（0,0,0）），如图 9-66 所示。接着对画面从上往下进行填充，效果如图 9-67 所示。

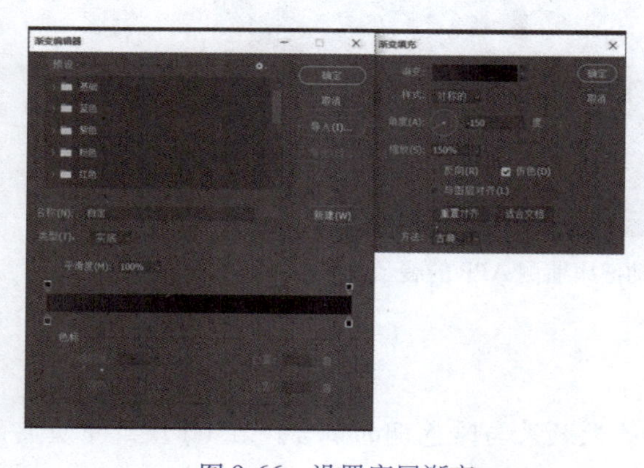

图 9-66　设置底层渐变

图 9-67　渐变效果

提示：下一步要为底图增加一些“弥散效果”，以丰富画面整体的视觉感受。在制作之前先讲解什么是弥散效果？弥散效果是近些年开始流行起来的风格，弥散效果比起渐变效果有了更多的虚实变化，显得更加朦胧梦幻。读者可通过图9-68的两张图来理解弥散效果的特点。

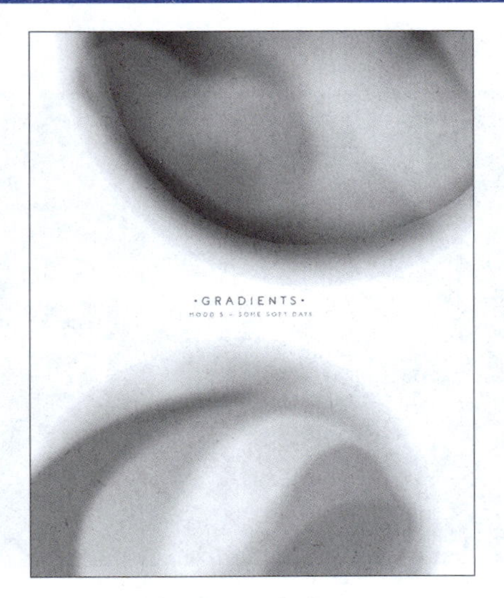

图 9-68 弥散效果在设计中的运用

和常规的渐变效果相比，弥散效果在此基础上又产生了新的特质，从用法上来讲，就是视觉聚焦和作为背景增加整体层次。视觉聚焦也就是通过颜色对比来吸引用户的目光，从而聚焦在想要凸显的重要信息上；作为背景可以增加整个版面的层次与细节，如图 9-69 所示。

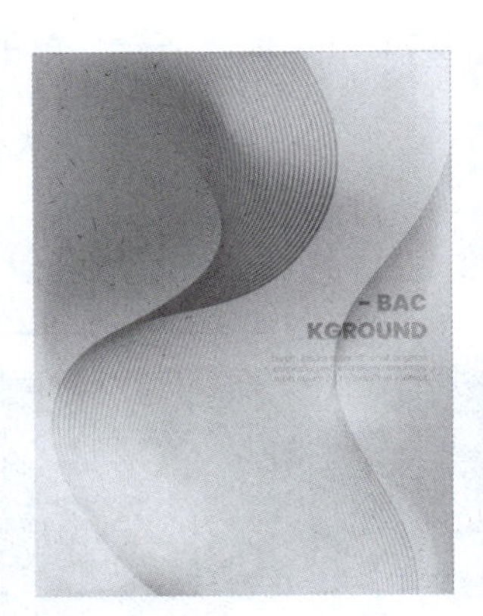

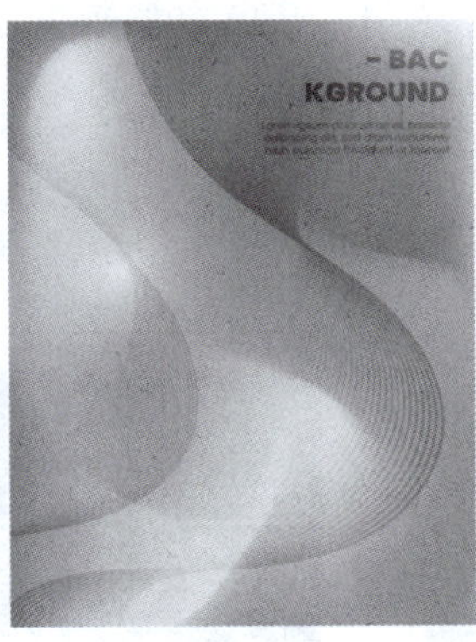

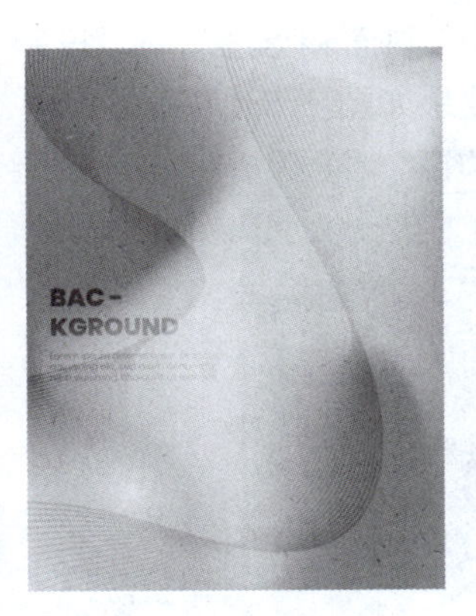

图 9-69 弥散效果在设计中的视觉聚焦和作为背景增加整体层次

3) 制作弥散效果的背景。方法：单击工具箱中的（椭圆工具），在画面中绘制两个大小不同的正圆形，然后在“属性”面板“外观”选项组的“填色”选项中分别选择两种渐变色（尽量选择软件自带的“紫色”和“蓝色”文件夹中的渐变色）对它们进行渐变填充，从而使颜色符合整体风格，效果如图 9-70 所示。接着执行菜单中的“滤镜→模糊画廊→场景模糊”命令，在弹出的对话框中单击“栅格化”按钮，在画面中添加模糊位置的锚点，并在“模糊工具”面板中调整“模糊”数值为 15 像素，如图 9-71 所示。在“图层”面板中分别将它们的“不透明度”改为 50%，从而得到如图 9-72 所示的弥散效果。最后，将所有效果放置到一个图层组，并将图层组名重命名为“弥散效果”。

图 9-70　圆形叠加

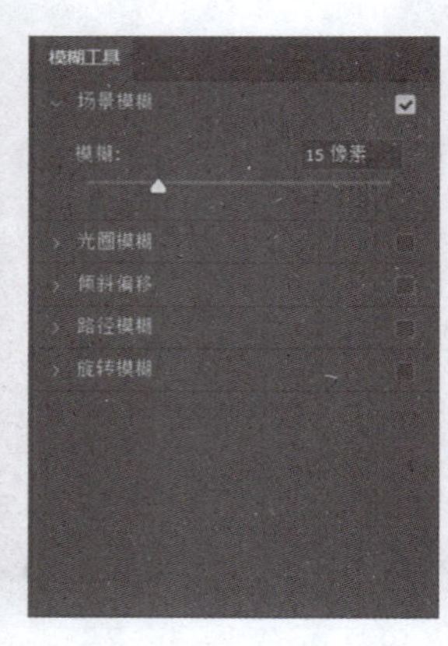

图 9-71　场景模糊参数

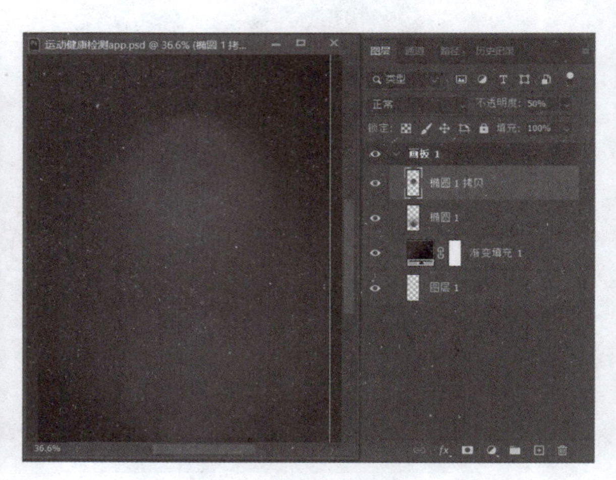

图 9-72　弥散效果

4）完成弥散效果的背景后，下面开始制作 APP 界面顶端的记录条。方法：单击工具箱中的（矩形工具），在画面上方绘制一个矩形，然后将图层重命名为“记录条”，再在属性面板“外观”选项组中将该层“填色”设置为白色，“描边”设置为无色，将圆角改为 50 像素，接着在“图层”面板中将该层“填充”设置为 20%，如图 9-73 所示。

5）为圆角矩形添加立体浮凸感。方法：双击“记录条”图层，打开“图层样式”对话框，然后选中“斜面和浮雕”和“投影”选项，并设置参数如图 9-74 和图 9-75 所示。单击“确定”按钮，效果如图 9-76 所示。

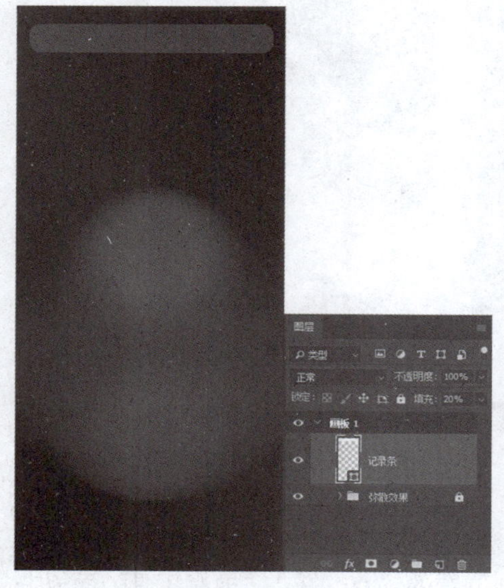

图 9-73　矩形边框参数

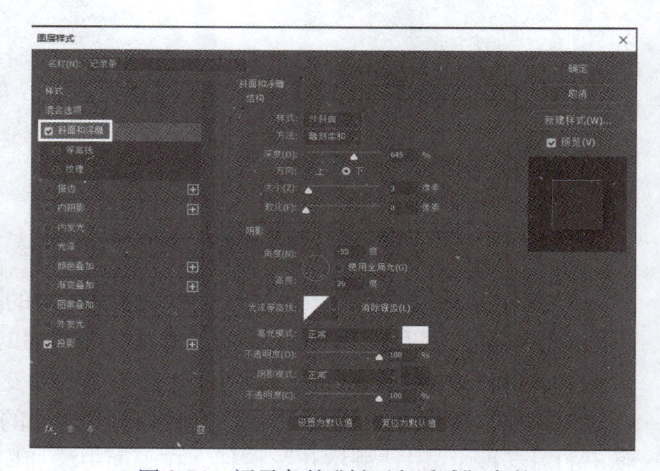

图 9-74　记录条的“斜面和浮雕”参数

6）制作“记录条”上方的滑动条。方法：单击工具箱中的（矩形工具），在“记录条”上绘制一个矩形，然后在“属性”面板中的“外观”选项组中将“填色”设置为白色，“描边”设置为无色，圆角设置为 24.5 像素，再在“图层”面板中将填充设置为 30%。接着双击图层，打开“图层样式”对话框，选中“斜面和浮雕”和“投影”选项，并设置参数如图 9-77 和图 9-78 所示，单击“确定”按钮，效果如图 9-79 所示。

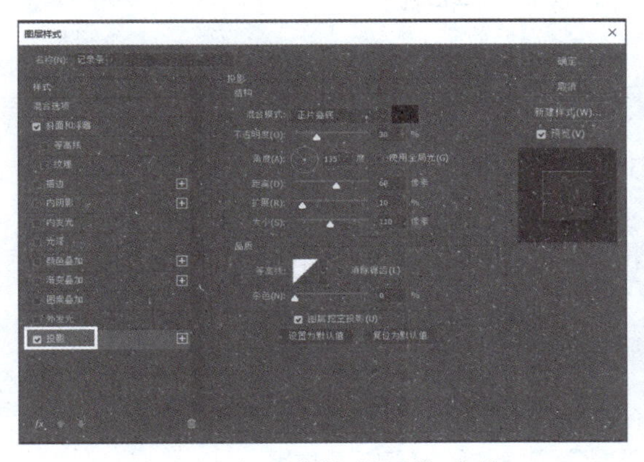

图 9-75　记录条的“投影”参数

图 9-76　记录条（圆角矩形）立体效果

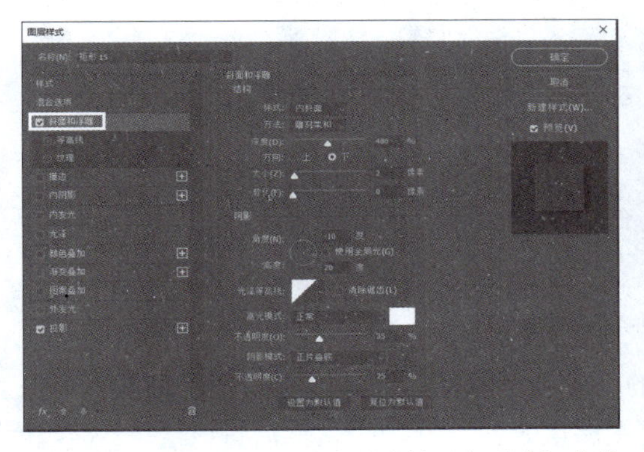

图 9-77　记录条上方滑动条的“斜面和浮雕”参数

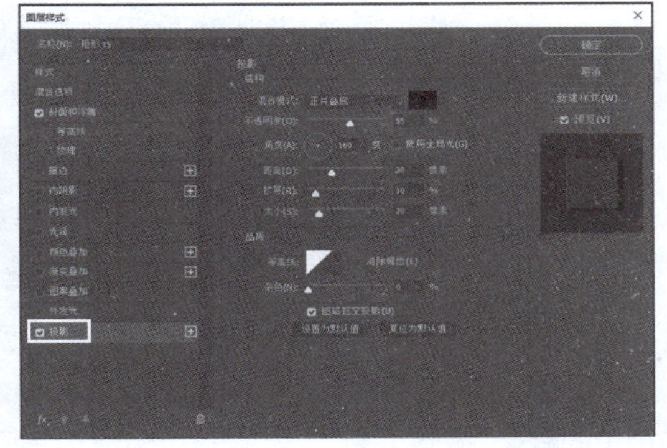

图 9-78　记录条上方滑动条的“投影”参数

图 9-79　滑动条效果

7）制作记录条右侧精巧的彩色显示点（它们像是黑暗中的发光点）。方法：单击工具箱中的 （椭圆工具），绘制圆形，然后在“属性”面板的“外观”选项组中设置“填色”为蓝 - 紫色渐变，如图 9-80 所示。接着双击椭圆所在图层，在弹出的“图层样式”对话框的左侧选中“斜面和浮雕”选项，参数设置如图 9-81 所示。单击“确定”按钮，从而得到如图 9-82 所示的彩色发光点效果。

8）新建“滑动条”图层组，然后将滑动条与圆形放入图层组中。接着按快捷键〈Ctrl+J〉复制出“滑动条 1”图层组，再将圆形移动至左侧，并在属性面板中更改渐变颜色（请自己选择渐变色），最后完成的界面顶端记录条效果如图 9-83 所示。

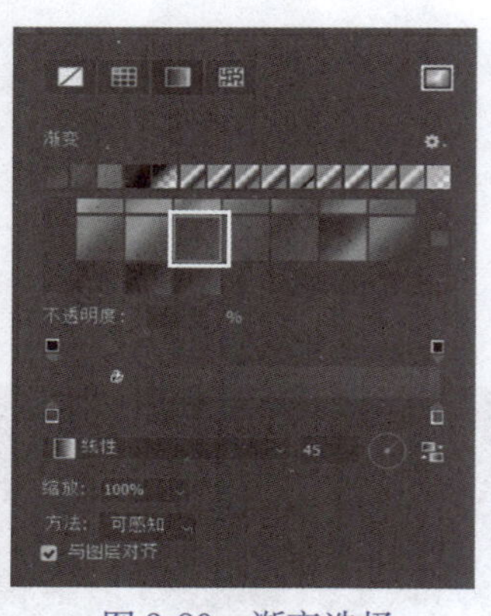

图 9-80　渐变选择

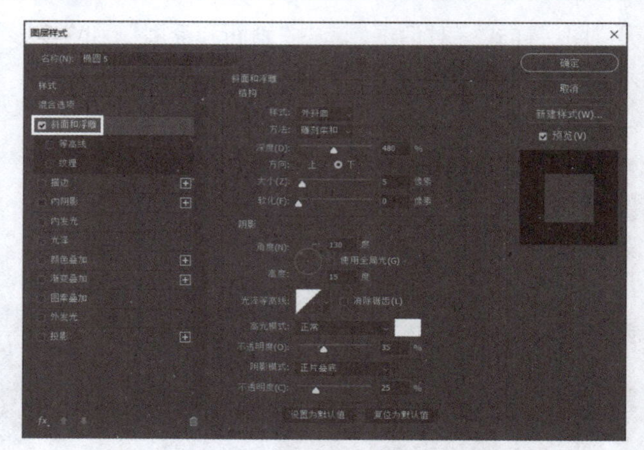

图 9-81　彩色光点的“斜面和浮雕”参数

图 9-82　一个滑动条及彩色发光点效果

图 9-83　滑动条整体效果

9）制作记录条下方用于显示卡路里摄入量的、带有渐变色边缘的圆形按钮。方法：单击工具箱中的（椭圆工具），绘制一个椭圆，并将图层重命名为“圆底”，然后将该层“不透明度”设置为 25%。接着双击该层，打开图层样式对话框，在左侧选中“斜面和浮雕”“渐变叠加”和“投影”选项，并设置参数如图 9-84、图 9-85 和图 9-86 所示，单击“确定”按钮。

10）执行菜单中的“滤镜→杂色→添加杂色”命令，在弹出“添加杂色”对话框中，将“数量”设置为 15%，如图 9-87 所示。单击“确定”按钮，此时就可以看到一个带有厚度与噪点的圆形按钮，如图 9-88 所示。

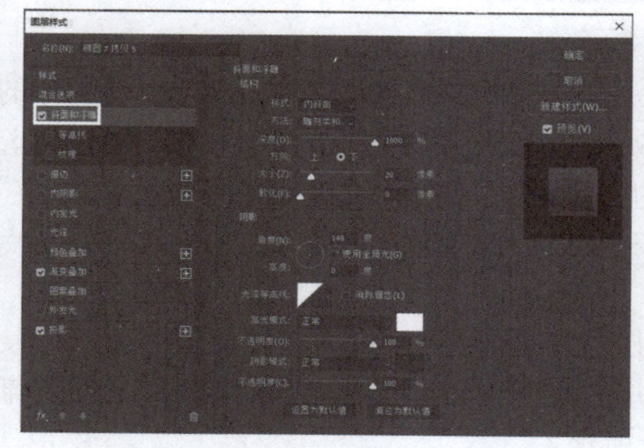

图 9-84　圆形按钮的“斜面和浮雕”参数

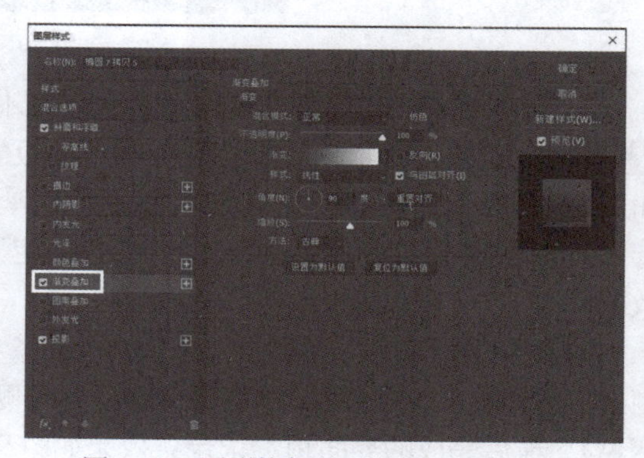

图 9-85　圆形按钮的“渐变叠加”参数

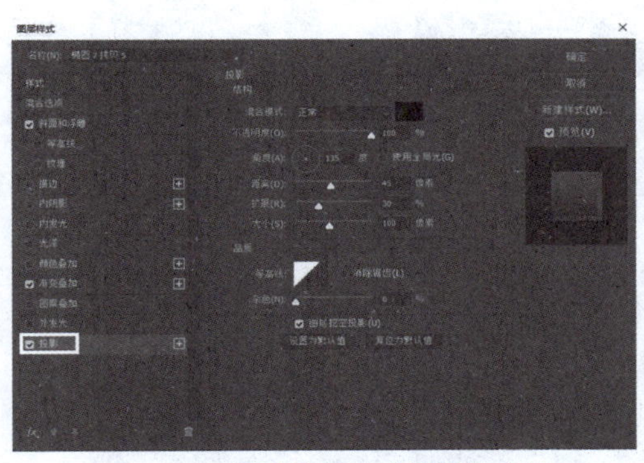

图 9-86　圆形按钮的“投影”参数

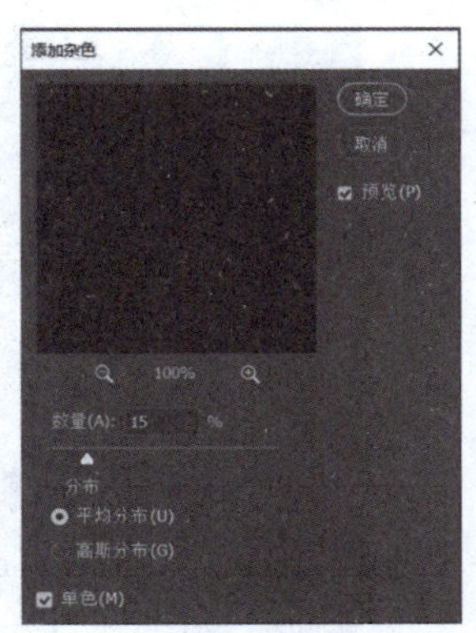

图 9-87　添加“杂色”效果

图 9-88　圆形按钮效果

11）整个 APP 界面背景是暗色的，为了吸引人的视线，按钮要设计为类似发光的物体，下面来制作按钮外围环状发光的效果。方法：按快捷键〈Ctrl+J〉复制“圆底”层，然后删除之前的图层样式，并将图层重命名为“彩色光环”，接着在“图层”面板中将“填充”设置为 0%。再双击“彩色光环”图层，打开“图层样式”对话框，选中“描边”复选框，并设置描边渐变色参数如图 9-89 所示。单击“确定”按钮，此时彩色环状效果如图 9-90 所示。

提示：为了使环状渐变形成一个完整的闭环，需要在渐变的两端设置相同的颜色。本例渐变色从左至右RGB的数值依次为（5, 20, 130）、（255, 195, 215）、（250, 165, 95）、（255, 120, 130）和（5, 20, 130）。

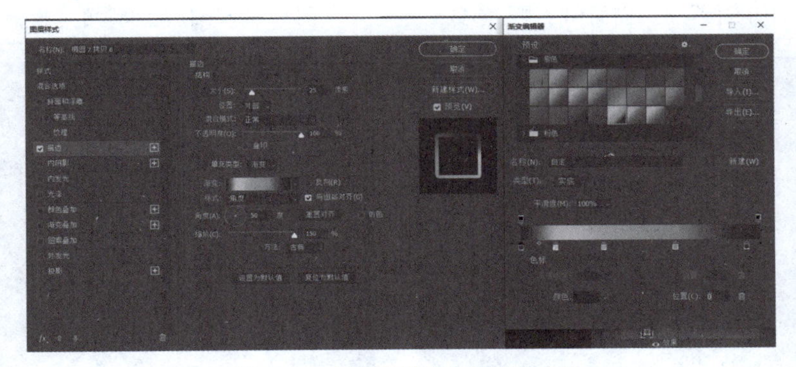

图 9-89　设置“描边”渐变色参数

图 9-90　按钮上的光环效果

12）接下来制作位于环状发光按钮下面一系列由立体小按钮构成的日历条。方法：单击工具箱中的（椭圆工具），绘制一个正圆形，并将图层重命名为“日历底圆”，然后将该层“不透明度”设置为15%，再为其添加“斜面和浮雕”和“投影”图层样式，参数设置如图 9-91 和图 9-92 所示。接着复制该层，并将复制后的图层重命名为“圆环”，再在“图层”面板中将“填充”设置为 0%，“不透明度”设置为 25%，并为其添加“斜面和浮雕”和“投影”图层样式，参数设置如图 9-93 和图 9-94 所示，单击“确定”按钮。最后，在按钮上添加数字文本，字体和字号可自行设计，从而得到如图 9-95 所示的第一个小按钮图形，再将该按钮所包含的所有图层放入一个组内，并将图层组名重命名为“8 号”。

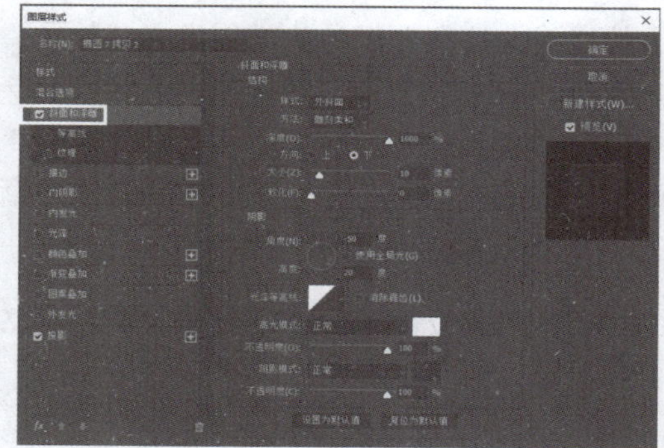

图 9-91　“日历底圆”的“斜面和浮雕”参数

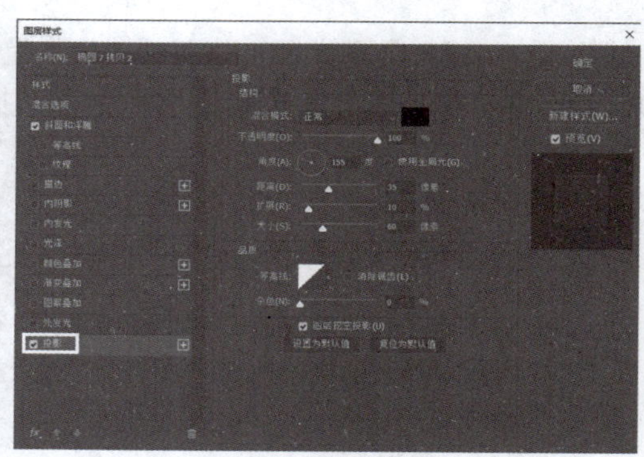

图 9-92　“日历底圆”的“投影”参数

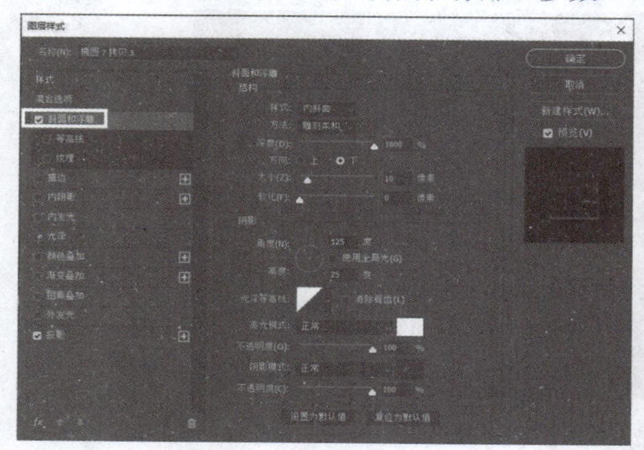

图 9-93　“圆环”的“斜面和浮雕”参数

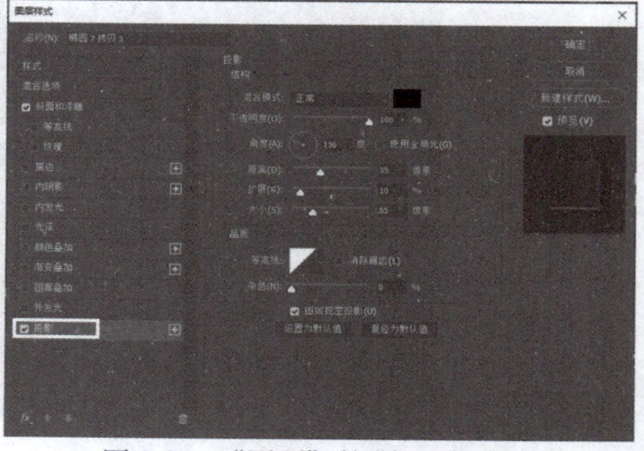

图 9-94　“圆环”的“投影”参数

图 9-95　日历中第一个数字按钮效果

13）选中“8 号”图层组，按快捷键〈Ctrl+J〉复制出四个副本，然后将它们水平排列，如图 9-96 所示。接着在下方再增加一个悬浮感的小圆角矩形滑动条，制作方法不再赘述，效果如图 9-97 所示。

图 9-96　复制出一排日历按钮

图 9-97　日历条及下部滑动条效果

14）至此 APP 界面上半部分制作完毕，接下来制作下半部分用于记录具体每日摄入食物的矩形框。方法：单击工具箱中的（矩形工具），绘制一个大的圆角矩形，并将图层重命名为“摄入底层”，然后将该层“填充”设置为 10%，并为其添加“斜面和浮雕”“渐变叠加”和“投影”图层样式，参数设置如图 9-98、图 9-99 和图 9-100 所示，此时半透明的圆角矩形效果如图 9-101 所示。

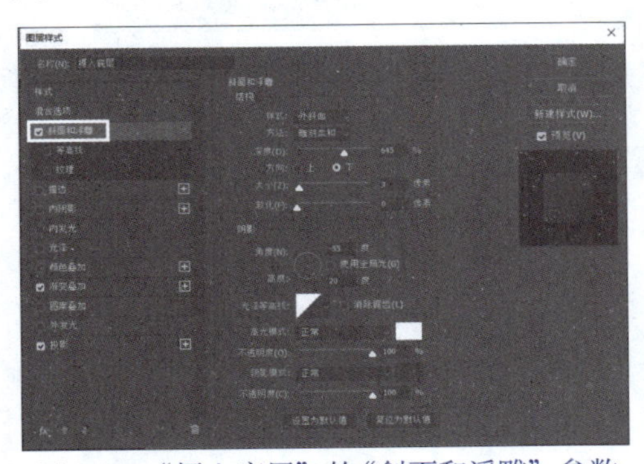

图 9-98　“摄入底层”的“斜面和浮雕”参数

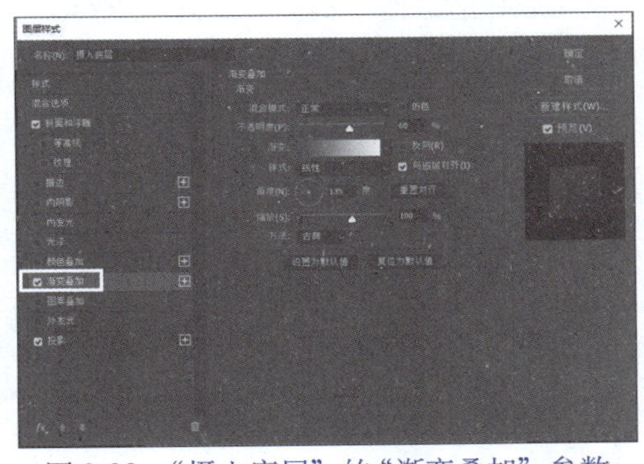

图 9-99　“摄入底层”的“渐变叠加”参数

15）单击工具箱的（直线工具），在“摄入底层”层上方绘制直线，然后在“图层”面板中将线条的“不透明度”设置为 20%。接着给这些线条添加“斜面和浮雕”图层样式，参数设置如图 9-102 所示，单击“确定”按钮，此时细线也呈现出了细微的厚度感，从而保证整体设计风格的协调。最后，将线条进行复制排列，效果如图 9-103 所示。

16）按钮是 APP 中核心的设计元素，它的细节处理至关重要，下面在“摄入底层”上面，再添加一列有凹凸质感的用于添加功能的按钮。在制作之前，先来理解按钮凹凸与光线照射的关系，如图 9-104 所示。

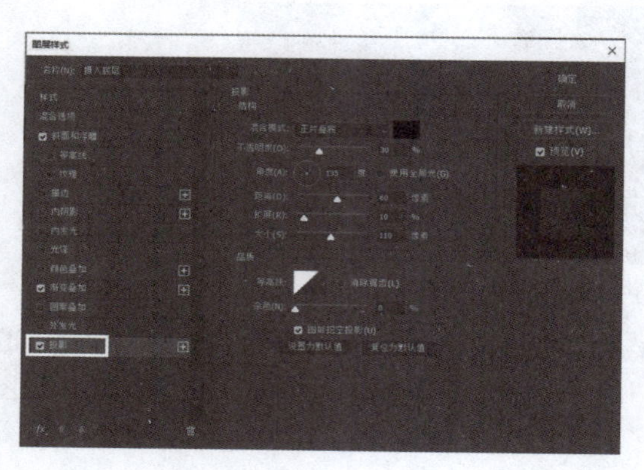

图 9-100 “摄入底层”的“投影”参数

图 9-101 圆角矩形效果

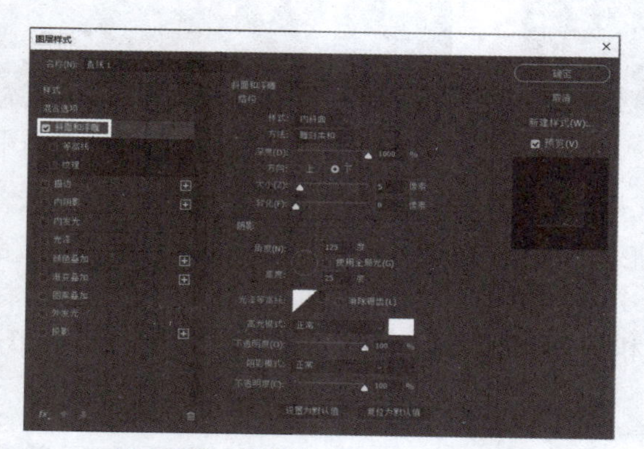

图 9-102 细线的“斜面和浮雕”参数

图 9-103 细线浮雕的效果

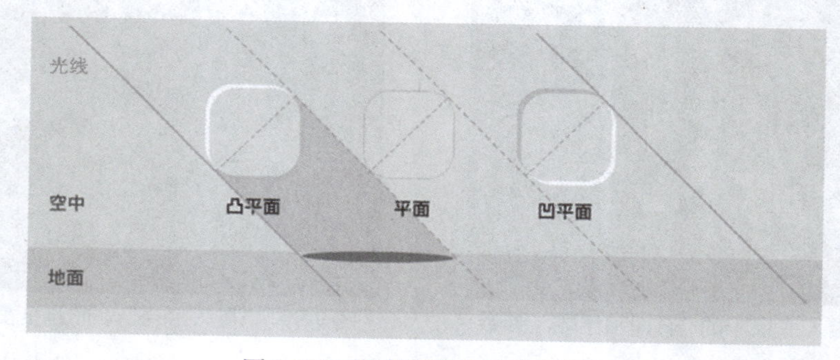

图 9-104 按钮凹凸与光线照射的关系

接下来就来制作这些“添加按钮”。方法：单击工具箱中的 (椭圆工具)，绘制一个圆形，然后在“图层”面板中将该层“填充”设置为 0，再为其添加“斜面和浮雕”图层样式，参数设置如图 9-105 所示，单击“确定”按钮。接着在圆形上新建文字图层，输入文字“+”号，再将该层“填充”设置为 0%，“不透明度”设置为 40%，并为其添加“斜面和浮雕”和“投影”图层样式，参数设置如图 9-106 和图 9-107 所示，单击“确定”按钮，从而制作出具有凹陷效果的按钮，如图 9-108 所示。最后，将圆形和“+”号放置到一个图层组，并将图层组名重命名为“添加按钮”。

17）选中“添加按钮”组，按快捷键〈Ctrl+J〉复制出几个副本，然后将它们按图 9-109 所示的位置进行排列。接着请参照图 9-110 所示位置添加文字，字体和字号可以自己重新设计，注意文字大小和粗细的变化。至此，整个界面就初步完成了。

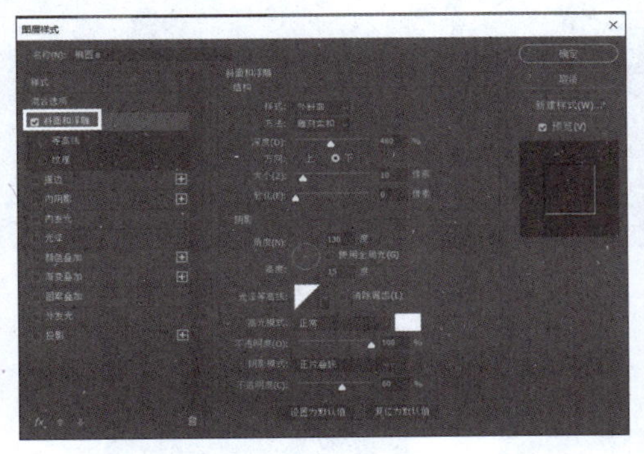

图 9-105　圆形的“斜面和浮雕”参数

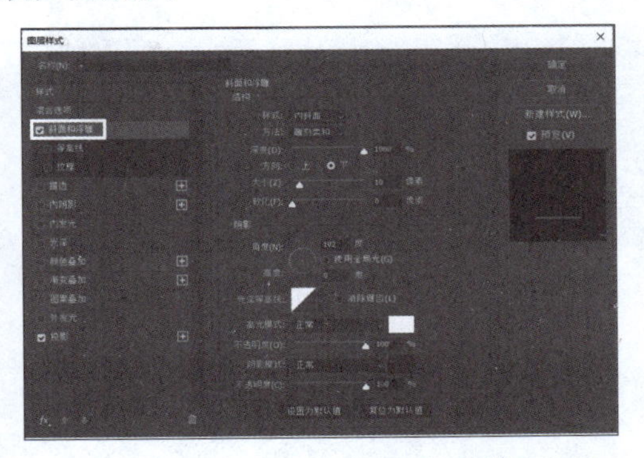

图 9-106　“+”号的“斜面和浮雕”参数

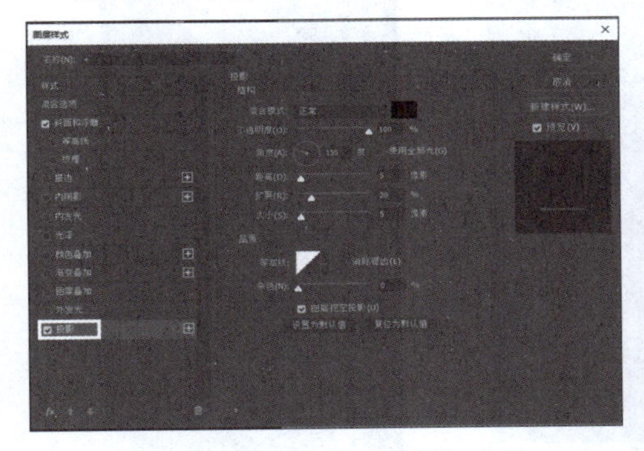

图 9-107　“+”号的“投影”参数

图 9-108　“添加按钮”效果

图 9-109　复制一列按钮

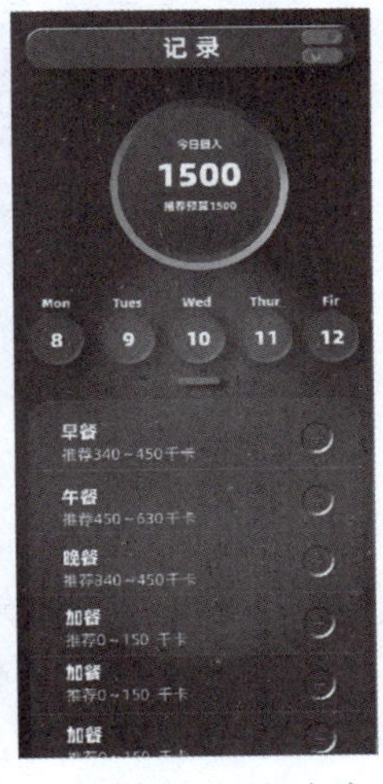

图 9-110　添加文字

18）接下来制作选中的按钮（如日历中当前日期）颜色和光效的变化，使其产生仿佛发光或被光照亮的效果。方法：选中文字“10”所在图层，然后双击该层，打开“图层样式”对话框，再在左侧选中“渐变叠加”选项，再在右侧设置一种明亮的渐变色（RGB 的数值从左至右依次为（255，195，215）、（250，165，95）、（255，120，130）、（5，20，130）），如图 9-111 所示。接着选中“10”周围的圆环，如图 9-112 所示，按快捷键〈Ctrl+J〉复制一层，并将复制后图层的“不透明度”设置为 100%，填充设置为 0%。再单击右键，在弹出的菜单中选择“清除图层样式”命令，最后为其添加“描边”图层样式，参数设置如图 9-113 所示，颜色数值可参考本例步骤 11）中的设置，效果如图 9-114 所示，此时日历中当前日期就产生了一种高亮突出的效果。

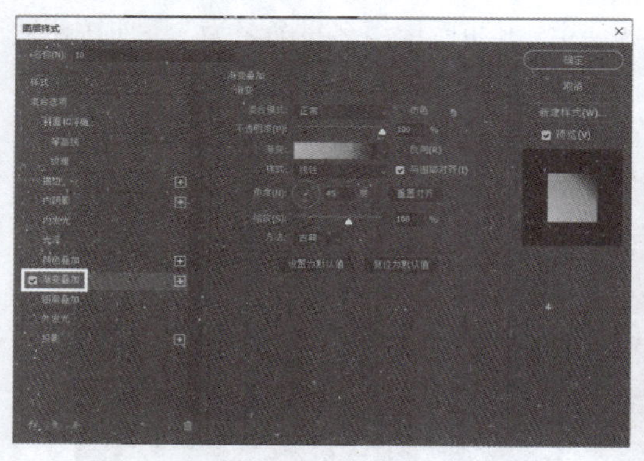

图 9-111　日历按钮的“渐变叠加”参数

图 9-112　选中数字周围圆环

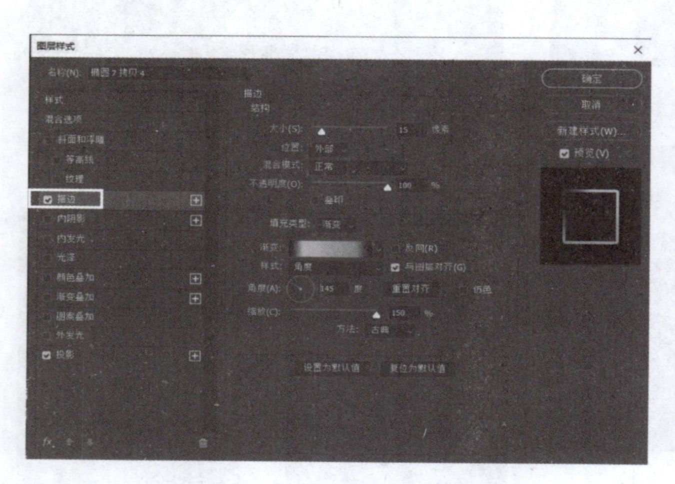

图 9-113　日历按钮的“描边”参数

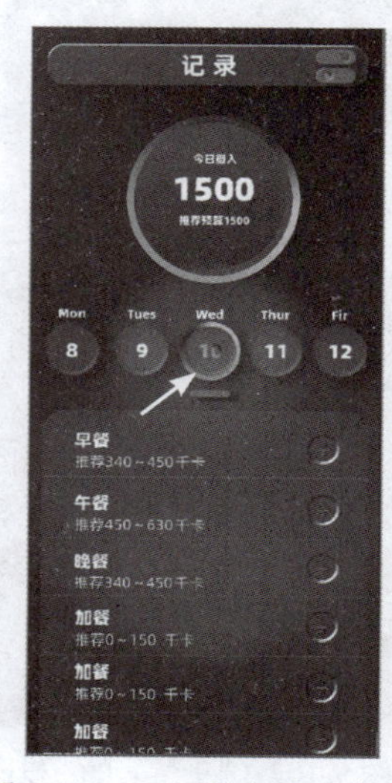

图 9-114　日历按钮发光效果

19）下面在界面中部将弥散光效与毛玻璃效果相结合，以形成更丰富柔和的层次感。方法：单击 （椭圆工具），绘制一个圆形，然后将图层重命名为“毛玻璃”，再将其置于“弥散效果”层之上。接着在属性面板的“外观”选项组的“填色”中，选择一种紫色渐变（RGB 的数值从左至右依次为（20，215，225）和（250，15，255）），如图 9-115 所示。再将“描边”设置为无，此时圆形渐变效果如图 9-116 所示。

20）制作具有毛玻璃效果的圆角矩形下方的渐变圆形的局部模糊效果。方法：按住〈Ctrl〉键，单击“摄入底层”层的缩略图，从而得到圆角矩形选区。然后选中“毛玻璃”层，执行菜单中的“滤镜→模糊→高斯模糊”命令，在弹出的“高斯模糊”对话框中将“半径”设置为 15 像素，如图 9-117 所示。单击“确定”按钮，此时产生局部毛玻璃的效果，如图 9-118 所示。

提示：如果希望弥散效果更强烈一些，可以适当加大模糊的数值。

21）同理，为所有与圆形重叠的图层（如位于上方的日历按钮）添加高斯模糊效果，如图 9-119 所示。

22）同理，参照图 9-120 在底图上再多增加几处弥散光效和毛玻璃效果，使界面变得饶有趣味（微妙的黑暗空间中，弥散光照亮半透明的面板与按钮）。

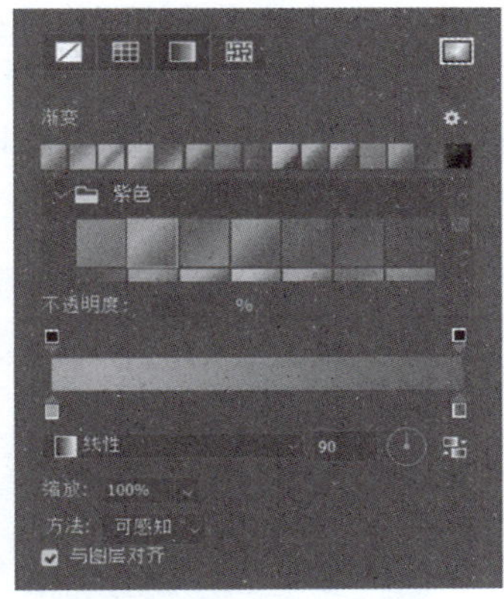

图 9-115 渐变色设置

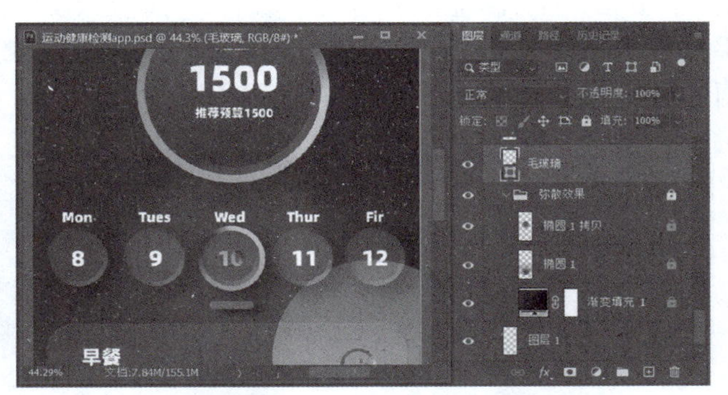

图 9-116 渐变圆形及图层分布

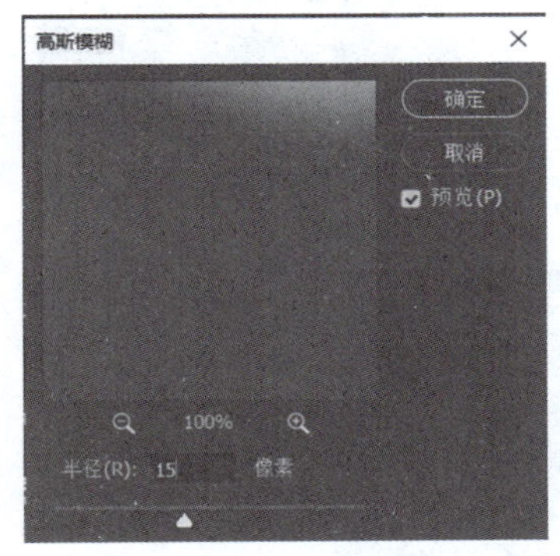

图 9-117 设置“高斯模糊”参数

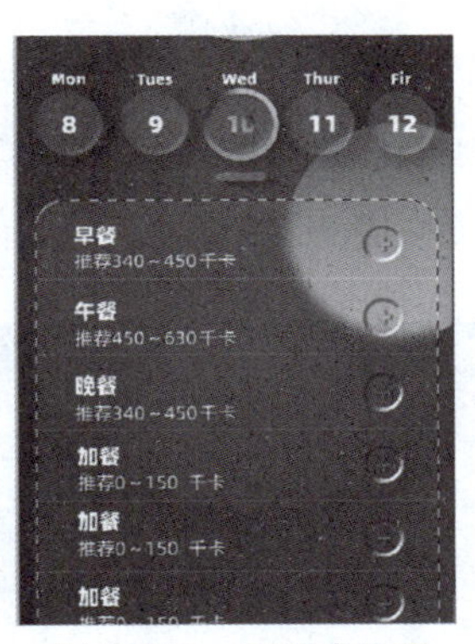

图 9-118 毛玻璃效果

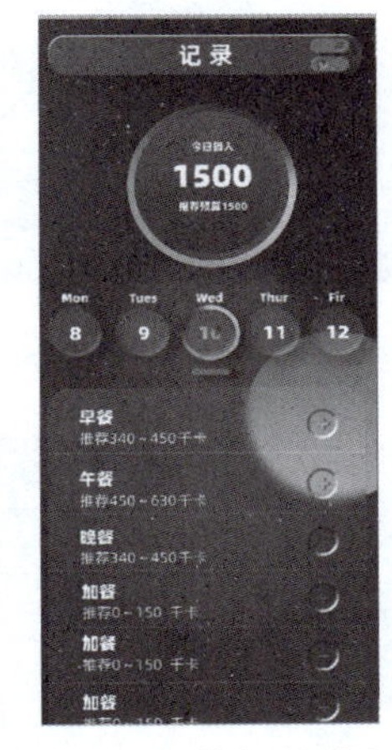

图 9-119 处理其他与圆形重叠部分

23）该 APP 界面还有两个风格相似的界面，如图 9-121 和图 9-122 所示，请仔细观察界面构成元素的异同，并作为课后练习自行完成。

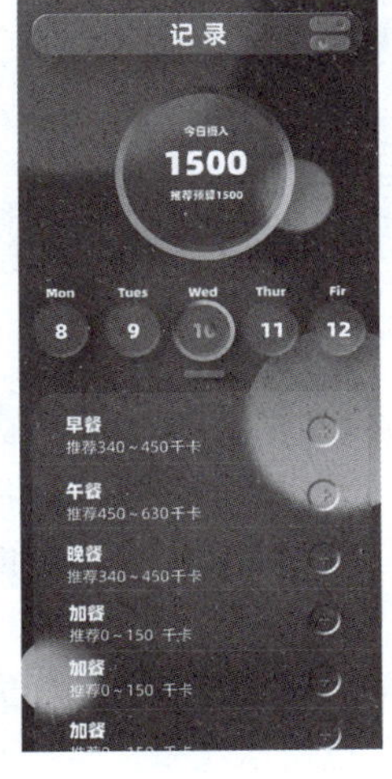

图 9-120 运动健康检测 APP 界面 1

图 9-121 运动健康检测 APP 界面 2

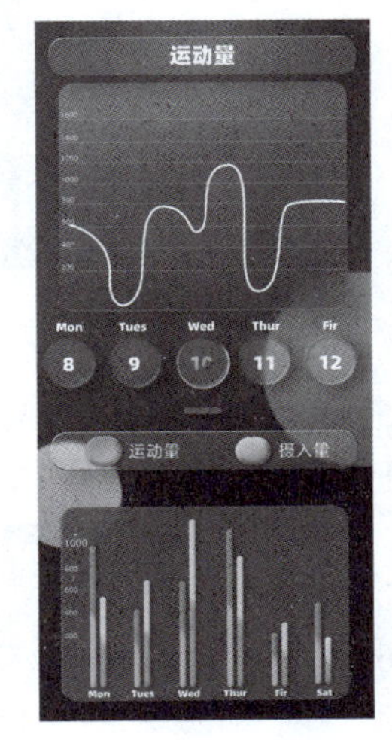

图 9-122 运动健康检测 APP 界面 3

24）下一步骤讲解如何利用样机文件来形成展示效果图。首先，将已经做好的图片置换入样机中。方法：打开网盘中的“源文件\9.2　暗背景光效设计——运动健康监测 APP 展示设计\单独手机样机.psd”文件，如图 9-123 所示。然后双击“置换层”前面的“智能对象缩略图”，如图 9-124 所示，打开“置换层”文件，如图 9-125 所示。

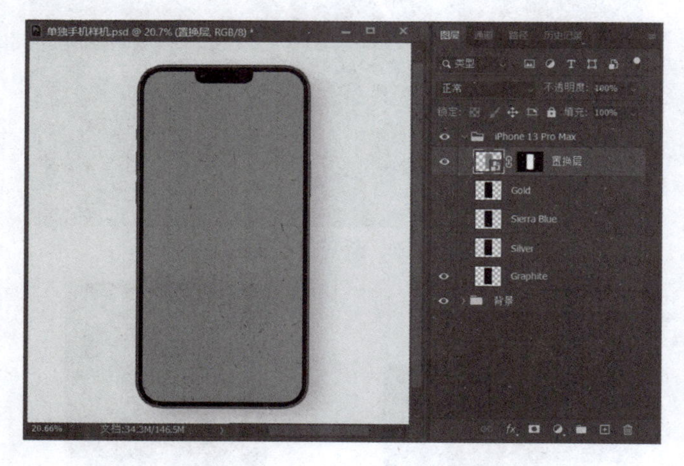

图 9-123　样机文件“置换层”

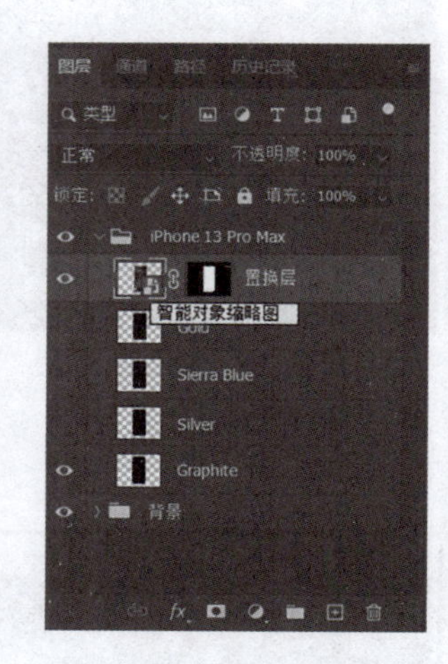

图 9-124　智能对象缩略图

图 9-125　“置换层”文件

25）执行菜单中的“文件→打开”命令，打开前面制作好的“运动健康检测界面.psd”文件，然后将其复制到当前文件中，效果如图 9-126 所示。接着按快捷键〈Ctrl+S〉保存文件，再关闭“置换层”文件，回到“单独手机样机”文件，此时就可以看到手机界面已经被替换成前面制作的界面了，如图 9-127 所示。

26）同理，制作出其余两个手机界面。至此，3 个运动健康监测 APP 的界面制作完毕，如图 9-128、图 9-129 和图 9-130 所示。图 9-131 为运动健康监测 APP 的展示效果。

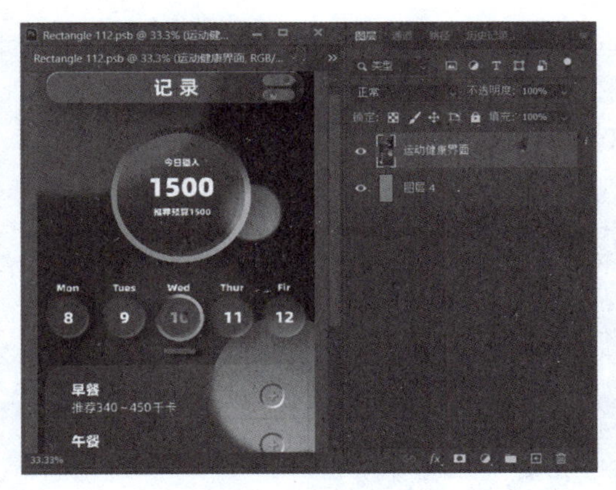

图 9-126　将制作好的 APP 界面复制到当前文件

图 9-127　已经被置换的界面

图 9-128　运动健康监测 APP 设计效果（1）

图 9-129　运动健康监测 APP 设计效果（2）

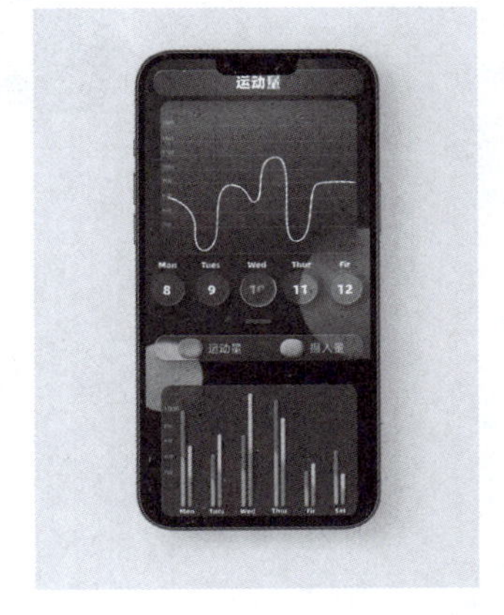

图 9-130　运动健康监测 APP 设计效果（3）

图 9-131　运动健康监测 APP 展示效果

9.3 课后练习

利用网盘中的“源文件 \9.1 新拟物设计（毛玻璃效果）——食谱 APP 界面设计 \ 菜单 APP.psd”文件，参考图 9-132 制作一个食谱 APP 界面效果。

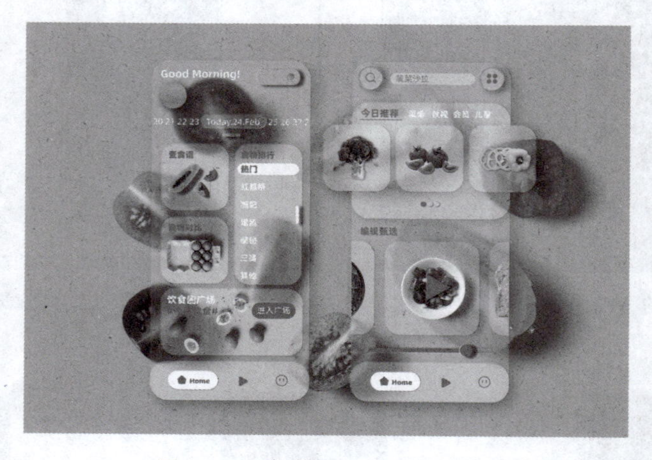

图 9-132　食谱 APP 界面设计效果

第10章　海报设计

本章重点

海报是一种重要的平面艺术表现形式。现代海报设计风格形式多样，无论是商业化的电影海报设计还是公益广告海报设计，其中都蕴含着丰富的内涵，是一种传播交流文化观念的载体。本章从近几年较为流行的几种海报设计风格中，选出一些典型案例，包括结合剪纸与撕纸手法的中国风海报，经久不衰的酸性图像设计风格海报和复古未来主义海报等。这些案例在设计过程中结合图形、色彩、构图、字体的设计变化，旨在帮助读者提高 Photoshop 的综合设计能力。

10.1　中国剪纸风海报——《荷》

扫码看视频

剪纸是在纸上剪或刻的平面造型艺术，现代化的剪纸风格，利用计算机软件模仿剪纸效果应用于插画、广告、海报、包装中，在 2D 平面上展现出 3D 立体纵深效果，通过多层次的叠加，使画面具有趣味性的同时，也表现出传统剪纸文化基础上的现代中国风。因此，剪纸风格是一种中国传统艺术手法与现代数字图像技术相结合的设计方法。本节将制作一个主题为游园赏荷的中国剪纸风海报，如图 10-1 所示。

图 10-1　中国剪纸风海报——《荷》

要点：

1. 剪纸是一种层叠的艺术，在剪纸风海报的设计中最重要的就是空间感的营造，因此要注意画面中图形元素的前后遮挡关系。

2. 层叠的图形之间要有巧妙的投影，这是形成剪纸的立体效果的重要手法。同时要注意投影的虚实和色彩对比关系，以及近实远虚的视觉原理。

3. 在设计过程中要巧妙运用变化的面，使空间的体积感更加强烈；运用弯曲的线，使整体画面更为活泼，增加画面的层次感。

4. 以散点的形式在画面中活跃气氛，例如海报中游动的小鱼、掉落的花瓣等。

操作步骤：

1）执行菜单中的“文件→新建”（快捷键〈Ctrl+N〉）命令，新建一个 19cm×25cm、“分辨率”为 300 像素 / 英寸，“颜色模式”为“CMYK 颜色模式”，名称为“荷”的文件。

提示：一般海报的标准尺寸有13cm×18cm、19cm×25cm、42cm×57cm、50cm×70cm、60cm×90cm、70cm×100cm、42cm×57cm、50cm×70cm等常用规格，本例使用的海报尺寸是19cm×25cm。

2）单击工具箱中的 （横排文字工具），输入文字“荷”，“字体”设置为“汉仪雅酷黑简”，“字体大小”设置为550点，效果如图10-2所示。

提示：本例的设计核心理念是用文字剪纸形态模拟湖水的效果，因此要选择一种笔划较粗的中文字体，只有较粗的字体才能在后面容下湖中的荷花、游船等内容。

3）创建“文字镂空”层，然后将其置于文字图层下面，接着单击工具箱中的 （油漆桶工具），填充“文字镂空”图层为白色。

4）选择“荷”文字图层，然后单击工具箱中的 （魔棒工具），按住〈Shift〉键创建文字选区，再选择“文字镂空”图层，按〈Delete〉键删除选区中的内容。此时可将文字层与背景层暂时隐藏，来查看“文字镂空”层中出现文字镂空的效果，如图10-3所示。最后按快捷键〈Ctrl+D〉，取消选区。

图10-2　输入文字“荷”

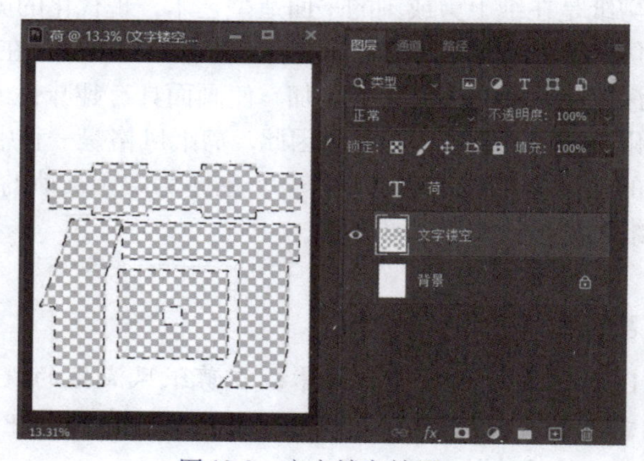

图10-3　文字镂空效果

5）在“文字镂空”层下方新建“最底层蓝色”层，然后单击工具箱中的 （油漆桶工具），将该层填充为浅蓝色（CMYK的数值为（60,0,10,0）），如图10-4所示，作为剪纸的最底层（也是最后图形中池塘底层的颜色），至此，剪纸效果初步的字形就完成了。

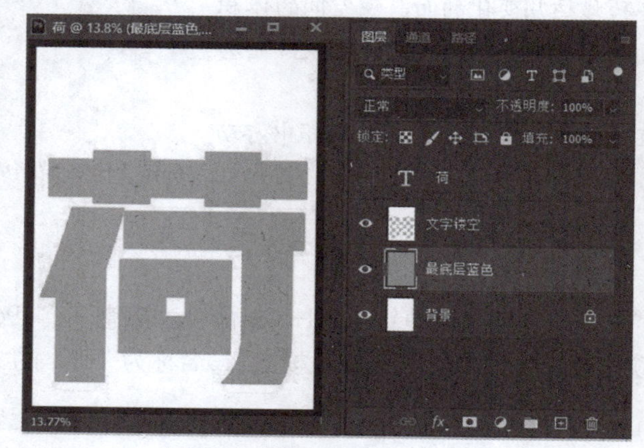

图10-4　剪纸效果初步的字形

6）使用层添加类似剪刀剪出的流畅形状的方法来模拟湖中的水波。方法：在“最底层蓝色”上新建“第二层蓝色”层，然后单击工具箱中的 （钢笔工具），在图层上绘制右上方曲线形状，如图 10-5 所示。接着按〈Ctrl+Enter〉键，将路径转换为选区，再将选区填充为一种稍微深一些的蓝色（CMYK 的数值为（70，10，10，0）），最后按快捷键〈Ctrl+D〉取消选区，效果如图 10-6 所示。

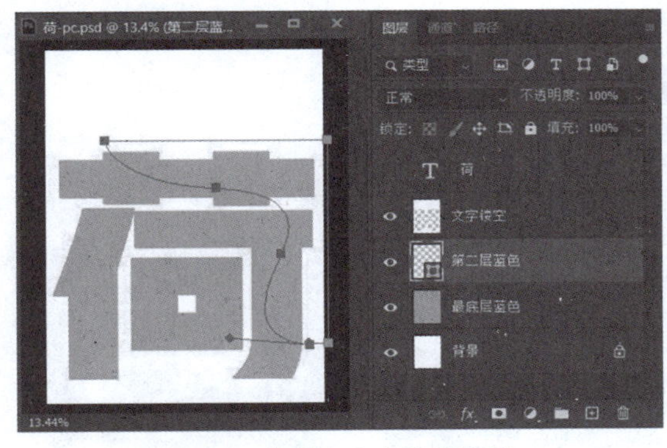

图 10-5　绘制右上方曲线路径

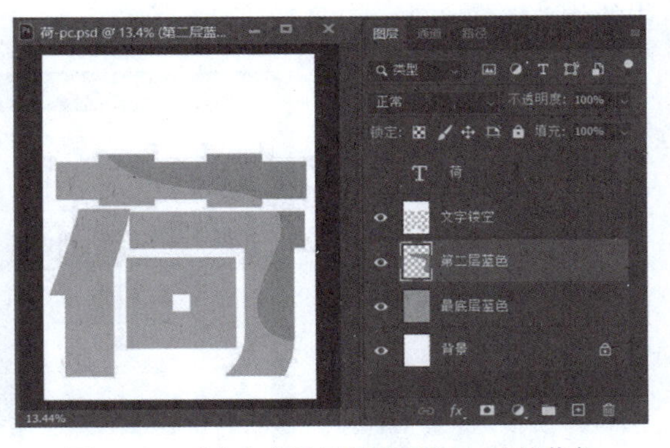

图 10-6　对右上方选区填充稍深一些的蓝色

7）对剪纸边缘阴影进行强调与衬托。方法：在“图层”面板中双击“第二层蓝色”图层，打开“图层样式”对话框，然后在左侧选中“斜面与浮雕”和“投影”选项，设置参数如图 10-7 和图 10-8 所示。单击“确定”按钮，效果如图 10-9 所示。

提示：后面要不断增加剪纸的数量，如果想单独改变某一层的投影角度，却不想影响其他图层，可以双击该图层，然后在弹出的“图层样式”对话框中选中“投影”项，但不要选中“角度”右侧的“使用全局光”复选框。

8）往文字内部层层添加剪完的纸型，以形成向内的层叠感。方法：新建“第三层蓝色”层，然后绘制出第二个剪纸的形状路径，接着填充为不同的蓝绿色（CMYK 的数值为（70，10，25，0）），如图 10-10 所示。

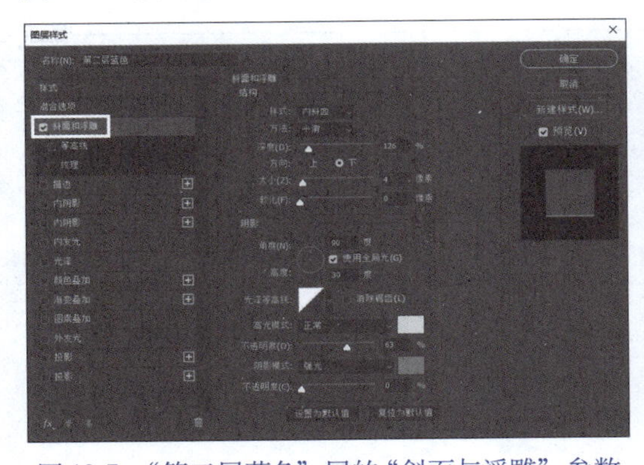
图 10-7　“第二层蓝色”层的“斜面与浮雕”参数

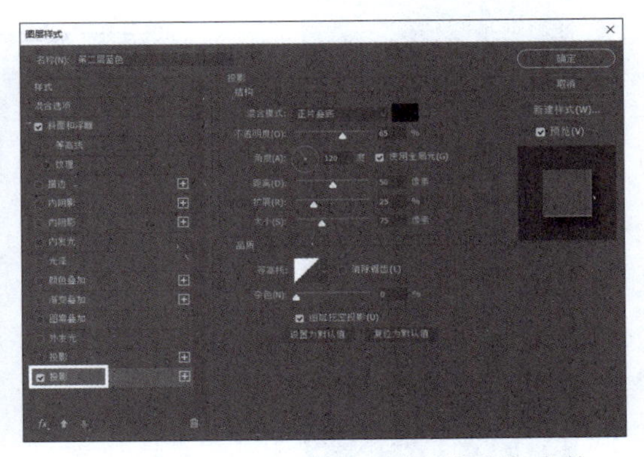
图 10-8　“第二层蓝色”层的“投影”参数

9）同理，参照图 10-11 所示效果，完成其他层的叠加，此时要注意颜色和形状的变化、投影的虚实关系，以及整体画面的均衡，要使人能够产生水波荡漾的联想。然后单击“图层”面

板下方的 （创建新组）按钮，新建一个组，接着按住〈Shift〉键，依次选中所有蓝色图层，再将它们全部拖入分组中，并将图层组重命名为“蓝色图层”，如图 10-12 所示。

10）这张海报的主题是游园赏荷的活动宣传，现在湖面水波与剪纸的层叠感已经建立，但画面还缺乏一些生动的、切题的图形，下面就在画面中添加一些素材图形。方法：执行菜单中的“文件→打开”命令，打开网盘中的“源文件 \10.1 中国剪纸风海报——《荷》\ 荷 - 素材”中的相关图像文件，如图 10-13 所示。

图 10-9　形成剪纸边缘强调的效果

图 10-10　添加第二层剪纸

图 10-11　完成后的所有蓝色图层效果

图 10-12　将所有剪纸图形编组

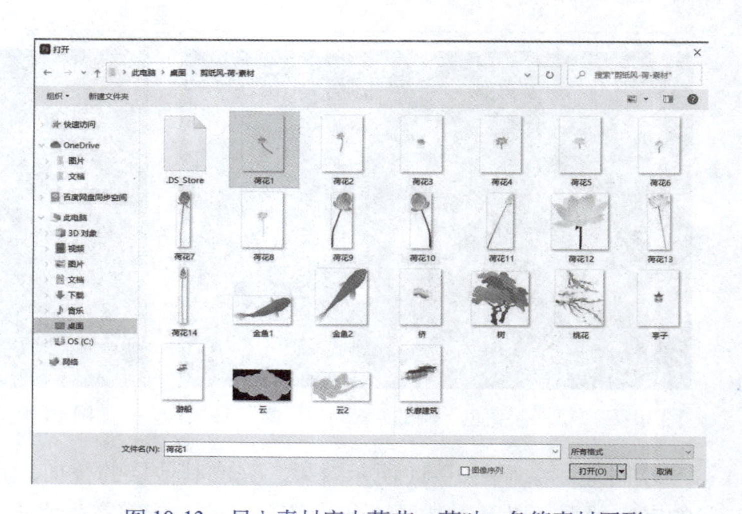

图 10-13　导入素材库中荷花、荷叶、鱼等素材图形

提示：在准备素材的过程中，可以将图片导出为背景色透明的PNG格式，为后续的海报制作省略退底的步骤。

11）将所有荷花素材复制粘贴到海报文件中。下面以一朵花为例（该图为网盘中的“源文件\10.1 中国剪纸风海报——《荷》\荷 - 素材\荷花 1.png”）来讲解将素材粘贴到海报文件中的步骤。方法：在“荷花 1.png”中选择“荷花 1”层，如图 10-14 所示，然后将其移至海报文件“文字镂空”图层上面一层，接着单击“图层”面板下方的 （添加图层蒙版）按钮，在“荷花 1”上创建一个图层蒙版，再在蒙版中单击 （矩形选框工具），框选不需要的部分，如图 10-15 所示，并填充为黑色，这样多余的部分就会被删除，从而制造出荷花由内向外生长出来的空间感，如图 10-16 所示。

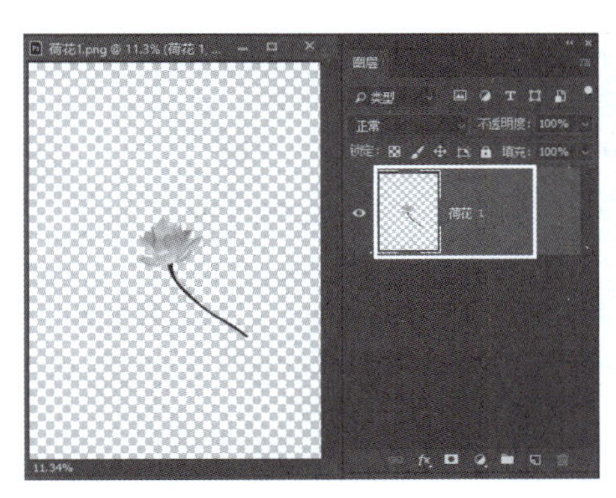

图 10-14　选择“荷花 1”层

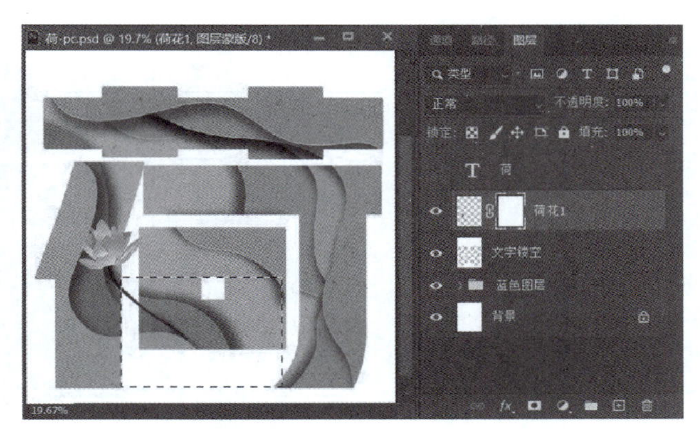

图 10-15　矩形选框选中需要删除的部分

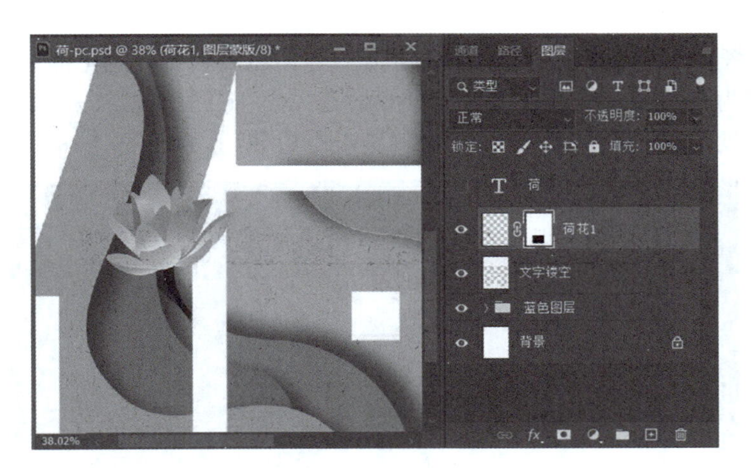

图 10-16　在“图层蒙版”中去除“荷花 1”的局部

12）接下来也为荷花添加剪纸的突出感，使其与水波整体风格协调。方法：双击“荷花 1”层，打开“图层样式”对话框，然后分别选中“斜面与浮雕”和“投影”选项，设置参数如图 10-17 和图 10-18 所示，从而制造整体画面的立体感与空间感，效果如图 10-19 所示。

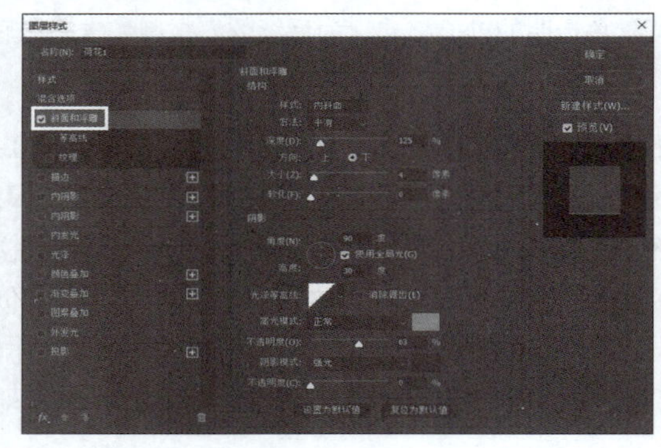

图 10-17 “荷花 1”的“斜面与浮雕”参数

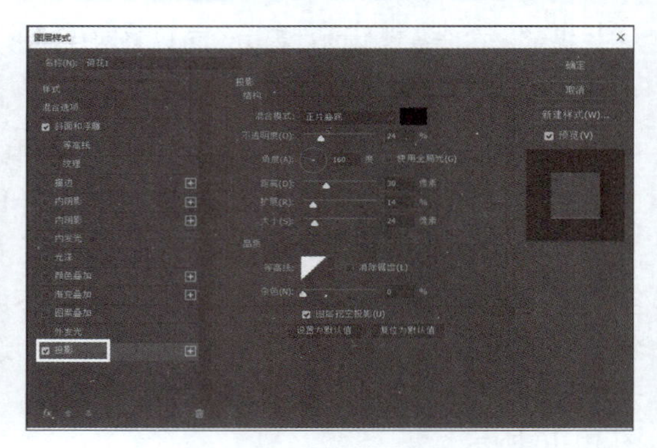

图 10-18 “荷花 1”的“投影”参数

图 10-19 第一朵荷花贴入后的效果

13）同理，将其余荷花素材都粘贴到海报文件中，然后将所有荷花都置于同一图层组中，并将组名重命名为“荷花”，这里需要注意的是荷花大小和位置的摆放方式，例如有些花蕾要稍微旋转一点角度，形成被风吹拂的动感，效果如图 10-20 所示。

图 10-20 将其余荷花素材都粘贴到海报文件中

14）接下来手绘荷花背后的荷叶部分。方法：单击工具箱中的 （椭圆工具），然后在选项栏中选择“形状”选项，如图 10-21 所示。再在画面中绘制一个椭圆图形，此时软件会自动生成一个形状层，接着将它放在“文字镂空”层之下。再在“属性”面板中选择“外观”选项，设置“填色”与“描边”的参数，如图 10-22 所示。接着在荷花背后选择合适的位置绘制不同大小与颜色的荷叶，并按照前一步骤添加厚度与投影，这里要注意画面的投影虚实关系，近处的投影实一些，远处的投影虚一些、浅一些。最后将所有荷叶放入同一组中，并将组名重命名为“荷叶”，效果如图 10-23 所示。

图 10-21　选择“形状”

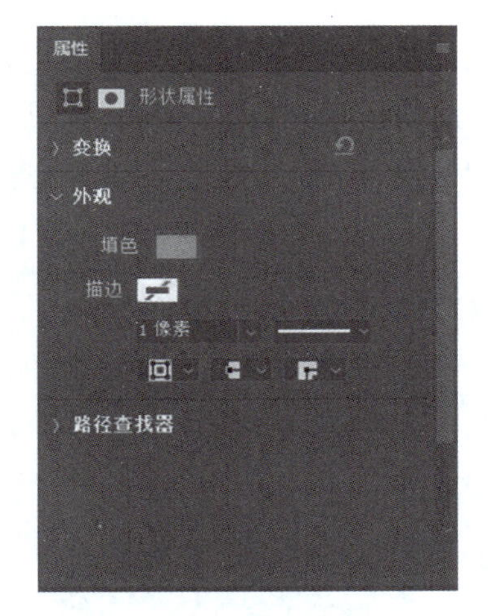

图 10-22　设置荷叶椭圆形状的“填色”与“描边”参数

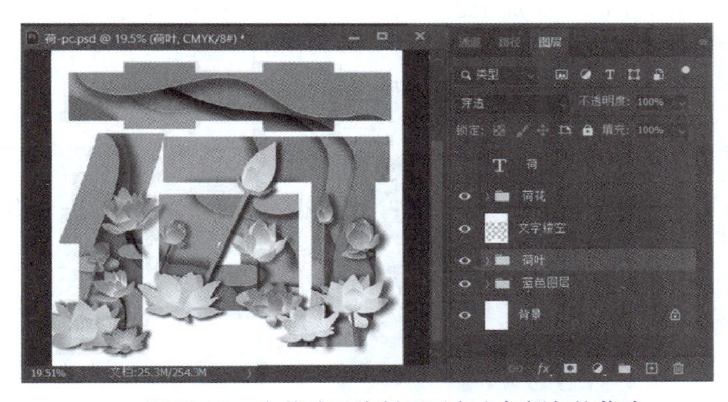

图 10-23　在荷叶层绘制不同大小与颜色的荷叶

15）同理，在海报中继续添加游船、桃花、云等元素，这里需要注意的是添加所有的素材都要符合剪纸的风格，最好选择硬边的图形，效果如图 10-24 所示。

16）此时海报的白色背景显得很单调，下面在白色背景上制作出一种纸张的肌理效果。方法：新建一个与海报尺寸等大，“颜色模式”为“RGB 模式”的文件，然后新建图层，并将工具箱中的前景色与背景色分别设置为白色和灰色，再执行菜单中的“滤镜→渲染→云彩”命令，生成如图 10-25 所示的云彩纹理效果。接着执行菜单中的“滤镜→杂色→蒙尘与划痕”命令，在弹出的“蒙尘与划痕”对话框中设置参数如图 10-26 所示，单击“确定”按钮，从而在云彩纹理上增加蒙尘与划痕效果，效果如图 10-27 所示。

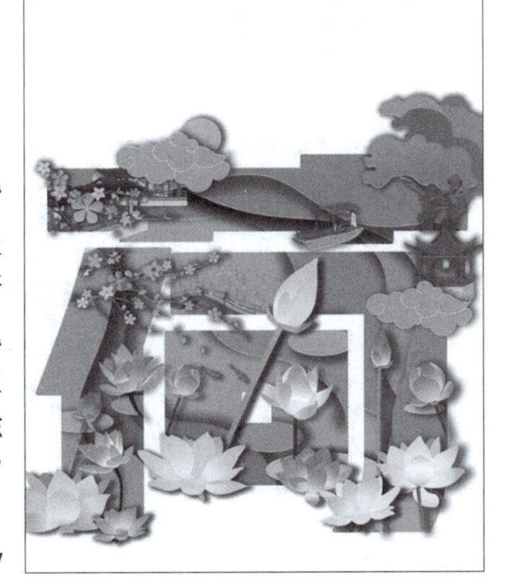

图 10-24　导入素材库中的其他素材

图 10-25 云彩纹理效果

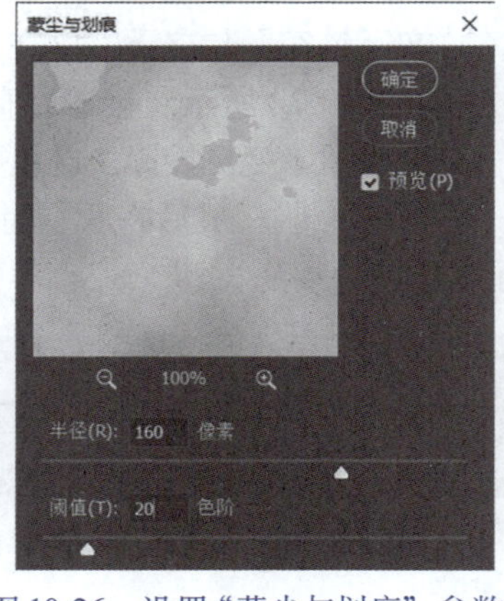

图 10-26 设置“蒙尘与划痕”参数

图 10-27 蒙尘与划痕效果

17）进一步模拟纸张纤维的颗粒度。方法：执行菜单中的“滤镜→杂色→添加杂色”命令，在弹出的“添加杂色”对话框中设置参数，如图 10-28 所示，单击“确定”按钮。然后执行菜单中“滤镜→滤镜库”命令，在弹出的“滤镜库”对话框中选择“素描→基底凸现”，并设置参数，如图 10-29 所示，单击“确定”按钮。

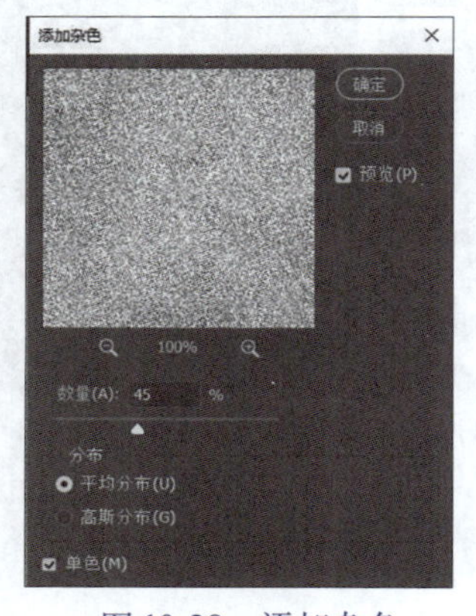

图 10-28 添加杂色

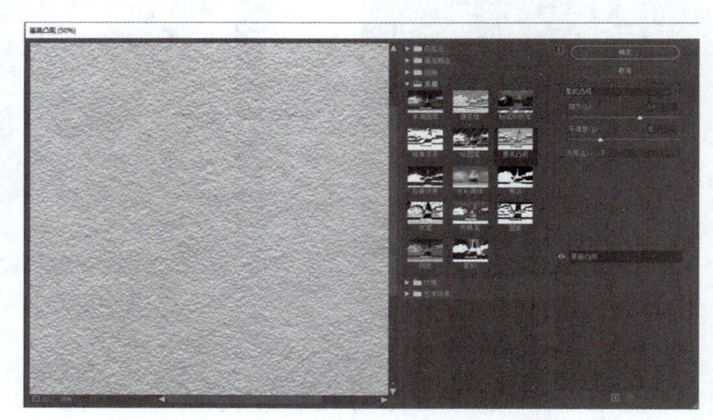

图 10-29 滤镜库中改变纸纹理

18）在“调整”面板中选中“亮度 / 对比度”选项，创建“亮度 / 对比度”调整图层，然后使用“属性”面板调整参数，如图 10-30 示，使画面质感更接近真实的纸张。最后合并所有图层，再将其复制到“荷”文件中。

图 10-30 调整“亮度 / 对比度”参数模拟出真实质感的纸张效果

19）在“文字镂空”层上新建“浅黄色底层”，然后按住〈Alt〉键建立剪贴蒙版，再将该层填充为一种浅黄色（CMYK 的数值为（0，10，20，0））。接着将制作好的纸张纹理复制粘贴到“荷”文件中，并置于“文字镂空”上层，再按住〈Alt〉键建立剪贴蒙版，最后将图层更名为“纸质纹理”，并将“纸质纹理”层的“图层混合”模式设置为“正片叠底”，设置“不透明度”为 50%，效果如图 10-31 所示。

20）因为海报中图形整体偏下，会形成“头轻脚重”的视觉效果，为使整体画面保持平衡，下面在海报上方添加标题文字。至此，海报制作完成，最终效果如图 10-32 所示。

图 10-31　将浅黄色的纸张纹理加入画面

图 10-32　剪纸风海报最终效果

10.2　撕纸风格海报——《ARTS》

扫码看视频

撕纸风格是一种手工与现代数字图像结合的设计形式。这种模拟纸张撕裂的图形风格，不仅能丰富画面形式，多层次传达画面内涵，还能唤起人们一种探秘的心理，窥探表层之下的另一层内容，引发兴趣。本节将制作一个撕纸风格的艺术海报，如图 10-33 所示。

要点：

1. 撕纸风格需要自己手工制作纸卷，然后拍摄素材，这种手工制作的加入，也是海报创作中的趣味点。

2. 在素材拍摄过程中，选择在自然光下拍摄，尽量保留撕纸时的纹理以增强整体画面的真实感。

3. 这张海报也属于文字图形化的设计，因此选择被镂空

图 10-33　撕纸风格海报——《ARTS》

的文字字体时，要注意文字的可读性，尽量选择简单直接的字体，笔画过多的文字不适用于此种海报风格，会造成文字与图形可读性的混乱。

操作步骤：

1）执行菜单中的“文件→新建”(快捷键〈Ctrl+N〉) 命令，新建一个 21cm×29.7cm (A4 尺寸)、“分辨率”为 300 像素 / 英寸，“颜色模式”为“CMYK 颜色模式”的文件。

2）单击工具箱中 T （横排文字工具），输入黑色的英文大写字母“ARTS”，字体请根据自己的字库，选择一种较粗的英文字体（例如 Arial Black)。设置“字体”为“heavy”，“字体大小”为 410 点，将文字铺满整个画面，字母的编排方式如图 10-34 所示。

提示：字体最好选择粗体的无衬线字体，以便更好地执行后面“撕开”的步骤，以及露出更多撕开后的内容。另外，最好选择笔画较少的文字，以免造成画面可读性的缺失。

3）执行菜单中的“文件→存储为”命令，将“文件名”设置为“ARTS”，“保存类型”选择为“JPEG”格式，如图 10-35 所示。将该文件用打印机打印在一张 A4 纸上。

图 10-34　需要打印的“ARTS”素材

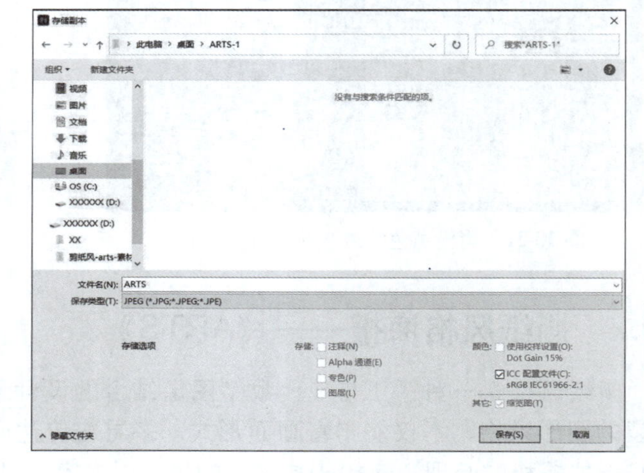

图 10-35　图片输出选项

4）以下几步是对打印好的素材进行手工撕卷与拍摄，这是一个有趣的手工制作小技巧，读者可以尝试一下。方法：首先用刻刀将黑色文字刻出来，注意留出需要卷边的部分，然后用笔将留出来的部分卷起来，如图 10-36 所示。

提示1：如果希望略过手工制作这几步，可以直接使用网盘中提供的制作完成的卷纸摄影图片（该图片为网盘中的“源文件\10.2 撕纸风格海报——《ARTS》\ARTS-素材\拍摄素材.jpg”）。

提示2：在素材拍摄的过程中，需要在刻好的素材底层垫一张黑色卡纸，这样后续的抠图工作可以更容易些。拍摄环境最好选择在自然光下拍摄，这样纸张的明暗关系、投影以及海报制作出的效果都会更加自然，拍摄完成的效果如图10-37所示。

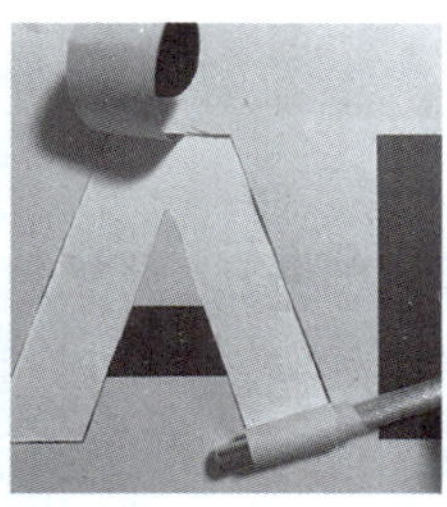

图 10-36　字母进行手工撕边和卷边

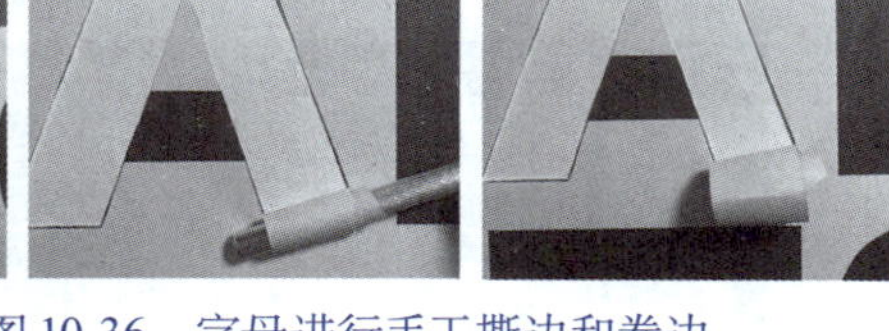

图 10-37　拍摄效果

5）执行菜单中的“文件→新建”（快捷键〈Ctrl+N〉）命令，新建一个 21cm×29.7cm（A4 尺寸）、“分辨率”为 300 像素 / 英寸，“颜色模式”为“CMYK 颜色模式”，“名称”为“ARTS”的文件，然后将手工撕纸的摄影图片复制粘贴入该文件，并将该层重命名为“文字层”。

6）先将文字中的黑色部分做镂空处理。方法：单击工具箱中的（快速选择工具），然后在选项栏中选择一个合适的画笔大小，接着选择需要删除的部分，再通过图 10-38 所示的选项栏中的（添加到选区）或（从选区减去）工具增加或删减选区，如图 10-39 所示。最后按〈Delete〉键删除选区中的内容，再按快捷键〈Ctrl+D〉取消选区，效果如图 10-40 所示。

提示：文字中镂空的部分可以自由地贴入任意图形，和撕开的纸卷相搭配，从而形成奇妙的效果。

图 10-38　快速选择工具的顶层工具栏

图 10-39　选择文字选区

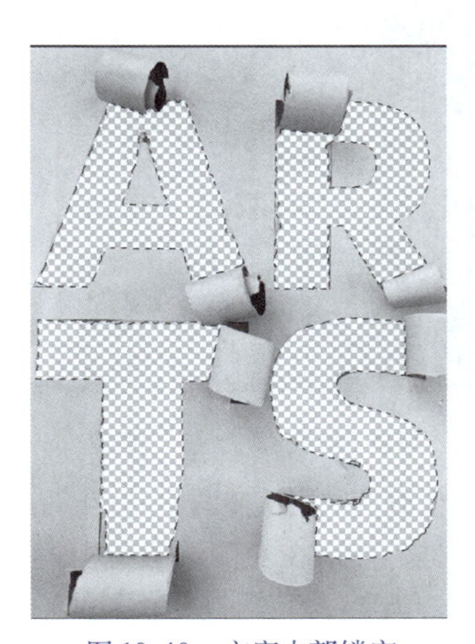

图 10-40　文字内部镂空

7）为了配合灰白色的纸张，下面将一幅黑白的中国水墨画贴入“ARTS”字母中，形成一种中西方艺术交融的印象。方法：打开网盘中的“源文件\10.2 撕纸风格海报——《ARTS》\ARTS-素材\水墨画素材.jpg”文件，如图10-41所示，然后将水墨画素材贴入海报中，并置于“文字层”图层下方，接着将该图层重命名为“水墨层”，再按快捷键〈Ctrl+Shift+U〉对其进行去色命令，使微微泛黄的国画图片变为黑白色调，如图10-42所示。

图10-41 水墨画素材

图10-42 将国画置入底层

8）调整整体画面的明暗对比。方法：在“调整”面板中选中“亮度/对比度”选项调整图层，然后将其置于“文字层”上方，接着按住〈Alt〉键，建立剪贴蒙版，再在“属性”面板中调整参数如图10-43所示，效果如图10-44所示。

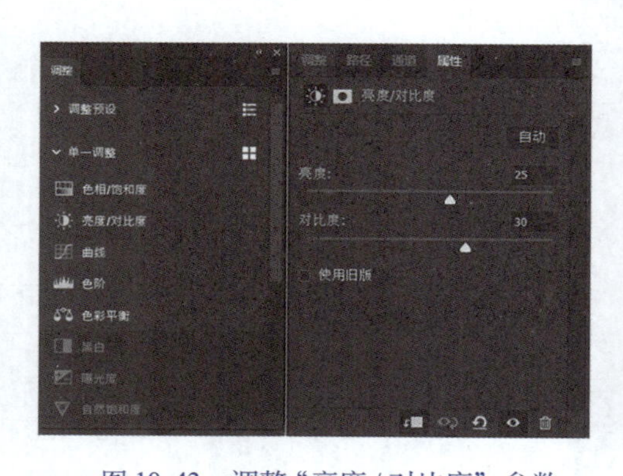

图10-43 调整“亮度/对比度”参数

图10-44 效果图及图层分布

9）增强整体画面的层次感与空间感。方法：在“图层”面板中双击“文字层”图层，打开“图层样式”对话框，然后在左侧选中“斜面和浮雕”和“投影”选项，并设置参数如图10-45和图10-46所示。单击“确定”按钮，整体效果如图10-47所示。

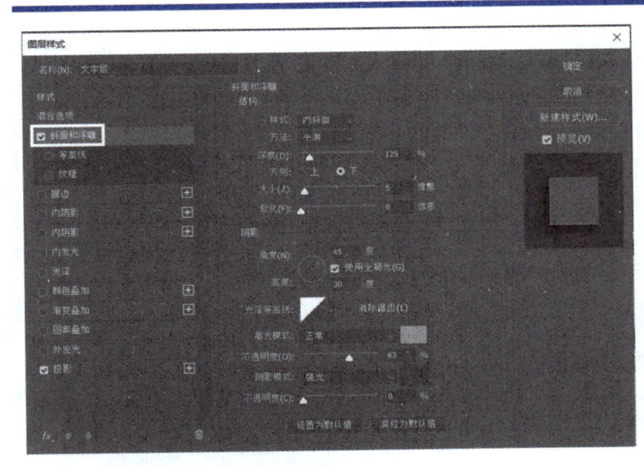

图 10-45　“斜面与浮雕”参数

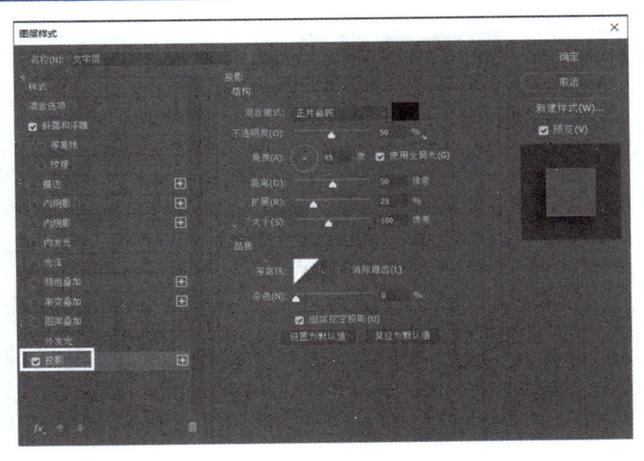

图 10-46　“投影”参数

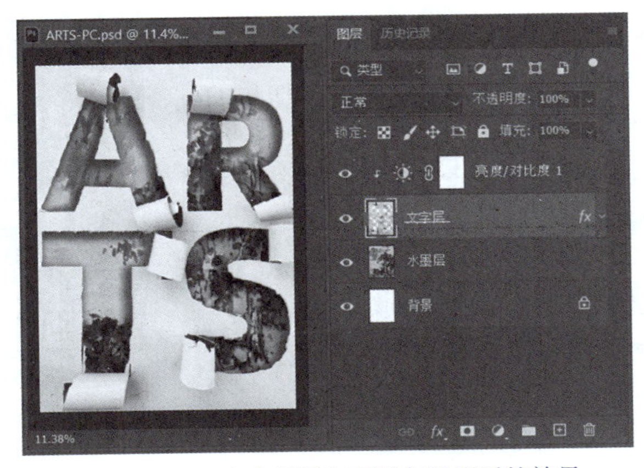

图 10-47　文字层添加浮雕与投影后的效果

10) 参考步骤 8)，再次整体调整画面的亮度和对比度，参数可参考图 10-48。至此，整个撕纸风格的海报制作完成，最终效果如图 10-49 所示。

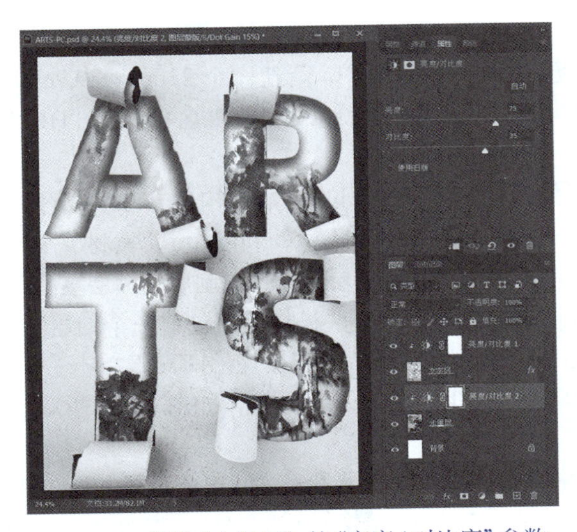

图 10-48　调整“水墨层”的“亮度 / 对比度”参数

图 10-49　撕纸风格最终效果

10.3 复古未来主义风格海报——《HELLO FUTURE》

复古未来主义是当代艺术中对早期未来主义风格的模仿，现代人以一种过去的视角看待过去对未来的期望与想象，这种怀旧与科幻的碰撞就产生了复古未来主义。这种风格建立在未来主义者对太空殖民地的愿景之上，展示着未来主义者对太空的狂热幻想图景，复古梦幻的配色、充满噪点的做旧效果，以及现实与科幻结合的视觉元素，使这种风格产生了独特的视觉效果。本节将制作主题为“HELLO FUTURE”的复古未来主义风格的海报，如图 10-50 所示。

扫码看视频

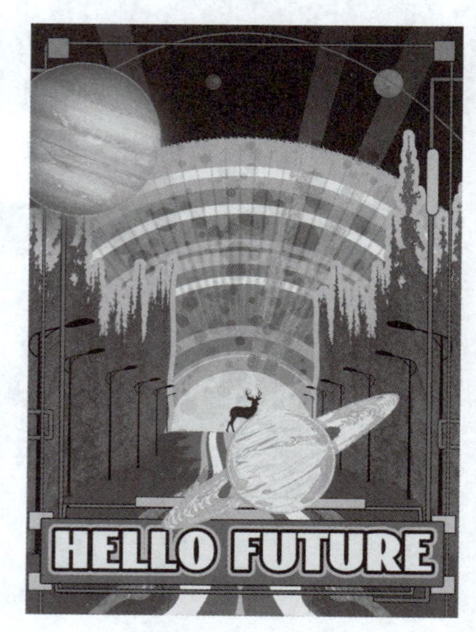

图 10-50 复古未来主义风格海报——《HELLO FUTURE》

要点：

1. 在整个画面元素的排布中，要有很明显“近大远小，近实远虚”的透视关系，否则会造成画面空间感的混乱。

2. 复古未来主义海报中常会出现一些宇宙与科技的元素，例如行星、飞船、激光等，让这些画面元素自由地漂浮或漫游于空间中。

3. 复古未来主义中的做旧感需要掌握“噪点”（即“杂色”）的运用，以及如何选用合适的参与元素来增强整体画面的怀旧感。

4. 海报的设计中强调点、线、面的构成。

5. 海报的颜色体现复古梦幻的配色，读者可以学习这种配色法。

操作步骤：

1）执行菜单中的“文件→新建”（快捷键〈Ctrl+N〉）命令，新建一个 21cm × 29.7cm(A4 尺寸)、“分辨率”为 300 像素 / 英寸，“颜色模式”为“RGB 颜色模式”，“名称”为“HELLO FUTURE”的文件。

2）在画面上通过道路两边具有透视效果的松树来建立空间的基本结构。方法：打开网盘中的“源文件 \10.3 复古未来主义风格海报——《HELLO FUTURE》\hello future- 素材 \ 松树素材 .jpg”文件，如图 10-51 所示，然后按快捷键〈Ctrl+J〉复制图层，并将复制后的图层重命名为“松树”。接着单击“图层”面板下方 （添加图层蒙版）按钮，为“松树”层创建一个图层蒙版。再选择“松树”层，按快捷键〈Ctrl+A〉全选，〈Ctrl+C〉复制，接着按住〈Alt〉键单击“松树”层蒙版图标，进入蒙版界面，按快捷键〈Ctrl+V〉粘贴图片至松树蒙版中，如图 10-52 所示。最后，按快捷键〈Ctrl+D〉取消选区。

3）按快捷键〈Ctrl+L〉调出“色阶”对话框，然后拖动“输入色阶“的黑色滑块与白色滑块至图 10-53 所示位置，将画面黑白对比度调到最强。接着单击 （画笔工具），将图中一些小细节用黑色或白色进行涂画，从而去除画面中一些黑白的杂色点，如图 10-54 所示，单击“确定”按钮。

图 10-51　松树素材

图 10-52　将松树图像贴入蒙版中

图 10-53　调整“输入色阶”参数

图 10-54　蒙版细节处理对比

4）将画面黑白关系反转。方法：按快捷键〈Ctrl+L〉调出“色阶”对话框，将“输出色阶”处的黑色滑块与白色滑块对调位置，使画面中黑白区域互换，如图 10-55 所示，单击“确定”按钮。

提示：执行菜单中的“图像→调整→反相”命令，也可以实现相同的效果。

图 10-55　改变“输出色阶”参数

5）在“图层”面板中单击“松树”层前的缩略图，然后隐藏“背景”图层，此时可以看到松树图像进行了快速褪底的效果，如图 10-56 所示。接下来，将“松树”层全部内容复制粘贴至“HELLO FUTURE”文件中。

图 10-56　已进行快速褪底的松树

6）在“HELLO FUTURE”文件“背景”层之上新建“底色”图层，并将其填充为黑色。然后选择“松树”图层，按住〈Shift〉键等比例拉大松树，再将其移至海报右侧位置。接着执行菜单中的“编辑→变换→斜切”命令，按照“近大远小”的透视原理，将变形控制点移动至如图 10-57 所示位置，从而改变图片的透视，最后按〈Enter〉键确定操作。

7）单击工具箱中的 （多边形套索工具），创建图 10-58 所示的松树左侧部分的选区，然后按〈Delete〉键删除选区中的内容，再按快捷键〈Ctrl+D〉取消选区。

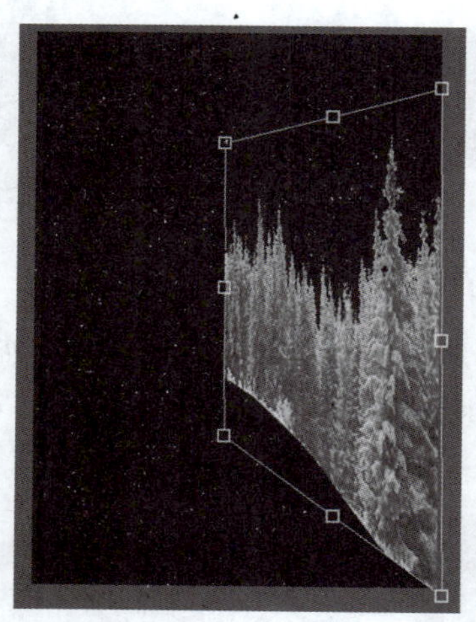

图 10-57　按照“近大远小”原理进行斜切

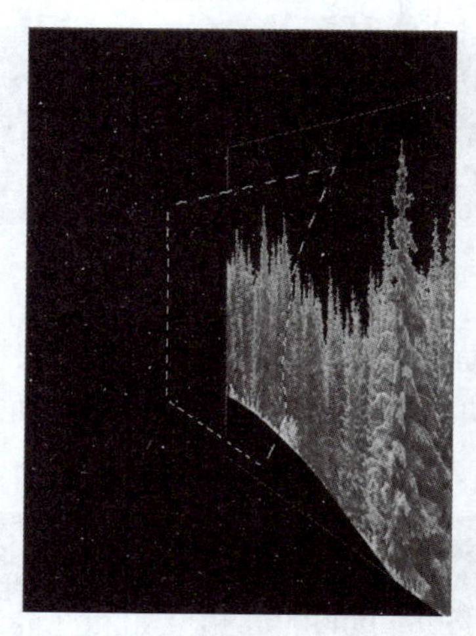

图 10-58　删除左侧部分松树

8）将真实的松树图片处理为类似套色版画的效果，这是一种仿旧的设计风格。方法：按快捷键〈Ctrl+Shift+U〉对图像进行去色操作，然后在“调整”面板中单击 （创建新的渐变映射调整图层）按钮，再在“属性”面板中单击“渐变条”，在弹出的“渐变编辑器”对话框中设置渐变色为一种“绿（RGB 的数值为（100，180，110））—蓝（RGB 的数值为（15，60，110））”的颜色，如图 10-59 所示。接着适当调整渐变色条两端的滑块以改变整体画面的颜色分布，如图 10-60 所示，单击“确定”按钮。

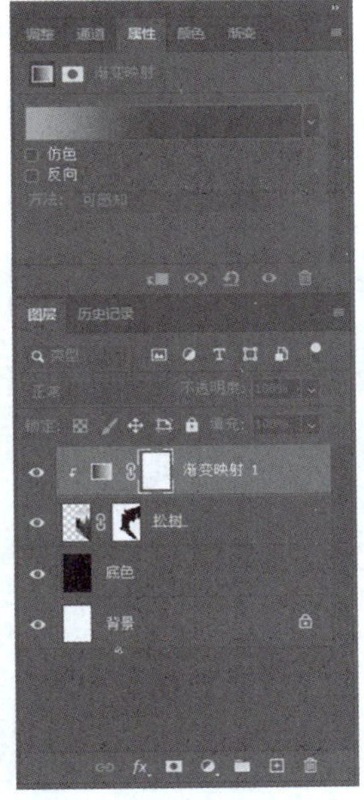

图 10-59　编辑渐变颜色

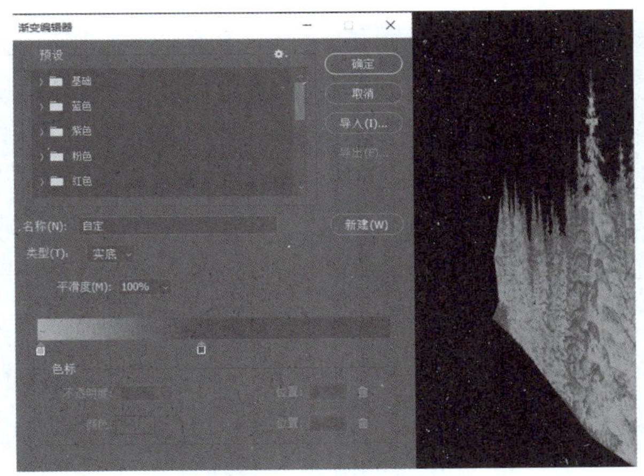

图 10-60　为“松树”赋色

9）新建“右边松树”图层组，然后将“松树”层与“渐变映射 1”层放入组中。再按快捷键〈Ctrl+J〉复制图层组，并将其重命名为“左边松树”，接着执行菜单中“编辑→变换→水平翻转”命令，再将其移动至海报画面左侧对称的位置，如图 10-61 所示。此时就可以看到套版效果的两排松树在画面中延伸向远方，构成了最基本的空间效果。

10）在两排松树中间绘制高明度彩色地面。方法：在“底色”图层上新建图层，重命名为“最底层黄色”，然后单击工具箱中的 ▭（矩形选框工具），在地面中画一个矩形，单击工具箱中的 ◈（油漆桶工具）将其填充为黄色（RGB 的数值为（255,205,75）），最后按快捷键〈Ctrl+D〉取消选区，效果如图 10-62 所示。

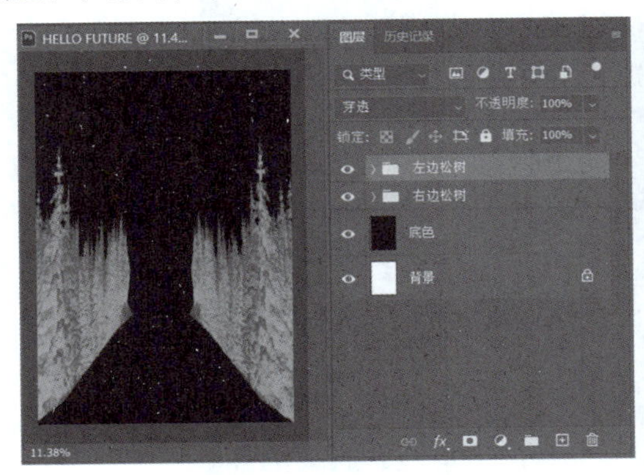

图 10-61　水平翻转“松树”层

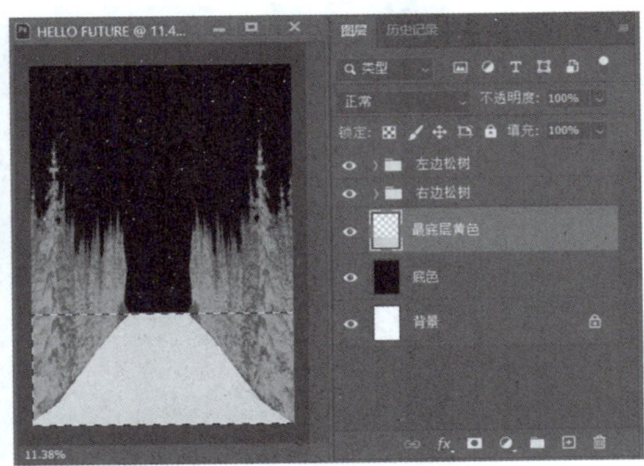

图 10-62　制作水平地面

11）继续在地面上添加彩色条纹。方法：在“左边松树”图层组上方新建“地面条纹”图层，然后单击工具箱中的 ⌖（多边形套索工具）和 ◈（油漆桶工具），逐步绘制出玫红（RGB 的数值为（235，60，125））与白色（（RGB 的数值为（255，250，230））相间的地面条纹，接着按快捷键〈Ctrl+D〉取消选区，效果如图 10-63 所示。

12）下面将直线型的彩色条扭曲成波纹流动的状态，以丰富画面形式。方法：选择“地面条纹”图层，执行菜单中的“滤镜→液化”命令，然后在弹出的“液化”对话框中调整“画笔工具选项”中的“大小”与“压力”参数，再单击左上方 （向前变形工具），涂画出扭曲的效果，如图 10-64 所示，单击“确定”按钮。

图 10-63　地面条纹

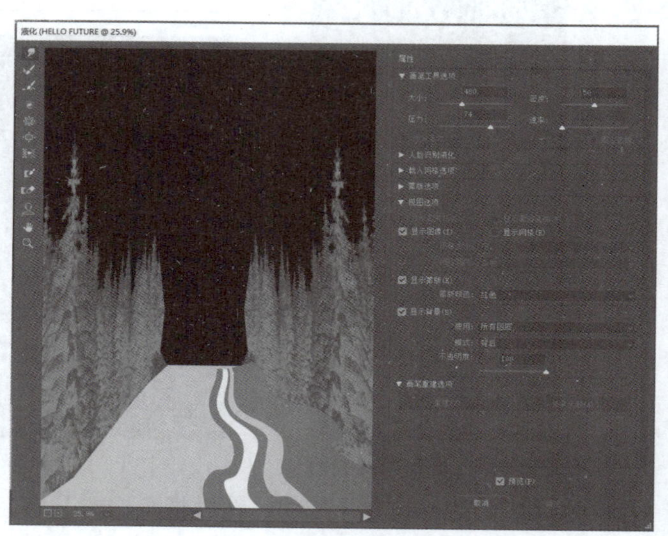

图 10-64　液化地面条纹

13）快捷键〈Ctrl+J〉复制“地面条纹”图层，然后执行菜单中的“编辑→变换→水平翻转”命令，将复制出的条纹移至画面左侧，此时图层分布及效果如图 10-65 所示。

提示：配合彩色条纹的位置，可以回到“松树”层中，单击工具箱中的 （橡皮擦工具），擦除掉一些多余的部分。

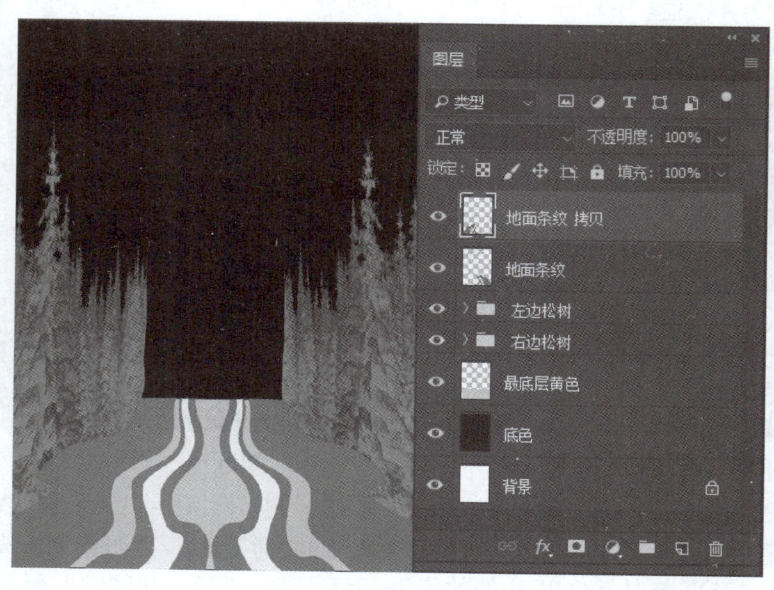

图 10-65　路面扭曲效果

14）在路面上添加松树的投影。方法：选中“右边松树”图层组，然后按快捷键〈Ctrl+J〉复制一层，并将其置于“地面条纹”之上，再在“图层”面板弹出菜单中选择“合并组”命令，并将合并后的层重命名为“松树投影”。接下来，执行菜单中的“编辑→变换→斜切”命令，调节图片的透视效果，使其平行于地面，符合透视原理中的“近大远小”原则，如图 10-66 所示。最后，在“图层”面板中将“混合模式”设置为“正片叠底”再更改该层“透明度”为 40%。

15）制作对称的投影。方法：按快捷键〈Ctrl+J〉复制出“松树投影 拷贝”层，然后执行菜单中“编辑→变换→水平翻转”命令，制作左侧投影，效果如图 10-67 所示。

图 10-66　投影变形

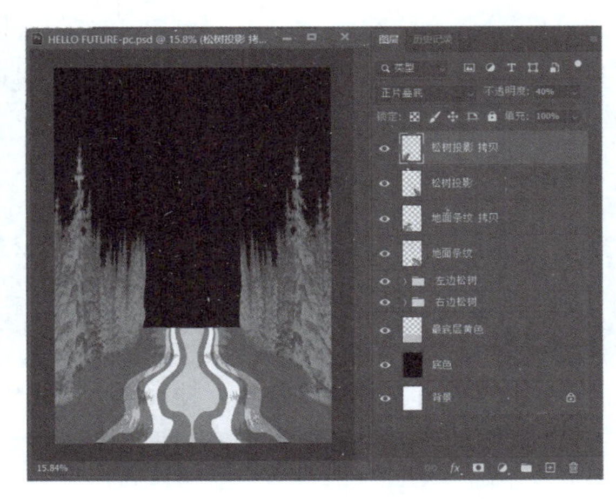

图 10-67　投影效果与参数

16）在图的尽头，添加绚丽的、彩虹状的同心圆，从而和黑暗的夜空形成强烈对比。方法：单击工具箱中的（椭圆工具），在选项栏中选择“形状”，然后在“底色”层上绘制出一个椭圆形状，此时软件会自动形成一个形状层，放在树林尽头处，再将该层重命名为“底圆”，如图 10-68 所示。接着按快捷键〈Ctrl+J〉复制“底圆 拷贝”层，再按快捷键〈Ctrl+Shift+T〉从圆心向外发散，形成第二个同心圆，如图 10-69 所示。同理，绘制出多个同心圆，此时要注意同心圆大小与颜色的变化，效果如图 10-70 所示。

提示：同心圆的颜色读者可以根据自己的色彩喜好来设计。

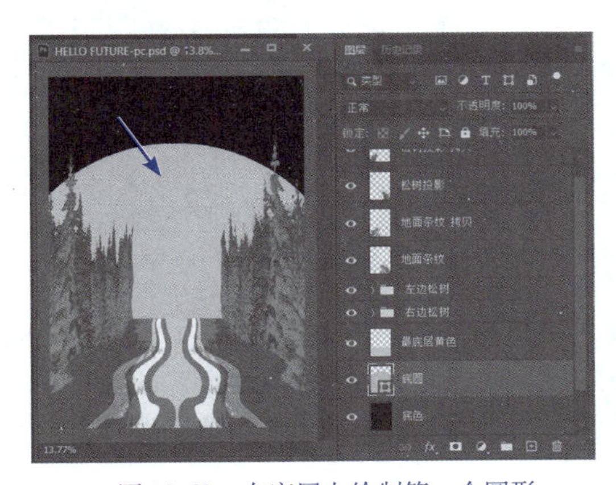

图 10-68　在底层上绘制第一个圆形

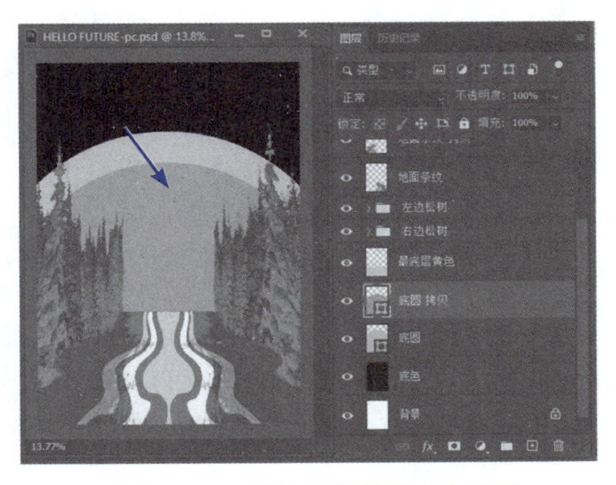

图 10-69　同心圆绘制第二个圆形

17）接着在圆形上绘制一些白色的细圆环以增加画面层次感，绘制圆环时，在图层的“属性”面板的“外观”选项组中把“填色”设置为无，并设置“描边”参数，更改圆环的粗细，如图 10-71 所示，效果如图 10-72 所示。最后将所有同心圆放在一个组中，重命名为“同心圆”。

图 10-70　同心圆效果

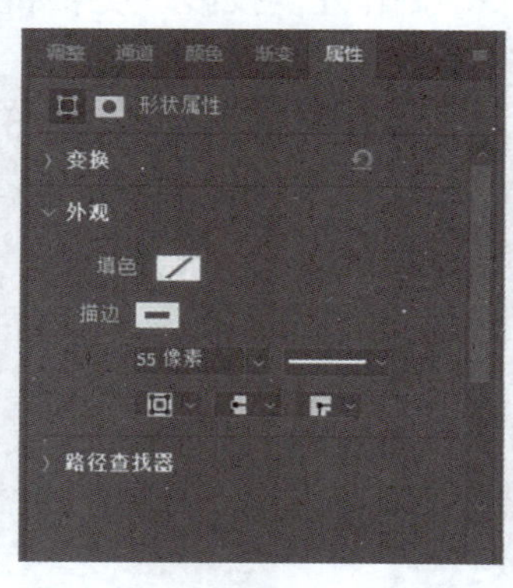

图 10-71　设置“描边”参数

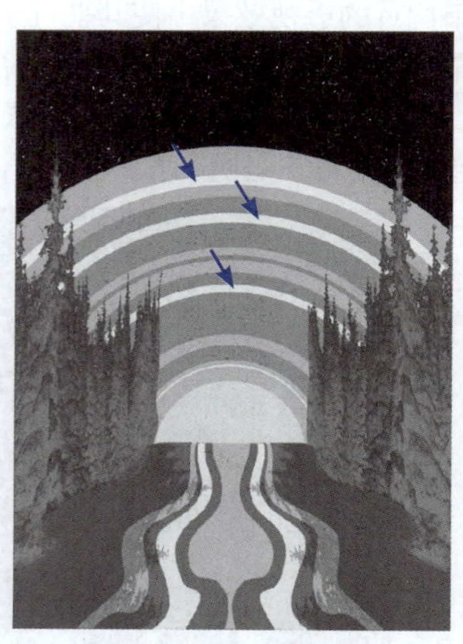

图 10-72　增加白色细圆环

18）选中最外围的一个黄色圆形层，对它的边缘线进行一些扭曲和锯齿状处理，使其边缘线不那么生硬。方法：选择最大的黄色圆形层（“底圆”层），单击右键，从弹出菜单中选择“栅格化图层”，接着执行菜单中“滤镜→扭曲→波纹”命令，在弹出的“波纹”对话框中设置参数如图 10-73 所示。单击“确定”按钮，效果如图 10-74 所示。

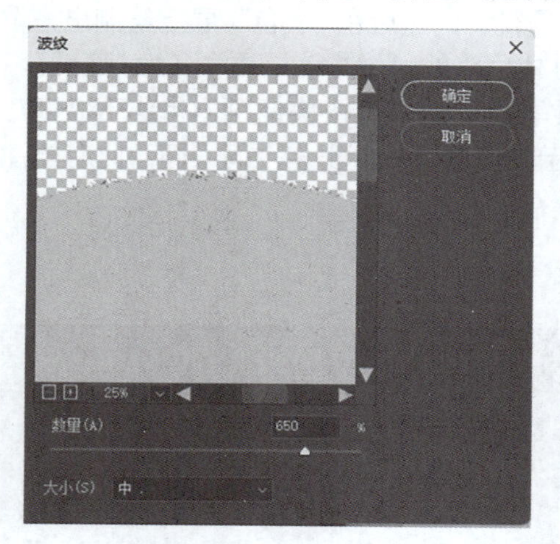

图 10-73　设置“波纹”参数

图 10-74　“波纹”效果

19）打开网盘中的“源文件 \10.3 复古未来主义风格海报——《HELLO FUTURE》\hello future- 素材 \ 放射图案 .png”文件，如图 10-75 所示，然后将素材图形粘贴到海报文件中，再按快捷键〈Ctrl+J〉复制图层备用，并将其重命名为“放射图案”。接着将其放在最顶层白色图层下面，并将图层“混合模式”设置为“线性加深”，如图 10-76 所示。

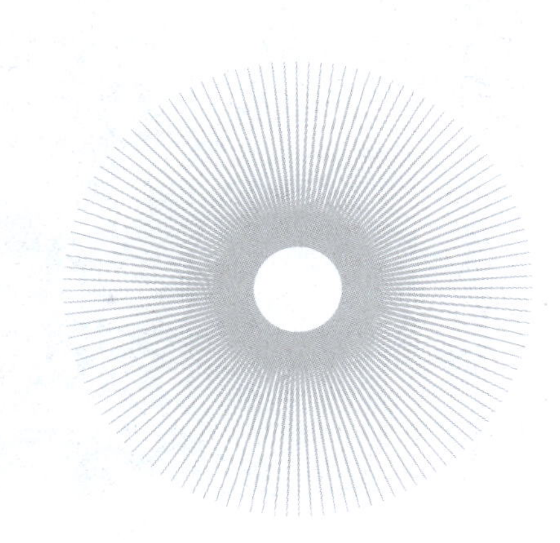

图 10-75　放射图案素材

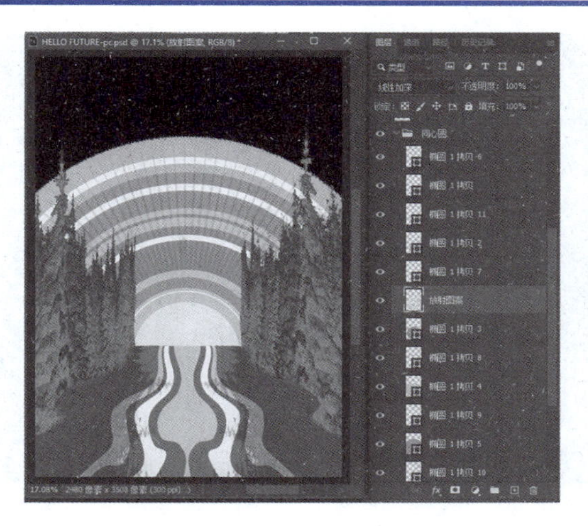

图 10-76　放射图案放入画面中

20）“点”是设计中重要的图形元素，下面在同心圆中加一些随意的、灵活的小圆点以活跃整体画面气氛。方法：单击工具箱中的 （画笔工具），在选项栏内单击 图标打开“画笔设置”面板，然后从中选择一种常规的圆点画笔，如图 10-77 所示，选中“形状动态”“散布”“纹理”“传递”“湿边”和“平滑”选项，并设置参数如图 10-78、图 10-79、图 10-80 和图 10-81 所示。

提示：在设置画笔时，需要特别注意“画笔笔尖形状”中的“间距”“形状动态”中的“大小抖动”以及“散布”中的“数量”等参数的数值变化。

21）在“同心圆”图层组上方新建“圆点”图层，用上一步骤设置好的画笔绘制出自由分布的圆点，然后将图层“混合模式”设置为“线性加深”，效果如图 10-82 所示。

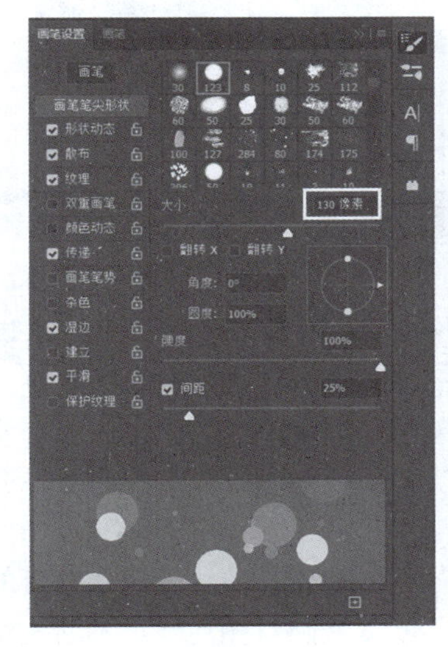

图 10-77　画笔笔尖形状参数

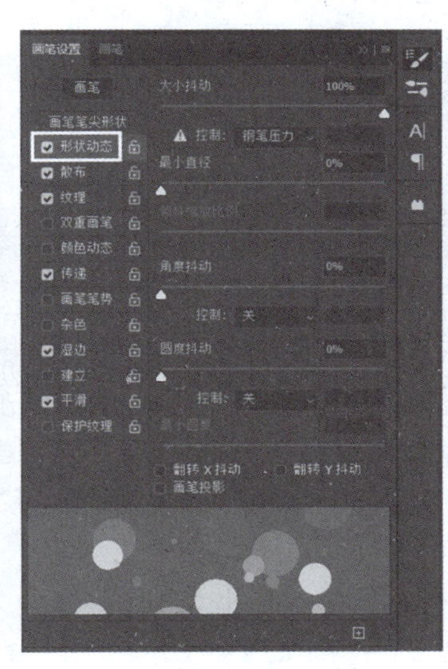

图 10-78　“形状动态”参数

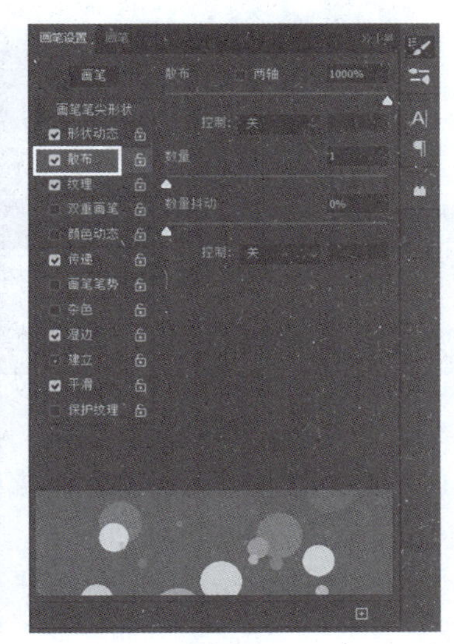

图 10-79　“散布”参数

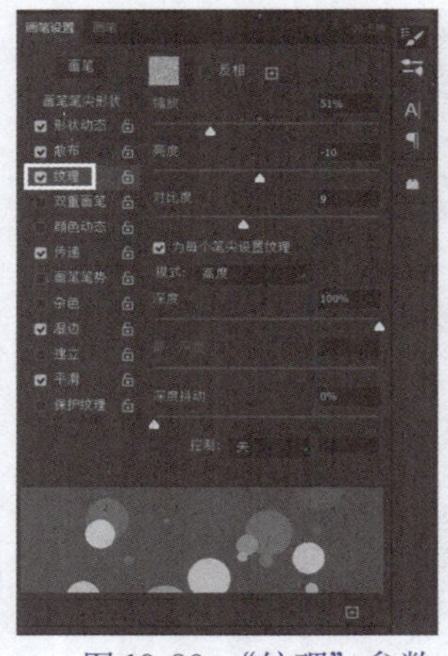

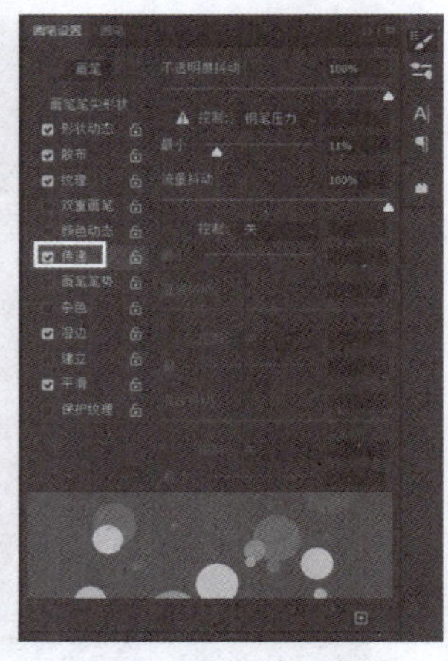

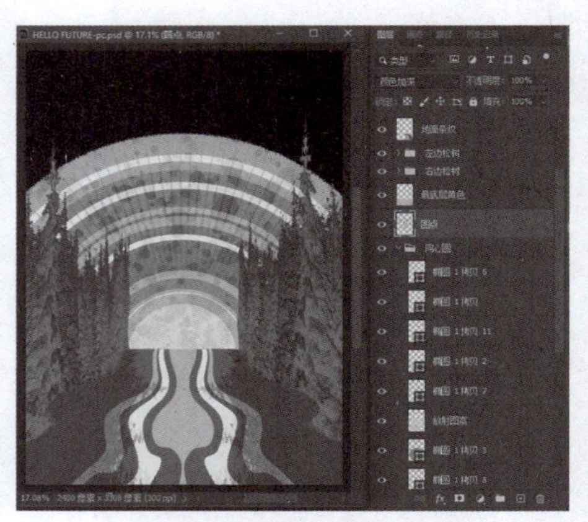

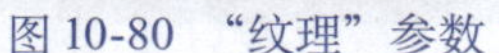

图 10-80 “纹理”参数　　图 10-81 “传递”参数　　图 10-82 圆点效果

22）现在对称式的画面结构基本完成，为了增强松树的装饰感，下面为它们增加黄色的装饰边线。方法：首先选择画面右侧的松树图层，双击“松树”层，打开“图层样式”对话框，选中“描边”，并将描边颜色设置为一种黄色（RGB 的数值为（255，205，60）），如图 10-83 所示，单击“确定”按钮。同理，对左侧的松树也添加黄色描边。效果如图 10-84 所示。

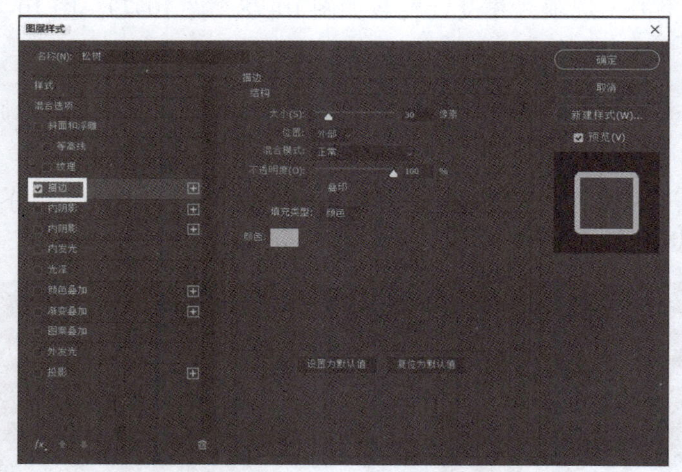

图 10-83 “松树”层描边参数

图 10-84 “松树”层描边效果

23）打开网盘中的“源文件 \ 10.3 复古未来主义风格海报——《HELLO FUTURE》\hello future- 素材 \ 路灯素材 .jpg”文件，如图 10-85 所示，然后单击工具箱中的（魔术橡皮擦工具），单击画面中的灰色部分，从而将底层的灰色去除。接着单击工具箱中的（多边形套索工具）圈选出一个路灯选区，如图 10-86 所示，再将其复制到“HELLO FUTUTE”文件中，并将该层重命名为“路灯”。

24）选择“路灯”层，按住〈Ctrl〉键，单击“路灯”层的“图层缩览图”，从而建立路灯的选区。然后单击（油漆桶工具），将选区填充为黑色，接着不断复制路灯图层，再不断按快捷键〈Ctrl+Shift+T〉，按“近大远小”的透视原理，等比例缩小路灯，缩小路灯时要注意路灯大小和路灯间距离的变化，最终得到右侧的一排路灯，如图 10-87 所示。

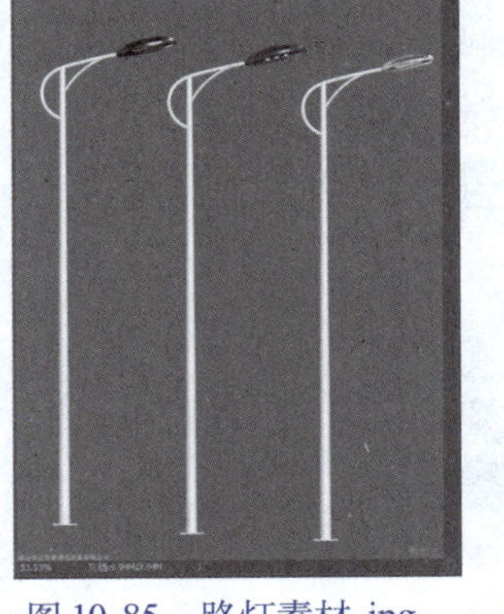
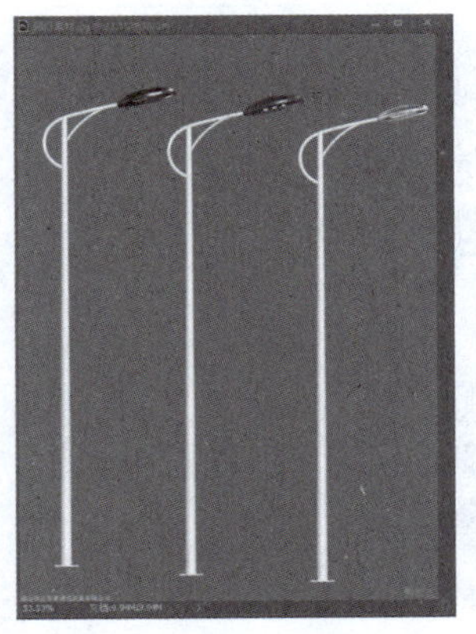

图 10-85　路灯素材.jpg

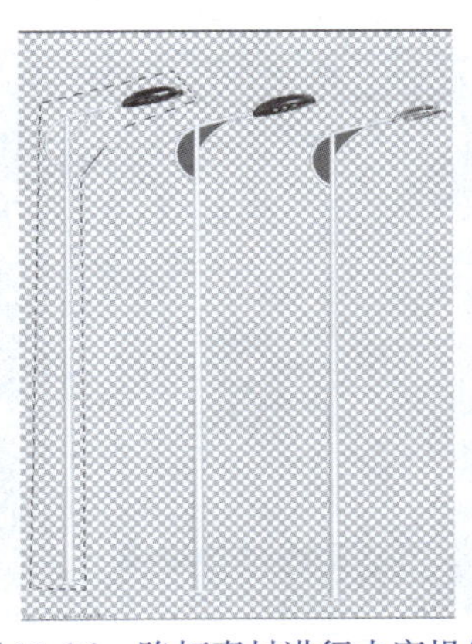

图 10-86　路灯素材进行去底操作

图 10-87　右侧路灯

25）将右侧所有路灯图层编组，然后复制一层，执行菜单中的“编辑→变换→水平翻转”命令，从而制作出路左侧的路灯。接着打开网盘中的“源文件\10.3 复古未来主义风格海报——《HELLO FUTURE》\hello future-素材\鹿.jpg”文件，并将其拖到海报中，并将该层重命名为“鹿”，效果如图 10-88 所示。

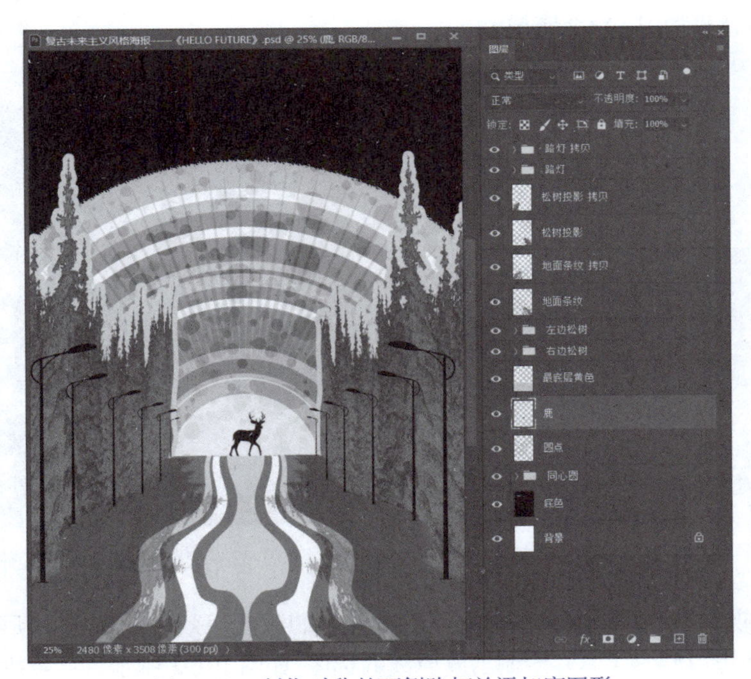

图 10-88　制作对称的两侧路灯并添加鹿图形

26）打开网盘中的“源文件\10.3 复古未来主义风格海报——《HELLO FUTURE》\hello future-素材\星球素材.jpg”文件，如图 10-89 所示，然后将左上方的星球复制到画面中，并将该层重命名为“星球 1”，然后执行菜单中“滤镜→滤镜库”命令，在弹出的“滤镜库”对话框中选择“素描→铬黄渐变”命令，再更改“细节”与“平滑度”参数，如图 10-90 所示，单击“确定”按钮。

图 10-89　星球素材 .jpg

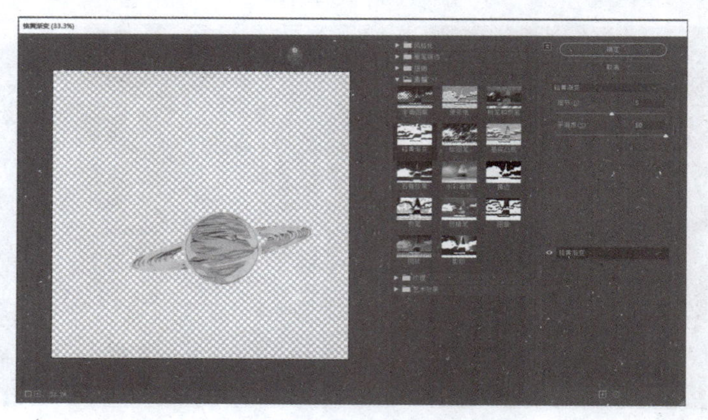

图 10-90　铬黄渐变参数及效果

27）接下来为星球添加更为微妙的颜色，在“调整”面板中选择“渐变映射”，改变渐变颜色，然后在“属性”面板中点击“渐变条”，弹出“渐变编辑器”对话框，接着从左至右设置 4 种颜色（RGB 的数值依次为（255，195，215），（250，165，95），（255，250，225）和（125，150，170）），如图 10-91 所示。同理，再继续复制“星球素材 .jpg”中的其他星球到画面中，并尝试添加“滤镜库”中不同的滤镜，效果如图 10-92 所示。

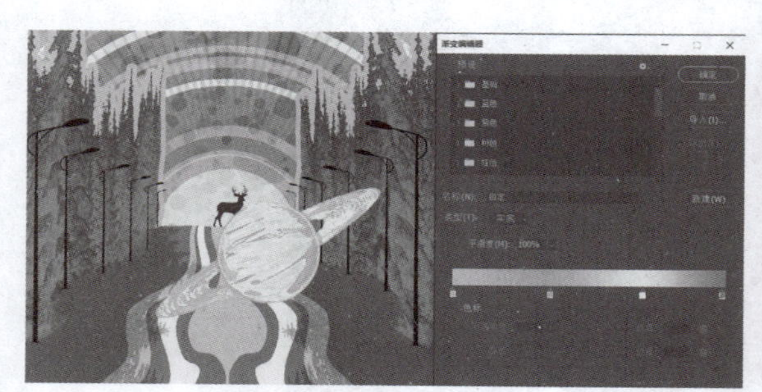

图 10-91　“星球”渐变颜色及效果

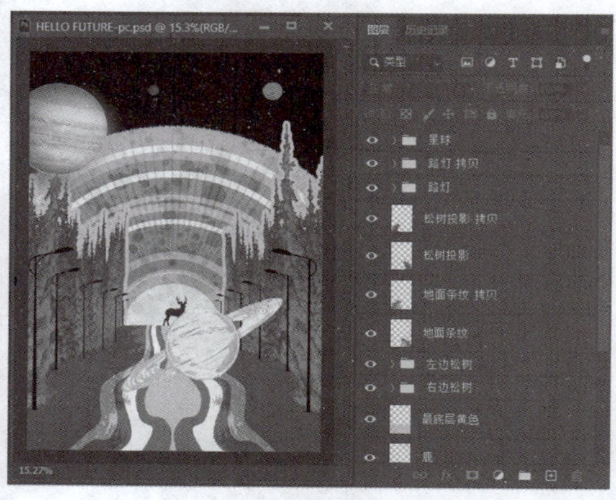

图 10-92　复制其他星球图形并添加不同滤镜

28）以鹿为视觉中心，绘制一些放射状的、渐变的激光束效果。方法：新建“射线 1”层，然后单击（多边形套索工具），绘制出放射线的选区，如图 10-93 所示。接着执行菜单中的“窗口→渐变”命令，在“渐变”面板中选择（前景色到透明渐变），再双击“图层”面板中的“渐变填充图层”，在弹出的“渐变编辑器”对话框中将左侧渐变颜色设置为黄色（RGB 的数值为（255，205，80）），如图 10-94 所示，单击“确定”按钮。

29）同理，在画面中多绘制几条放射线，来模拟激光束的效果。远处的放射线可以通过执行菜单中的“滤镜→模糊→高斯模糊”命令，使放射线产生“近实远虚”的视觉效果，以增强画面的空间感，效果如图 10-95 所示。

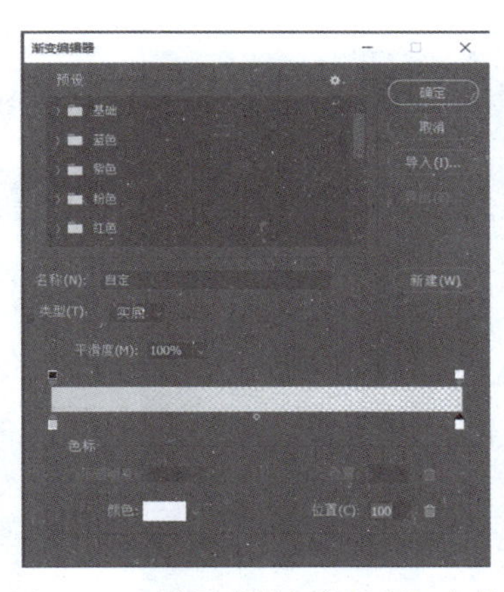

图 10-93　建立选区　　图 10-94　设置"渐变编辑器"参数　　图 10-95　射线效果

30）下面进入文字版式的编排，在画面中加入文字与装饰边框。方法：单击工具箱中的 T（横排文字工具），输入文本"HELLO FUTURE"，并选择一种具有复古感的字体（例如"Baigo"），"字体大小"设置为 75 点，再将该层重命名为"HELLO FUTURE- 黑色描边"，接着双击该层打开"图层样式"对话框，在左侧选中"描边"选项，并调整描边参数如图 10-96 所示，单击"确定"按钮。

31）进行文字的第二层描边。方法：按快捷键〈Ctrl+J〉复制"HELLO FUTURE"文字层，并重命名为"HELLO FUTURE- 黄色描边"，然后将其置于"HELLO FUTURE- 黑色描边"层下面，此时图层分布如图 10-97 所示。接着在"图层"面板中双击"HELLO FUTURE- 黄色描边"层，打开"图层样式"对话框，在左侧选中"描边"选项，将描边设置为黄色，并适当调大描边数值，如图 10-98 所示，单击"确定"按钮，效果如图 10-99 所示。

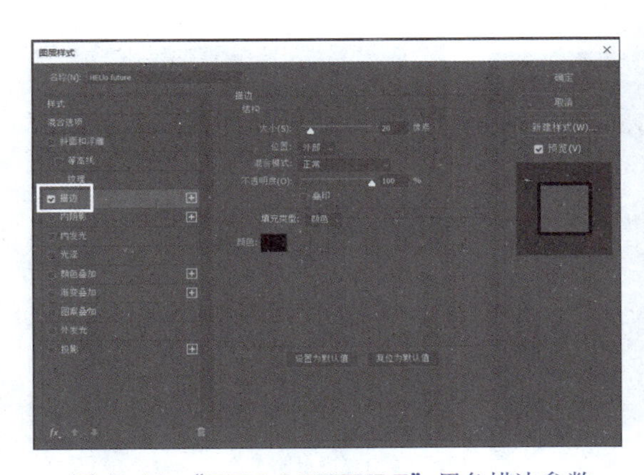

图 10-96　"HELLO FUTURE"黑色描边参数

图 10-97　文字层图层分布

32）装饰边框是此海报中重要的部分，它清晰地界定了画面的前景，而且还能起到视窗的作用。下面来制作装饰边框。方法：单击工具箱中的 ▭（矩形工具），绘制一个矩形框，然后在选项栏中更改其"填充"和"描边"的大小，并将其置于文字层之下。接下来绘制出边框上的其他几何图形，请读者参考图 10-100 所示效果自己完成。

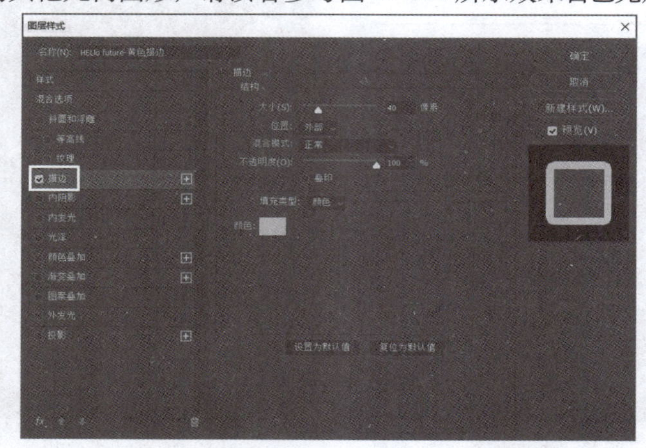

图 10-98 “HELLO FUTURE” 黄色描边参数

图 10-99 文字描边效果

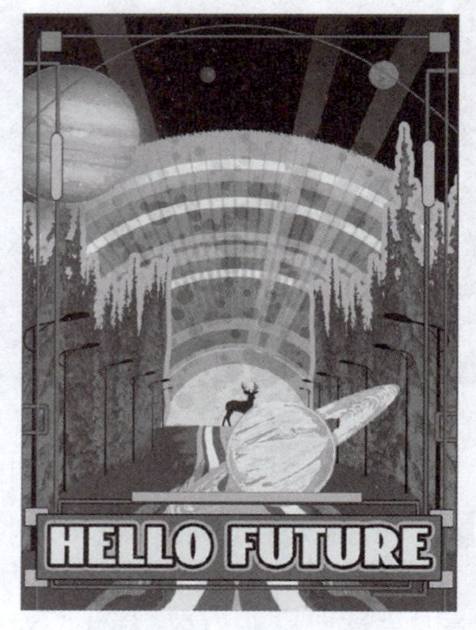

图 10-100 边框效果

33）复古未来主义很重要的一点就是它的“复古感”，因此还需要增强海报整体“做旧”的感觉，可以局部添加“杂色”效果，例如黑色背景。方法：执行菜单中的“滤镜→杂色→添加杂色”命令，然后在弹出的“添加杂色”对话框中设置参数如图 10-101 所示，为画面增加杂点肌理，单击“确定”按钮，效果如图 10-102 所示。

34）最后进行一些收尾的工作，如调整画面的颜色、图层关系、大小等，可以将一些元素（例如左上角星球）置于线框之上，使之有种破框而出的视觉冲击感。至此，一张复古未来主义风格的海报就完成了，最终效果如图 10-103 所示。

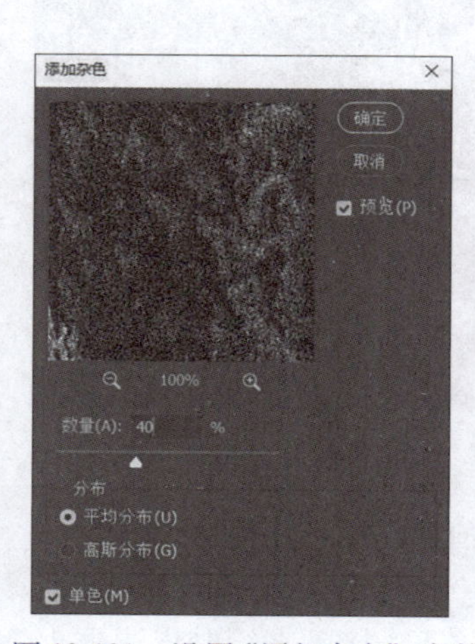

图 10-101 设置“添加杂色” 参数

图 10-102 添加杂色效果

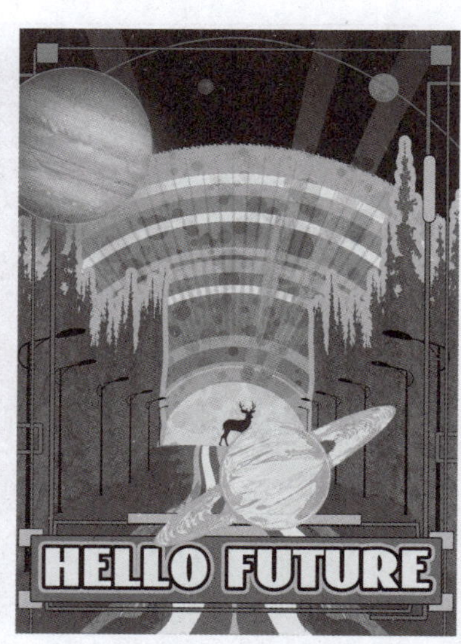

图 10-103 复古未来主义风格海报——《HELLO FUTURE》最终效果

10.4　电影海报——《the Kite Runner》

电影海报的设计必须能够反映影片的叙事主题及视觉风格，图 10-104 所示的海报设计为一种上下对称式构图，这是一种常用的构图方法，能使画面呈现一种平衡稳定的感觉。在画面内容上，画面下半部分为主人公对儿时记忆的再现，因此在视觉处理上增强它的模糊感，以突出回忆朦胧的感觉。整体画面为黄黑色调，采用一种既深沉又具有一定视觉冲击力的色彩搭配。同时电影海报的设计除了表达整体电影的艺术感外，还要注意其作为一种商业海报是否能够准确传达电影的各项信息，因此对文字的设计也成为电影海报设计的重要方面。

扫码看视频

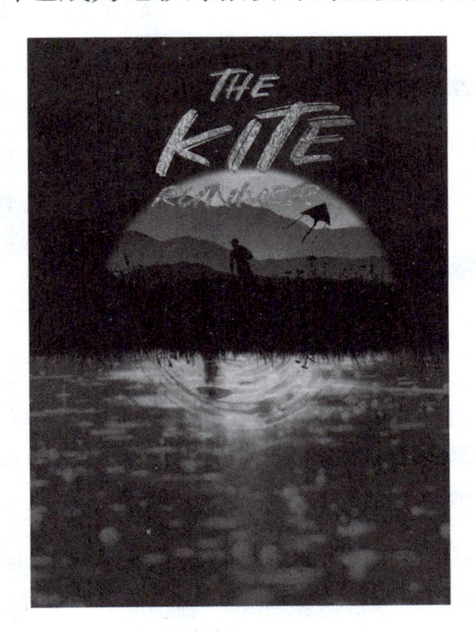

图 10-104　电影海报——《the Kite Runner》

要点：

1. 电影海报的设计首先要注重简洁性，形象和色彩都要尽量简单自然，例如本例海报就是以黑、白、灰色调与概括化的图形（太阳、山形、剪影等）为主。

2. 注重戏剧性的氛围营造，例如本例山峦被舞台灯光照亮、水中倒影混合了雨雪、水滴等形成一种回忆的幻影。

3. 对多种质感肌理的运用，本例中出现了烫金、噪点、气泡、云朵和雨点等多种质感的结合，要处理调整这些元素互不突兀的同时能够合理表达画面叙事，使这些元素稳定地存在于同一画面中。

操作步骤：

1）执行菜单中的“文件→新建”（快捷键〈Ctrl+N〉）命令，新建一个 19cm×25cm、“分辨率”为 300 像素 / 英寸，“颜色模式”为“RGB 颜色模式”，“名称”为“the Kite Runner”的文件。

2）首先来确定画面的整体结构，这张海报设计为一种上下对称式构图，这是一种常用的构图方法，能使画面呈现一种平衡稳定的感觉，下面来制作这种结构。方法：新建“中间矩形”图层，然后利用工具箱中的（矩形工具）在画面中心先绘制一个黑色矩形，将画面分割为上下两部分，如图 10-105 所示。

3）画面上半部分设计为层叠的、抽象的山脉形态，它们是由简单的渐变图形重叠构成的。首先绘制第一个黑色山形。方法：利用工具箱中的（钢笔工具）画出类似山脉起伏的形状，如图 10-106 所示，然后按快捷键〈Ctrl+Enter〉将路径转为选区，再将其填充为黑色，接着将图层重命名为“首层山形”，如图 10-107 所示。

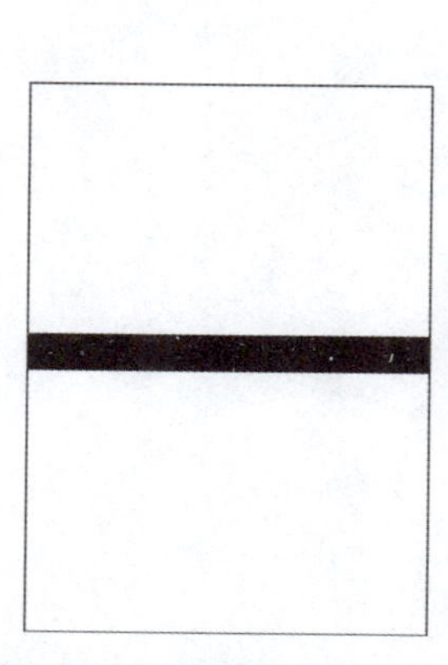

图 10-105　将画面分割为两部分

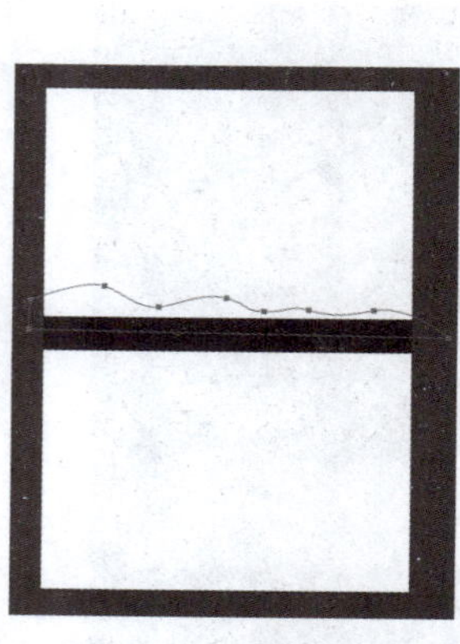

图 10-106　钢笔工具画山脉

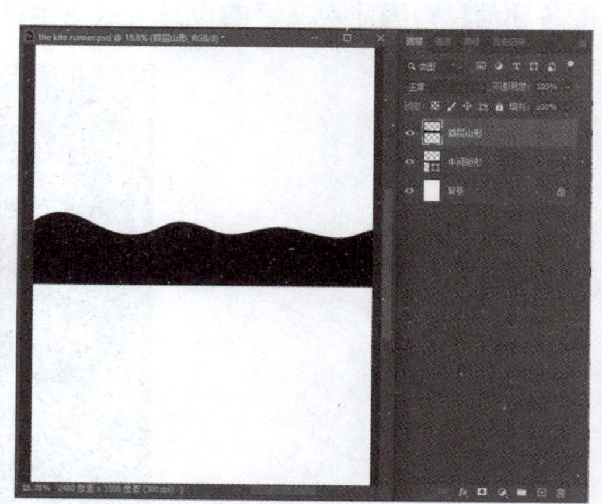

图 10-107　黑色填充山脉

4）打开网盘中的“源文件 \10.4 电影海报——《the Kite Runner》\the kite runner- 素材 \ 山脉 1.psd”文件，如图 10-108 所示，然后将素材拖入画面中，再复制一层，并适当旋转素材，接着将这两个图层置于“首层山形”之下，分别重命名为“山脉 1”和“山脉 2”，如图 10-109 所示。

图 10-108　山脉 1 素材

图 10-109　层叠的山脉素材

提示：如果没有合适的远山的素材，设计中也经常通过多个填充灰度渐变的色块不断重叠，形成山脉、岩石或者海浪等抽象形态。但要注意以下两点：

a. 山形不要有过多的直角，最好结合一些曲线起伏的变化；
b. 由于空气透视的原因，近处的山形边缘清晰，颜色较重，而远处的山边缘模糊，颜色要浅一些。

5）将山脉图像限制在上半部构图中。方法：选中“山脉 1”层，然后在“图层”面板的右下角单击 （添加图层蒙版）按钮，为“山脉 1”层建立一个图层蒙版。接着单击 （矩形选框工具），框出多余部分，单击 （油漆桶工具），填充为黑色，从而隐藏多余部分。同理，对“山脉 2”层进行处理，效果如图 10-110 所示。

6）用矩形选区工具框选“背景”层下半部分，将其填充为深灰色（RGB 的数值为（35，35，35）），形成海报下半部分的底色，如图 10-111 所示。

图 10-110　隐藏山脉多余部分

图 10-111　填充深灰色背景

7）下面开始在画面中间部分制作聚光灯照亮的效果。方法：新建“背景光晕”图层，然后单击工具箱中的 （椭圆工具），绘制一个白色圆形，再将该层置于“中间矩形”层之下，接着按快捷键〈Ctrl+J〉复制一层，并将复制后的图层重命名为“背景光晕 -copy”，再隐藏此图层备用。接下来执行菜单中的“滤镜→模糊→高斯模糊”命令，在弹出的对话框中单击“栅格化”按钮，再在弹出的“高斯模糊”对话框中更改“半径”值为 15 像素，如图 10-112 所示，单击“确定”按钮。最后，在“图层”面板中改变“不透明度”为 90%，从而在画面中间形成一个明亮的圆形区域，像聚光灯强光照射下的舞台幕布，如图 10-113 所示。

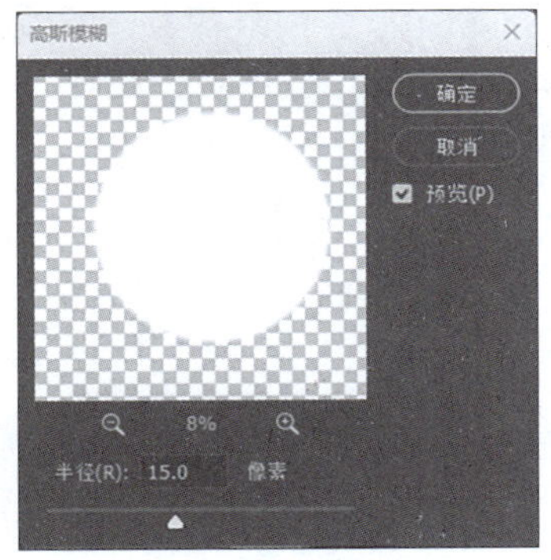

图 10-112　设置“高斯模糊”参数

图 10-113　聚光灯效果

8）打开网盘中的“源文件 \10.4 电影海报——《the Kite Runner》\the kite runner- 素材 \ 撑伞小人 .png”文件，将其复制粘贴入海报中，并将图层重命名为“撑伞小人”。为了形成人物水中倒影的效果，下面执行菜单中的“滤镜→模糊→动感模糊”命令，然后在弹出的“动感模糊”对话框中调整“角度”和“距离”，如图 10-114 所示，单击“确定”按钮。最后将该图层置于“山脉 2”层之下，人物贴图位置和图层分布如图 10-115 所示。

提示：人物一般是电影海报中的核心，这幅海报中共有两个剪影式的人物，分别位于画面上下对称结构之中，这种对称式可以将主题突出呈现出来，更加引人注目。这幅海报的设计中，人物虽然占比较小，但处于画面视觉中心的位置，并与画面的对称轴重合。

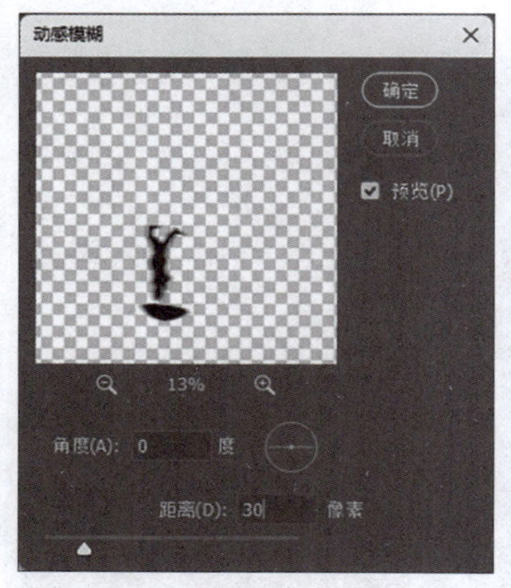

图 10-114　设置“动感模糊”参数

图 10-115　人物贴图位置及图层分布

9）此时对称式构图中间的分隔线过于生硬，下面单击（画笔工具）中的植物笔刷，画出小草、花朵等元素，为其增加一些自然的生趣。方法：这一步需要先导入新笔刷，单击工具箱中的（画笔工具），然后在选项栏的弹出菜单中选择“导入画笔”命令，如图 10-116 所示。接着在弹出的“载入”对话框中选择网盘中的“源文件 \10.4 电影海报——《the Kite Runner》\the kite runner- 素材 \ 小草笔刷”文件，如图 10-117 所示，单击“载入”按钮，即可将下载好的笔刷导入 Photoshop 中。

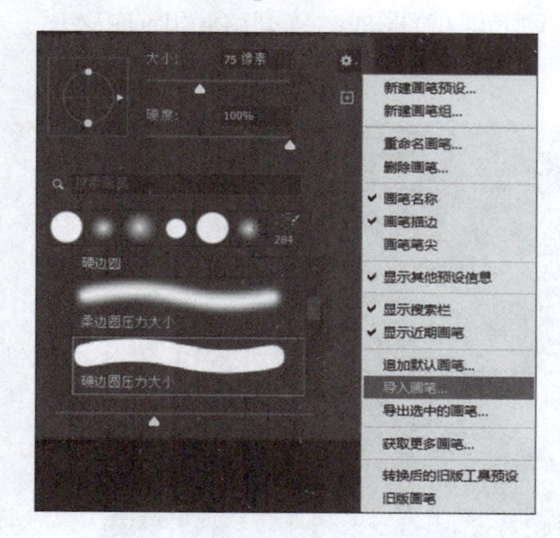

图 10-116　导入画笔设置

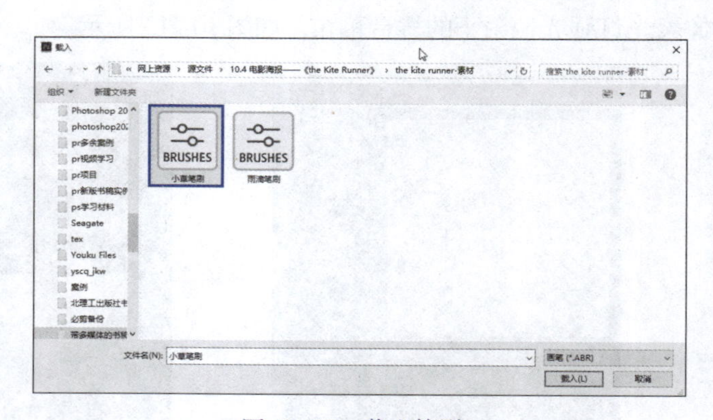

图 10-117　载入笔刷

10）选择“小草笔刷”中“Wild Grass Block-In”中的“Basic Grass Block-In 2”笔刷。然后在“撑伞小人”层上面新建“小草”图层，接着用选择好的笔刷绘制出小草形态，此时小草柔和的形态就改变了原来山峰的直线边缘，如图10-118所示。

11）根据对称和镜像的原则，单击（画笔工具），在画面中部绘制出对称的小草图形，当然，不需要完全一致的图形，从艺术的角度来说，最好是换一种不同的笔刷，例如：选择“小草笔刷”中的“Wild Grass Detail”细节笔刷，读者也可以根据自己的喜好来绘制出不同的草丛。参考效果如图10-119所示。

图10-118　用笔刷绘制出小草柔和的形态

图10-119　绘制小草细节

12）制作海报下半部分水面涟漪的效果。方法：在最顶层新建“水波”图层，然后将工具箱中的前景色与背景色分别设置为白色与黑色，再执行菜单中的“滤镜→渲染→云彩”命令，生成图10-120所示的云彩纹理效果。接着执行菜单中的“滤镜→模糊→径向模糊”命令，在弹出的“径向模糊”对话框中将“数量”设置为70，“模糊方法”设置为“旋转”，如图10-121所示。单击“确定”按钮，生成如图10-122所示的水波纹。

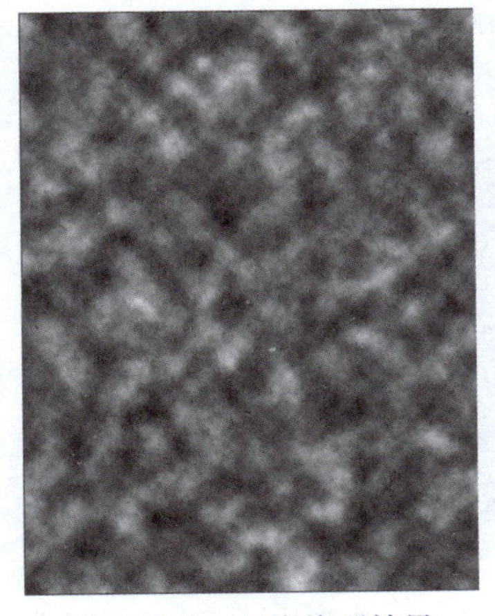
图10-120　云彩纹理效果

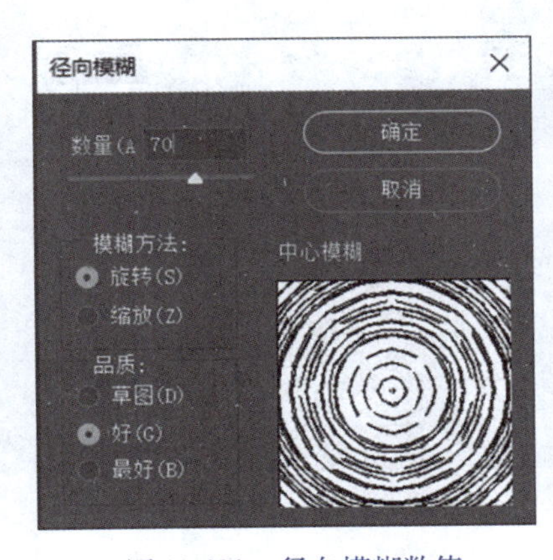

图10-121　径向模糊数值

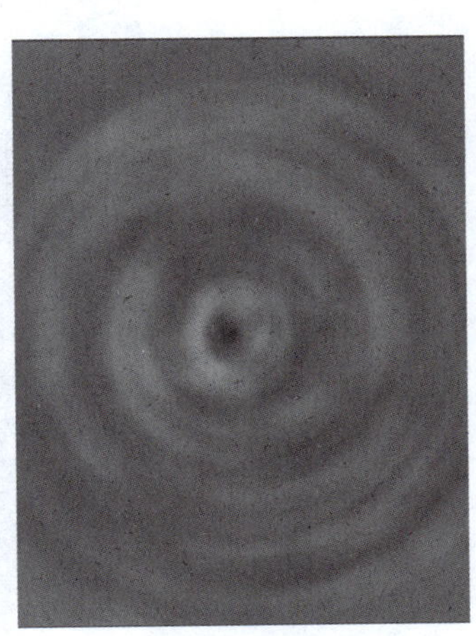
图10-122　水波纹效果

13）执行菜单中的“滤镜→滤镜库→铬黄渐变”命令，设置参数“细节”的数值为5，“平滑度”数值为10，效果如图10-123所示。单击“确定”按钮，此时水波涟漪的效果就逐渐明显了，下面将“水波”层暂时隐藏以备用。

14）为后面的水波效果建立基底。方法：将之前隐藏的“背景光晕-Copy”层复制一层，并重命名为“水波底层”，然后将其移动至“背景光晕”层上方，再执行菜单中的“图层→栅格化→图层”命令，栅格化“水波底层”图层。接着将“水波”层移动至“水波底层”上方，再单击（多边形套索工具），创建“水波底层”圆形的上半部分的选区，最后按〈Delete〉键删除选区，再按快捷键〈Ctrl+D〉取消选区，如图 10-124 所示。

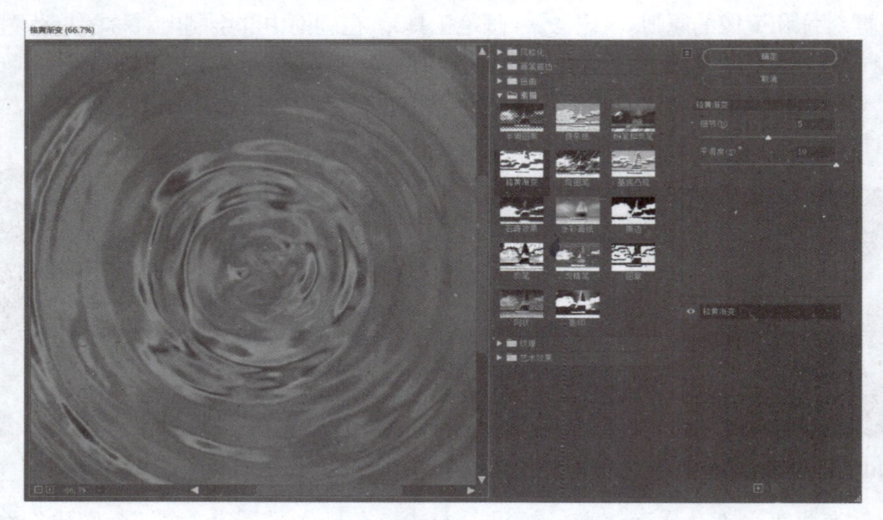

图 10-123　铬黄渐变参数及效果

图 10-124　图层分布

15）选中“水波底层”，执行菜单中的“滤镜→模糊→高斯模糊”命令，在弹出的“高斯模糊”对话框中设置“半径”数值为 100，如图 10-125 所示，单击“确定”按钮。然后选择“水波”层，按住〈Alt〉键，建立剪贴蒙版，使涟漪图形出现在半圆之中，再适当调整水波大小，效果及图层分布如图 10-126 所示（具体操作见视频）。

16）制作下半部分画面中横向的水波荡漾的效果。方法：选择“水波底层”图层，执行菜单中的“滤镜→扭曲→波浪”命令，在弹出的对话框中设置参数如图 10-127 所示，单击“确定”按钮，效果如图 10-128 所示。

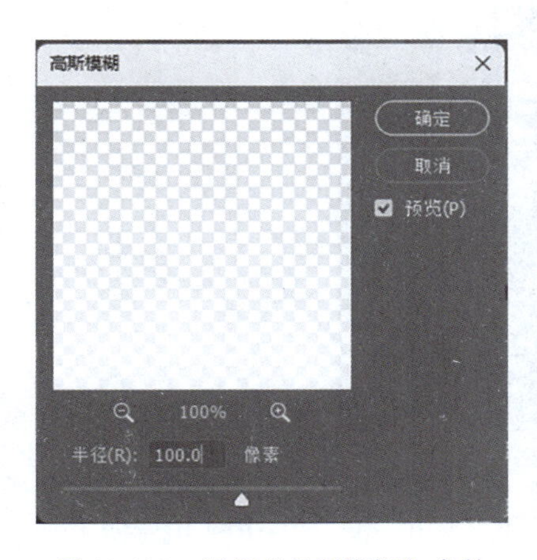

图 10-125　设置“高斯模糊”参数

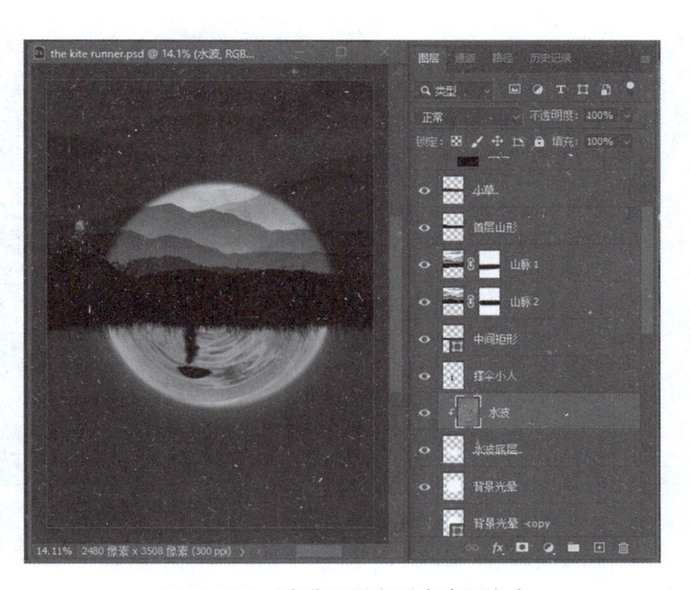

图 10-126　涟漪图形出现在半圆之中

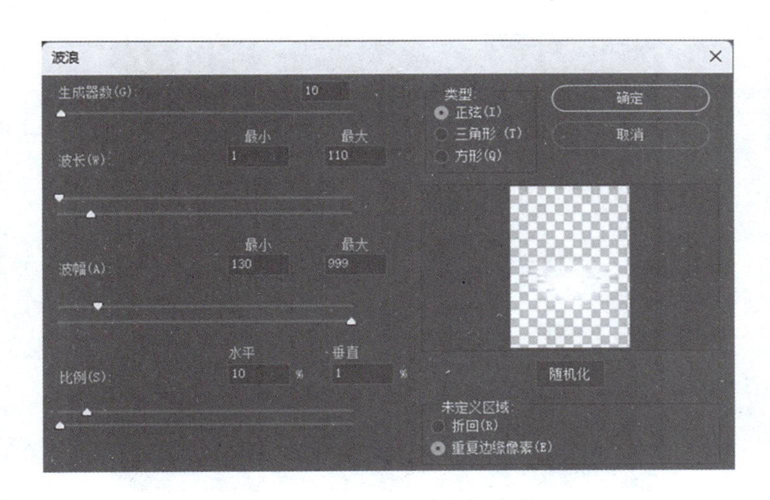

图 10-127　设置“波浪”参数

图 10-128　波浪效果

17）隐藏下半部分白色圆形，使水面更为自然。方法：选中“背景光晕”层，然后在“图层”面板下方单击 ◙（添加图层蒙版）按钮，接着单击工具箱中的 ⬚（矩形选框工具），框选水中的半圆形，再单击 ⬚（油漆桶工具），将选区填充为黑色，从而隐藏半圆，效果如图 10-129 所示。

提示：此时观察水面的变化，可以看到隐藏半圆边界后，水波与上面的山峦形状形成呼应。

图 10-129　隐藏半圆图形

18）天空部分需要一个风筝的剪影以暗示电影主题，打开网盘中的“源文件 \10.4 电影海报——《the Kite Runner》\the kite runner- 素材 \ 风筝 .jpg” 文件，如图 10-130 所示，然后将其复制粘贴入海报中，并将图层重命名为“风筝”。接着在“风筝”图层名称上按住〈Ctrl〉键，快速建立选区，再将风筝选区填充为黑色，如图 10-131 所示。

图 10-130　风筝素材

图 10-131　填充黑色风筝

19）该海报在设计中多处采用对比的手法，比如上半部画面是晴朗清晰的远山，而下半部画面蕴含着雨雪交加的自然天气，接下来我们来制作下雨（或雪）的效果。方法：按快捷键〈Ctrl+Alt+Shift+E〉将所有层盖印成一个图层，并将其重命名为“下雨效果”。然后执行菜单中的“滤镜→像素化→点状化”命令，在弹出的“点状化”对话框中设置“单元格大小”参数为 10，如图 10-132 所示，单击“确定”按钮，此时图像中形成了彩色的点状，如图 10-133 所示。接下来，在“调整”面板中调节“亮度 / 对比度”数值，如图 10-134 所示，调节“阈值”数值，如图 10-135 所示，从而形成强烈的黑白对比颗粒效果。

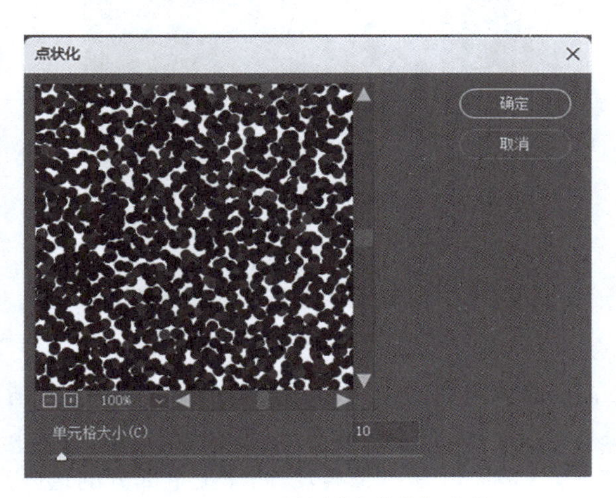

图 10-132　设置“点状化”参数

图 10-133　形成彩色的点状

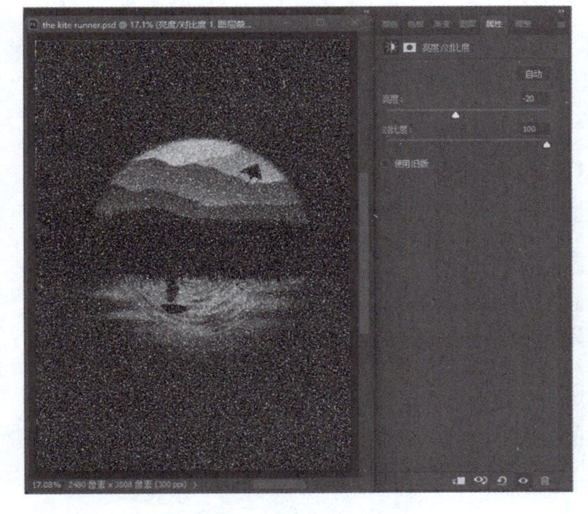

图 10-134　增强点状化对比

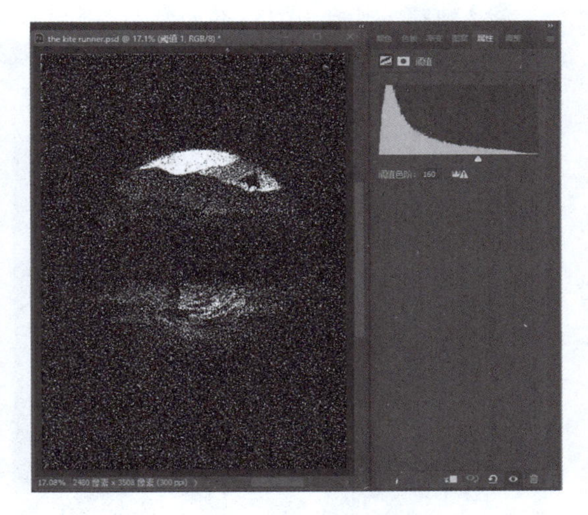

图 10-135　阈值参数及效果

20）赋予雨（或雪）飘落的动感。方法：将“下雨效果”“亮度/对比度”和“阈值”三个图层合并，然后将合并后的图层重命名为“下雨效果”。接着选中该层，将其图层“混合模式”更改为“滤色”，此时黑色部分全部变透明，只留下雪的颗粒。下面执行菜单中的“滤镜→模糊→动感模糊”命令，在弹出的“动感模糊”对话框中将“角度”设置为 -45 度，“距离”设置为 40 像素，如图 10-136 所示，单击“确定”按钮。最后，将图层的“不透明度”设置为 40%，此时雨雪纷飞的效果如图 10-137 所示。

提示：动感模糊的“距离”数值较小时，颗粒感更接近雪的效果；“距离”数值较大时，则更类似雨线的感觉。当该参数不断加大时，连线的线条会更近似光束。

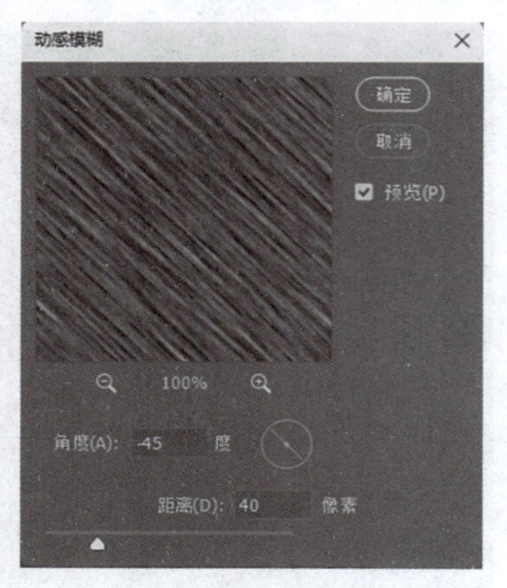

图 10-136　设置“动态模糊”参数

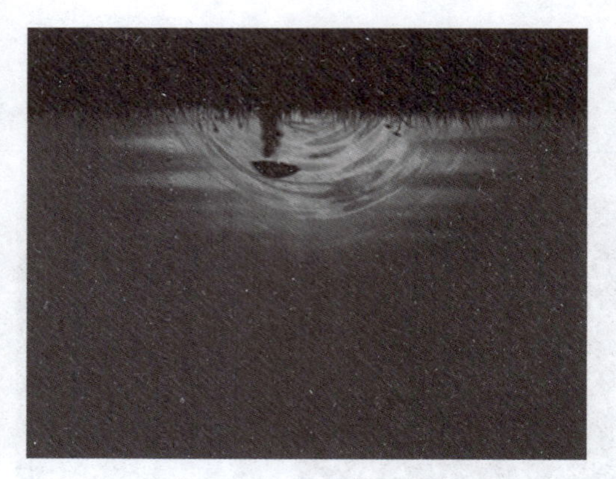

图 10-137　雨雪纷飞的效果

21）此时整幅海报都覆盖了雨雪的效果，而海报仅需要下半部分出现雨雪效果，接下来清除上半部分（山峦）的雨雪。方法：单击“图层”面板下方的 ◘（添加图层蒙版）按钮，在“下雨效果”层上创建蒙版，然后单击工具箱中的 ▨（多边形套索工具），创建上半部分的选区，并将其填充为黑色，此时画面上半部分的雨雪效果消失，如图 10-138 所示。

22）新建“雨滴”图层，然后载入“雨滴笔刷”，其方法同本例步骤 9）载入“小草笔刷”相同，利用工具箱中的画笔工具绘制天空中的雨滴效果，在“图层”面板中将“不透明度”改为 40%，效果如图 10-139 所示。

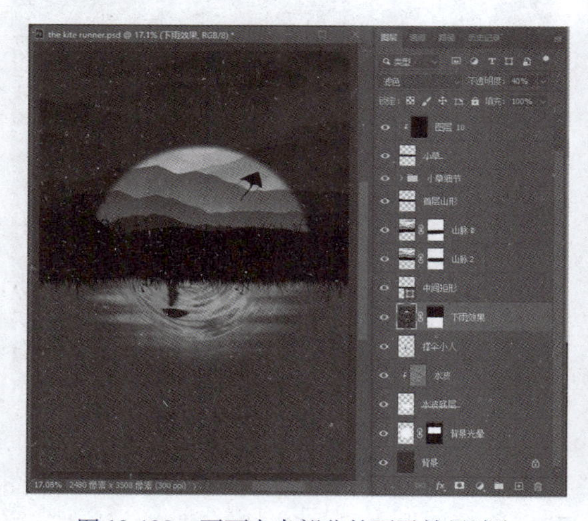

图 10-138　画面上半部分的雨雪效果消失

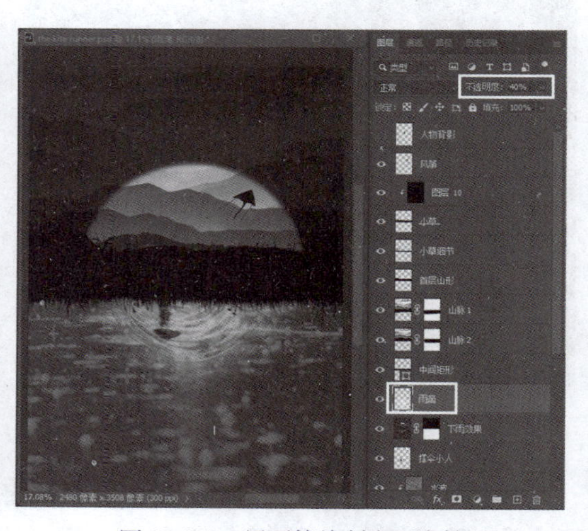

图 10-139　用画笔绘制出雨滴效果

23）将人物背影素材置入画面中。打开网盘中的“源文件\10.4 电影海报——《the Kite Runner》\the kite runner- 素材\人物背影.jpg”文件，将人物背影素材贴入海报中，效果和图层分布如图 10-140 所示。

24）添加海报中醒目的标题文字。方法：单击工具箱中的 T（横排文字工具），分别输入英文“THE”“KITE”“RUNNER”,“字体”选择为“Are You Okay”,“字体大小”分别设置为 55 点、115 点和 45 点，效果如图 10-141 所示。

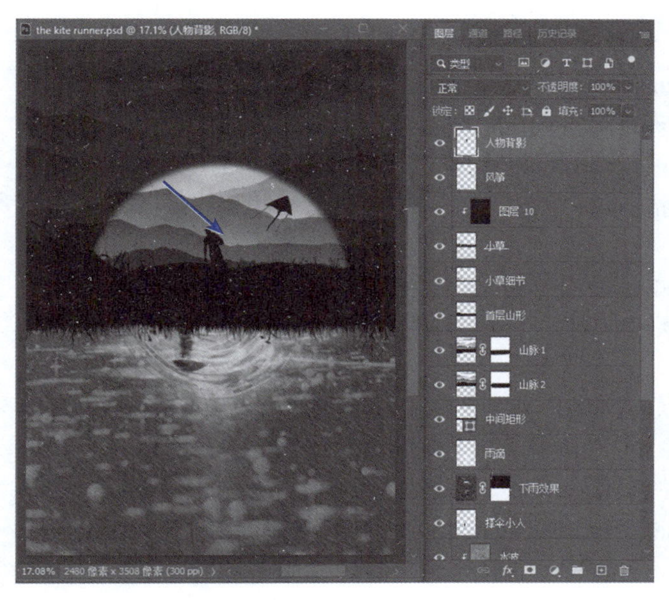

图 10-140　添加人物

图 10-141　添加文字

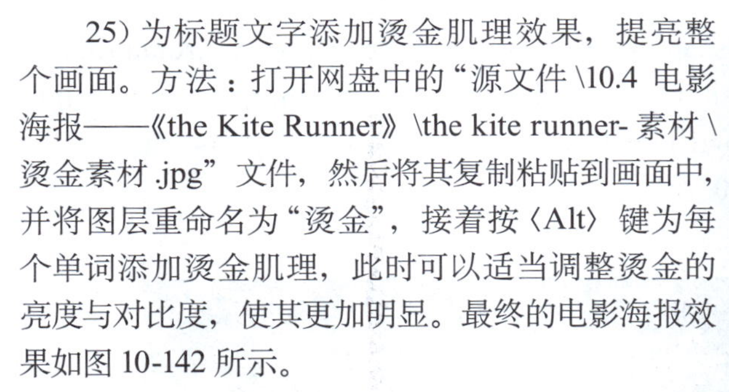
25）为标题文字添加烫金肌理效果，提亮整个画面。方法：打开网盘中的“源文件\10.4 电影海报——《the Kite Runner》\the kite runner- 素材\烫金素材.jpg”文件，然后将其复制粘贴到画面中，并将图层重命名为“烫金”，接着按〈Alt〉键为每个单词添加烫金肌理，此时可以适当调整烫金的亮度与对比度，使其更加明显。最终的电影海报效果如图 10-142 所示。

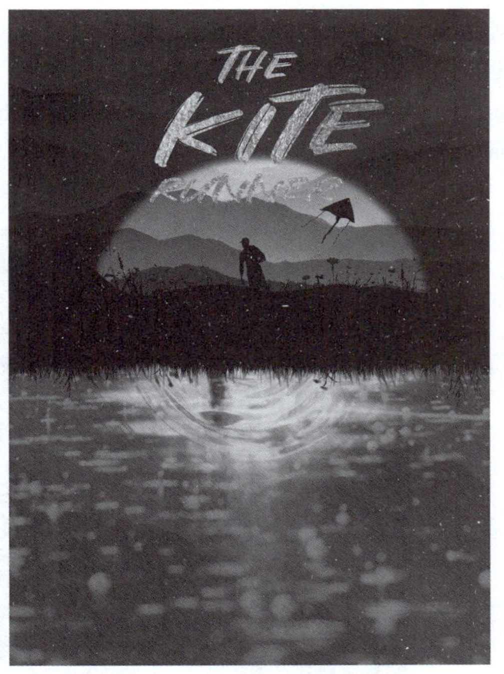

图 10-142　最终效果

10.5　人工智能软件生成的近似主题的海报效果

随着时代向 Web 3.0、元宇宙、虚拟人等代表着未来的概念迈进，人工智能（AI）技术现今正在以一个令大众应接不暇的速度发展。目前流行的人工智能生成软件，其主要原理简单地说就是收集大量已有作品数据，通过算法对它们进行解析，最后再生成新作品。我们可以将 AI 绘图作为辅助工具，来帮助快速地实现设计想法，提供更多的灵感和创意。

本节选取几个典型的 AI 生成软件，生成几幅与前面“撕纸”“风筝”海报近似的作品，以供读者作为比较和思考。由于本书篇幅有限，制作过程不做详细讲解。

10.5.1 Midjourney生成海报

扫码看视频

Midjourney 官网链接：www.midjourney.com

Midjourney 是一个由 Midjourney 研究实验室开发的人工智能程序，可根据文本生成图像，目前架设在 Discord 频道上。于 2022 年 7 月 12 日进入公开测试阶段，用户通过 Discord 的机器人指令进行操作，可以创作出很多的图像作品。

输入一组关键词，注意一组关键词的后面需要加上英文的逗号“,”然后按〈Enter〉键（空一格即可）等待机器人的出图。在发送关键词后就可以看到图片生成的进度，等图片生成完毕就可以看到图片效果。

例如希望 AI 根据关键词设计几张以“ARTS”为主要文字内容的撕纸风格的海报，输入以下的英文关键词：

“撕纸风格海报——《ARTS》”关键词：Multi-dimensional paper kirigami craft, layered paper,paper illustration, Chinese traditional painting,The main body of the letter "ARTS" is hollow, revealing the Chinese ink painting below, Four letters equal in size，detailed landscape design, auspicious clouds, three-dimensional layers,dreamy, Chinese Ink painting,Chinese meticulous painting,landscape painting, Zen, Cyan Light Beige style, Historical painting, ultra-fine Details, Meticulous Style, New Chinese Style,landscape painting,oriental aesthetics,4K,romantic,3d, relief,Thomas Kinkade,subtlety,hollow design,warm color,light background,best qulity,light and shadow,3d rendering,Octane render,brilliant light,shining brightly against the golden background,ultra-detail --ar 9:16 --s 750--v 6.0

生成效果如图 10-143 所示。

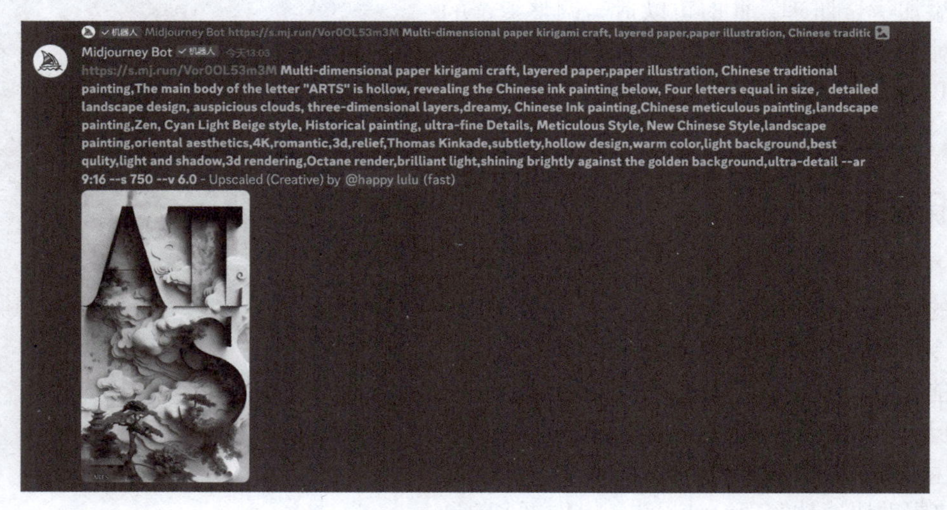

图 10-143　Midjourney 生成界面

一般情况下，为了便于挑选，我们可以把同一组关键词多生成几组图片，这里可以单击 （重复）按钮，Midjourney 会在原图的基础上优化和调整细节，如图 10-144 所示。有时重做的效果不甚满意，用户可以不断进行微调和试验。图 10-145 所示为获得的几个绚丽的效果。

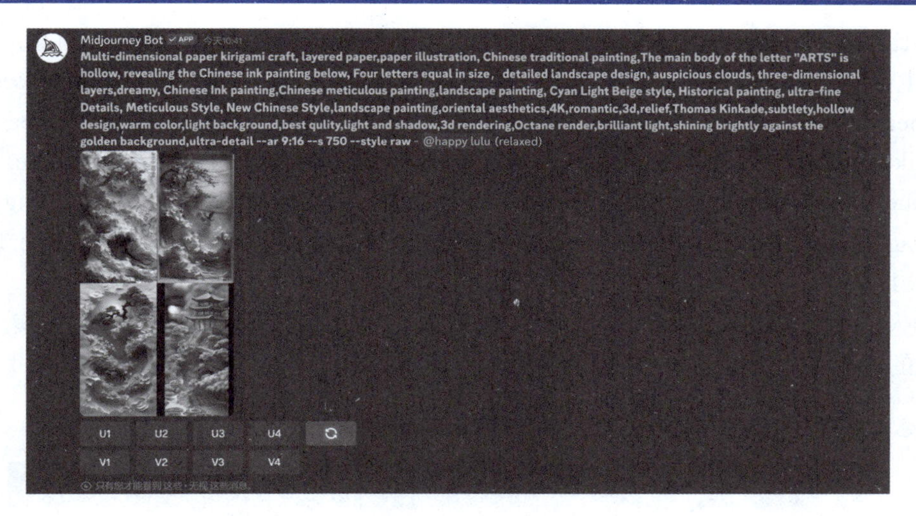

图 10-144　在原图的基础上优化和调整细节

图 10-145　关键词生成的系列效果图

再比如本章中的电影海报，我们也可以尝试让 AI 根据关键词指令来生成图像。

“电影海报——《the Kite Runner》”关键词：symmetrical，black and white, A person facing the super moon, undulating mountains, blurred reflection of the characters' water, kites, soft dreamlike atmosphere, minimalist stage design, sunshine, bochen, realistic technique, meticulous technique, simple simplicity, background wind and rain, dramatic lighting, soft lighting, misty, ink rendering, minimalist characters, surreal, wide Angle, narrative sense, etc. Panoramic, high detail, 8k--ar 9:16--s 50

输入关键词，如图 10-146 所示，然后采用重复生成，可以得到各种不同的方案。图 10-147 为生成的供读者参考与比较的不同效果。

提示：海报中的标题与重要信息文字需要在Photoshop中添加及排版。

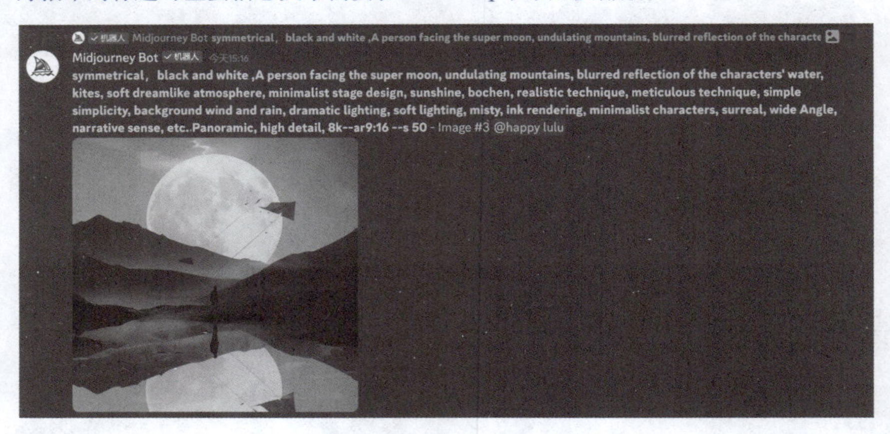

图 10-146　Midjourney 电影海报关键词

图 10-147　同样关键词重复生成的不同效果

10.5.2 微软Copilot生成海报

Copilot 是一个利用生成式人工智能模型（如 OpenAI 的 DALL-E 3）将提示转化为图像的工具。2024 年 2 月 8 日，微软在官网公布了 Copilot 的多个新功能，其中，用户借助 Designer 可对生成的图像进行在线编辑。编辑功能包括着色、模糊图像背景、更改图像风格等，可以让生成的图像更满足用户的实际业务需求。

下面来演示一组海报设计概念图的生成和修改过程 ，具体操作步骤如下。

1）为了对比不同 AI 软件辅助设计的效果，先采用和 Midjounery 相同的关键词（关于撕纸海报），自动生成如图 10-148 所示效果。

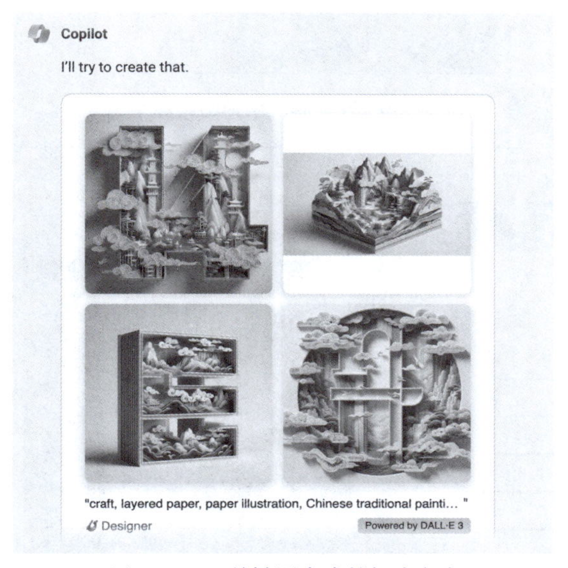

图 10-148　关键词生成的初步方案

2）现在的效果从字母形态看不太清晰，下面输入要求：强调英文字母的外形。于是得到如图 10-149 和图 10-150 所示不同的方案，它们都完好地将中国古典风格与纸雕艺术相结合，并形成不同的镂空效果。

图 10-149　强调英文字母的外形

图 10-150　纸雕风格中的镂空效果

3）单击图片右上角的弹出菜单，在其中选择“Edit in Designer”选项，如图 10-151 所示，进入 Microsoft 的 Designer 界面，如图 10-152 所示，此时可以进行一些装饰性的编辑。

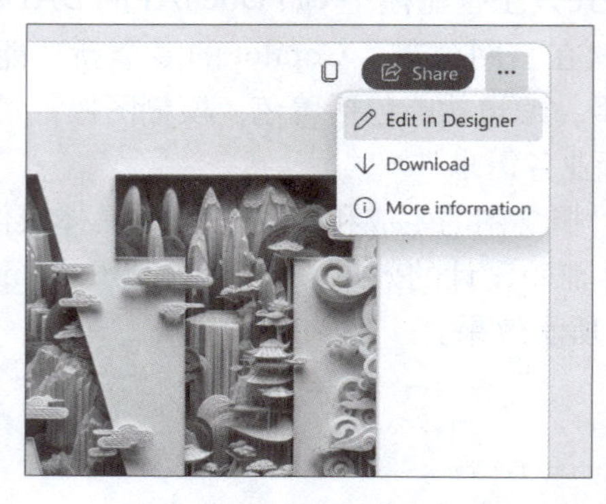

图 10-151　右上角弹出菜单

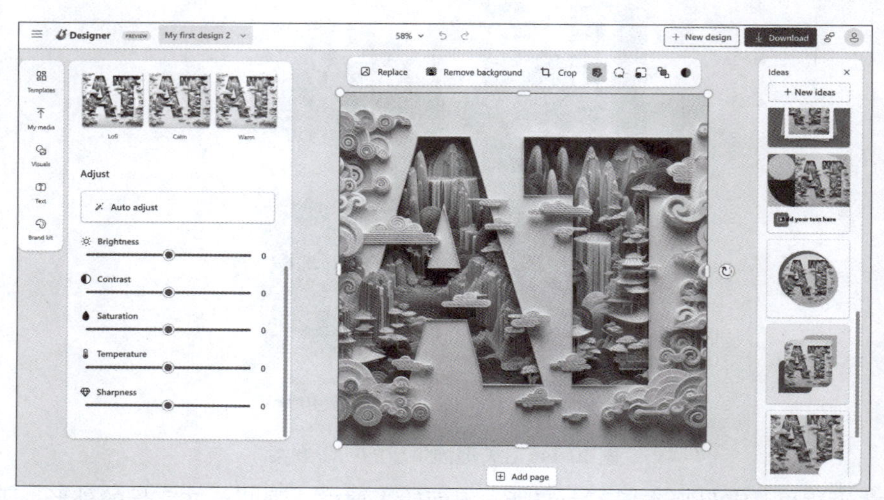

图 10-152　进入 Microsoft 的 Designer 界面

4）另一方案则是更加强调一种手工撕纸的边缘，而非规则的纸雕，如图 10-153 所示，或者像在一个盒子中改变字母的摆放方式，如图 10-154 所示，读者可以利用 AI 生成千变万化的方案，然后从中寻找需要的灵感或资料。

图 10-153　强调手工撕纸的边缘

图 10-154　改变字母的摆放方式

5）下面请欣赏几幅用 AI 生成的本章其他几幅海报的不同设计方案。图 10-155 和图 10-156 为“The Kite Runner”同主题海报图形；针对图 10-156 的方案，同时生成了类似电影画面的宽银幕效果以作对比，如图 10-157 所示。图 10-158 为 AI 生成的“HELLO FUTURE”海报图形。

图 10-155 AI 生成“The Kite Runner”同主题海报图形方案（一）

图 10-156 AI 生成“The Kite Runner”同主题海报图形方案（二）

图 10-157 生成类似电影画面的宽银幕效果

图 10-158 AI 生成“HELLO FUTURE”海报图形

10.5.3　Stable Diffusion生成海报

本节将通过以“荷”为主题的海报设计和“三八节电商海报设计”两个案例来具体讲解利用人工智能绘图软件 Stable Diffusion 生成海报的方法。

扫码看视频

案例一：以“荷”为主题的海报设计

要点：

本例将利用 Stable Diffusion 的“图生图”生成一个以“荷”为主题的海报设计，效果如图 10-159 所示。通过本例的学习应掌握利用一张已有图片，使用 Stable Diffusion 的大模型、“图生图”中的正反提示词、指定 lora、采样方法、指定一个种子数，生成以“荷”为主题的海报设计的方法 。

图 10-159　以“荷”为主题的海报设计

操作步骤：

1) 启动 Stable Diffusion，然后选择“revAnimated_v122_V1.2.2.safetensors ”大模型并进入“图生图”选项卡，如图 10-160 所示。

2) 上传图像。方法：在“生成”选项卡的“图生图”子选项卡中单击“点击上传”，如图 10-161 所示，然后在弹出的“打开”对话框中选择网盘中的“源文件 \10.5.3 Stable Diffusion 生成海报 \ 以“荷”为主题的海报设计 \ 中国剪纸风海报——《荷》.jpg”文件，如图 10-162 所示，单击“打开”按钮，即可将图片上传到 Stable Diffusion 中，如图 10-163 所示。

图 10-160　选择“revAnimated_v122_V1.2.2.safetensors”大模型并进入“图生图”选项卡

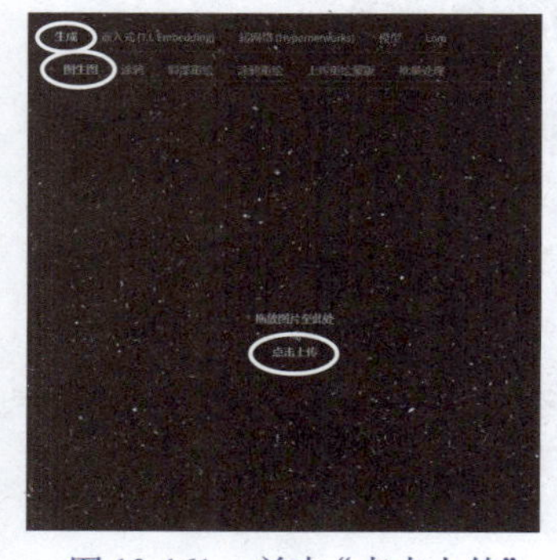
图 10-161　单击“点击上传”

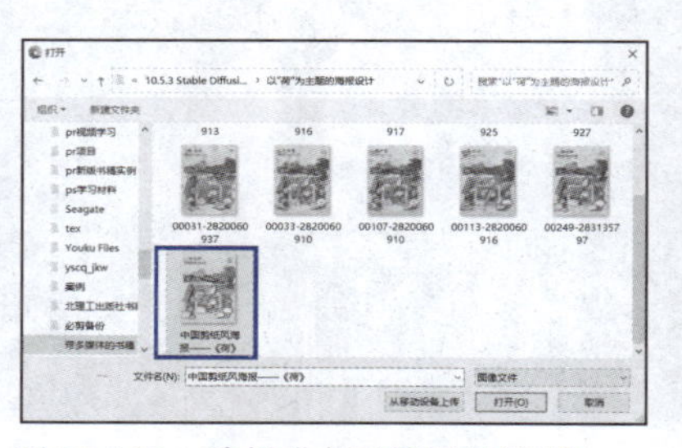
图 10-162　选择“中国剪纸风海报——《荷》.jpg”

图 10-163　上传的图片

3）在正向提示词框中添加 lora 作为正向提示词。方法：将鼠标定位在正向提示词框中，然后进入“Lora”选项卡，单击右上角的▦按钮，显示出层级结构，接着在左侧展开 e-commerce 文件夹，从中分别单击“电商 _ 水纹与化妆品 _V1”和“梦中花境 _V1.0”两个 lora，如图 10-164 所示，此时选择的两个 lora 就会被添加到正向提示词中，如图 10-165 所示。

提示：在正向提示词中直接添加合适的lora，而不添加提示词也可以生成所需效果。

Stable Diffusion 的模型包括大模型和 lora 模型两种，其中大模型用于确定要生成图像的风格（如真人写实、二次元等），而 lora 模型是一种依托于大模型基础训练的微调模型，它不是一个独立的模型，用于表现大模型的个性化特征和风格。

4）此时两个 lora 的默认权重均为 1，为防止两个 lora 互相污染，下面将两个 lora 的权重依次修改为 0.9、0.4，修改后的 lora 在正向提示词中的显示为：<lora:20230926-1695663803691:0.9>,<lora:20240318-1710752926408:0.4>，如图 10-166 所示。

图 10-164　单击“电商 _ 水纹与化妆品 _V1”和“梦中花境 _V1.0”两个 lora

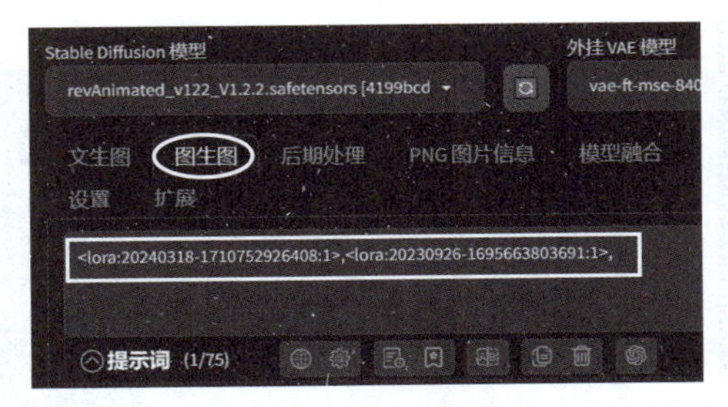

图 10-165　选择的两个 lora 被添加到正向提示词中

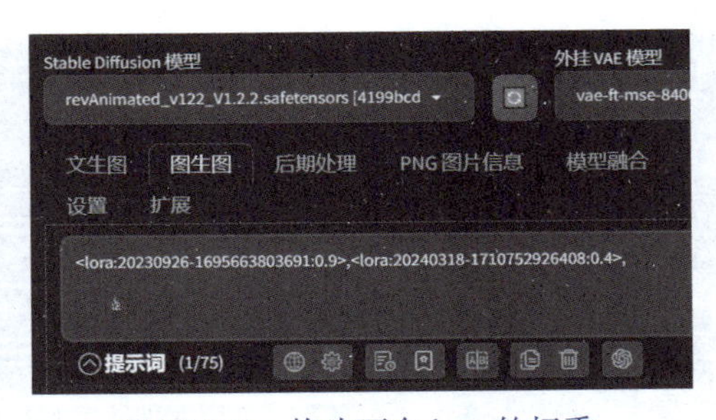

图 10-166　修改两个 lora 的权重

5）仅有正向提示词是不够的，下面添加反向提示词。方法：将鼠标定位在反向提示词框中，然后进入“嵌入式”选项卡，单击图 10-167 所示的两个嵌入式作为反向提示词，此时反向提示词框中显示出相关反向嵌入式的提示词，如图 10-168 所示。

提示：利用Stable Diffusion生成的图经常会遇到模糊、人物关节出现畸形的问题，此时在反向提示词中添加相应反向嵌入式可以解决绝大部分问题。

6）设置出图参数。方法：将“采样方式”设置为“DPM++ SDE Karras”，将“迭代步数”设置为 25，然后单击◣（从图生图自动检测图像尺寸）按钮，从而将“宽度”和“高度”设置为与上传的图片等大，再将“提示词引导系数”设置为 7，将“重绘幅度”设置为 0.45，“随机数种子”数值设置为 2820060910，“总批次数”设置为 1，如图 10-169 所示。

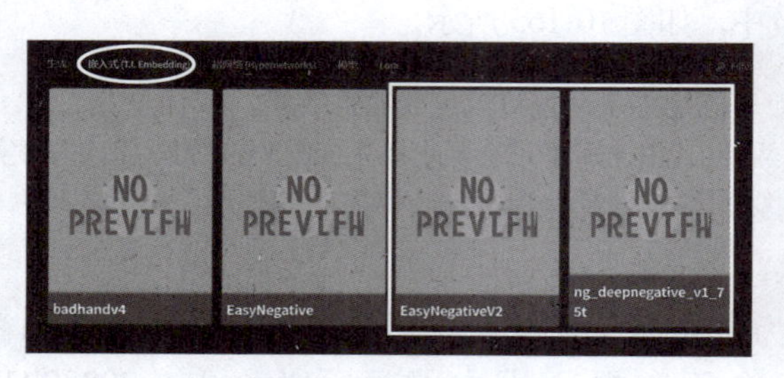

图 10-167　选择两个嵌入式作为反向提示词

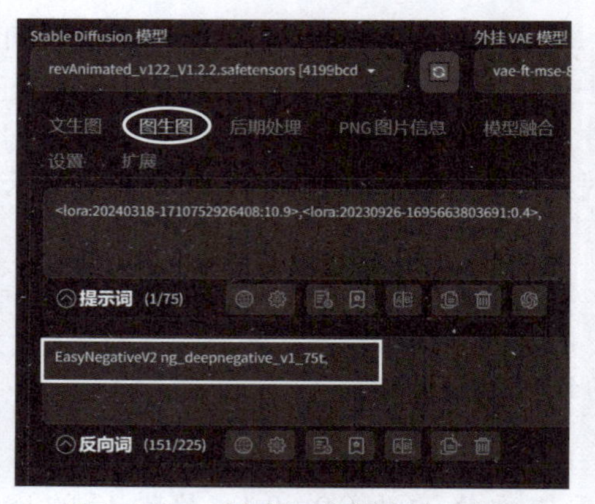

图 10-168　反向提示词框中显示出相关反向嵌入式的提示词

提示：选择不同的“采样方式”，生成的结果会完全不同；“迭代步数”用于控制生成结果的细致程度，数值越大，生成的结果越细致，但需要的时间也会越长；“宽度”和“高度”用于设置生成图像的尺寸，“提示词引导系数”用于控制生成的图像服从于提示词的程度，数值越大，生成的结果越接近于提示词；“重绘幅度”用于控制生成图像与原图的符合程度，数值越小，越接近原图；“随机数种子”数不同，生成的结果也会不同；“总批次数”用于控制生成几个结果。

7）单击“生成”按钮，如图 10-170 所示。此时软件会根据设置好的参数开始进行计算，当计算完成后，就可以看到重新生成了一个以“荷”为主题的海报，此时在生成图片的下方会显示出生成图片的相关参数信息，如图 10-171 所示。

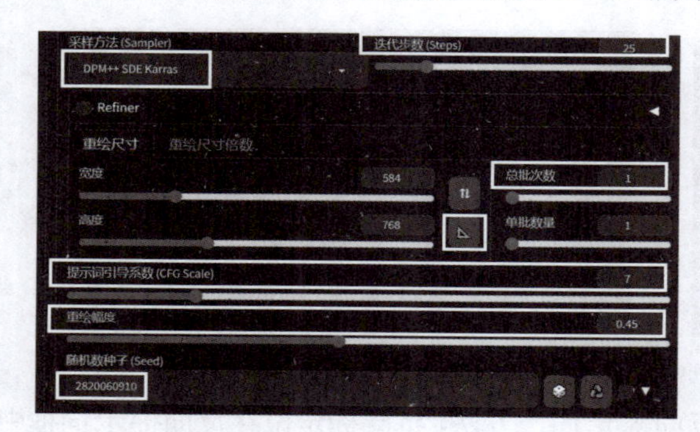

图 10-169　设置出图参数

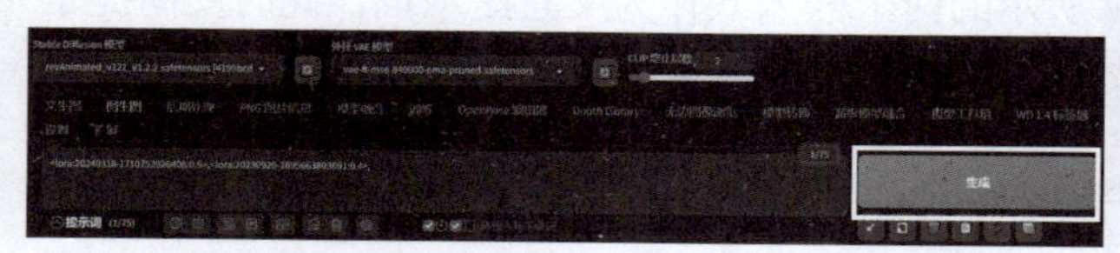

图 10-170　单击“生成”按钮

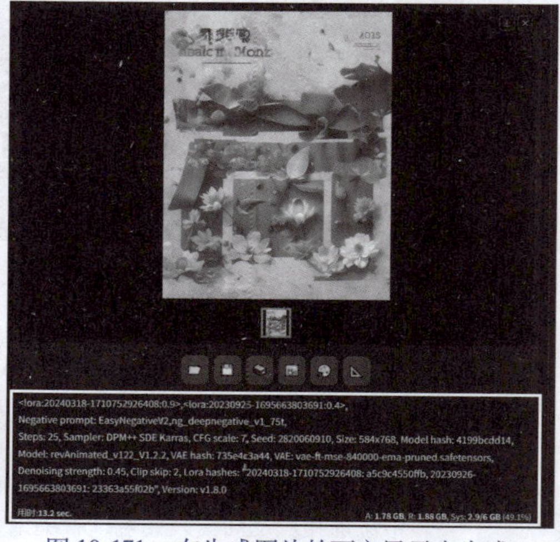

图 10-171　在生成图片的下方显示出生成图片的相关参数信息

8）下面在画面中添加具有中国传统吉祥含义的金鱼。方法：在正向提示词框下方的输入框中输入中文“金鱼”，此时软件会显示出中文“金鱼”的英文“goldfish”，如图 10-172 所示，然后选择翻译好的英文，软件就会将翻译好的英文“goldfish”自动放置到正向提示词框中，如

图 10-173 所示。

提示：只有在Stable Diffusion中安装prompt-all-in-one插件后，才能实现根据输入的中文自动生成英文提示词的功能。

9) 在“生成”选项卡中将“总批次数”加大为 4，如图 10-174 所示，也就是生成 4 个结果。然后单击“生成”按钮，此时软件会根据设置好的参数重新进行计算，当计算完成后，就可以看到生成的 4 个海报的图片效果和一个缩略图，此时在生成图片效果的下方会显示出生成图片的相关参数信息，如图 10-175 所示。

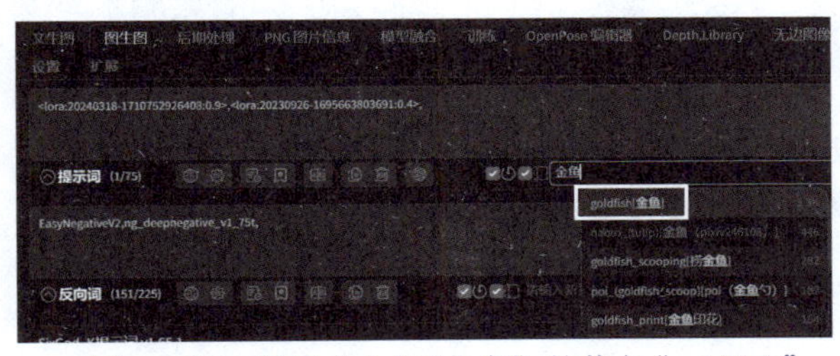

图 10-172　显示出中文“金鱼”的英文“goldfish”

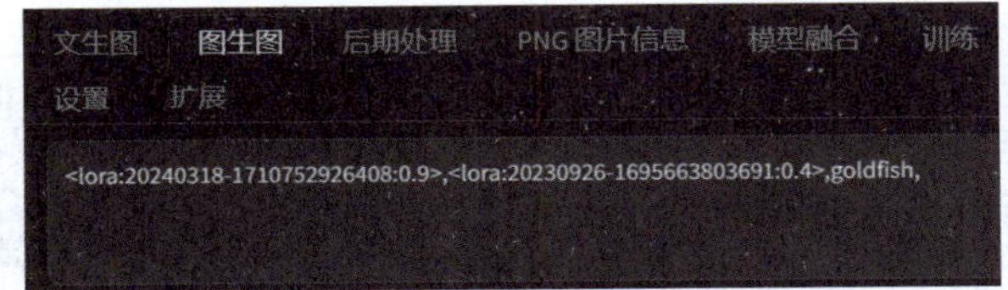

图 10-173　将翻译好的英文“goldfish”自动放置到正向提示词框中

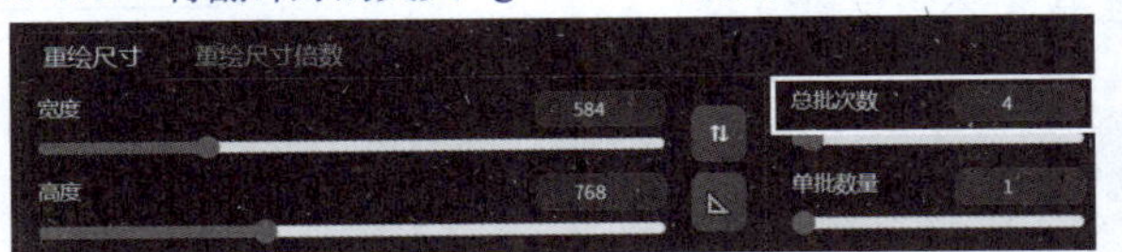

图 10-174　在“生成”选项卡中将“总批次数”加大为 4

图 10-175　生成的 4 个海报的图片效果和一个缩略图

10) 单击图片可以将其最大化显示，然后从生成的 4 个结果中选择一个满意的效果，如图 10-176 所示，至此整个案例制作完毕。

提示：这里需要说明的是Stable Diffusion文生图生成的图片会自动保存在安装目录下的“sd-webui-aki-v4.7\outputs\img2img-images\2024-04-10（当前日期）”子文件夹中。

图10-177为设置不同随机种子数生成的效果。

图 10-176　选择一个满意的效果

随机数种子 :2820060913

随机数种子 :2820060916

随机数种子 :2820060925

图 10-177　设置不同随机种子数生成的效果

案例二：三八节电商海报设计

要点：

扫码看视频

本例将利用 Stable Diffusion 制作一个三八节电商海报设计，效果如图 10-178 所示。通过本例的学习应掌握使用 Stable Diffusion 的大模型、“文生图”中的正反提示词、指定 lora、ControlNet、采样方法、指定一个种子数和利用 Photoshop 处理 ControlNet 预处理后的图像，从而生成三八节电商海报。

图 10-178　三八节电商海报设计

操作步骤：

1）启动 Stable Diffusion，然后选择“revAnimated_v122_V1.2.2.safetensors”大模型，再进入“文生图”选项卡，如图 10-179 所示。

2）添加正向提示词。方法：打开网盘中的“源文件 \10.5.3 Stable Diffusion 生成海报 \ 三八节电商海报设计 \ 提示词 .docx”文件，然后选择正向提示词，如图 10-180 所示，按快捷键〈Ctrl+C〉复制，接着回到 Stable Diffusion 中，再在“文生图”选项卡的正向提示词框中按快捷键〈Ctrl+V〉

粘贴，如图 10-181 所示。

提示1：正反提示词必须使用英文书写。如果要将输入的中文转换为英文，可以在Stable Diffusion中安装prompt-all-in-one插件，这样就可以实现根据输入的中文自动生成英文提示词的功能。

提示2：正向提示词用于控制生成画面中要显示出的内容，而反向提示词用于控制生成画面中不需要显示的内容。

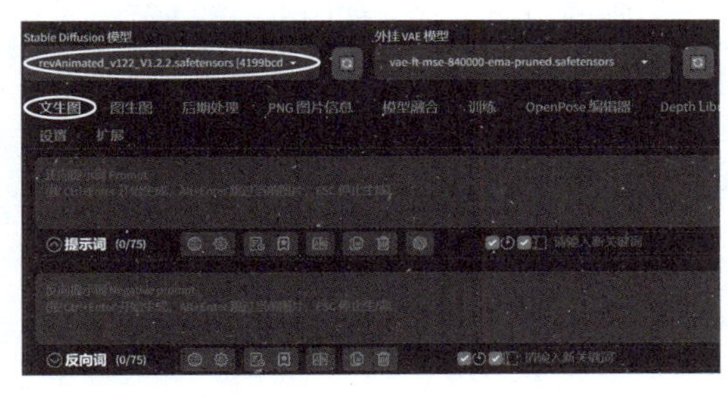

图 10-179　选择“revAnimated_v122_V1.2.2.safetensors”大模型，再进入“文生图”选项卡

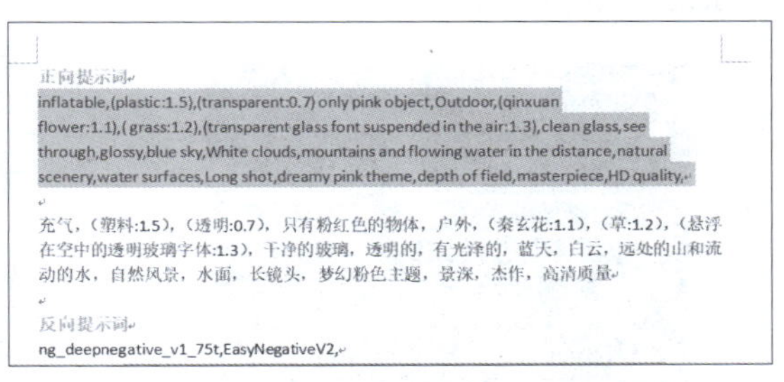

正向提示词

inflatable,(plastic:1.5),(transparent:0.7) only pink object,Outdoor,(qinxuan flower:1.1),(grass:1.2),(transparent glass font suspended in the air:1.3),clean glass,see through,glossy,blue sky,White clouds,mountains and flowing water in the distance,natural scenery,water surfaces,Long shot,dreamy pink theme,depth of field,masterpiece,HD quality,

充气，（塑料:1.5），（透明:0.7），只有粉红色的物体，户外，（秦玄花:1.1），（草:1.2），（悬浮在空中的透明玻璃字体:1.3），干净的玻璃，透明的，有光泽的，蓝天，白云，远处的山和流动的水，自然风景，水面，长镜头，梦幻粉色主题，景深，杰作，高清质量

反向提示词

ng_deepnegative_v1_75t,EasyNegativeV2,

图 10-180　选择正向提示词

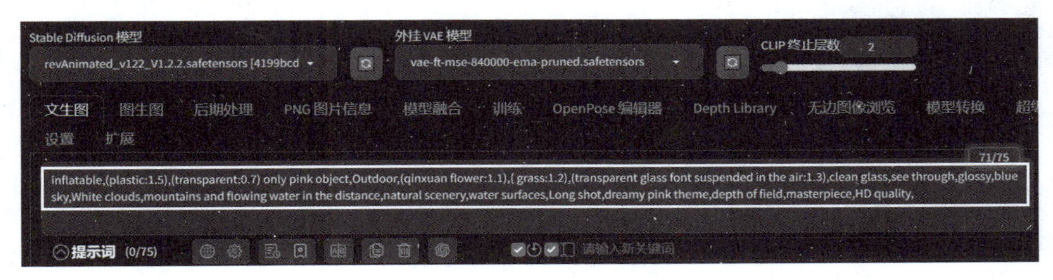

图 10-181　粘贴正向提示词

3) 仅有正向提示词是不够的，下面添加反向提示词。方法：将鼠标定位在反向提示词框中，然后进入“嵌入式”选项卡，单击图 10-182 所示的两个嵌入式作为反向提示词，此时反向提示词框中显示出相关反向嵌入式的提示词，如图 10-183 所示。

提示：利用Stable Diffusion生成的图经常会遇到模糊、扭曲变形的问题，此时在反向提示词中添加嵌入式可以十分便捷地解决这些问题。

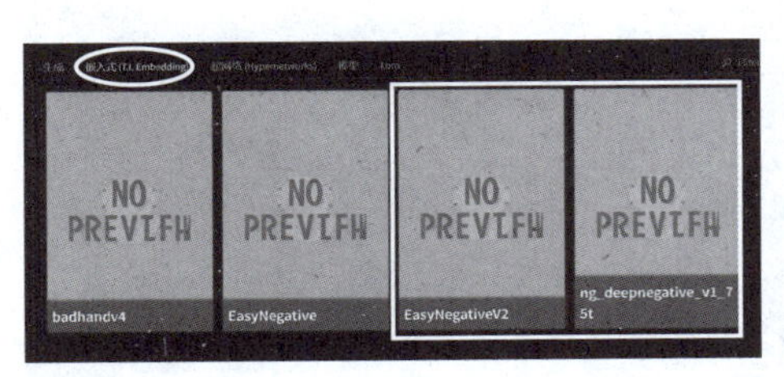

图 10-182　选择两个嵌入式作为反向提示词

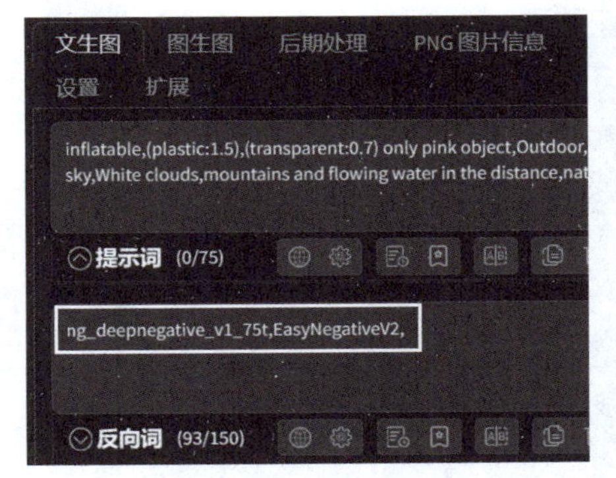

图 10-183　反向提示词框中显示出相关反向嵌入式的提示词

4）制作三八节电商海报中的文字效果。方法：进入“生成”选项卡的“ControlNet 单元 0”的子选项卡，然后单击“点击上传”，如图 10-184 所示。然后从弹出“打开”对话框中选择网盘中的“源文件 \10.5.3 Stable Diffusion 生成海报 \ 三八节电商海报设计 \ 文字 .jpg”文件，如图 10-185 所示，单击“打开”按钮，从而将其导入到“ControlNet 单元 0”，如图 10-186 所示。接着选中“启用”“完美像素模式”和“允许预览”3 个复选框，再选择“Canny（硬边缘）”，并将“预处理器”设置为“canny”，“模型”设置为“control_v11p_sd15_canny [d14c016b]”，最后单击 （预处理）按钮，进行预处理，此时得到图片清晰的边缘效果，如图 10-187 所示。

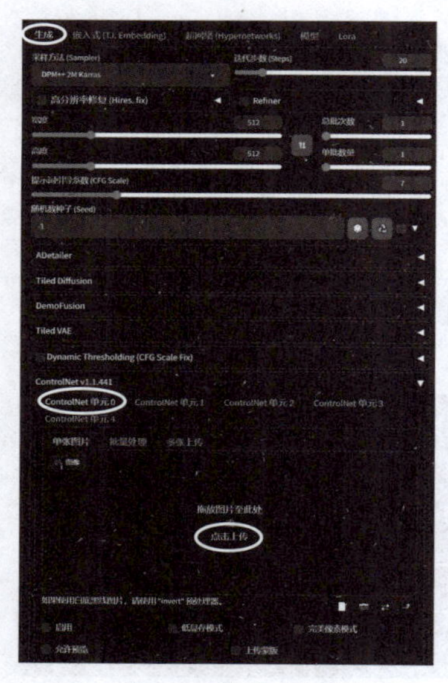

图 10-184　单击“点击上传”

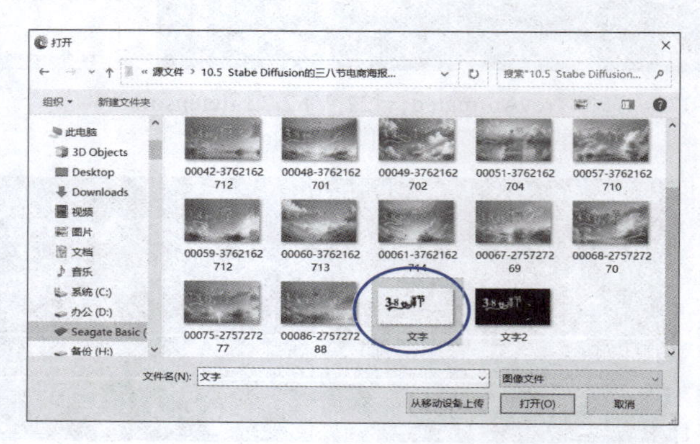

图 10-185　选择“文字 .jpg”图片

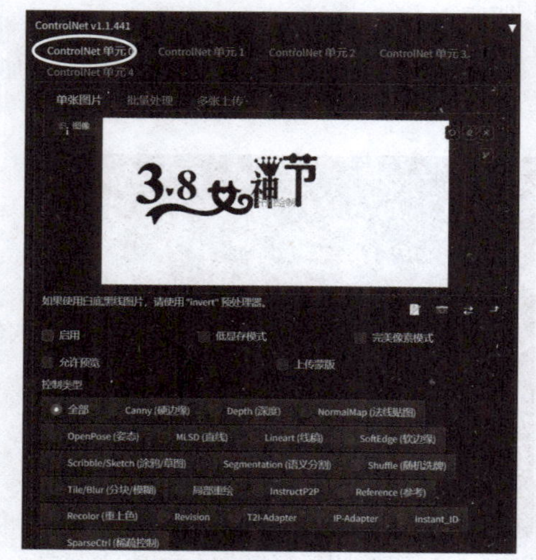

图 10-186　将图片导入到“ControlNet 单元 0”

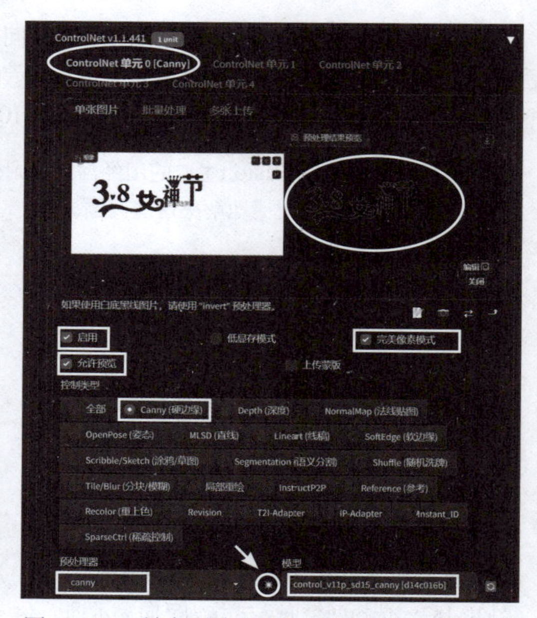

图 10-187　单击预处理按钮进行预处理（硬边缘）

5) 进入“生成”选项卡的一个新的“ControlNet 单元 1”的子选项卡，然后单击“点击上传”，同样导入“文字.jpg”文件，接着选中“启用”“完美像素模式”和“允许预览”3个复选框，再选择“Depth（深度）”，并将“预处理器”设置为“depth_midas”，“模型”设置为“control_v11f1p_sd15_depth [cfd03158]”，最后单击 （预处理）按钮，进行预处理，此时得到图片的3D效果，如图10-188所示。

6) 此时图片中除了文字以外其余区域也产生了三维效果，下面对图进行处理，使三维效果仅对文字起作用。方法：单击“预处理结果预览”右侧的 （下载）按钮将其下载下来，如图10-189所示。接着启动Photoshop，打开刚才下载的图片，如图10-190所示，再执行菜单中的“文件→置入嵌入对象”命令，置入网盘中的“源文件\10.5.3 Stable Diffusion 生成海报\三八节电商海报设计\文字.jpg”文件，如图10-191所示。

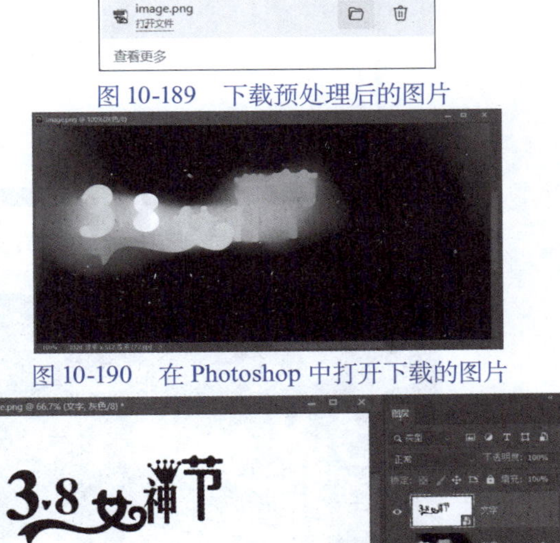

图10-189　下载预处理后的图片

图10-190　在Photoshop中打开下载的图片

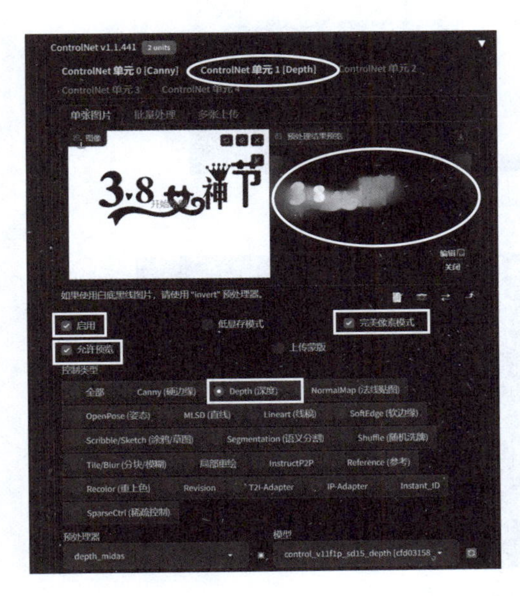

图10-188　单击预处理按钮进行预处理（3D效果）

图10-191　置入“文字.jpg”文件

7) 当前图层为智能图层，为了能够对选区进行操作，下面需要将智能图层转换为普通图层。方法：在“图层”面板中右键单击“文字”层，然后在弹出的快捷菜单中选择“转换为图层”命令，将其转换为一个普通图层。

8) 利用工具箱中的 （对象选择工具）创建选区，如图10-192所示。然后双击“背景”层，如图10-193所示，将其重命名为“图层0”，再将其移动到顶层，如图10-194所示。接着单击“图层”面板下方的 （添加图层蒙版）按钮，此时可以看到只有文字内产生了明暗变化，如图10-195所示。

9) 将背景颜色设置为黑色。方法：选择“文字”层，然后将背景色设置为黑色，再按〈Ctrl+Delete〉键，用背景色的黑色进行填充，效果如图10-196所示。

图 10-192　创建选区

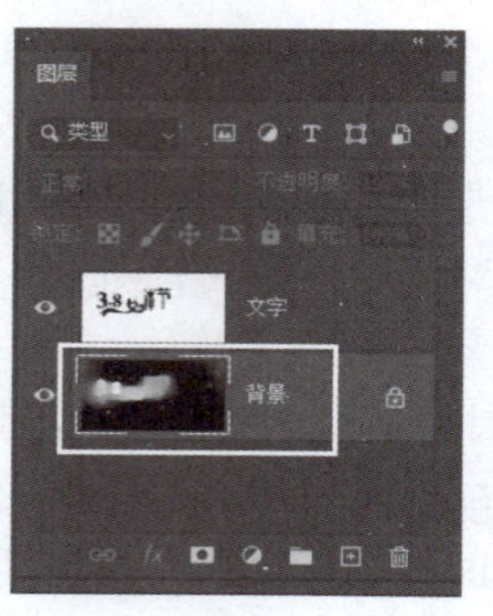

图 10-193　双击“背景”层

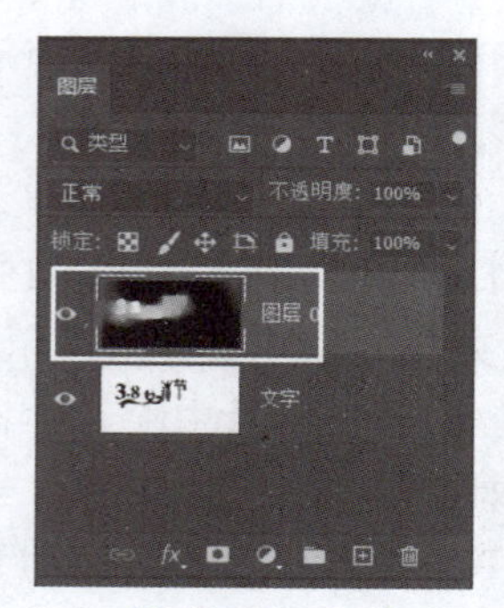

图 10-194　将“图层 0”移动到顶层

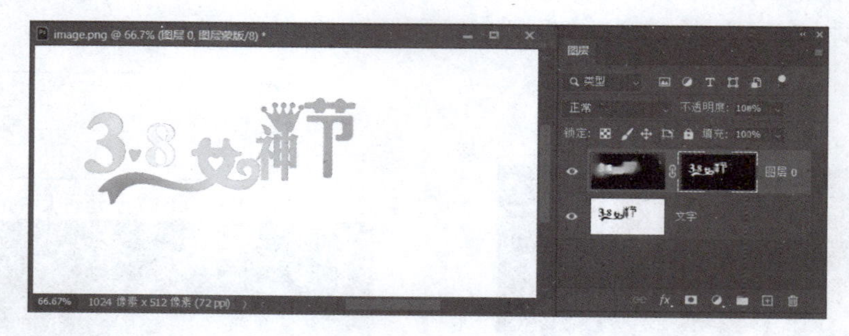

图 10-195　只有文字内产生了明暗变化

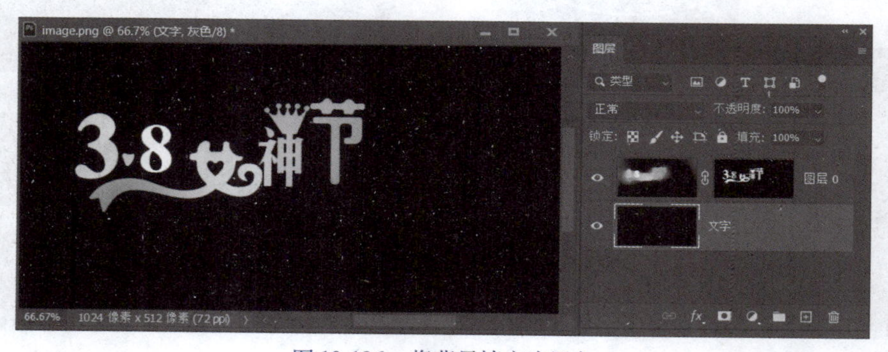

图 10-196　将背景填充为黑色

10）执行菜单中的“文件→导出→导出为”命令，将文件导出为“文字 2.jpg”。

11）回到 Stable Diffusion，然后关闭“ControlNet 单元 1”的图片，再单击“点击上传”，导入刚才导出的“文字 2.jpg”文件，接着将“预处理器”设置为“none”，如图 10-197 所示。

提示：单击 （将当前图片尺寸信息发送到生成设置）按钮，可以将当前图片尺寸信息发送到生成设置，此时可以看到当前图像尺寸为1024×512，如图10-198所示。

12）设置出图参数。方法：将“采样方法”设置为“DPM++2M Karras”，将“迭代步数”加大为 25，然后将“宽度”设置为 765，“高度”设置为 450，再选中“高分辨率修复”复选框，从而将出图尺寸由 765×450 放大一倍，也就是 1530×900。接着将“重绘幅度”加大为 0.7，再将“提示词引导系数”设置为 7，“随机数种子”数值设置为 275727277，“总批次数”设置为 1，如图 10-199 所示。

提示：选择不同的“采样方法”，生成的结果会完全不同；“迭代步数”用于控制生成结果的细致程度，数值越大，生成的结果越细致，但需要的时间也会越长；“宽度”和“高度”用于设置生成图像的尺寸，通常将这个数值设置得小一点，然后通过“高分辨率修复”来放大图像尺寸；“重绘幅度”用于控制高分辨率修复后的图像与原图的符合程度，数值越小，越接近原图；“提示词引导系数”用于控制生成的图像服从于提示词的程度，数值越大，生成的结果越接近于提示词；“随机数种子”数不同，生成的结果也就不同；“总批次数”用于控制生成几个结果。

13）选中“启用 Tiled Diffusion”复选框，如图 10-200 所示，从而将图像分割成若干块，分别进行计算，再重新组合。然后选中“启用 Tiled VAE”复选框，如图 10-201 所示，这样可以避免因为爆显存（指显卡在运行游戏或应用程序时，由于显存不足导致帧数下降的现象）而无法生成图像的错误。

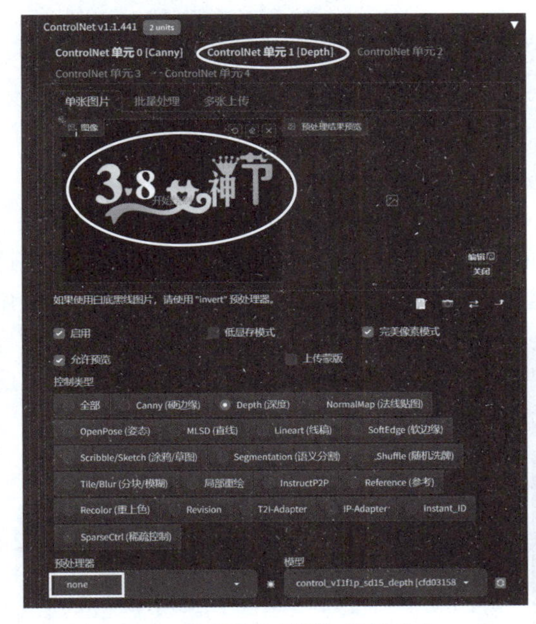

图 10-197　将“预处理器”设置为“none”

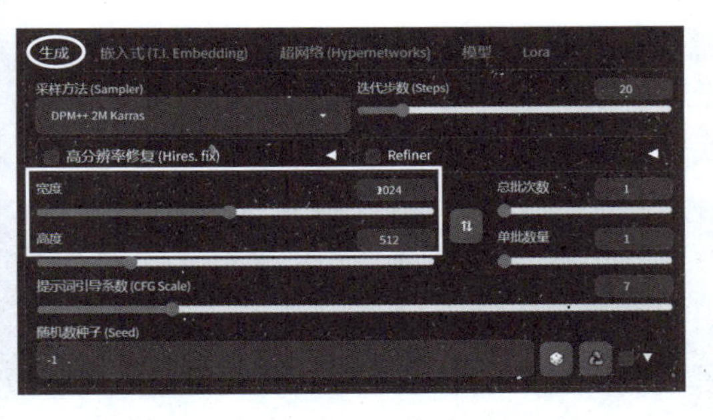

图 10-198　当前图像尺寸为 1024×512

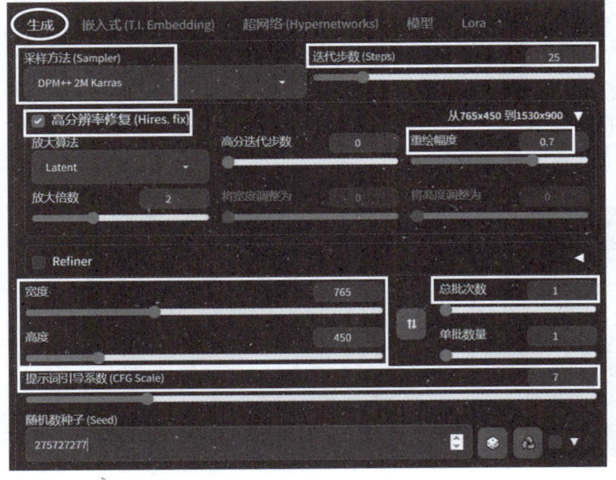

图 10-199　设置出图参数

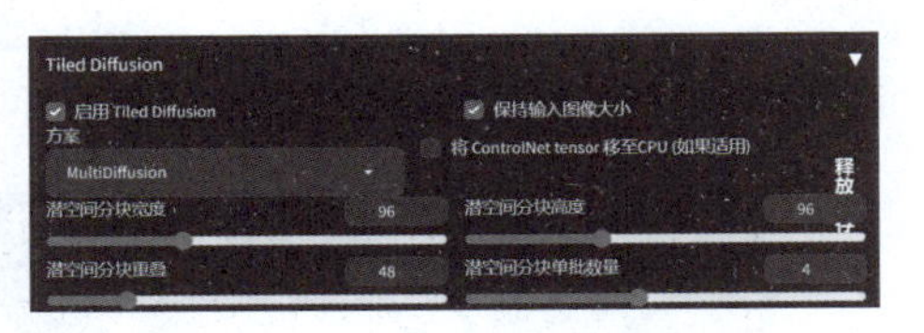

图 10-200　选中“启用 Tiled Diffusion”复选框

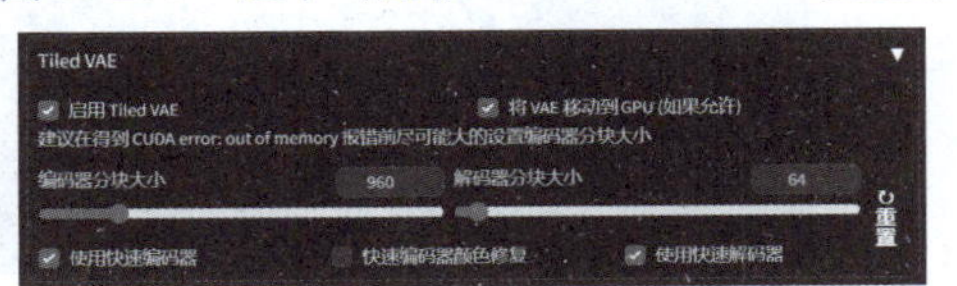

图 10-201　选中“启用 Tiled VAE”复选框

14）单击“生成”按钮，如图 10-202 所示。此时软件会根据用户提供的正反提示词和输出参数开始进行计算，当计算完成后，就可以看到大体的三八节的海报效果了，此时在生成图片的下方会显示出生成图片的相关参数信息，如图 10-203 所示。

图 10-202　单击“生成”按钮

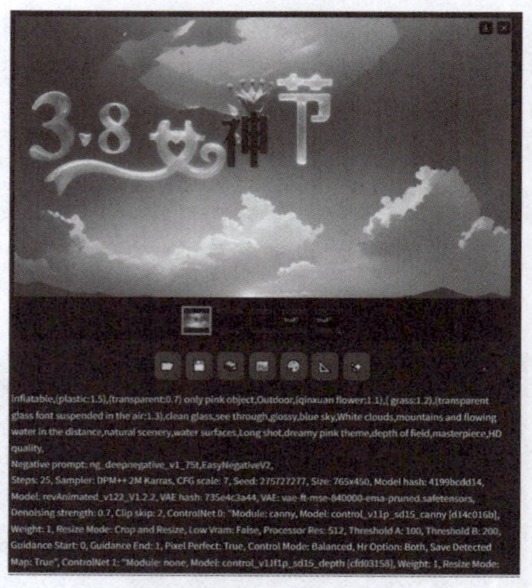

图 10-203　生成的图片及相关参数

15）由于生成的海报背景缺少艺术美感，下面通过在正向提示词中添加多个 lora 来解决这个问题。方法：将鼠标定位在正向提示词的结尾位置，然后进入“Lora”选项卡，单击右上角的▤按钮，显示出层级结构，接着在左侧展开 e-commerce 文件夹，从中分别单击“透明充气膨胀效果 _v1.0”“电商场景 MAX_v1.0”和“梦中花境 _v1.0”3 个 lora，如图 10-204 所示，此时选择的 3 个 lora 就会被添加到正向提示词中，如图 10-205 所示。

图 10-204　分别单击“透明充气膨胀效果 _v1.0”“电商场景 MAX_v1.0”和“梦中花境 _v1.0”3 个 lora

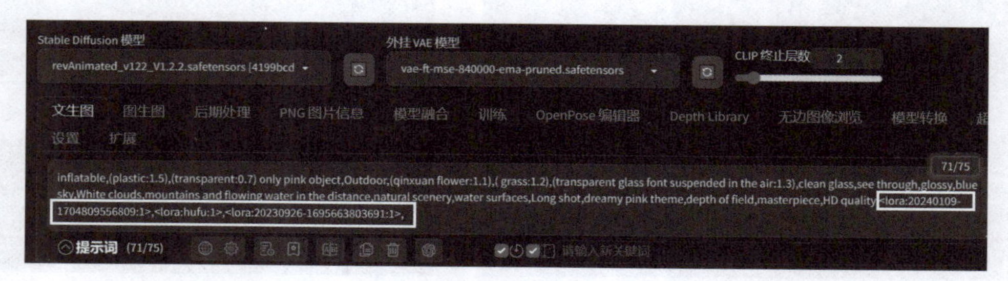

图 10-205　选择的 3 个 lora 被添加到正向提示词中

16）此时 3 个 lora 的默认权重均为 1，为防止 3 个 lora 互相污染，下面将 3 个 lora 的权重依次修改为 0.6、0.9、0.4，修改后的 lora 在正提示词中的显示为：<lora:20240109-1704809556809:0.6>,<lora:hufu:0.9>,<lora:20230926-1695663803691:0.4>，如图 10-206 所示。

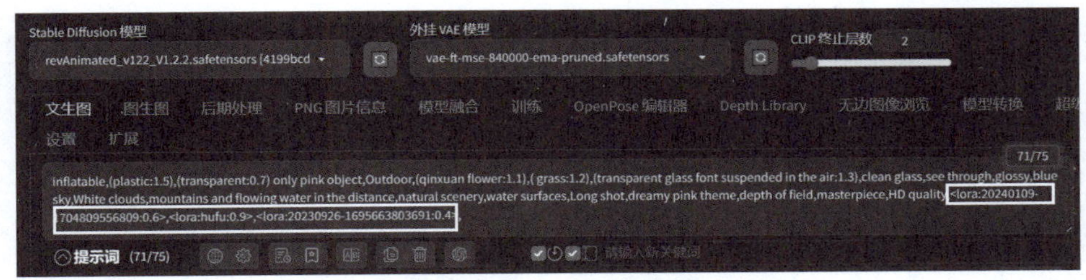

图 10-206　修改 3 个 lora 的权重

17）在“生成”选项卡中将“总批次数”加大为 4，如图 10-207 所示，也就是生成 4 个结果。然后单击“生成”按钮，此时软件会根据设置好的参数重新进行计算，当计算完成后，就可以看到生成的 4 个海报的图片效果和一个缩略图，此时在生成图片效果的下方会显示出生成图片的相关参数信息，如图 10-208 所示。

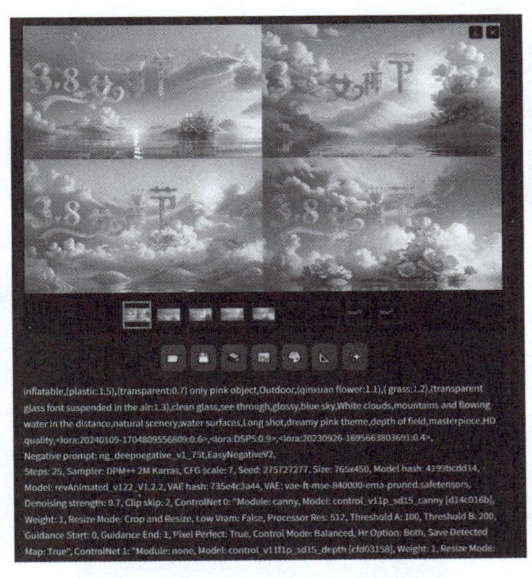

图 10-207　将“总批次数”加大为 4

图 10-208　生成的 4 个海报的图片效果和一个缩略图

18）单击图片可以将其最大化显示，然后从生成的 4 个结果中选择一个满意的效果，如图 10-209 所示，至此整个案例制作完毕。

图 10-209　选择一个满意的效果

提示：这里需要说明的是Stable Diffusion文生图生成的图片会自动保存在安装目录下的“sd-webui-aki-v4.7\outputs\txt2img-images\2024-04-10（当前日期）”子文件夹中。

图10-210为设置不同随机种子数生成的效果。

随机数种子 :3840240822

随机数种子 :3762162701

随机数种子 :3762162712

随机数种子 :275727288

图 10-210　设置不同随机种子数生成的效果

10.6　课后练习

1. 制作图 10-211 所示的电影海报效果。
2. 制作图 10-212 所示的电影海报效果。

图 10-211　电影海报 1

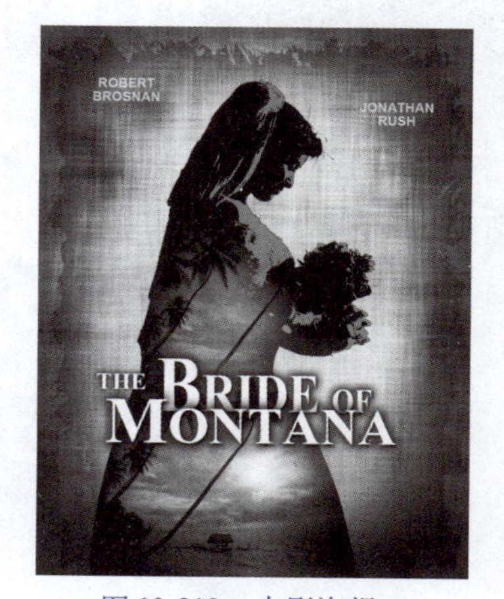

图 10-212　电影海报 2

3. 利用 Stable Diffusion 生成一个以五一劳动节为主题的海报。

第11章　产品包装设计

本章重点

Photoshop 除了对产品包装本身的设计外，还有重要一点在于包装效果展示的整体设计。通过对不同质感的处理，Photoshop 能够向消费者传递产品的整体风格和使用感受，本章通过对不同产品的包装进行组合以及陈列效果，为读者在真正的设计实践中提供新的设计思路。目前人工智能（AI）迎来大爆发，人工智能绘图软件在广告领域的应用越来越广泛，本章在最后运用目前流行的人工智能绘图软件 Stable Diffusion 生成几个包装展示效果，以供读者对比学习。

11.1　饮料包装展示设计

本节将制作一个以饮料包装为主题的展示设计，如图 11-1 所示。

图 11-1　饮料包装展示设计

本案例中运用了包装样机文件。在进行设计展示的时候，样机模型的使用是比较频繁的，它能够更好地辅助作品的呈现，带来更好的作品展示体验。选择样机时，要注意以下几点：

1. 不要在一套作品中出现太多的样机种类，这样会使画面显得不够规范统一。

2. 样机的作用是衬托作品的展示，在选择样机和调整样机的时候，不能过于突出样机的比重，这样会削弱作品本身的呈现。最好选择一些造型简洁的样机，不要选择外形过于沉重的模型。

3. 要根据自己作品的设计风格考虑最合适的呈现方式。

要点：

1. 产品的包装展示应该突出整体的产品特征，针对以饮料为主题的包装展示设计需要突出包装的清凉感，因此在样机的制作和选取中，除了强调整体包装的金属质感外，还应通过某些元素，例如水滴的处理来传递产品特性。

2. 产品以外的其他部分，如摆放环境、氛围及附属物，都会起到突出产品的作用。在展示效果设计过程中，需要通过画面中各元素的配合，例如颜色、纹样、质感的呼应营造整体的画面效果。

3. 在包装展示效果图中还应该注意画面的节奏感和透气感。

操作步骤：

1）首先需要打开素材库中已有的 PS 样机文件。方法：执行菜单中的“文件→打开”命令，打开网盘中的“源文件 \ 11.1 饮料包装展示设计 \ 易拉罐 .psd”文件，如图 11-2 所示。这个包装样机文件本身具有金属光泽，表面附有水滴。

图 11-2　导入素材库中的“易拉罐”素材

2）利用工具箱中的 （油漆桶工具）将“背景”填充为蓝色（RGB 的数值为（65，140，210）），如图 11-3 所示。

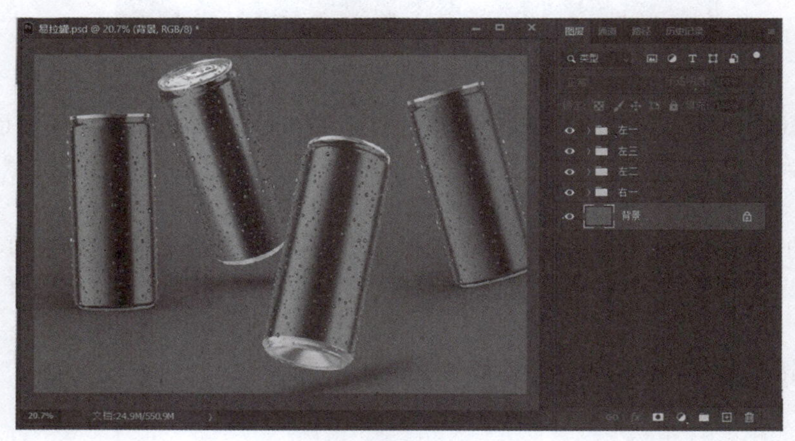

图 11-3　用蓝色填充背景

3）展开选择“左一”易拉罐组，然后双击“替换”层的“智能对象缩略图”，如图 11-4 所示，进入一个新的文件中。接着打开网盘中的“源文件 \ 11.1 饮料包装展示设计 \ 钟离权 .jpg”文件，如图 11-5 所示，再将包装素材导入文件中，最后按快捷键〈Ctrl+S〉保存文件。

4）回到“易拉罐 .psd”文件中，此时可以看到易拉罐已经被覆上包装素材，而且自动生成透视变形的效果，如图 11-6 所示。同理，利用素材库中已有素材替换剩下三个易拉罐上的图案，效果如图 11-7 所示。

提示：本例清凉饮料以中国古代“八仙过海”中的形象为主图形，图形在Illustrator中绘制完成。

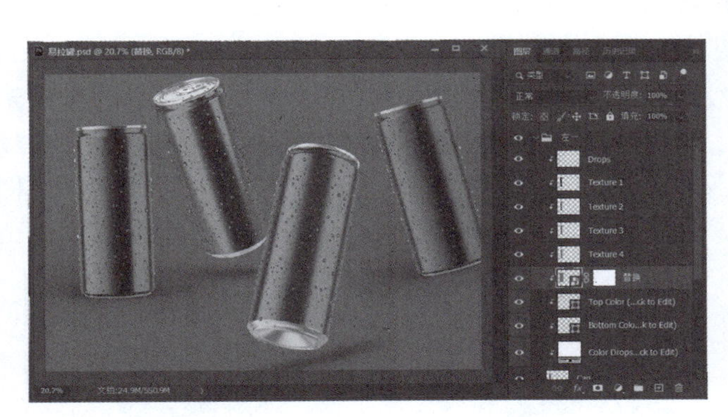

图 11-4　图层的“智能对象缩略图”

图 11-5　“钟离权”素材

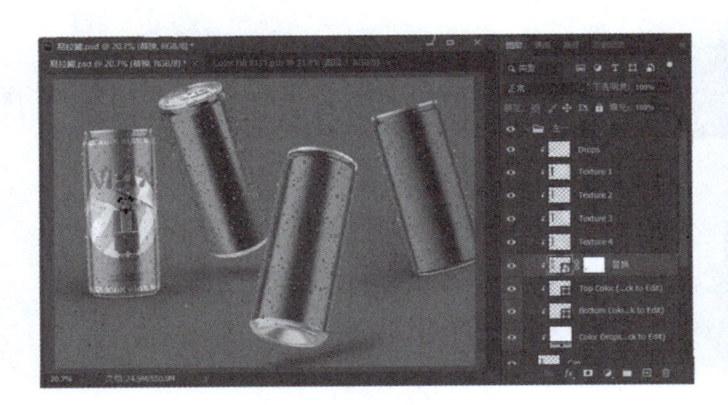

图 11-6　样机被覆上包装素材

图 11-7　所有样机被覆上包装素材

5）包装主体制作完成后，下面进入本例的重点——包装展示设计，赋予产品摆放的创意空间和光影。先开始绘制产品下部波浪形的装饰图形。方法：在“左一”图层组之上，单击工具箱中的 (椭圆工具)，绘制四个大小不同、位置错落摆放的圆形。然后在“属性”面板的“外观”选项组中将“填色”改为蓝色（RGB 的数值为（50，105，215）），“描边”设置为无。最后，同时选择四个图层，单击右键，在弹出菜单中选择“合并图层”命令，将合并的层重命名为“顶层波浪”，如图 11-8 所示。

提示：整体展示的设计思路为饮料产品飘浮于层层蓝色的海浪之上，蓝色与海水都暗示了一种夏日清凉的感觉。海浪为展示设计中的核心图形，处理为极简的抽象形态，与包装本身的矢量图形风格相呼应。

图 11-8　绘制波浪图形

6）在蓝色图形上添加一些微妙的纹理。方法：打开网盘中的“源文件\11.1 饮料包装展示设计\纹样.png”文件，如图 11-9 所示，然后将其复制到“顶层波浪”层上方，并重命名为“纹样”。接着按〈Alt〉键，在“顶层波浪”和“纹样”层之间单击，从而新建剪贴蒙版。最后在“图层”面板中，将“纹样”图层“混合模式”设置为“颜色加深”，如图 11-10 所示。

图 11-9　纹样.png

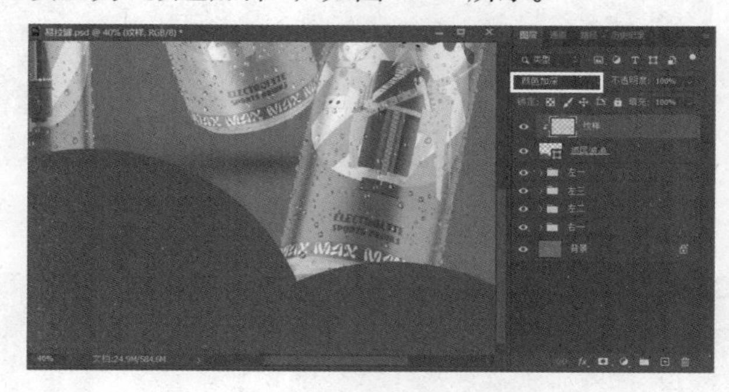
图 11-10　为“顶层波浪”层添加纹理

7）接下来，在蓝色波浪图形边缘增加金属质感描边。由于后面的步骤会重复用到金属描边，所以需要将金属素材转化为图案，方法：打开网盘中的“源文件\11.1 饮料包装展示设计\烫金素材.png”文件，如图 11-11 所示。然后执行菜单中“编辑→定义图案”命令，在弹出的“图案名称”对话框中单击“确定”按钮。

图 11-11　烫金素材

8）回到“易拉罐.psd”文件中，双击“顶层波浪”层，打开“图层样式”对话框，选中“斜面和浮雕”“描边”和“投影”选项，设置参数如图 11-12、图 11-13 和图 11-14 所示，比较重要的参数是在“描边”选项中，将“大小”调整为 145 像素，“填充类型”选择为“图案”，单击“确定”按钮。然后选中步骤7)中已经转化为图案的烫金素材,单击“确定”按钮,此时“顶层波浪”边缘增加了一圈较明显的金属边缘，效果如图11-15所示。

提示：展示环境一定要与产品的质感相呼应，才能巧妙地、协调地烘托产品，而不会与产品风格产生冲突。如本例中蓝色波浪形的金属装饰边缘，与金属拉罐仿佛反射出相同的环境光。

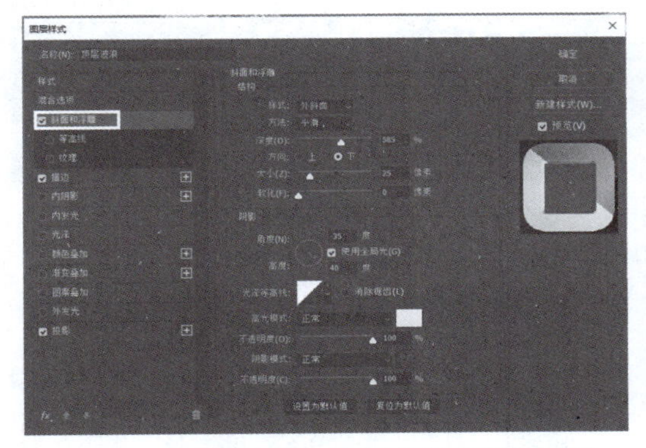

图11-12 “顶层波浪”的“斜面和浮雕”参数

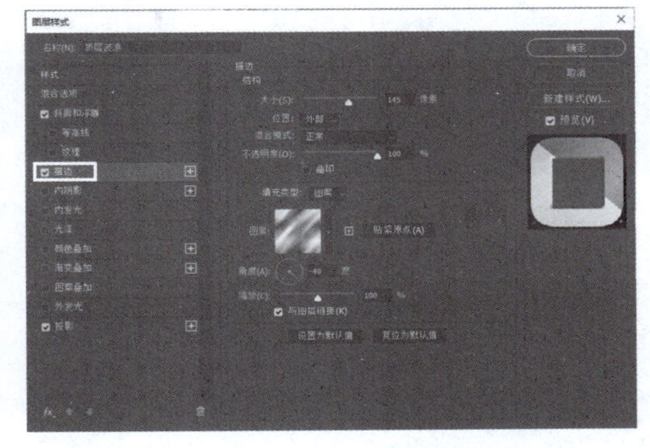

图11-13 “顶层波浪”的“描边”参数

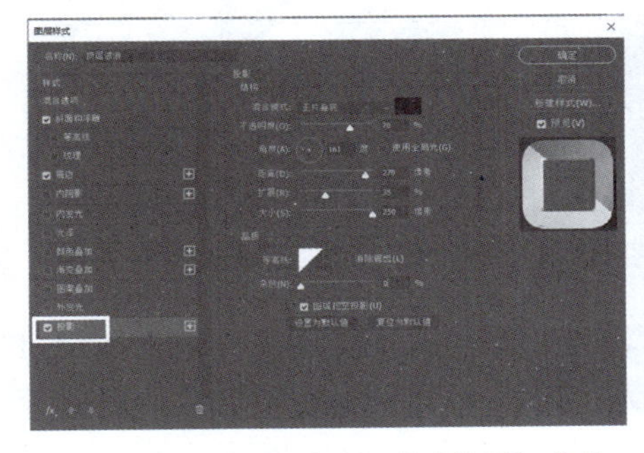

图11-14 “顶层波浪”的“投影”参数

图11-15 蓝色波浪建立金属描边

9)下面为蓝色波浪增加生动的细节装饰。先来制作“顶层波浪”之上的浅蓝色圆形。方法：单击工具箱中的（椭圆工具），绘制一个圆形，并填充为淡蓝色(RGB的数值为(70，170，250))，如图11-16所示。然后在“图层”面板双击椭圆图层，打开“图层样式”对话框，选中“斜面和浮雕”“描边”与“投影”选项，并设置参数如图11-17、图11-18和图11-19所示，单击“确定”按钮，此时浅蓝色圆形效果如图11-20所示。

图11-16 绘制浅蓝色圆形

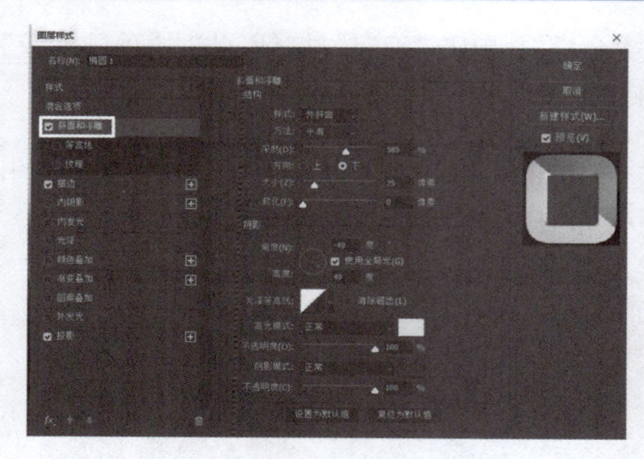

图 11-17　浅蓝色圆形的“斜面和浮雕”参数

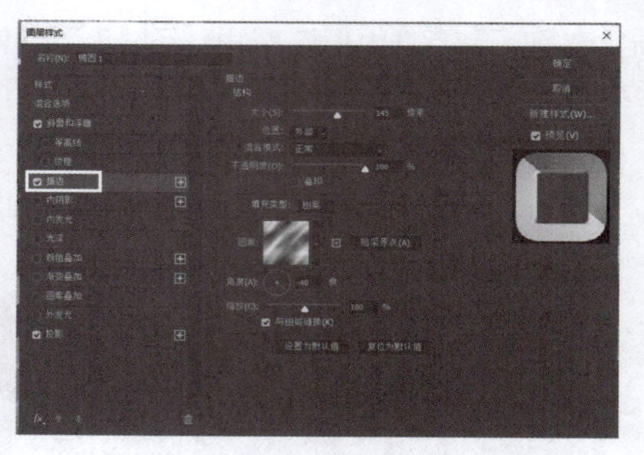

图 11-18　浅蓝色圆形的“描边”参数

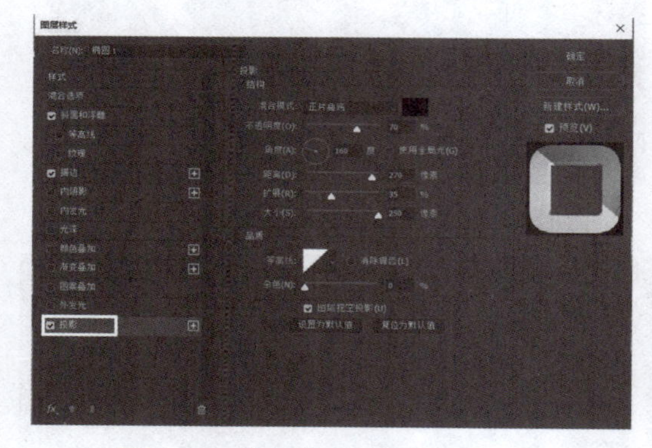

图 11-19　浅蓝色圆形的“投影”参数

图 11-20　增加浅蓝色圆形图层样式效果图

10）选择“椭圆 1”图层，按快捷键〈Ctrl+J〉，复制出“椭圆 1 拷贝”层，然后按快捷键〈Ctrl+T〉缩小圆形大小再将其“填色”改为深蓝色（RGB 的数值为（50，105，215）），效果如图 11-21 所示。接着在“图层”面板中双击“椭圆 1 拷贝”层，打开“图层样式”对话框，选中“斜面和浮雕”“描边”和“投影”选项，并设置参数如图 11-22、图 11-23 和图 11-24 所示，单击“确定”按钮，此时小圆形周围也出现很窄的描边和浮雕感，如图 11-25 所示。

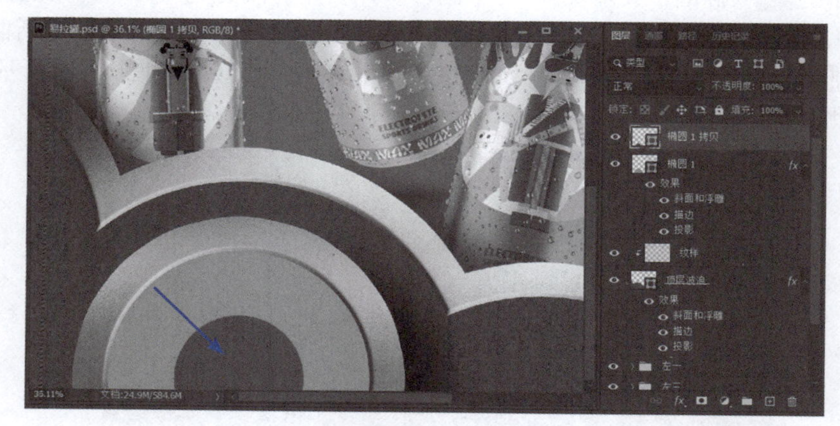

图 11-21　绘制同心圆层

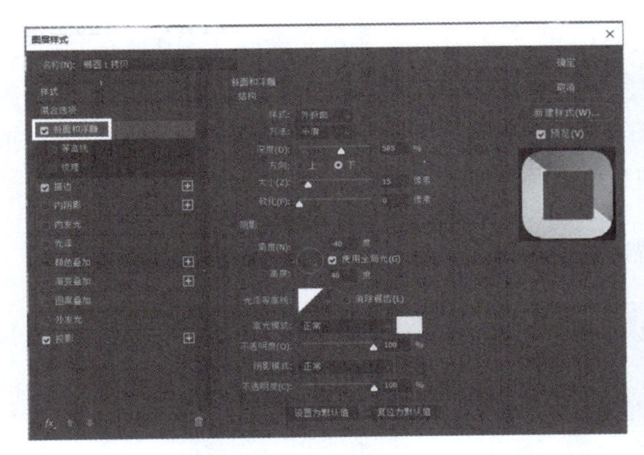

图 11-22　“椭圆 1 拷贝”层“斜面和浮雕”参数

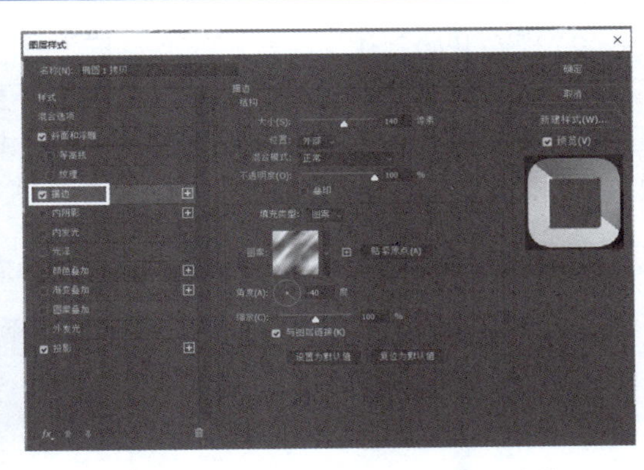

图 11-23　“椭圆 1 拷贝”层“描边”参数

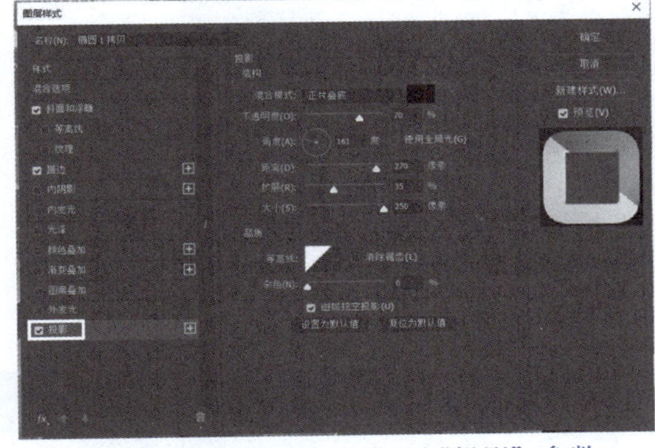

图 11-24　“椭圆 1 拷贝”层“投影”参数

图 11-25　放大小圆形局部效果

11）在“椭圆 1 拷贝”层上复制“纹样”层，然后按住〈Alt〉键，单击“纹样”层和“椭圆 1 拷贝”层之间的位置，从而为“椭圆 1 拷贝”层建立剪贴蒙版。接着将两个圆形置于同一图层组中，并将图层组名重命名为“同心圆”。最后复制两份同心圆组，再将图形分别移至如图 11-26 所示的位置。

提示：在纹样的分布中，应注意层次的变化，不能每一层都叠加纹样，要注意画面的透气感。

图 11-26　同心圆效果

12）现在开始制作中间层次的波浪形。方法：单击工具箱中的 （椭圆工具），在“左三”层下方绘制三个白色圆形，然后将三个白色圆形层合并为一层，并将合并后的图层重命名为“中层波浪”，如图 11-27 所示。接着双击“中层波浪”图层，打开“图层样式”对话框，再选中“斜面和浮雕”“描边”和“投影”选项，并设置参数如图 11-28、图 11-29 和图 11-30 所示，单击“确定”按钮。

提示：为了整体画面空间感的变化，第二层的金色描边宽度应比第一层窄一些，从而形成空间的纵深效果。

图 11-27　中间层次的波浪效果

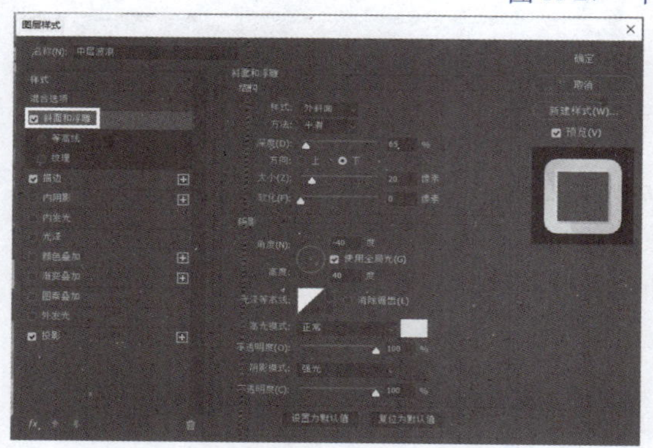

图 11-28　“中层波浪”的“斜面和浮雕”参数

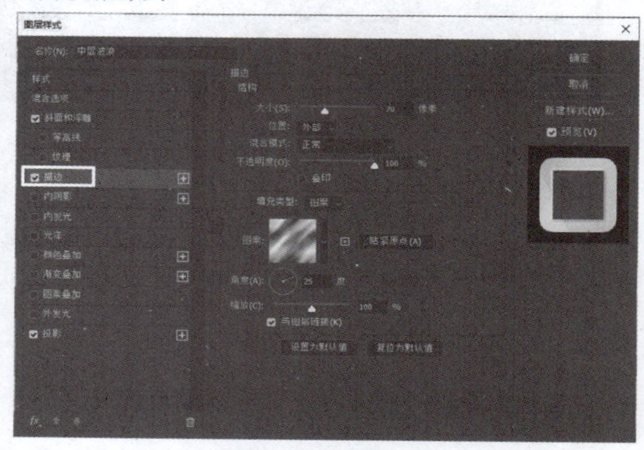

图 11-29　“中层波浪”的“描边”参数

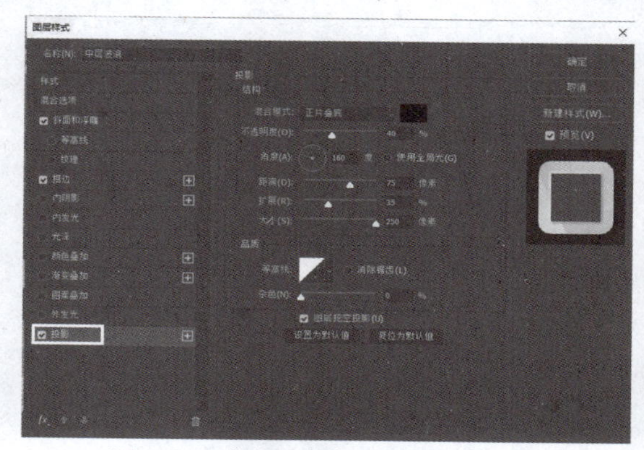

图 11-30　“中层波浪”的“投影”参数

13）同理，为白色图形增加纹理效果，然后在“图层”面板中，将图层“混合模式”设置为“正常”，“不透明度”设置为30%，效果如图11-31所示。

14）继续制作层叠的海浪。方法：在“背景”层之上新建“底层波浪”层，然后单击工具箱中的 ◯（椭圆工具），绘制几个大圆形，“填色”设置为一种天蓝色（RGB参考数值为（65，195，255）），效果如图11-32所示。

图11-31　添加纹样

图11-32　创建“底层波浪”

15）在“图层”面板中双击“底层波浪”层，打开“图层样式”对话框，选中“斜面和浮雕”“描边”与“投影”选项，并设置参数如图11-33、图11-34和图11-35所示，单击“确定”按钮，此时底层波浪效果如图11-36所示。

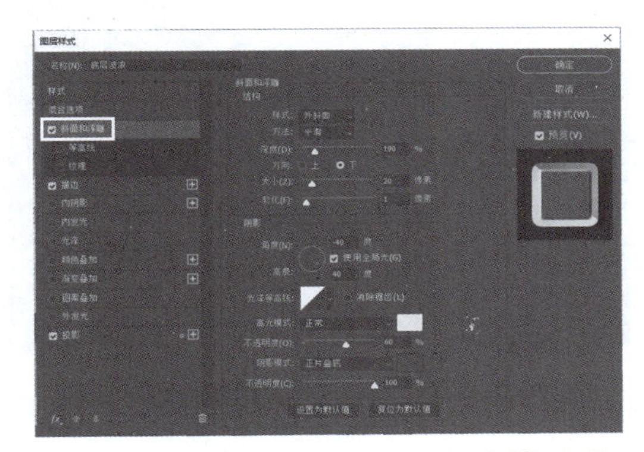

图11-33　“底层波浪”层“斜面和浮雕”参数

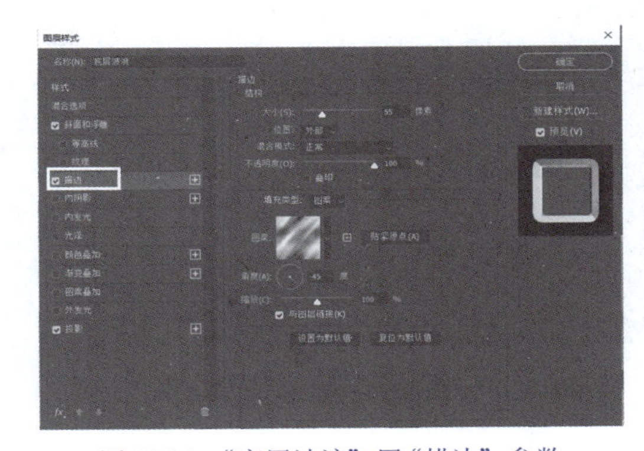

图11-34　“底层波浪”层“描边”参数

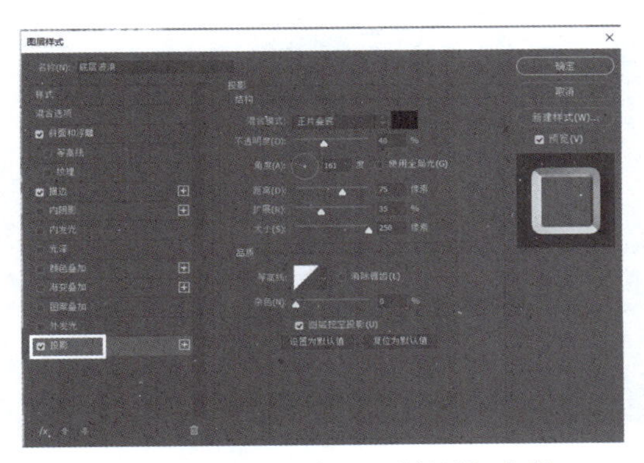

图11-35　“底层波浪”层“投影”参数

图11-36　底层波浪的效果

16）打开网盘中的“源文件\11.1 饮料包装展示设计\竖形条纹.png”文件，如图11-37所示，然后将其复制到“底层波浪”层上方，接着按住〈Alt〉键，在“底层波浪”层和“竖形条纹”层之间单击，从而为“底层波浪”层建立剪贴蒙版，效果如图11-38所示。

图11-37　竖形条纹.png

图11-38　为“底层波浪”层建立剪贴蒙版的效果

17）为条纹添加金属质感。方法：双击“竖形条纹”层，打开“图层样式”对话框，选中“斜面和浮雕”和“图案叠加”选项，并设置参数如图11-39和图11-40所示，此时竖条纹金属效果如图11-41所示。

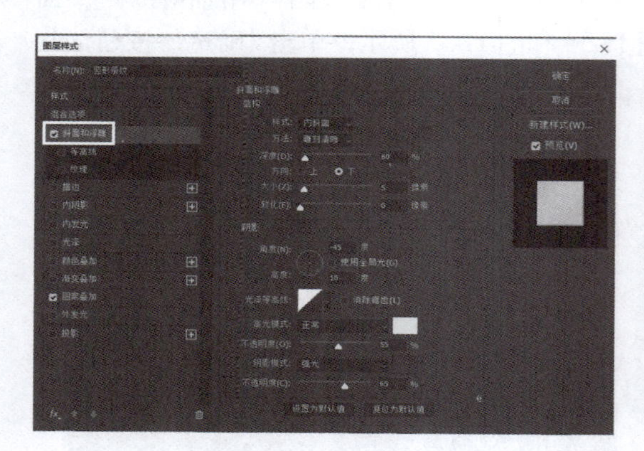

图11-39　“竖形条纹”层“斜面和浮雕”参数

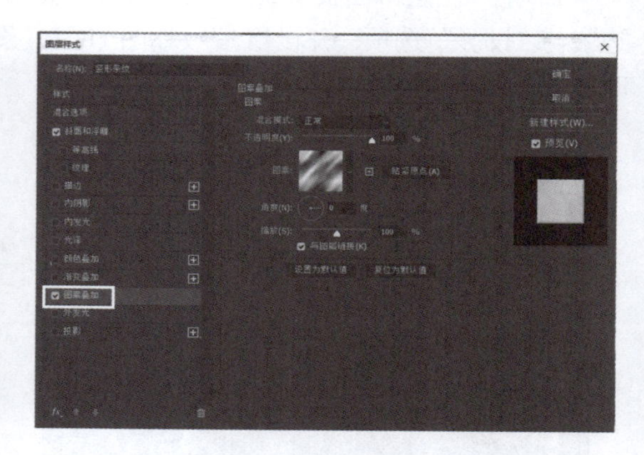

图11-40　“竖形条纹”层“图案叠加”参数

图11-41　竖形条纹金属效果

18）打开网盘中的“源文件\11.1 饮料包装展示设计\云纹.png”文件，然后将其复制到“背景”层之上，并为其增加“投影”图层样式，以丰富整体画面层次。至此，整体包装展示制作完毕，效果如图11-42所示。

图11-42　最终效果

11.2　人工智能软件生成的近似主题的包装展示效果图

本节选取几个典型的AI生成软件，生成几幅与前面包装展示主题近似的作品，以供读者比较和思考。其中Midjourney为付费软件，读者可以安装免费离线软件Copilot和Stable Diffusion，学习制作几个包装展示设计效果。

11.2.1　Midjourney生成包装效果

扫码看视频

在Midjourney软件中输入一组关键词，注意一组关键词的后面需要加上英文的逗号“,”然后按〈Enter〉键（空一格即可）。等待机器人的出图，在发送的关键词后面可以看到图片生成的进度。例如希望AI根据关键词设计几张夏日清凉的易拉罐饮料包装展示图，如图11-43所示，在Midjourney界面中输入以下相关的英文关键词。

饮料包装展示设计关键词：Beverage packaging design, cool feeling, water beads on cans, lots of color details on cans, industrial design, cute style, fresh, super detail, 3D, colorful colors,Multi-texture, natural light, strange, metallic texture, octane presentation, blender 3D, super real, studio lighting, digital camera shooting, 4K --ar 4:3 --s 1000 --niji 6

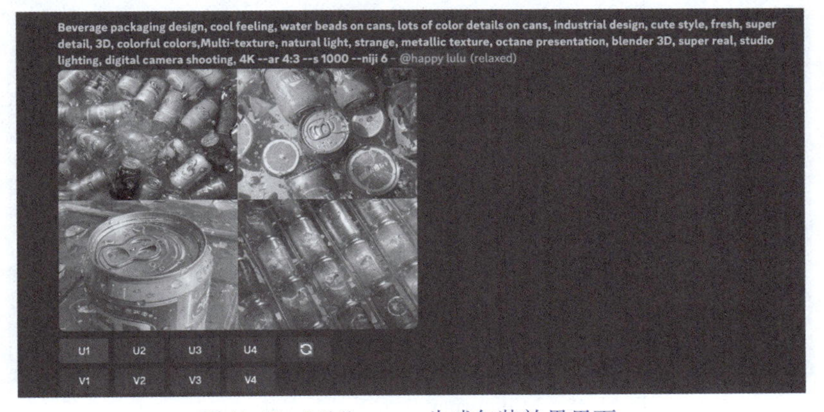

图11-43　Midjourney生成包装效果界面

从生成的图片中，选取几幅以供读者对比与参考，如图 11-44 所示。

图 11-44　运用 Midjourney 生成的设计效果图

再来看一下毛绒玩具纸盒包装展示关键词：Packaging display effect, children's Day a set of packaging gift box, three boxes, the left is a black frosted box, highlighting the sense of science and technology, the right is a blue plush box, which is loaded with a plush toy, there are some scattered color blind boxes in front of the box, there are many color details on the box, industrial design, lovely style, children's Day, innocence, fresh, super details, 3D, colorful colors, Multi-texture, natural light, fantastic, Octane render, blender 3D, studio lighting, digital camera shooting, 64K --ar 4:3 --s 1000 --niji 6，生成界面如图 11-45 所示，得到如图 11-46 所示的包装盒集合效果。

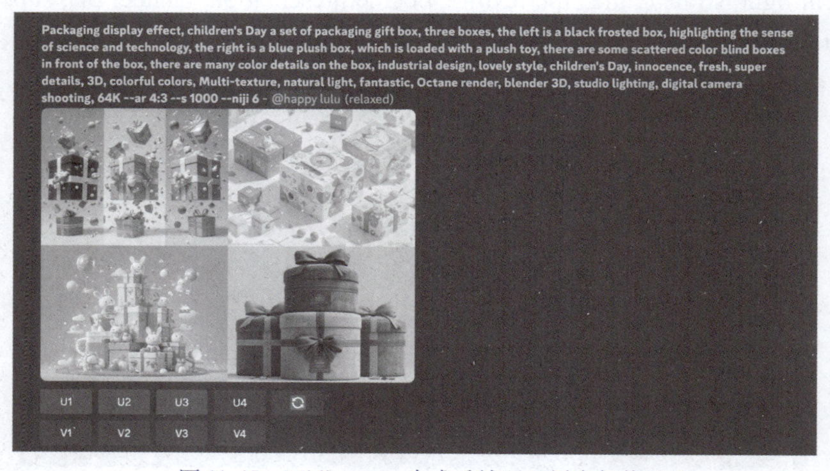

图 11-45　Midjourney 生成毛绒玩具纸盒包装界面

图 11-46　关键词生成图

11.2.2　微软Copilot生成包装效果

下面来演示一组包装设计效果图的生成和修改过程，具体操作步骤如下。

1）上传一张图片，然后通过它分析生成关键词以及生成类似的设计图，如图 11-47 和图 11-48 所示。

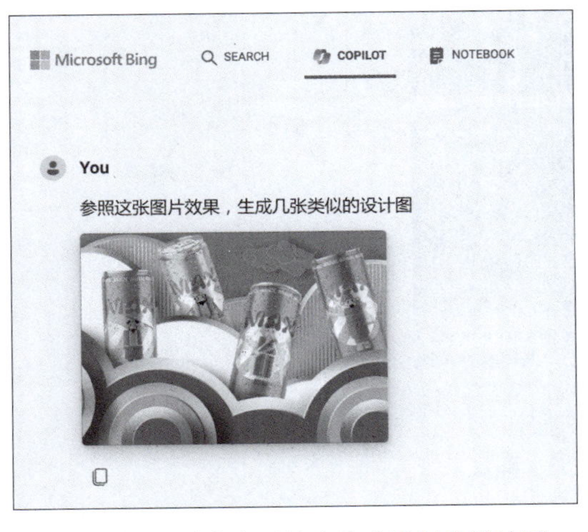

图 11-47　以参考图片来生成类似的设计图

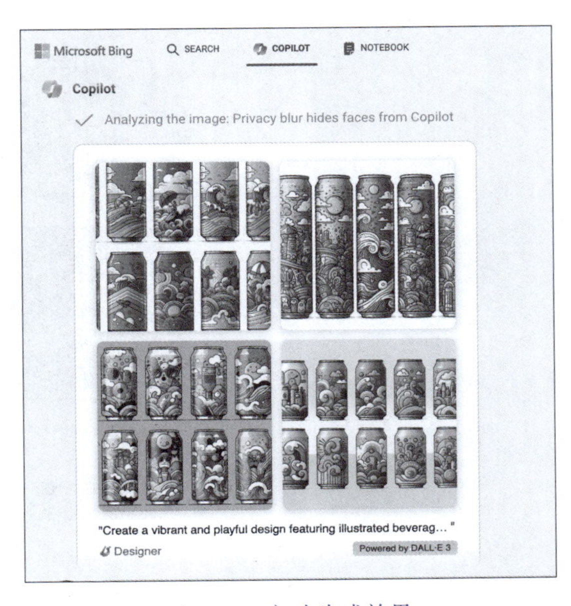

图 11-48　初步生成效果

2）这些设计效果虽然图案很丰富，但摆放过于规矩，于是要求AI:“易拉罐摆放更自由一些”，“背景设计得像清凉的夏日。”于是，AI修改设计图效果如图11-49所示。

3）此时摆放方式稍微自由了一些，但并未达到要求，因此继续与AI聊天，告诉它“易拉罐要有倾斜与旋转、透视的效果”，现在它加上了背板，开始有了透视的展示空间，能看出其中一些小图片已经具有设计的灵感启发了，如图11-50所示。

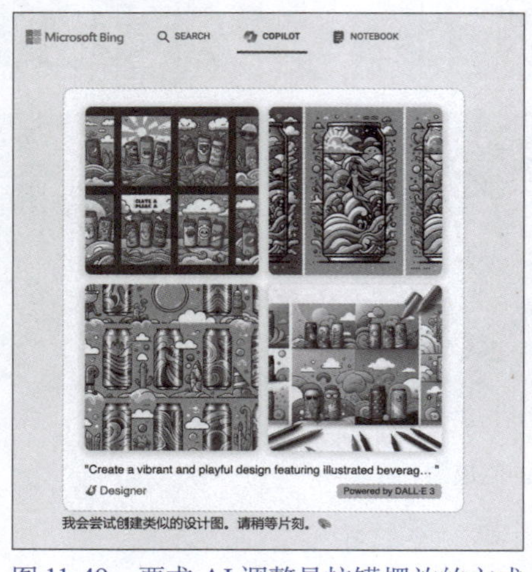

图11-49 要求AI调整易拉罐摆放的方式

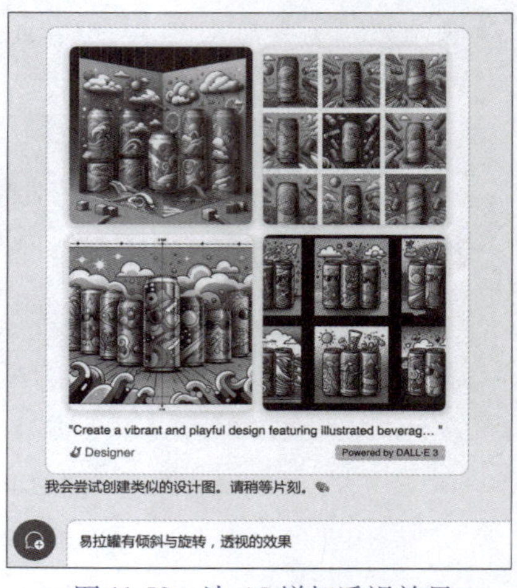

图11-50 让AI增加透视效果

4）AI在它庞大的数据库和运算模型基础上，每次都会生成一大批图片，用户需要具有选择的眼光，从中不断挑选具有潜力的草图，然后继续给AI下一步指令。此时，告诉AI易拉罐表面需要增加一些水滴效果，生成效果如图11-51所示。

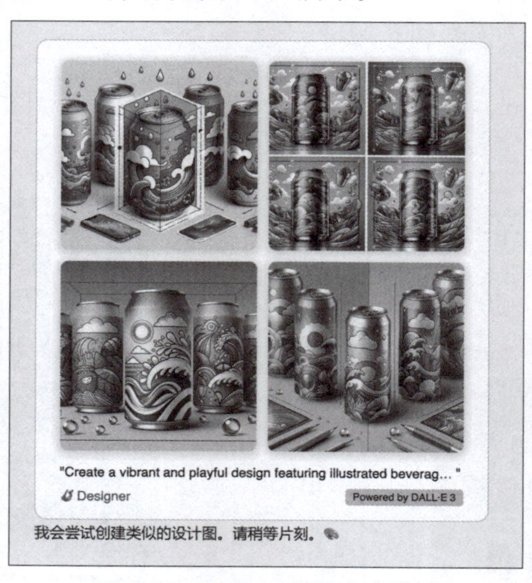

图11-51 要求AI增加水滴效果

5）现在易拉罐已经有许多很好的设计方案了，但背景还是显得很单调，于是可以问AI:“易拉罐设计得不错，但背景能更艺术化一些吗，抽象的插画风格”，当然，可以更详细地描述是怎样一种艺术风格，包括线条与色彩的确定生成效果如图11-52所示。目前左下方的方案脱颖而出，这种插画风格的包装展示效果很符合设计师的要求，于是单击左下方的设计方案，放大显示，如图 11-53 所示。

图 11-52　背景的艺术化处理

图 11-53　选取一幅满意的方案草图

6）根据前面的思路与方法，继续像朋友一样与 AI 进行交流，这时候越来越多的设计灵感会被激发，此时还可以单击设计图下面的一排按钮，更细致地修改图片，最终效果如图 11-54 所示。

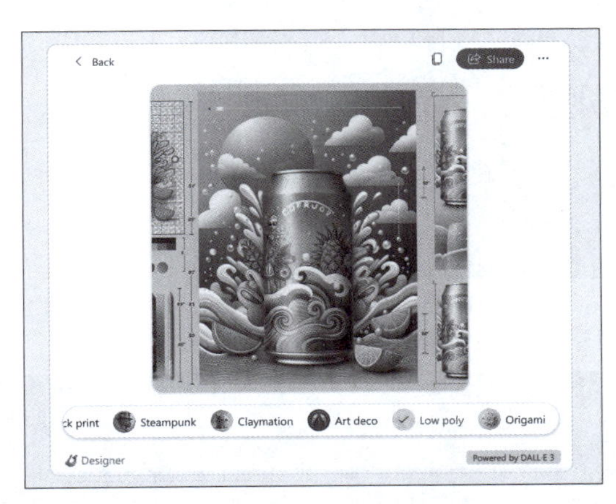

图 11-54　通过单击下面的一排按钮可修改设计图效果

11.2.3　Stable Diffusion生成包装效果

本节将通过三个案例来讲解利用人工智能绘图软件 Stable Diffusion 生成产品包装设计的方法。

扫码看视频

案例一：饮料产品包装设计

要点：

本例将利用Stable Diffusion的“文生图”生成一个饮料产品包装设计，效果如图11-55所示。通过本例的学习应掌握使用Stable Diffusion的“文生图”中的正反提示词、采样方法、指定一个种子数和调节相关参数生成饮料产品包装，并对生成的产品包装进行高清修复的方法。

图 11-55　饮料产品包装设计

操作步骤：

1）启动 Stable Diffusion，然后选择“chilloutmix_NiPruned-Fp32Fix.safetensors”大模型，再进入“文生图”选项卡，如图 11-56 所示。

2）添加正反提示词。方法：打开网盘中的“源文件 \11.2.3 Stable Diffusion 生成包装效果 \ 饮料产品包装设计 \ 提示词 .docx”文件，然后选择正向提示词“(package design:0.9), juice bottle,plastic bottle,simple background,fruit print,”如图 11-57 所示，按快捷键〈Ctrl+C〉复制，接着回到 Stable Diffusion 中，再在“文生图”选项卡的正向提示词框中按快捷键〈Ctrl+V〉粘贴，如图 11-58 所示。同理，将“提示词 .docx”中的反向提示词“EasyNegativeV2,ng_deepnegative_v1_75t,”粘贴到 Stable Diffusion 的“文生图”选项卡的反向提示词框中，如图 11-59 所示。

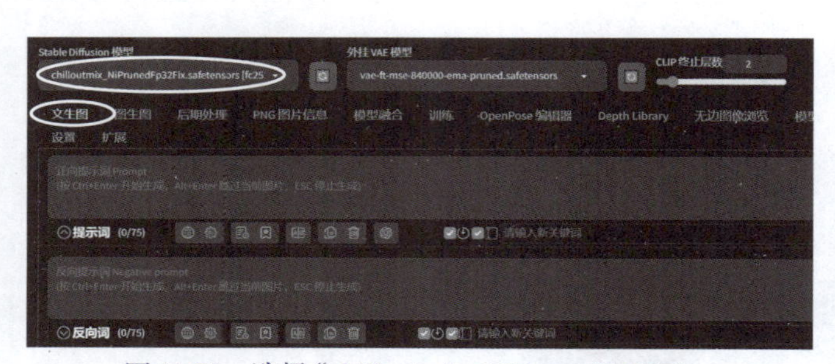

图 11-56　选择“chilloutmix_NiPrunedFp32Fix.safetensors”大模型并进入“文生图”选项卡

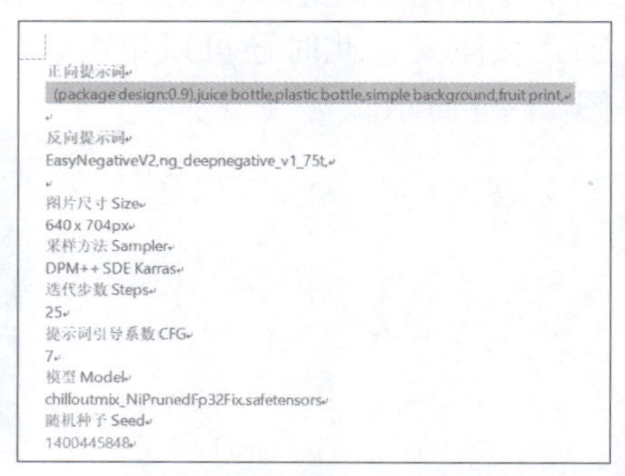

正向提示词

(package design:0.9),juice bottle,plastic bottle,simple background,fruit print

反向提示词

EasyNegativeV2,ng_deepnegative_v1_75t,

图片尺寸 Size

640 x 704px

采样方法 Sampler

DPM++ SDE Karras

迭代步数 Steps

25

提示词引导系数 CFG

7

模型 Model

chilloutmix_NiPrunedFp32Fix.safetensors

随机种子 Seed

1400445848

图 11-57　选择正向提示词

图 11-58　粘贴正向提示词

图 11-59　粘贴反向提示词

提示：正向提示词“(package design:0.9)”中的“0.9”代表的是权重，用“()”括起来的内容是为了起到强调的作用。除了可以通过粘贴提前准备好的反向提示词进行添加外，还可以通过单击“嵌入式”选项卡中相应嵌入式进行添加，如图11-60所示。

图 11-60　“嵌入式”选项卡

3）设置出图参数。方法：进入“生成”选项卡，将“采样方式”设置为“DPM++SDE Karras”，将“迭代步数”设置为25，然后将“宽度”设置为640，“高度”设置为704，接着将“提示词引导系数”设置为7，“随机数种子”数值设置为1400445848，“总批次数”设置为1，如图11-61所示。

提示：选择不同的“采样方式”，生成的结果会完全不同；“迭代步数”用于控制生成结果的细致程度，数值越大，生成的结果越细致，但需要的时间也会越长；“宽度”和“高度”用于设置生成图像的尺寸，通常是将这个数值先设置得小一点，以便加快渲染速度，当渲染出满意结果后，再通过“高分辨率修复”来放大图像尺寸进行最终输出；“提示词引导系数”用于控制生成的图像服从于提示词的程度，数值越大，生成的结果越接近于提示词；“随机数种子”数不同，生成的结果也会不同，Stable Diffusion会给每个生成的结果自动添加一个种子数；“总批次数”用于控制生成几个结果。

4）选中“启用 Tiled Diffusion”复选框，如图11-62所示，从而将图像分割成若干块，分别进行计算，再重新组合。然后选中“启用 Tiled VAE”复选框，如图11-63所示，这样可以避免因为爆显存而无法生成图像的错误。

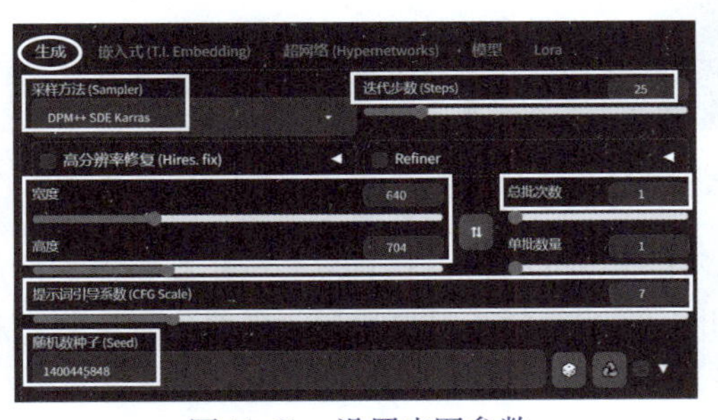

图 11-61　设置出图参数

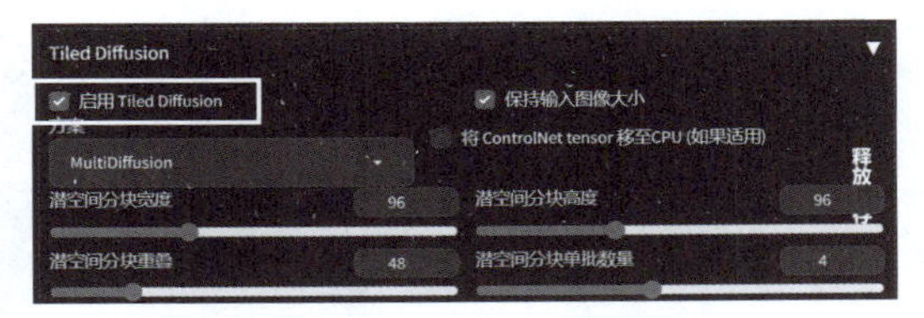

图 11-62　选中“启用 Tiled Diffusion”复选框

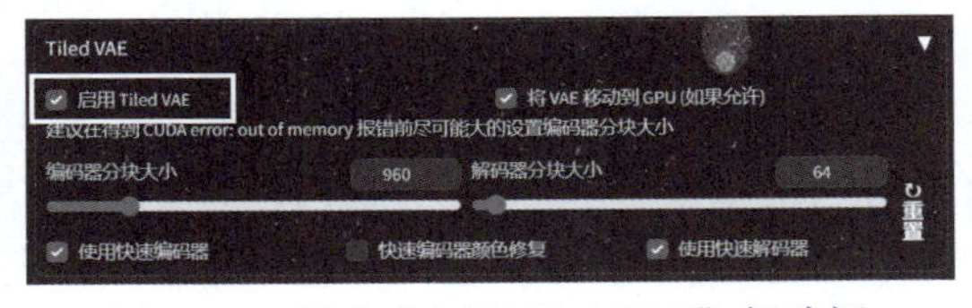

图 11-63　选中“启用 Tiled VAE”复选框

5）单击“生成”按钮，如图11-64所示。此时软件会根据提供的正反提示词和输出参数开始进行计算，当计算完成后，就可以看到根据生成的产品包装设计的效果了，此时在生成图片的下方会显示出生成图片的相关参数信息，如图11-65所示。

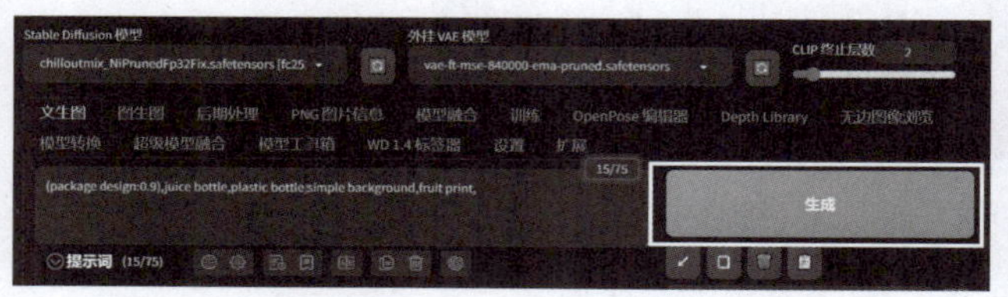
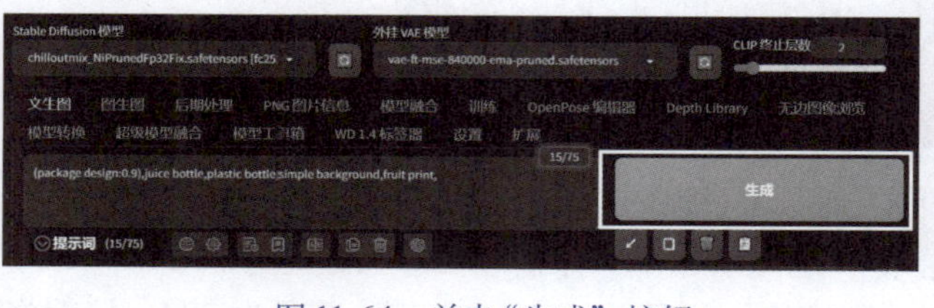

图 11-64　单击“生成”按钮

图 11-65　生成的效果及相关参数

6）此时生成的结果比较满意，但将图像放大到 200%，会发现图像很不清晰，如图 11-66 所示。这是因为刚才设置的输出尺寸过小的缘故，下面通过高分辨率修复来解决这个问题。方法：在“生成”选项卡中选中“高分辨率修复”复选框，然后将“放大倍数”设置为 2，也就是放大一倍，此时生成图像尺寸就由 640×704 变为 1280×1408，再将“放大算法”设置为“R-ESRGAN 4x+”，为了使生成的结果更接近于原图，下面再将“重绘幅度”的数值设置减小为 0.3，如图 11-67 所示。

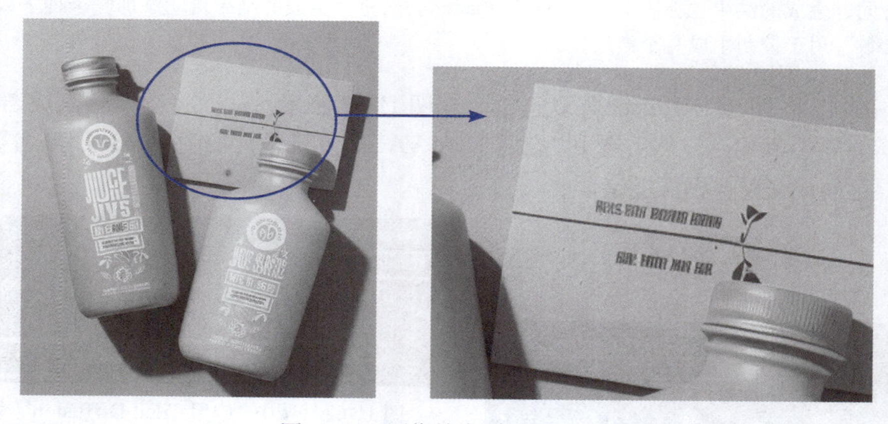

图 11-66　图像放大到 200% 很不清晰

7）单击“生成”按钮，此时软件会根据设置好的参数重新进行计算，当计算完成后，就可以看到根据新生成的产品包装设计的效果了，此时将图像放大到 200%，会看到图片依然很清晰，如图 11-68 所示。至此，整个案例制作完毕。

提示：这里需要说明的是Stable Diffusion文生图生成的图片会自动保存在安装目录下的“sd-webui-aki-v4.7\outputs\txt2img-images\2024-04-10（当前日期）”子文件夹中。

图11-69为设置不同随机种子数生成的效果。

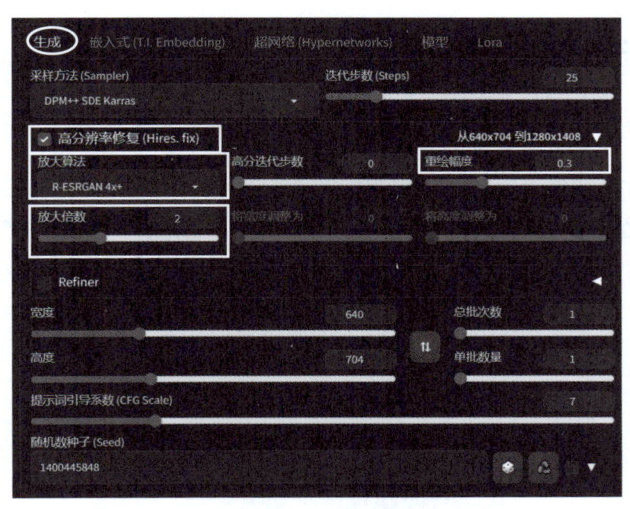

图 11-67　设置“高分辨率修复”参数

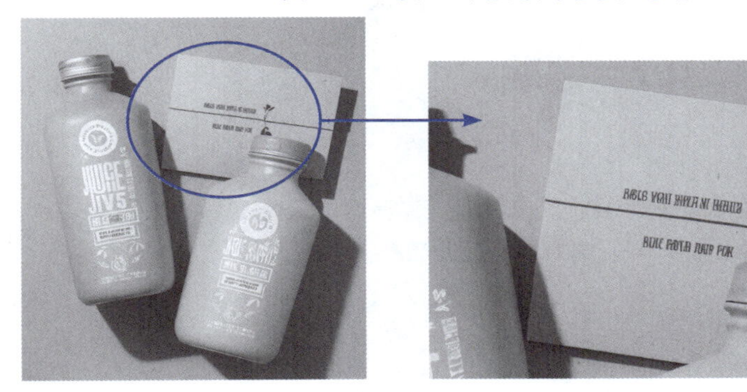

图 11-68　图像放大到 200% 依然很清晰

随机数种子 :1400445858

随机数种子 :1400445847

随机数种子 :1400445859

随机数种子 :3650281171

随机数种子 :3650281182

随机数种子 :3650281156

图 11-69　设置不同随机种子数生成的效果

案例二：化妆品产品包装设计

扫码看视频

要点：

本例将利用Stable Diffusion的“文生图”生成一个化妆品产品包装设计，效果如图11-70所示。通过本例的学习应掌握使用Stable Diffusion的“文生图”中的正反向提示词、lora、采样方法、指定一个种子数和调节相关参数生成化妆品产品包装的方法。

图 11-70　化妆品产品包装

操作步骤：

1）启动 Stable Diffusion，然后选择“majicMIX realistic 麦橘写实 _v7.safetensors”大模型，再进入“文生图”选项卡，如图 11-71 所示。

2）上一个案例是通过复制已经准备好的 word 文件中的正向提示词，从而在正向提示词框中添加相关提示词，本例通过直接输入的方式来添加正向提示词。方法：在正向提示词框下方的输入框中输入中文“化妆品”，此时软件会显示出中文“化妆品”的英文“cosmetics”，如图 11-72 所示。然后选择翻译好的英文，软件就会将翻译好的英文“cosmetics”自动放置到正向提示词框中，如图 11-73 所示。

提示：只有在Stable Diffusion中安装prompt-all-in-one插件后，才能实现根据输入的中文自动生成英文提示词的功能。

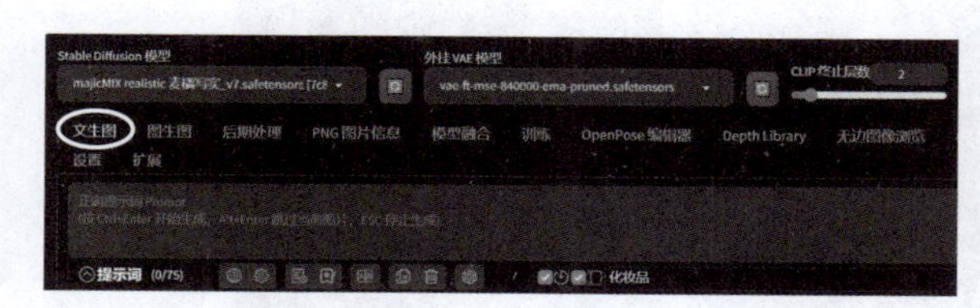

图 11-71　选择“majicMIX realistic 麦橘写实 _v7.safetensors”大模型再进入“文生图”选项卡

图 11-72　软件显示出中文“化妆品”的英文“cosmetics”

图 11-73　软件将翻译好的英文“cosmetics”自动放置到正向提示词框中

3) 同理，在正向提示词框下方的输入框中分别输入中文“简单背景”“花朵”，此时软件会将中文自动转换为英文，并放置在正向提示词框中，如图 11-74 所示。然后在正向提示词“flower”前面添加“yellow”，如图 11-75 所示。

图 11-74　输入正向提示词

图 11-75　在“flower”前面添加“yellow”

4) 在正向提示词中添加 lora，从而实现精准控制生成的图像。方法：进入“Lora”选项卡，然后从中选择“化妆品 _v3.0”，如图 11-76 所示，此时选择的 lora 就被添加到正向提示词框中，如图 11-77 所示。接着将正向提示词框中的 <lora:product_design_v3:1> 的权重由 1 减小为 0.6，<lora:product_design_v3:0.6>，如图 11-78 所示。

提示：lora的权重用于控制lora对生成图像的影响程度，默认数值为1，数值越大，lora对生成图像影响越大，数值越小，lora对生成的图像影响越小。

图 11-76　在“Lora”选项卡中选择“化妆品 _v3.0”

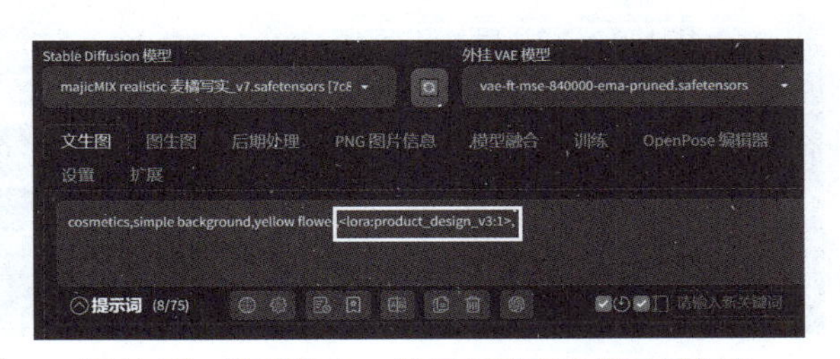

图 11-77　选择的 lora 被添加到正向提示词框中

图 11-78　将 lora 权重由 1 改为 0.6

5) 添加反向提示词。方法：将鼠标定位在反向提示词框中，然后进入“嵌入式”选项卡，单击图 11-79 所示的两个嵌入式作为反向提示词，此时反向提示词框中就会显示出相关提示词，如图 11-80 所示。

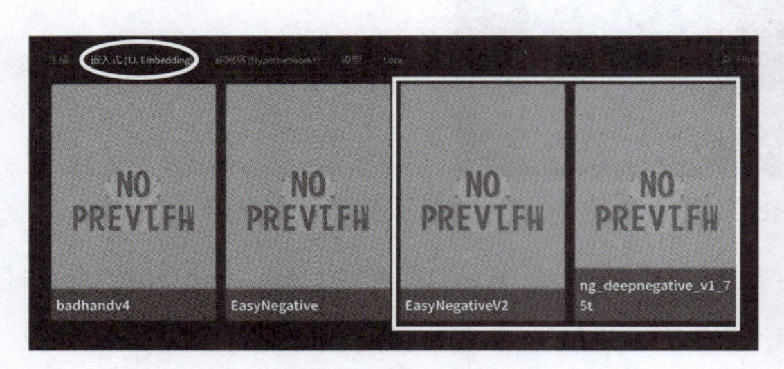

图 11-79　选择两个嵌入式作为方向提示词

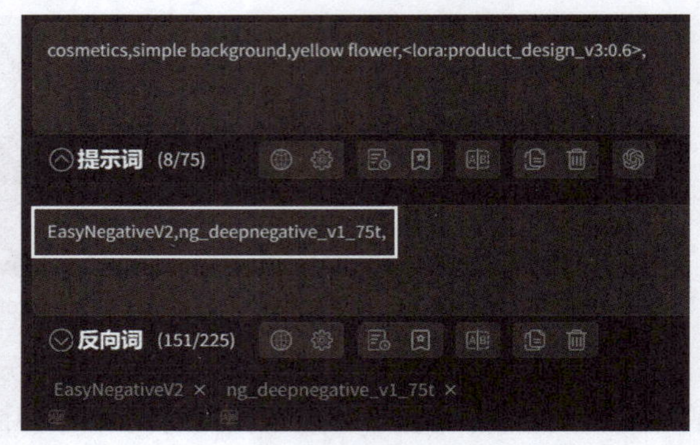

图 11-80　反向提示词框中显示出相关提示词

6）设置出图参数。方法：进入“生成”选项卡，将“采样方式”设置为“DPM++SDE Karras”，将“迭代步数”设置为25，然后将“宽度”设置为512，“高度”设置为512，再选中“高分辨率修复”复选框，从而将图像放大一倍，也就是1024×1024。接着将“提示词引导系数”设置为7，“随机数种子”数值设置为-1，“总批次数”设置为4，如图11-81所示。

提示：将“随机数种子”数设置为-1，也就是给软件充分的发挥空间，让软件随机生成效果；将“总批次数”设置为4，也就是一次生成4个结果，以便从中选择一个满意的效果。

7）选中“启用 Tiled Diffusion”复选框，如图11-82所示，从而将图像分割成若干块，分别进行计算，再重新组合。然后选中“启用 Tiled VAE”复选框，如图11-83所示，这样可以避免因为爆显存而无法生成图像的错误。

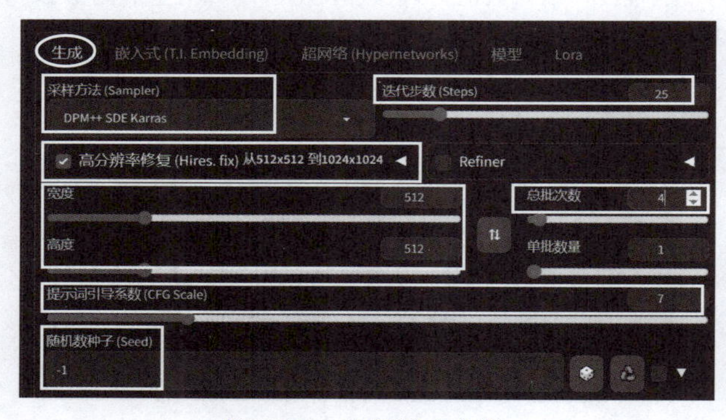

图 11-81　设置输出参数

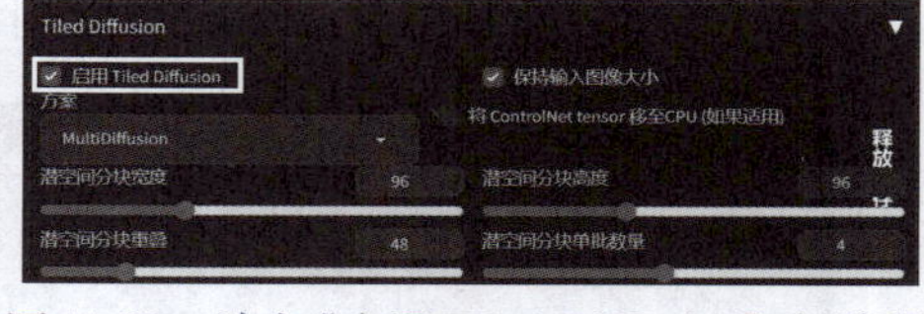

图 11-82　选中“启用 Tiled Diffusion”复选框

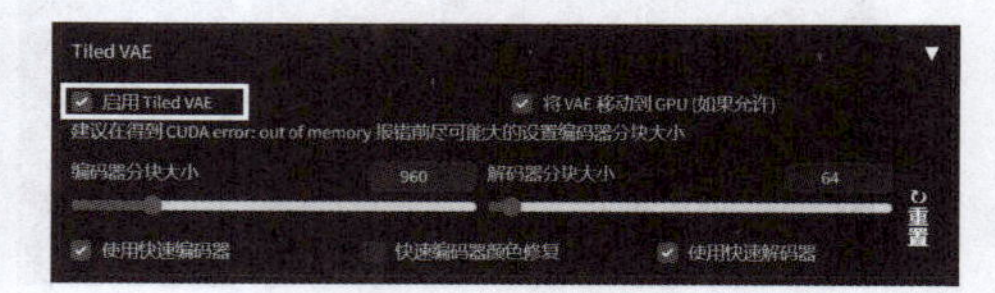

图 11-83　选中“启用 Tiled VAE”复选框

8）单击“生成”按钮，此时软件会根据提供的正反提示词和输出参数开始进行计算，当计算完成后，就可以看到生成的4个化妆品产品包装的图片效果和一个缩略图，此时在生成图片效果的下方会显示出生成图片的相关参数信息，如图11-84所示。

9）单击图片可以将其最大化显示，然后从生成的4个结果中可以选择一个满意的效果，如图11-85所示，至此整个案例制作完毕。

提示：这里需要说明的是Stable Diffusion文生图生成的图片会自动保存在安装目录下的“sd-webui-aki-v4.7\outputs\txt2img-images\2024-04-10（当前日期）”子文件夹中。

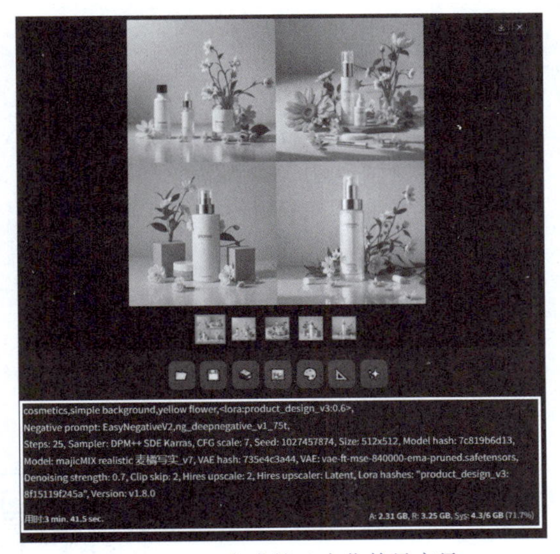

图 11-84　生成的 4 个化妆品产品包装的图片效果和一个缩略图

图 11-85　选择一个满意的效果

图11-86为设置不同随机数种子生成的效果。

随机数种子 :1027457874

随机数种子 :3660084253

随机数种子 :1840654757

随机数种子 :2949817596

随机数种子 :3077585627

随机数种子 :1027457873

图 11-86　设置不同随机数种子生成的效果

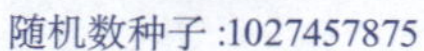
随机数种子 :1027457875

随机数种子 :1027457876

随机数种子 :945919683

图 11-86　设置不同随机数种子生成的效果（续）

案例三：生态产品包装设计

扫码看视频

要点：

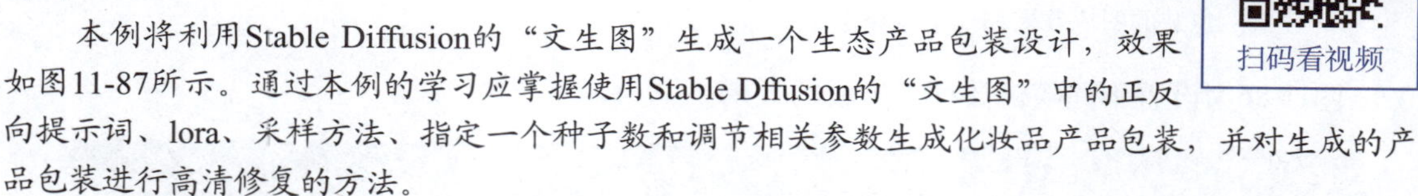
本例将利用Stable Diffusion的“文生图”生成一个生态产品包装设计，效果如图11-87所示。通过本例的学习应掌握使用Stable Dffusion的“文生图”中的正反向提示词、lora、采样方法、指定一个种子数和调节相关参数生成化妆品产品包装，并对生成的产品包装进行高清修复的方法。

图 11-87　生态产品包装设计

操作步骤：

1）启动 Stable Diffusion，然后选择“chilloutmix_NiPrunedFp32Fix.safetensors”大模型，再进入“文生图”选项卡，如图 11-88 所示。

2）添加正向提示词。方法：在正提示词框下方的输入框中输入中文“瓶子”，此时软件会显示出中文“瓶子”的英文“bottle”，如图 11-89 所示。然后选择翻译好的英文，软件就会将翻译好的英文“bottle”自动放置到正向提示词框中，如图 11-90 所示。

提示：只有在Stable Diffusion中安装prompt-all-in-one插件后，才能实现根据输入的中文自动生成英文提示词的功能。

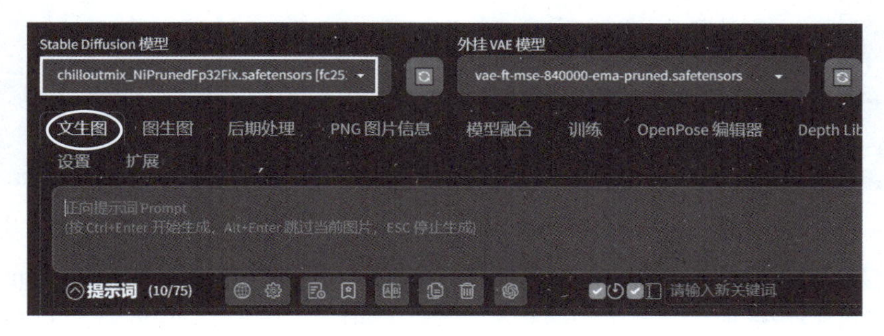

图 11-88　选择“chilloutmix_NiPrunedFp32Fix.safetensors”大模型再进入“文生图”选项卡

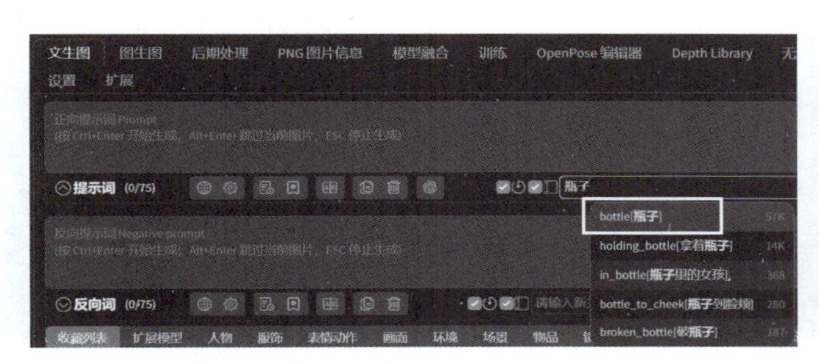

图 11-89　软件显示出中文“瓶子”的英文“bottle”

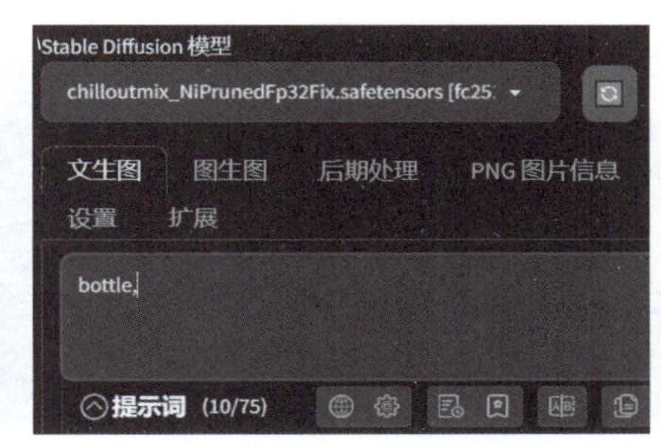

图 11-90　软件将翻译好的英文“bottle”自动放置到正向提示词框中

3) 同理，在正提示词框下方的输入框中分别输入中文“花朵”“植物”“从上面的鸟瞰图”，此时软件会将中文自动转换为英文“flower”“plant”“from above”，并放置在正向提示词框中，然后在正向提示词“flower”前面添加“white”，如图 11-91 所示。

4) 在正向提示词中添加 lora，从而实现精准控制生成的图像。方法：进入“Lora”选项卡，然后从中选择“自然美妆场景 _v1.0”，如图 11-92 所示，此时选择的 lora 就被添加到正向提示词框中，如图 11-93 所示。接着将正向提示词框中的 <lora:hufu:1> 的权重由 1 减小为 0.8，<lora:hufu:0.8>，如图 11-94 所示。

图 11-91　输入正向提示词

图 11-92　选择“自然美妆场景 _v1.0”

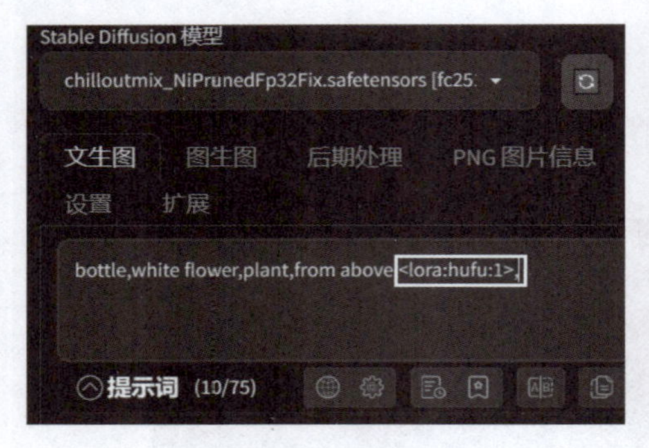

图 11-93　选择的 lora 被添加到正向提示词框中

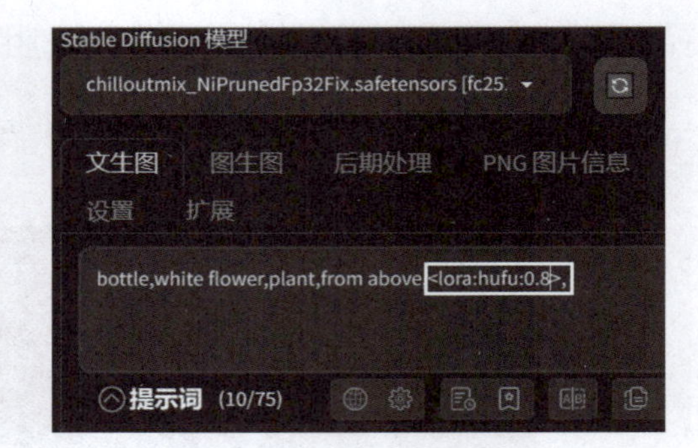

图 11-94　将 lora 权重由 1 改为 0.8

5）添加反向提示词。方法：在反向提示词框中输入“(worst quality,low quality,normal quality:2)”，如图 11-95 所示，然后进入“嵌入式”选项卡，单击图 11-96 所示的嵌入式作为反向提示词，此时反向提示词框中就会显示出相关提示词，如图 11-97 所示。

提示：在“worst quality,low quality,normal quality:2”上添加“( )”是为了起到强调作用。

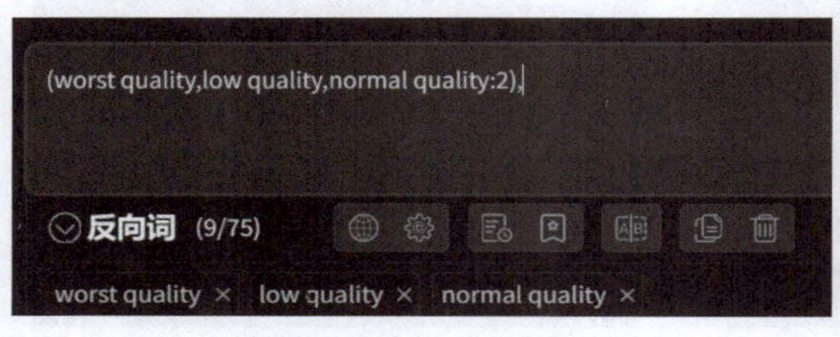

图 11-95　输入反向提示词

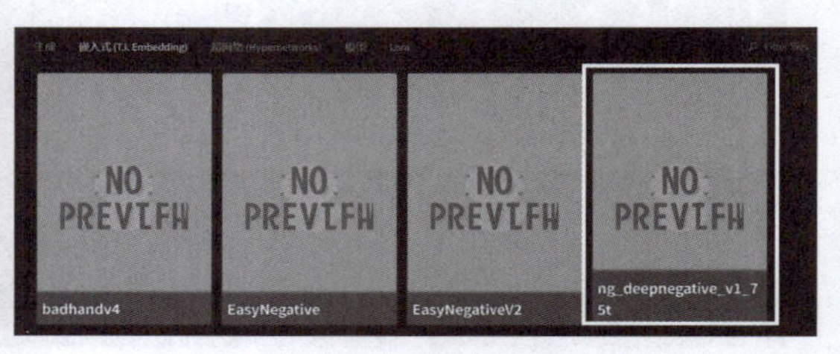

图 11-96　单击要作为反向提示词的嵌入式

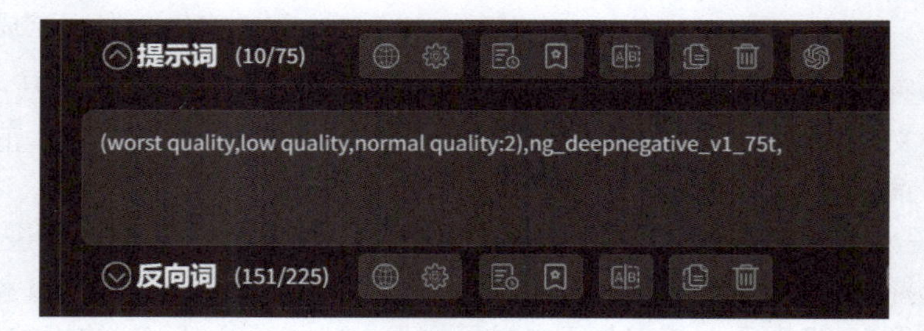

图 11-97　反向提示词框中显示出相关提示词

6）设置出图参数。方法：进入“生成”选项卡，将“采样方式”设置为“DPM++SDE Karras”，将“迭代步数”设置为 25，然后将“宽度”设置为 384，“高度”设置为 576，再选中“高分辨率修复”复选框，并将“放大算法”设置为“R-ESRGAN 4x+”，“重绘幅度”设置为 0.5，接着将“提示词引导系数”设置为 5.5，“随机数种子”数值设置为 764352430，“总批次数”设置为 4，如图 11-98 所示。

7）选中“启用 Tiled Diffusion”复选框，如图 11-99 所示，从而将图像分割成若干块，分别进行计算，再重新组合。然后选中“启用 Tiled VAE”复选框，如图 11-100 所示，这样可以避免因为爆显存而无法生成图像的错误。

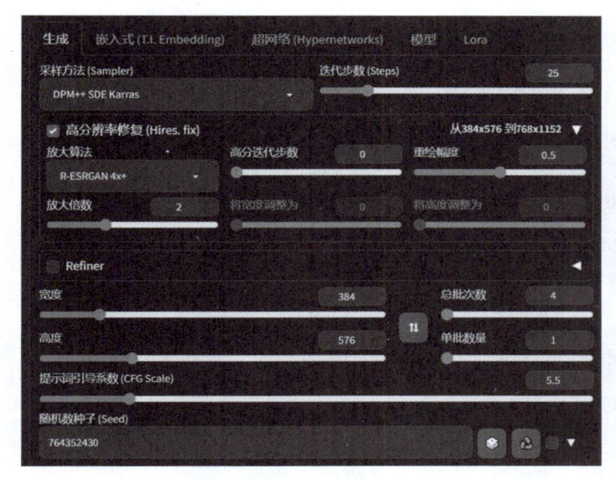

图 11-98　设置输出参数

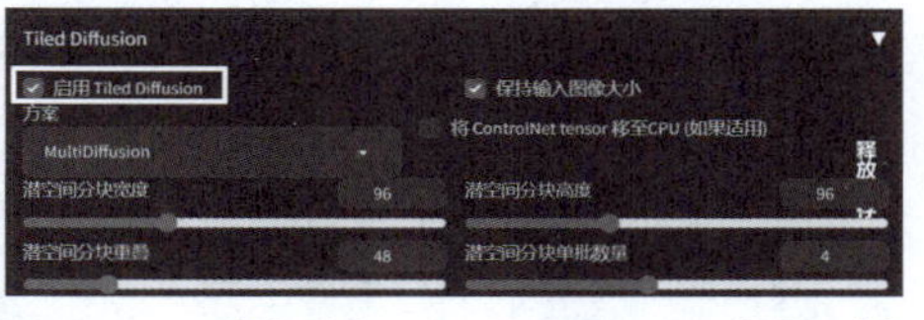

图 11-99　选中“启用 Tiled Diffusion”复选框

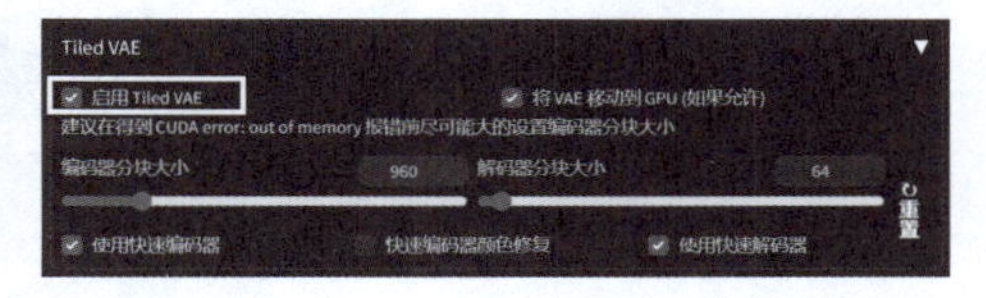

图 11-100　选中“启用 Tiled VAE”复选框

8）单击“生成”按钮，此时软件会根据提供的正反提示词和输出参数开始进行计算，当计算完成后，就可以看到生成的 4 个生态产品包装的图片效果和一个缩略图，此时在生成图片效果的下方会显示出生成图片的相关参数信息，如图 11-101 所示。

9）单击图片可以将其最大化显示，然后从生成的 4 个结果中选择一个满意的效果，如图 11-102 所示，至此整个案例制作完毕。

提示：这里需要说明的是Stable Diffusion文生图生成的图片会自动保存在安装目录下的“sd-webui-aki-v4.7\outputs\txt2img-images\2024-04-12（当前日期）”子文件夹中。

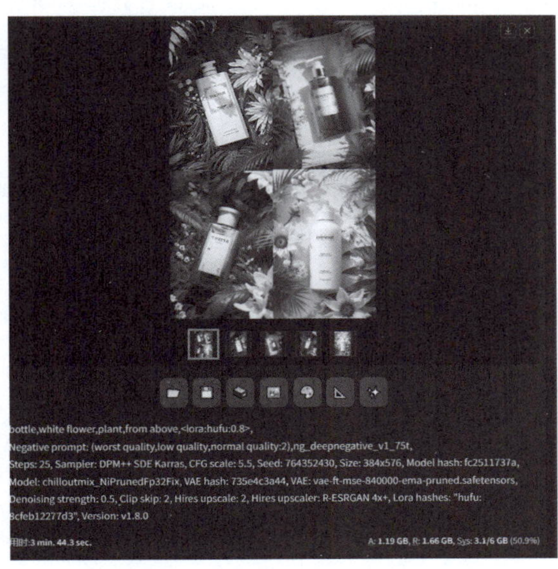

图 11-101　生成的 4 个生态产品包装的图片效果和一个缩略图

图 11-102　选择一个满意的效果

图11-103为设置不同随机数种子生成的效果。

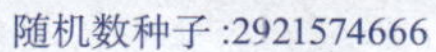

随机数种子 :2921574666

随机数种子 :4249295609

随机数种子 :764352417

随机数种子 :4249295608

随机数种子 :2604233748

随机数种子 :3094593101

随机数种子 :2177488269

随机数种子 :4249295611

图 11-103　设置不同随机数种子生成的效果

11.3　课后练习

1. 利用网盘中的“源文件 \ 11.1 饮料包装展示设计 \ 易拉罐 .psd”文件制作一个饮料包装展示设计。

2. 利用 Stable Diffusion 生成一个生态产品包装设计。